GC Gunther Carstensen Verlag

Factfinder-Serie

Hubert Henle

Das Tonstudio Handbuch

Praktische Einführung in die professionelle Aufnahmetechnik

Factfinder-Serie

Herausgeber der Factfinder-Serie:
Gunther Carstensen

Cover-Gestaltung: Vera Waldmann
Lektorat: Peter Gorges
DTP-Produktion: GC Gunther Carstensen Verlag
Druck: Kösel GmbH & Co.
ISBN 3-9802026-5-8
Dritte, komplett überarbeitete Auflage

Inhaltsverzeichnis

Vorwort

Der Arbeitsplatz Tonstudio - Ihr vielleicht zukünftiger oder sogar schon derzeitiger Job also - ist in den letzten Jahren zunehmend komplexer und damit auch komplizierter geworden. Denken Sie nur an die Entwicklungen der digitalen Aufzeichnungstechnik, an moderne Effektgeräte und nicht zuletzt an den immer größer werdenden Einsatz von Computern zur Steuerung vieler Arbeitsabläufe. Darüber hinaus erwarten Musiker und Produzenten aber auch, daß Sie als Toningenieur mehr leisten als nur die Bedienung von technischem Gerät. Gefragt ist der kreative und spontane Umgang mit der Technik. Es ist eine Sache, ein Effektgerät oder ein computergesteuertes Mischpult bedienen zu können, eine andere, die weitaus wichtigere aber, diese Geräte phantasievoll einsetzen zu können. Und da sich der Sound immer mehr zu einem eher musikalischen Element moderner Musikproduktionen entwickelt hat, werden von einem Toningenieur Musikalität und Kreativität erwartet.
Natürlich lassen sich Phantasie und Kreativität in einem Buch kaum vermitteln. Vielmehr soll Ihnen dieses Buch das nötige Wissen an die Hand geben, ohne das Sie Ihre eigenen Ideen nicht frei entfalten und weiterentwickeln können. Immer jedoch hat der unmittelbare Bezug zur praktischen Arbeit im Tonstudio Vorrang vor komplizierten, mathematisch-technischen Zusammenhängen. Erwarten Sie also nicht eine exakte Herleitung jeder physikalischen Formel, sondern das Wissen, welchen Einfluß sie auf Ihre Arbeit im Tonstudio hat.
Konzipiert ist dieses Buch sowohl als Einstiegs- wie auch als Nachschlagewerk und Informationsquelle für den beruflichen Alltag. Es richtet sich in erster Linie an Tontechniker, Toningenieure und Tonmeister, die sich mit der Aufnahme von Jazz-, Rock- und Popmusik befassen bzw. eine Ausbildung auf diesem Gebiet anstreben. Darüber hinaus werden auch Aufnahmetechniken für klassische Musik und den Bereich der Wortproduktionen berücksichtigt und behandelt. Produzenten und Musikern kann dieses Buch einen hilfreichen Einblick in die professionelle Aufnahmetechnik geben und so zu einem besseren Verständnis der modernen Produktionsweisen verhelfen.
Für das Entstehen dieses Buches war die Unterstützung vieler Personen notwen-

dig. Ihnen allen gilt mein Dank. Ich möchte aber auch allen Firmen danken, die dieses Werk mit Produktmaterial, Informationen und Fotos unterstützt haben. Außerdem möchte ich Renate Schremmer für geduldiges Korrekturlesen danken und Andreas Burkhardt und Peter Gorges für hilfreiche Ratschläge und Kommentare.

Januar 1990 *Hubert Henle*

Vorwort zur 3. Auflage

Die Audioindustrie hat sich in den letzten Jahren seit Erscheinen der ersten Auflage des Tonstudio Handbuchs weiter in Richtung digitaler Technik entwikkelt, allerdings weitaus weniger rasant, als man ursprünglich erwartet hatte. Und glaubte man noch vor einigen Jahren, daß die digitale Audio-Workstation über kurz oder lang das herkömmliche Studio ersetzen würde, so ist derzeit eine eher gegenläufige Entwicklung zu erkennen hin zu einzelnen Komponenten, die nach und nach die analogen Geräte ersetzen sollen.
Folglich war die Überarbeitung der Kapitel über die digitale Audiotechnik ein wesentlicher Gesichtspunkt für die vorliegende dritte Auflage. Zusätzlich wurde die Audio-Postproduktion für Film und Video neu aufgenommen. Angefangen bei Aufnahmetechniken über die Nachbearbeitung bis zur Mischung wird ein Einblick in diesen Bereich vermittelt. Der Film- und Videobranche wird allgemein ein starkes Wachstumspotential vorausgesagt, so daß sich hier einige Möglichkeiten für den angehenden Toningenieur bieten dürften.
Selbstverständlich wurden auch alle anderen Kapitel gründlich überarbeitet und um aktuelle Informationen ergänzt. Bestimmte Kapitel wurden vollständig neu gegliedert, um so dem technischen Fortschritt besser Rechnung zu tragen.

Juli 1993 *Hubert Henle*

Sektion A

Kapitel 1 Schwingungen und Wellen

Schwingungen und Wellen sind die Grundlage der Arbeit eines Tonstudios: Schallwellen werden durch ein Mikrofon in elektrische Schwingungen umgewandelt und können dann verstärkt, im Klang verändert, mit zusätzlichen Effekten versehen, gespeichert und schließlich über einen Lautsprecher wieder als Schallwellen hörbar gemacht werden. Es liegt also nahe, zunächst die wichtigsten Begriffe der Akustik und der Elektroakustik zu erläutern, was in diesem Kapitel geschehen soll.

1.1 Schwingungen

Unter einer Schwingung versteht man allgemein einen Vorgang, der sich innerhalb einer gewissen Zeit wiederholt. Im wesentlichen werden periodische und nichtperiodische Schwingungen unterschieden, je nachdem, ob die einzelnen Schwingungsdurchgänge periodische Eigenschaften aufweisen, d.h. sich in bestimmten regelmäßig wiederholenden Intervallen vollziehen. Nichtperiodische Schwingungen dagegen verfügen nicht über diese regelmäßig wiederkehrende Charakteristik.

Schwingungen kennen wir in den verschiedensten Erscheinungsformen. Die kontinuierliche Hin- und Herbewegung eines Uhrpendels ist ebenso eine Schwingung wie eine sich ständig ändernde elektrische Spannung: Im ersten Fall schwingt eine mechanische Masse, im zweiten Fall dagegen elektrisch geladene Teilchen.

Zur graphischen Darstellung von Schwingungsvorgängen bedient man sich eines X-Y-Koordinatensystems, auf dessen X-Achse ein Zeitmaßstab angegeben wird. Auf der Y-Achse dagegen trägt man ein Maß für eine Schwingung ein. Dies kann die Auslenkung eines Pendels aus seiner Ruhelage sein oder aber eine elektrische Spannung.

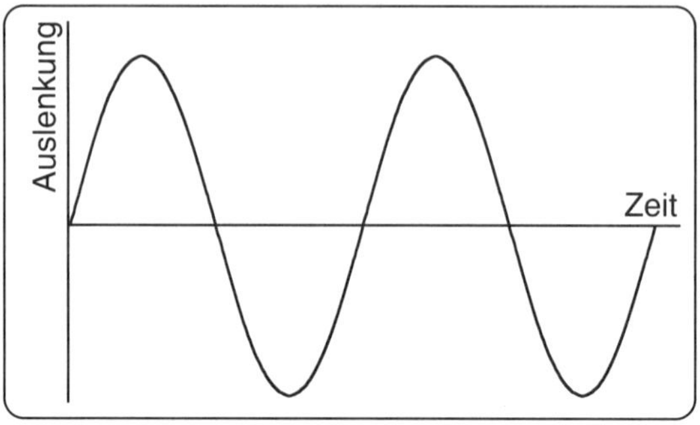

Abb. 1.1 Darstellung eines periodischen Schwingungsvorgangs

1.2 Wellen

In Luft, Wasser, Metall oder beliebigen anderen Stoffen, die als Medium bezeichnet werden, lassen sich einzelne Moleküle zu Schwingungen anregen. Die schwingenden Moleküle eines Mediums ihrerseits aber regen auch die benachbarten Molküle zum Schwingen an, und die Schwingung breitet sich innerhalb des Mediums aus. Eine solche Erscheinung nennt man Welle.
Die wohl häufigste Wellenerscheinung sind Schallwellen, die durch Schwingung der Luftmoleküle erzeugt werden. Eine Schallwelle breitet sich - lassen wir äußere Einflüsse einmal unberücksichtigt - kugelförmig um das Schwingungszentrum aus, d.h. die Luftmoleküle mit derselben Auslenkung aus ihrer Ruhelage liegen auf konzentrischen Kreisen. Eine solche Welle wird Kugelwelle genannt. Im Gegensatz dazu spricht man von einer ebenen Welle, wenn die Moleküle gleicher Auslenkung auf einer geraden Linie liegen. In größerer Entfernung von der Schallquelle kann man auch eine sich kugelförmig ausbreitende Schallwelle näherungsweise als ebene Welle betrachten.

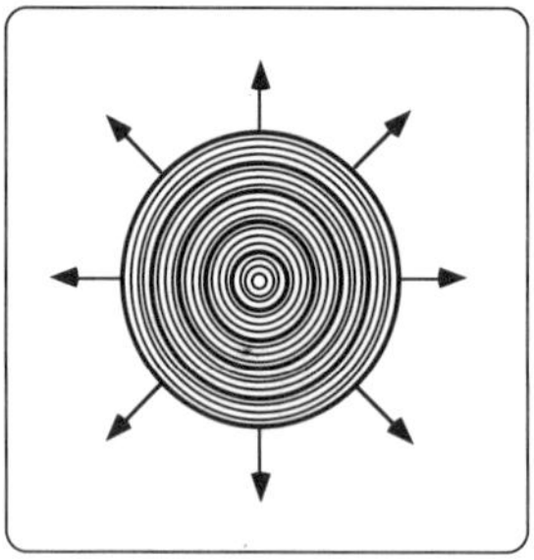

Abb. 1.2 Kugelwelle

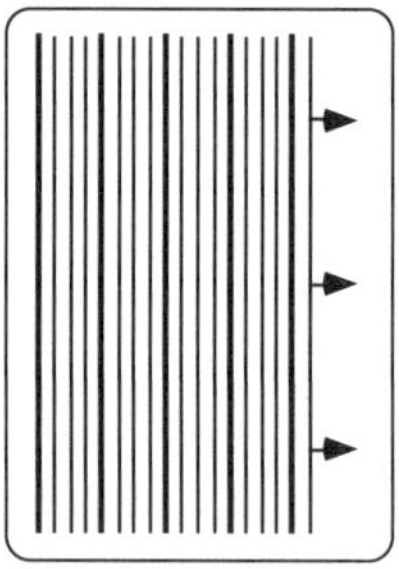

Abb. 1.3 Ebene Welle

1.3 Frequenz

Damit Schwingungsvorgänge und Wellen auch physikalisch exakt zu beschreiben sind, bedarf es spezieller Größen und Einheiten. Die Frequenz beschreibt die Anzahl der Schwingungsperioden innerhalb einer Sekunde:

$$\text{Frequenz } f = \frac{\text{Anzahl der Schwingungen}}{\text{Sekunde}}$$

Die Einheit für die Frequenz f ist demnach 1/s oder Hertz, abgekürzt Hz. Zur Angabe höherer Frequenzwerte werden die Einheiten kHz (Kilohertz), MHz (Megahertz) und GHz (Gigahertz) verwendet; 1 kHz entspricht 1000 Hz, 1 MHz entspricht 1000 kHz usw.

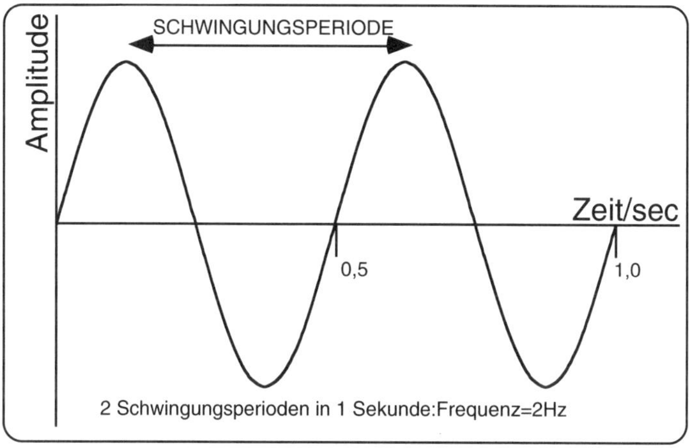

Abb. 1.4 Periodendauer einer Schwingung

1.4 Amplitude

Das Maß für die Auslenkung schwingender Moleküle aus ihrer Ruhelage heißt Amplitude. Abhängig vom schwingenden Medium kann die Amplitude verschiedene Größen annehmen. Bei einem Pendel läßt sich die Amplitude noch mit einem einfachen Bandmaß ermitteln und in Zentimetern angeben; bei Schwingungen von Luftmolekülen oder Elektronen dagegen bedarf es anderer Größen zur Beschreibung der Amplitude, auf die in den folgenden Kapiteln noch ausführlich eingegangen wird.

1.5 Wellenlänge

Die Entfernung zweier Punkte mit der gleichen Amplitude entlang der Ausbreitungsrichtung einer Welle wird als Wellenlänge bezeichnet. Oder anders formuliert: Die Schwingungszustände dieser beiden Punkte sind gleich, man sagt, beide Punkte haben die gleiche Phasenlage. Als Kürzel für die Wellenlänge verwendet man den griechischen Buchstaben λ (Lambda). Die Einheit für die Angabe der Wellenlänge ist Meter bzw. eine Zehnerpotenz davon. Ein Vergleich zwischen dem zeitlichen Ablauf einer Schwingung und der räumlichen Ausbreitung einer Welle zu einem bestimmten Zeitpunkt ergibt ein identisches Schwingungsbild (vergleiche Abbildungen 1.4 und 1.5)

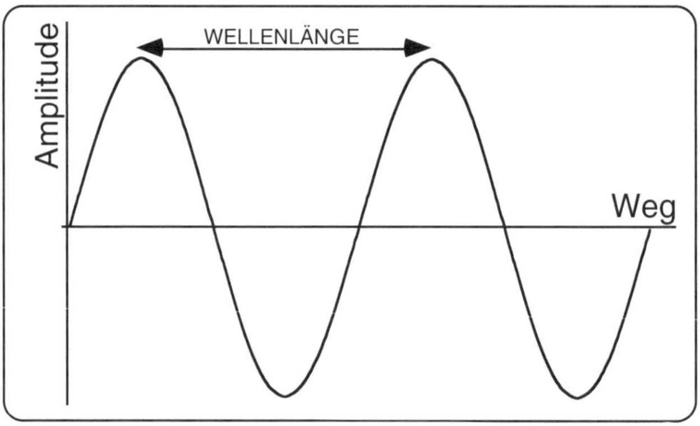

Abb. 1.5 Wellenlänge einer sich ausbreitenden Schwingung

1.6 Ausbreitungsgeschwindigkeit einer Welle

Unter der Ausbreitungsgeschwindigkeit einer Welle versteht man die Geschwindigkeit, mit der sich eine Welle in einem Medium fortpflanzt; sie ist abhängig von der Beschaffenheit dieses Mediums, also materialspezifisch. Die Einheit für die Ausbreitungsgeschwindigkeit ist m/s.
Zwischen der Ausbreitungsgeschwindigkeit c, der Wellenlänge λ und der Frequenz f besteht der folgende Zusammenhang:

$$\lambda = \frac{c}{f}$$

Bei der Ausbreitung von Schallwellen beträgt die Ausbreitungsgeschwindigkeit, die sogenannte Schallgeschwindigkeit, etwa 340 m/s. Damit läßt sich für eine gegebene Frequenz die dazugehörige Wellenlänge einer Schallwelle leicht bestimmen:

$$f = \frac{c}{\lambda}$$

In der folgenden Tabelle sind einige Wellenlängen für Schwingungen innerhalb des menschlichen Hörbereiches angegeben:

Frequenz [Hz]	Wellenlänge
16	21,2 m
20	17 m
100	3,4 m
1 000	34 cm
10 000	3,4 cm
16 000	2,1 cm
20 000	1,7 cm

Tab. 1.6 Frequenz und Wellenlänge in Luft (bei einer Schallgeschwindigkeit von 340 m/s)

Die Ausbreitungsgeschwindigkeit einer Welle hängt jedoch nicht allein vom Medium ab, in dem die Welle übertragen wird, sondern ist unter anderem noch abhängig von der Lufttemperatur, der Luftfeuchtigkeit, dem Luftdruck und dem Kohlendioxidgehalt. Den Zusammenhang zwischen Temperatur und Schallgeschwindigkeit zeigt die folgende Tabelle:

Temperatur [0 C]	Schallgeschwindigkeit [m/s]
-10	325,6
0	331,8
10	337,8
20	343,8
30	349,8

Tab. 1.7 Zusammenhang zwischen Temperatur und Schallgeschwindigkeit

Die Ausbreitungsgeschwindigkeit von Wellen kann in anderen Medien erheblich höher sein. Eine elektrische Schwingung beispielsweise setzt sich in einem elektrischen Leiter mit Lichtgeschwindigkeit (300.000 km/s), also praktisch verzögerungsfrei, fort. Auch die Ausbreitungsgeschwindigkeit mechanischer Wellen ist äußerst unterschiedlich, wie die Beispiele aus Tabelle 1.8 zeigen:

Medium	Ausbreitungsgeschwindigkeit bei 0^0 C [m/s]
Luft	331
Wasser	1485
Kupfer	3710
Eisen	5100
Holz	3000 - 4000
Glas	5000
Hartgummi	1500

Tab. 1.8 Ausbreitungsgeschwindigkeit mechanischer Wellen in verschiedenen Medien

1.7 Überlagerung von Schwingung

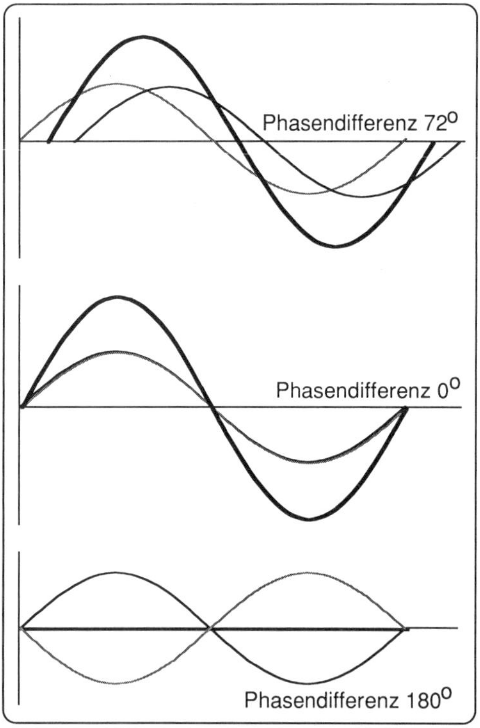

Kein Molekül ist in der Lage, gleichzeitig zwei unterschiedliche Schwingungsbewegungen in der gleichen Schwingungsrichtung auszuführen. Vielmehr stellt sich als Schwingungsbewegung eine Kombination oder Resultierende beider Schwingungen ein, die je nach Frequenz, Amplitude und Phasenlage der Einzelschwingungen verschieden ausfällt.
Diese Schwingungsverläufe als Ergebnis der Überlagerung von Schwingungen sind in der Regel sehr komplex. Schon die einfache Überlagerung zweier sinusförmiger Schwingungen zeigt, wie unterschiedlich die resultierenden Schwingungsverläufe aussehen können.

Abb. 1.9 Überlagerung zweier Schwingungen gleicher Frequenz und Amplitude, aber unterschiedlicher Phasenlage

1.8 Modulation von Schwingungen

Werden Frequenz oder die Amplitude einer Schwingung durch einen weiteren Schwingungsverlauf verändert, spricht man von der Modulation einer Schwingung. Dabei wird zwischen Amplituden- und Frequenzmodulation unterschieden. Die Modulation von Schwingungen wird hauptsächlich in der Rundfunk- und Fernsehübertragung, aber auch bei der synthetischen Klangerzeugung genutzt.

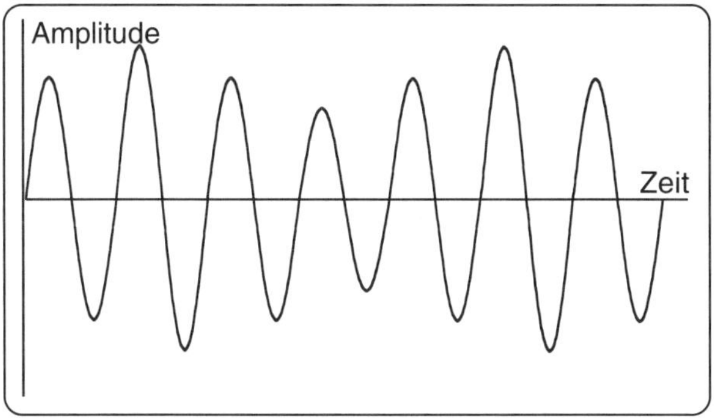

Abb. 1.10 Amplitudenmodulation

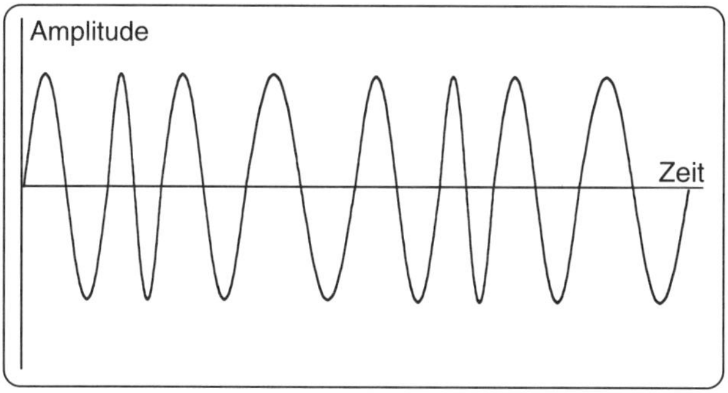

Abb. 1.11 Frequenzmodulation

1.9 Lineare Verzerrungen

Durchläuft eine Welle ein Medium oder Übertragungssystem (z. B. eine Schallwelle die Luft), so kann sich das Verhältnis zwischen der Amplitude am Ausgangspunkt einer Welle und der Amplitude an einem beliebigen Empfangsort in Abhängigkeit von der Frequenz ändern. Das Verhältnis von Eingangs- und Ausgangsamplitude eines Übertragungssystems ist somit von der Frequenz abhängig. Eine ähnliche Abhängigkeit besteht auch zwischen der Eingangs- und Ausgangs-Phasenlage einer Schwingung in einem solchen System. Diese Erscheinungen nennt man lineare Verzerrungen und unterscheidet in diesem Zusammenhang zwischen Dämpfungs- bzw. Verstärkungsverzerrungen und Phasenverzerrungen.

Dämpfungsverzerrungen

Merkmal dieser Verzerrungen ist die Abhängigkeit des Übertragungsfaktors von der Frequenz. Der Übertragungsfaktor ist das Verhältnis zwischen Eingangs- und Ausgangsamplitude einer Schwingung in einem beliebigen Übertragungssystem. Beträgt dieser Faktor 1, so erfolgt die Übertragung ohne irgendeine Änderung der Amplitude einer Schwingung. Bei Faktoren > 1 spricht man von Verstärkung, im umgekehrten Fall dagegen von Dämpfung.
Von einem linearen Übertragungssystem verlangt man, daß der Übertragungsfaktor für alle zu übertragenden Frequenzen gleich ist; er muß aber nicht unbedingt genau eins betragen. Liegt ein solches lineares Übertragungsverhalten vor, so besitzt dieses Übertragungssystem einen linearen Frequenzgang. Jede Abweichung von dieser Forderung nennt man Dämpfungs- bzw. Verstärkungsverzerrung oder allgemein „lineare Verzerrung".

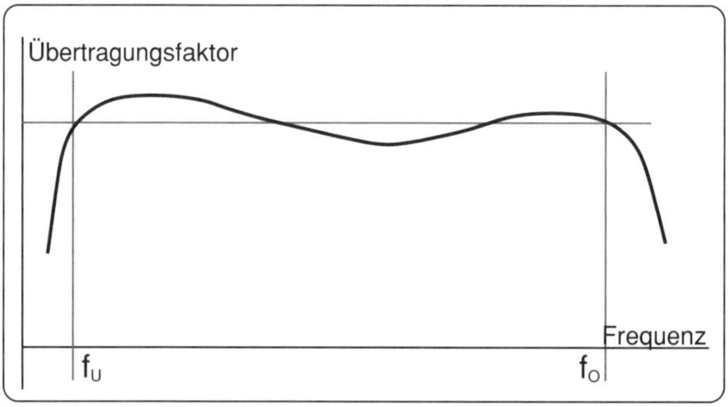

Abb. 1.12 Frequenzgang eines Übertragungssystems

Phasenverzerrung

Die Phasenlage ist der Abstand gleicher Schwingungszustände verschiedener Schwingungen einer Welle (siehe auch Abschnitt 1.5) und kann sich in einem Übertragungssystem in Abhängigkeit von der Frequenz ändern (Phasenverzerrung).

1.10 Nicht-lineare Verzerrungen

Treten am Ausgang eines Übertragungssystems zusätzliche Schwingungen auf, die am Eingang nicht vorhanden waren, so nennt man diese nicht-lineare Verzerrungen. Dementsprechend ist auch das Übertragungssystem „nicht-linear“. Die hinzugekommenen Frequenzen bestehen

- aus ganzzahligen Vielfachen der Eingangsfrequenz (Harmonischen),
- aus Summen- und Differenzfrequenzen zwischen Eingangsschwingungen und Harmonischen,
- aus Summen-/Differenzfrequenzen zwischen den Harmonischen.

Meßtechnisch werden nicht-lineare Verzerrungen im allgemeinen als Klirrfaktor erfaßt, seltener als Intermodulations- bzw. Differenztonfaktor (zur Definition dieser Begriffe siehe Kapitel 15).

Am häufigsten treten nicht-lineare Verzerrungen in elektrischen Übertragungssystemen auf, beispielsweise in Transistoren oder integrierten Schaltkreisen. Diese Verzerrungen möglichst gering zu halten, ist ein wichtiger Gesichtspunkt bei der Entwicklung solcher Übertragungssysteme.

Kapitel 2 Schallerzeugung

Schall ist gewissermaßen das „Endprodukt" der Arbeit im Tonstudio, in den meisten Fällen auch das „Rohmaterial". Für eine ausreichende physikalische Beschreibung des Schalls, vor allem in seiner Form als „Musik", genügen die Definitionen aus Kapitel 1 jedoch nicht. In den folgenden drei Kapiteln werde ich deshalb die wichtigsten Begriffe der Akustik erläutern. Auf die ausführliche Darstellung von mathematischen Zusammenhängen will ich dabei verzichten, soweit diese zum Verständnis nicht unbedingt notwendig sind. Es wird aber auch deutlich werden, wie schwierig exakte Beschreibungen und Berechnungen gerade auf dem Gebiet der Akustik sind.

2.1 Schall

Schall ist eine Form mechanischer Schwingungen und Wellen innerhalb eines elastischen Mediums. Dieses Medium kann beispielsweise Luft (Luftschall), Wasser (Wasserschall) oder auch ein Festkörper (Körperschall) sein.
Schallwellen, deren Frequenz innerhalb eines Bereichs von ca. 16 Hz bis 20 kHz liegen, können wir mit dem Ohr wahrnehmen (Hörbereich). Schall unterhalb des Hörbereichs nennt man Infraschall, Schall oberhalb dieses Bereichs dagegen Ultraschall. Bei Frequenzen von über 10 GigaHertz spricht man von Hyperschall.
In der Wissenschaft des Schalls, der Akustik, verwendet man zur Unterscheidung der verschiedenen Erscheinungsformen von Schall folgende Begriffe:

Ton bzw. Reiner Ton
Sinusförmige Schallschwingung im hörbaren Frequenzbereich. (In der musikalischen Terminologie versteht man im Gegensatz dazu unter einem „Ton" das, was die Akustiker wiederum „Klang" nennen.)

Tongemisch
Schall aus reinen Tönen beliebiger Frequenzen.

Klang
Schall aus Grund- und Obertönen. Besteht ein Klang aus Frequenzen, deren Frequenzen ganzzahlige Vielfache der Grundtonfrequenz sind, so spricht man von einem einfachen oder harmonischen Klang.

Rauschen
Schall, bei dem alle Frequenzen, statistisch verteilt, gleichmäßig auftreten.

Weißes Rauschen
Rauschen, bei dem die Dichte der Teiltöne pro Hertz Bandbreite und deren Amplitude im gesamten Frequenzbereich konstant ist.

Rosa Rauschen
Rauschen, bei dem die Dichte der Teiltöne innerhalb eines Frequenzbereichs konstant ist, die Amplitude der Teiltöne aber bei Frequenzverdopplung um den Faktor 0,7 abnimmt.

2.2 Schalldruck

Werden Luftmoleküle in Schwingung versetzt und somit Schall erzeugt, so hat dies Luftdruckänderungen zur Folge, die dem stationären Luftdruck in der Atmosphäre überlagert sind. Diese relativen Luftdruckänderungen werden Schalldruck genannt. Als Einheit für die Größenangabe des Schalldrucks wird „Pascal" (Pa) oder „Newton/m^2" (N/m) verwendet, dabei gilt: 1 Pa = 1 N/m.
Teilweise wird der Schalldruck immer noch in der alten Einheit µbar angegeben, obwohl dies nicht mehr den nun gültigen internationalen Normen entspricht (1 µ = 0,1 Pa).
Durchschnittlich lauter Schall, beispielsweise eine normale Unterhaltung, hat etwa einen Schalldruck von 0,1 Pa, der normale atmosphärische Luftdruck beträgt ca. 1000 Hektopascal (= 100 000 Pa). Damit beträgt der durchschnittliche Schalldruck lediglich ein Millionstel des atmosphärischen Luftdrucks.

2.3 Schalldruckpegel

Der Bereich des Schalldrucks, den wir mit dem Ohr wahrnehmen können, liegt zwischen einem unteren Grenzwert (der sogenannten Hörschwelle) von ungefähr 2×10^{-5} Pa (= 0,00002 Pa) und einem oberen Grenzwert (der sogenannten Schmerzgrenze) von ca. $1{,}5 \times 10^{2}$ Pa (= 1500 Pa). Diese enormen Unterschiede des Schalldrucks lassen sich in einem linearen Maßstab nur sehr schwer erfassen, wenn es beispielsweise um die graphische Darstellung des Schalldrucks geht.

Man hat daher für die Angabe des Schalldrucks einen logarithmischen Maßstab eingeführt, und zwar absoluten Schalldruckpegel L_P mit der Einheit dB, dem als Bezugsschalldruck p_o ein Wert von 2×10^{-5} Pa zugrunde liegt. Es gilt:
Der Schalldruck 2×10^{-5} Pa entspricht einem Schalldruckpegel von 0 dB. Die Ermittlung des absoluten Schalldruckpegels erfolgt nach folgender Formel:

$$L_P = 20 \lg \frac{p}{p_0}$$

L_P	absoluter Schalldruckpegel [dB]
p	Schalldruck [Pa]
p_0	Bezugsschalldruck 2×10^{-5} Pa
lg	Logarithmus zur Basis 10

Damit ergibt sich als obere Grenze für den Schalldruckpegel etwa ein Wert von 130 dB, der Bereich mittlerer Lautstärke entspricht einem Schalldruckpegel von 70... 80 dB.

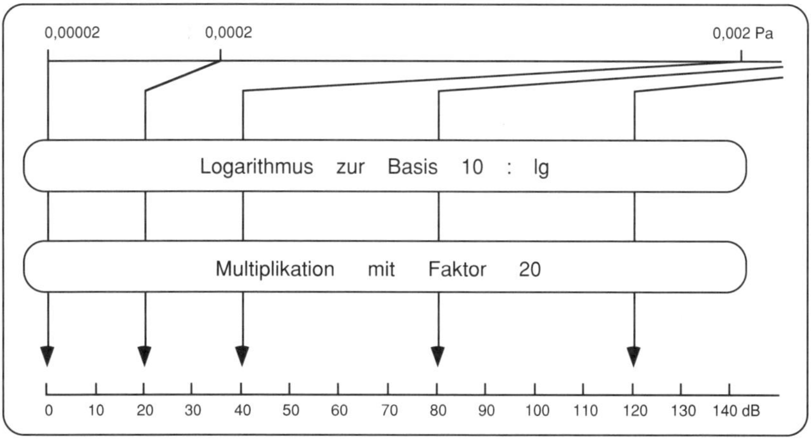

Abb. 2.1 Verkürzung der linearen Skala des Schalldrucks durch den logarithmischen Schalldruckpegel

2.4 Schallschnelle

Die Schallschnelle bezeichnet die Geschwindigkeit der schwingenden Luftmoleküle. Diese Geschwindigkeit darf jedoch nicht mit der Ausbreitungsgeschwindigkeit einer Schallwelle verwechselt werden, weshalb man die Bezeichnung „Schnelle“ zur besseren Unterscheidung benutzt.
Die Schallschnelle von Molekülen in einer Schallwelle ist sehr gering und beträgt bei einem Schalldruck von 0,1 Pa nur 0,25 mm/s.

2.5 Schallquellen

Die Auslösung einer Schallwelle kann nicht unmittelbar erfolgen. Es ist dazu immer die Schwingung einer Schallquelle notwendig. Diese Schallquelle muß ein anderes Medium als Luft sein. Die Schwingung der gespannten Saite einer Gitarre versetzt die sie umgebenden Luftmoleküle in Schwingung, und diese Schwingung wiederum erreicht unser Ohr als Schall. Neben musikalischen Tönen wird natürlich auch jedes Geräusch auf diesem Wege erzeugt.

2.5.1 Musikinstrumente

Eine besondere Kategorie von Schallquellen sind Musikinstrumente, da sie Klänge mit definierten Grundschwingungen erzeugen. Je nach Art der Klangerzeugung und Bauweise eines Instrumentes werden Grundschwingung und bestimmte Oberschwingungen (Harmonische) in einem für das jeweilige Instrument typischen Verhältnis angeregt. Diese Klangstruktur nennt man Spektrum. Sie wird in der Regel als Liniengrafik dargestellt und zeigt die Pegel der Grundschwingung und der Harmonischen eines stationären Klangs.

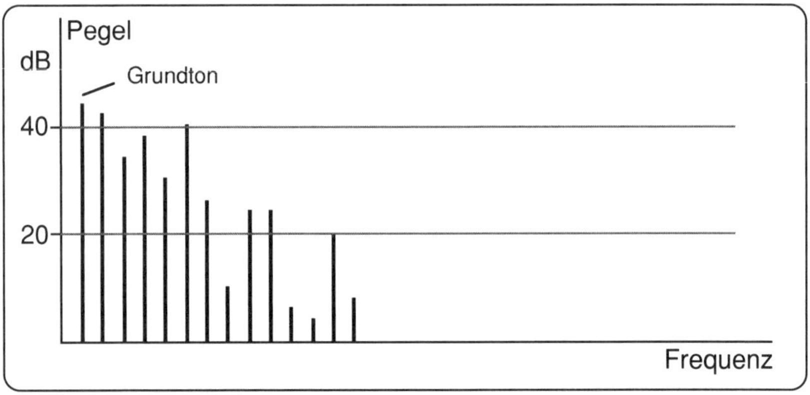

Abb. 2.2 Klangspektrum eines Flügels

Die Klangstruktur eines Instrumentes ist jedoch weitaus komplexer, als daß sie mit einer einfachen Grafik präzise darzustellen wäre. Ein Klang nämlich ist keineswegs als stationärer Zustand anzusehen, sondern beinhaltet vielmehr die Zeit als dritte Dimension. Aufgrund dieser Zeitabhängigkeit unterteilt man einen Klang in drei Abschnitte:

1. Einschwingvorgang: Zeitabschnitt, in dem sich ein Klang aus der Ruhe heraus entwickelt.

2. Quasistationärer Schwingungszustand: Zeitabschnitt, in dem das Klang-

spektrum nur relativ geringen Änderungen unterworfen ist. Lediglich dieser Abschnitt läßt sich mit einer Liniengrafik annähernd darstellen.
3. Ausschwingen: Zeitabschnitt vom Ende der Anregung bis zur Ruhe.

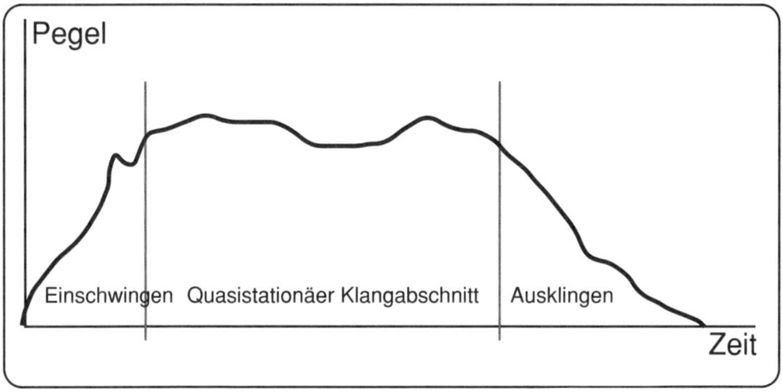

Abb. 2.3 Zeitlicher Verlauf eines musikalischen Klangs

Einschwingen
Besonders die beiden ersten Abschnitte eines Klangs charakterisieren die typischen Klangmerkmale eines Instrumentes, wobei dem Einschwingvorgang eine besondere Bedeutung zukommt. Ohne diesen Einschwingvorgang ließen sich viele Instrumente überhaupt nicht oder nur sehr schwer voneinander unterscheiden, denn der quasistationäre Schwingungszustand ist in vielen Fällen sehr ähnlich strukturiert.
Beispiel: Schneidet man von Tonbandaufnahmen oder Samples einzelner Töne, die von Saiteninstrumenten stammen (zum Beispiel Gitarre, Klavier, gezupftes Cello) die Einschwingvorgänge ab und vergleicht die so manipulierten Klänge, wird man sofort feststellen, wie wichtig gerade das Einschwingen der Instrumente für deren Unterscheidung voneinander ist.
Die Dauer der Einschwingvorgänge kann sich von wenigen Millisekunden bei Percussionsinstrumenten bis zu einer halben Sekunde bei tiefen Orgeltönen oder Kontrabaß erstrecken. Die umfangreichsten Variationsmöglichkeiten bietet die rein elektronische Klangerzeugung. Und gerade dem Einschwingvorgang kommt eine große Bedeutung bei der Entwicklung neuartiger Klänge zu.

Quasistationärer Klangabschnitt
Dieser Abschnitt eines Klangs ist durch dauernde Veränderungen der Teiltöne in Frequenz und Pegel gekennzeichnet. Dadurch können Schwebungen, Vibrato oder Tremolo entstehen bzw. erzeugt werden. Eine Schwebung ist die Folge einer Überlagerung von Tönen mit nur geringfügigen Frequenzunterschieden.

Unter einem Vibrato versteht man eine periodische Frequenzänderung, ein Tremolo ist eine reine Pegelschwankung.
Der quasistationäre Klangabschnitt ist auch in erster Linie für die empfundene Lautstärke eines Instrumentes verantwortlich. Dabei dürfte überraschen, daß der Pegel der Grundschwingung über den gesamten Lautstärkebereich nahezu unverändert bleibt, gleichgültig ob ein Instrument piano oder forte gespielt wird. Allein der steigende Anteil der Obertöne ist für die Steigerung der Lautstärkeempfindung verantwortlich. Natürlich führt das insgesamt auch zu einer Erhöhung des Gesamtschalldruckpegels. Andererseits ist es nicht möglich, allein durch „lautes Abhören“ einen Klang von piano nach forte zu ändern.

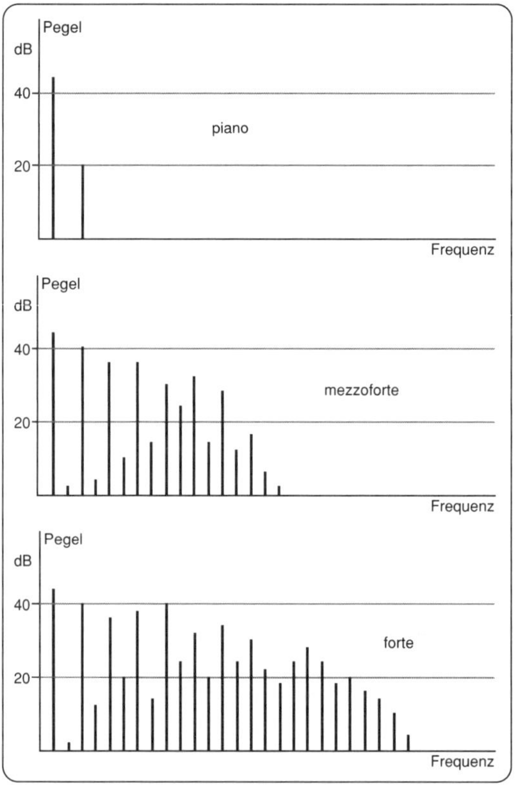

Abb. 2.4 Spektrum in verschiedenen Dynamikstufen

Ein weiteres Charakteristikum von Instrumenten können die Formanten sein. Solche Formanten sind bestimmte Frequenzbereiche im Spektrum eines Klangs, die über den gesamten Tonumfang konstant bleiben und besonders stark hervortreten. Ursache für diese Formantbereiche können Resonanzen beispielsweise im Korpus von Streichinstrumenten oder im Mundstück von Blasinstrumenten sein. Durch die besondere Konstruktion der Resonanzkörper oder die Auswahl bestimmter Materialien kann der Instrumentenbauer so einem Instrument einen ganz eigenen Charakter verleihen.
Letztes typisches Klangkriterium sind die Geräuschanteile. Hier handelt es sich um Streich-, Anblas-, Anschlag- oder ähnliche Geräusche, die jedem Klang eine gewisse Lebendigkeit verleihen. Auch bei der rein elektronischen

Klangerzeugung versucht man durch Zumischen nichtperiodischer Anteile (Rauschen), diesen Effekt zu erzielen.

Ausschwingen
Der Ausklingvorgang ist der Klangverlauf nach dem Ende der Erregung. Je nach Art und Beschaffenheit des Resonanzkörpers variiert die Abklingdauer. Am längsten klingen gezupfte oder geschlagene Saiteninstrumente ab (ein Klavier klingt bis über eine halbe Minute aus), bei Blasinstrumenten dagegen ist die Ausklingzeit sehr kurz. Bei Percussionsinstrumenten besteht der Klang im Grunde nur aus dem Ausklang, da der Einschwingvorgang sehr kurz ist und wegen des Fehlens einer kontinuierlichen Erregung einer Schwingung die quasistationäre Phase entfällt.

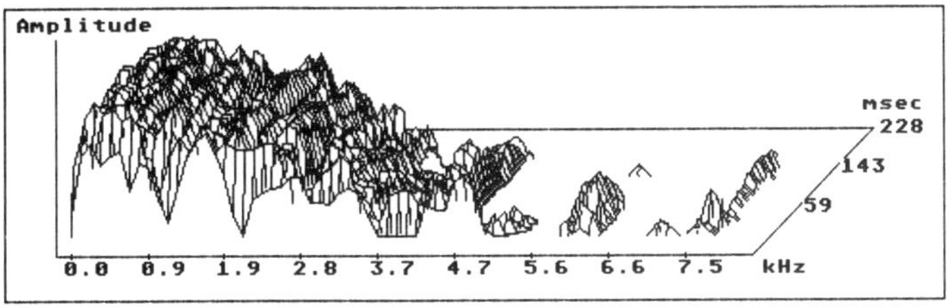

Abb. 2.5 Dreidimensionale Klangdarstellung eines kurz angeschlagenen Klaviertons

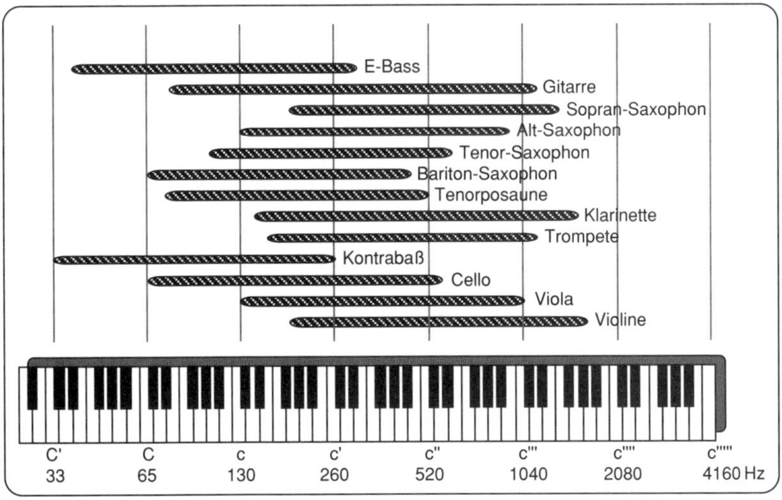

Abb. 2.6 Grundtonumfang einiger Instrumente

2.5.2 Stimme

Die menschliche Stimme verfügt über eine fast endlose Vielfalt an Klangvariationen und Geräuschen und ist somit einer der vielseitigsten Schallerzeuger. Als Erreger dienen die Stimmlippen (auch Stimmbänder genannt), die durch den Luftstrom beim Ausatmen in Schwingungen versetzt werden. Durch die Veränderung der Resonanzräume Mund, Nase, Nebenhöhlen und Rachen können die so erzeugten Schwingungen in ihrem Spektrum variiert werden, um Töne unterschiedlichster Klangfarben entstehen zu lassen. Daneben gibt es stimmlose Laute, die überwiegend Geräuschkomponenten enthalten.

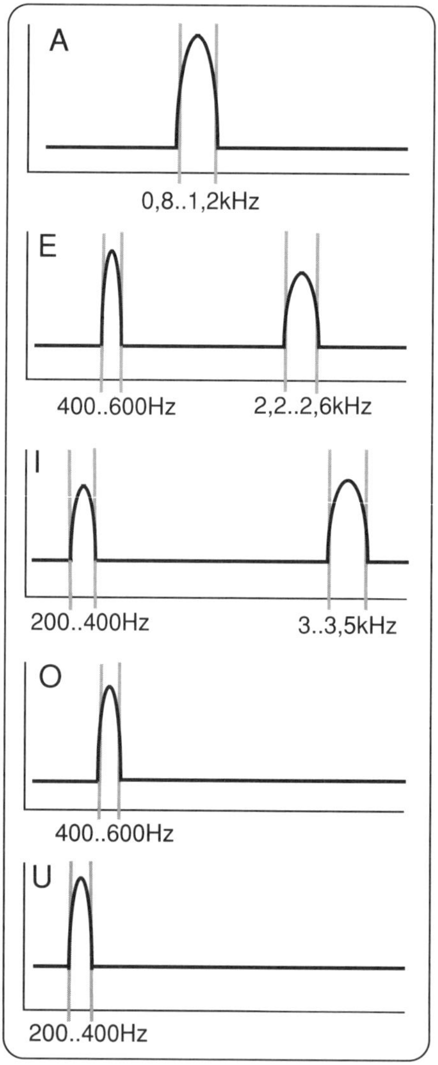

Abb. 2.7 Formantbereich der deutschen Vokale

Sprechstimme

Sprache ist - akustisch betrachtet - eine organisierte Folge von Klängen, Geräuschen und deren Kombinationen. So sind die Vokale „a“, „e“, „i“, „o“, „u“ harmonische, durch bestimmte Formantbereiche charakterisierte Klänge. Diese Formantbereiche sind unabhängig von der Grundfrequenz eines Vokals.
Die stimmhaften Konsonanten „l“, „m“, „n“, „r“, usw. sind ebenfalls harmonische Klänge, denen aber Geräuschanteile überlagert sind. Ausschließlich aus Geräuschanteilen mit Frequenzanteilen bis über die Hörgrenze hinaus bestehen die Zischlaute „f“, „s“, „sch“ und „z“. Die Explosivlaute „b“, „d“, „g“, „p“ etc. sind ebenfalls geräuschartige Spektren, weisen allerdings einen impulsförmigen Verlauf auf.

Nur aus Strömungsgeräuschen schließlich wird das „h“ erzeugt. Die Grundfrequenz der Stimmbandschwingung ändert sich ständig, was die sogenannte Sprachmelodie ergibt. Diese Grundfrequenz liegt bei Männern zwischen 120 Hz und 160 Hz, bei Frauen und Kindern zwischen 220 Hz und 330 Hz.

Singstimme
Die Singstimme unterscheidet sich von der Sprechstimme in erster Linie dadurch, daß sie sich in der Regel an eine vorgegebene Melodie halten muß. Da nur Laute, die aus einem Klang geformt sind, eine Tonhöhe im musikalischen Sinn haben können, kommt den Vokalen und den stimmhaften Konsonanten bei der Singstimme eine besondere Bedeutung zu. Diese Laute werden daher beim Vortrag einer Melodie besonders betont oder gedehnt, um den musikalischen Ablauf zu verdeutlichen. Daneben kann der Singstimme ebenfalls durch eine Variation der Formanten, durch Tremolo oder Vibrato eine eigene Farbe verliehen werden.

2.5.3 Elektronische Klangerzeugung

Seit dem Ende des letzten Jahrhunderts wurden Instrumente entwickelt, mit denen Klänge auf rein elektronischem Weg erzeugt werden können. Letztlich kann man alle Entwicklungen auf diesem Gebiet als Vorläufer der heute gebräuchlichen Synthesizer betrachten. Keineswegs aber wurden diese Instrumente immer über eine normale Klaviertastatur gespielt, wie dies heute größtenteils der Fall ist. Vielmehr wurde auch angestrebt, neben der neuartigen Klangerzeugung eine neue Spieltechnik einzuführen. Als ein wichtiges Beispiel sei das Trautonium genannt, bei dem eine Saite als Widerstand in einem elektrischen Schwingkreis arbeitet. Durch Niederdrücken der Saite auf eine Metallschiene wird der Schwingkreis geschlossen, ein bestimmter Ton kann ähnlich wie bei einer Violine gegriffen werden. Für dieses Instrument wurden in den dreißiger Jahren Kompositionen geschrieben, außerdem wurde Filmmusik damit produziert.
Spricht man heute jedoch von elektronischer Klangerzeugung bzw. elektronischen Musikinstrumenten, so ist zunächst der Synthesizer gemeint, der über eine Klaviertastatur (Keyboard) gespielt wird. Bei der Klangerzeugung orientiert man sich nach wie vor sehr stark an den traditionellen Instrumenten und behält im Grunde deren Klangstrukturen bei. So dienen als Ausgangsmaterial Klänge, deren Spektren durch Filter beeinflußt werden können (subtraktive Synthese). Genauso kann ein Spektrum aber auch aus reinen Tönen aufgebaut werden (additive Synthese). Auch die Parameter, die den zeitlichen Verlauf eines Klangs steuern, entsprechen denen natürlicher Klänge: Die variable A(ttack)-D(ecay)-S(ustain)-R(elease)-Hüllkurve ist an das Schema Einschwingvorgang - quasistationärer Klang - Ausklang angelehnt.

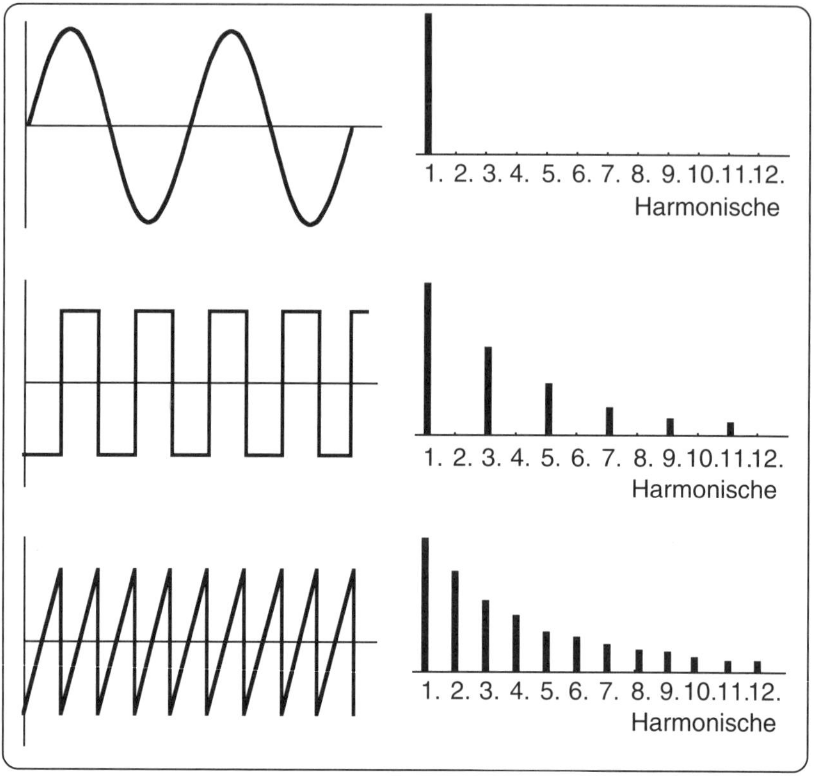

Abb. 2.8 Ausgangsschwingungen für die subtraktive Synthese und deren Spektren

Kapitel 3 Schallausbreitung

Gelingt es relativ präzise, die Schallerzeugung und ihre Phänomene zu beschreiben, so trifft dies bei der Schallausbreitung nur noch bedingt zu. Besonders gilt das für die verläßliche Berechnung der Akustik eines Raums, also für die Vorhersage darüber, wie ein Raum „klingen" wird - sei es ein Studio oder ein Konzertsaal. Zu komplex sind die Vorgänge, die hier eine Rolle spielen. Dieses Kapitel vermittelt die grundlegenden Überlegungen, die Ausgangspunkt jeder akustischen Planung sind.

3.1 Schallfeld

Zur Erinnerung: Eine Schallquelle kann ein sie umgebendes Medium zu Schwingungen anregen. Diese Schwingungen breiten sich als Schallwelle in diesem Medium aus. Den Bereich, der von diesen Schallwellen erfaßt wird, nennt man Schallfeld. Ohne ein Medium, im Vakuum also, läßt sich kein Schallfeld erzeugen. In einem „freien Schallfeld" kann sich eine Welle ungehindert ausbreiten, d.h. es gibt keine Hindernisse, die diese Ausbreitung stören könnten. Ein solches Schallfeld ist praktisch nur in eigens dafür konstruierten „schalltoten" Räumen oder näherungsweise über einer schneebedeckten Ebene anzutreffen. In Räumen, aber auch im Freien, werden Schallwellen durch Wände und Gegenstände reflektiert, gebeugt oder zerstreut. Man spricht hier von einem „diffusen" Schallfeld. In einem solchen sind im Idealfall die Schallwellen gleichmäßig über den ganzen Raum verteilt. In der Praxis hat man es jedoch stets mit diffusen Schallfeldern zu tun, die von diesem Ideal mehr oder weniger stark abweichen. Es treten dementsprechend an verschiedenen Punkten in einem Raum bestimmte Frequenzen besonders hervor, andere Frequenzen wiederum werden stärker bedämpft.
Hier die vier Faktoren, die die Ausbreitung einer Schallwelle beeinflussen:

1. Reflexion: Änderung der Ausbreitungsrichtung einer Schallwelle,
2. Beugung: „Umgehung“ von Hindernissen durch eine Schallwelle,
3. Brechung: Änderung der Ausbreitungsrichtung beim Übergang in ein anderes Medium,
4. Absorption: „Vernichtung“ einer Schallwelle.

3.2 Reflexion

Die Reflexion von Schallwellen gehorcht den gleichen Gesetzen, wie sie aus der Optik für die Reflexion von Licht an ebenen und gekrümmten Spiegeln bekannt sind. Analog der Darstellung einer Lichtwelle als Lichtstrahl benutzt man in der Akustik den Schallstrahl zur graphischen Darstellung von Reflexionserscheinungen.

Der einfachste Fall ist die Reflexion an einer ebenen Fläche. Dabei gilt, daß ein Schallstrahl mit dem Winkel reflektiert wird, mit dem er auf die Fläche auftrifft (Einfallswinkel = Ausfallswinkel). Auch die Reflexion an gekrümmten Flächen erfolgt nach diesem Gesetz. Als Reflexionsfläche legt man dann die Tangente durch den Reflexionspunkt.

Dieses Reflexionsgesetz ist jedoch nur dann gültig, wenn die reflektierende Fläche groß gegenüber der Wellenlänge der reflektierten Schallwelle ist, sie muß also wenigstens die Größe einiger Wellenlängen besitzen. Eine Schallwelle mit der Frequenz 1 kHz und damit einer Wellenlänge von 34 cm wird somit nur von einer Fläche mit der Ausdehnung von über 1 m reflektiert werden.

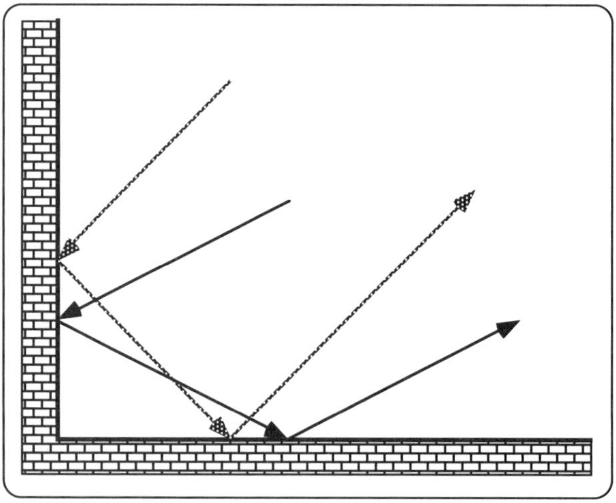

Abb. 3.1 Reflexion an einer ebenen Fläche

Zwischen zwei parallelen Flächen, beispielsweise zwischen Fußboden und Decke eines Raumes, kann es zur Ausbildung einer „stehenden“ Welle kommen. Sie kommt zustande, wenn sich eine senkrecht auftreffende Schallwelle immer wieder mit ihren eigenen Reflexionen überlagert. Dadurch kann es zu Verstärkungen bzw. Auslöschungen der Schallwellen kommen.
Als Voraussetzung für die Entstehung einer stehenden Welle muß der Abstand zwischen den reflektierenden Flächen eine halbe Wellenlänge oder ein ganzzahliges Vielfaches davon betragen. Außerdem muß die Schallquelle einen Dauerton erzeugen.

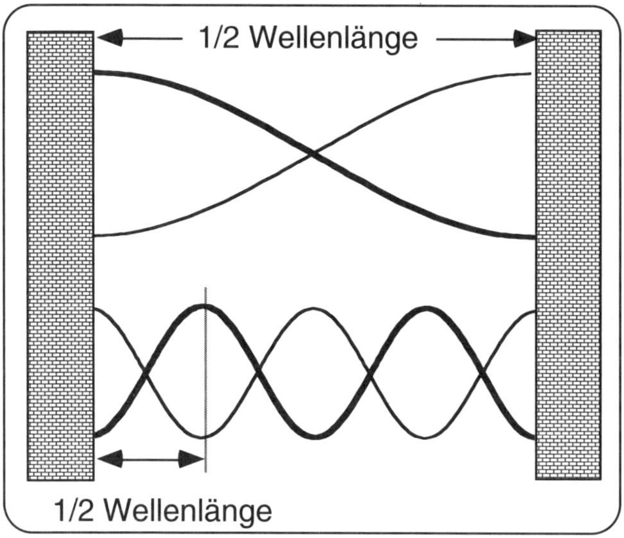

Abb. 3.2 Stehende Welle zwischen zwei Wänden

Stehende Wellen treten in der Praxis häufig in kleinen Räumen auf und können die Aufnahme oder Wiedergabe von Musik in erheblichem Maße beeinträchtigen. In kleinen Studio- und Abhörräumen müssen daher geeignete Maßnahmen getroffen werden. Dazu gehören die Verwendung von Absorbern sowie die Veränderung von Wand- und Deckenflächen.
Bei der Reflexion von Schallwellen an konkaven (nach innen gewölbten) Flächen, kommt es je nach Abstand der Schallquelle von der Fläche zur Bündelung bzw. Zerstreuung der Schallwellen. An konvexen (nach außen gewölbten) Flächen werden die Schallwellen grundsätzlich zerstreut. In einem Raum kann so durch entsprechend gestaltete, reflektierende Flächen das Schallfeld in gewissen Grenzen geformt werden. Insbesondere läßt sich die Diffusität eines Raums erhöhen.

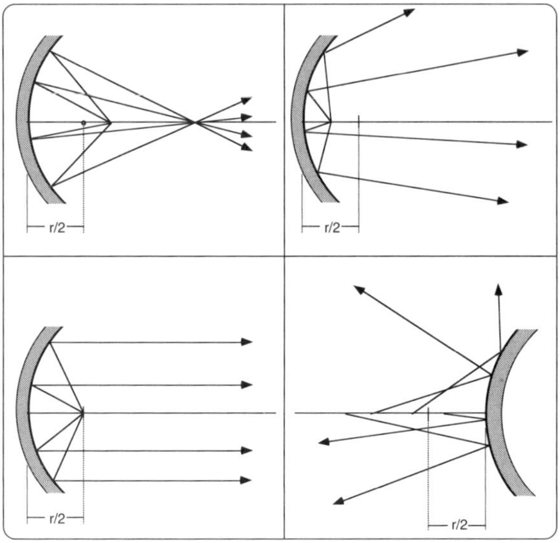

Abb. 3.3 Reflexion an konkaven und konvexen Flächen

3.3 Beugung

Trifft eine Schallwelle auf einen Gegenstand mit einer Ausdehnung in der Größenordnung einer Wellenlänge oder darunter, so wird die Ausbreitung der Schallwelle nicht gestört, sondern sie wird um den Gegenstand herum gebeugt. Für die Ausbreitung des Hörschalls mit einer Wellenlänge zwischen 2 cm und 20 m hat das in der Praxis die Folge, daß tieffrequente Anteile von den meisten Hindernissen, wie Möbeln etc., nicht beeinflußt werden. Höherfrequente Anteile dagegen werden reflektiert. Dies führt zu einem dumpferen Gesamtklangbild hinter einem Hindernis.

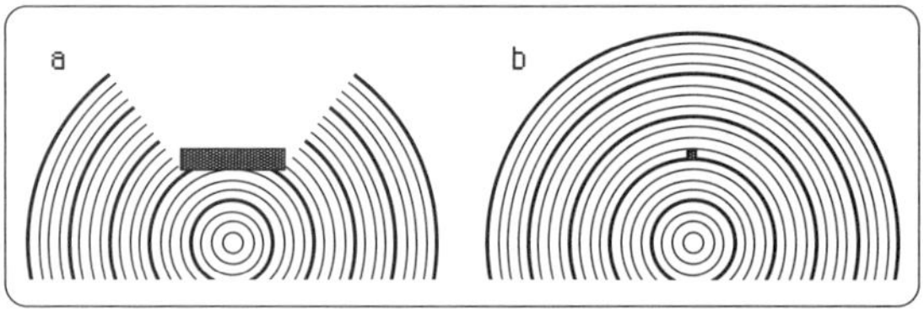

Abb. 3.4 Beugung einer Schallwelle um ein Hindernis
a: Hindernis groß im Vergleich zur Wellenlänge
b: Hindernis klein im Vergleich zur Wellenlänge

3.4 Brechung

Beim Übergang einer Welle von einem Medium in eines mit einer unterschiedlichen Ausbreitungsgeschwindigkeit ändert sich auch deren Ausbreitungsrichtung. Bei der Schallausbreitung in Luft findet ein solcher Übergang im allgemeinen nicht statt, sieht man einmal von Luftschichten unterschiedlicher Temperatur bei außergewöhnlichen Wetterlagen ab.
In Räumen spielt die Brechung nur beim Eindringen einer Schallwelle in eine absorbierende Fläche eine Rolle.

3.5 Absorption

Bei der Absorption wird einer Schallwelle Energie entzogen und damit die Schwingung der Luftmoleküle gedämpft. Die Folge ist, daß die Schallwelle nur teilweise oder überhaupt nicht mehr reflektiert wird. Das Absorptionsmaß gibt an, wie stark eine Schallwelle absorbiert wird:

Absorptionsmaß = 1 : vollständige Absorption
Absorptionsmaß = 0 : ungestörte Reflexion.

Die Ausstattung eines Raums mit Absorbern ist die gebräuchlichste bauliche Maßnahme zur Veränderung der Akustik. Der Einfluß von Absorbern wie Teppichböden und Vorhängen auf die Akustik eines Raums dürfte jedem aus eigener Erfahrung bekannt sein. Zur akustischen Gestaltung von Studio- und Regieräumen werden in der Regel ebenfalls Absorber eingesetzt.

Eine Schallabsorption läßt sich auf verschiedene Weise erreichen:
1. In offenporigen Materialien (Schaumstoffen, Faserstoffen) wird die Bewegung der Luftmoleküle durch Reibung gebremst.
2. Ein Resonator verstärkt die Bewegung der Luftmoleküle. Dadurch vergrößert sich aber die Reibung, was zu Absorption führt. Diese Resonatoren werden Helmholtz-Resonatoren genannt und wirken nur in einem eng begrenzten Frequenzband um die Resonanzfrequenz.
3. Werden Platten durch Schallwellen zum Mitschwingen angeregt und werden diese Schwingungen gleichzeitig wieder bedämpft, erreicht man ebenfalls eine schmalbandige Absorption. Durch Kombination verschiedener Materialien läßt sich aber auch eine sehr breitbandige Absorption erzielen.
Am kostengünstigsten sind Absorber aus porösem Material (1), wie Vorhänge, Schaumstoffe etc. Auch ist deren Wirksamkeit relativ einfach zu berechnen: Es werden nur Frequenzen absorbiert, deren Wellenlänge kleiner ist als die vierfache Dicke des Absorbers bzw. der vierfache Abstand des Absorbers von einer Wand.

Nur so ist der Absorber auch im Bereich der größten Amplitude einer Welle wirksam.
Die Verkleidung einer Wand mit 10 cm dicken Schaumstoffplatten hat also nur für Frequenzen oberhalb 850 Hz eine gute absorbierende Wirkung, bei tieferen Frequenzen nimmt diese Wirkung ab. Damit auch diese Frequenzen absorbiert werden, muß die Dicke des Absorbers und/oder der Abstand von der Wand vergrößert werden.

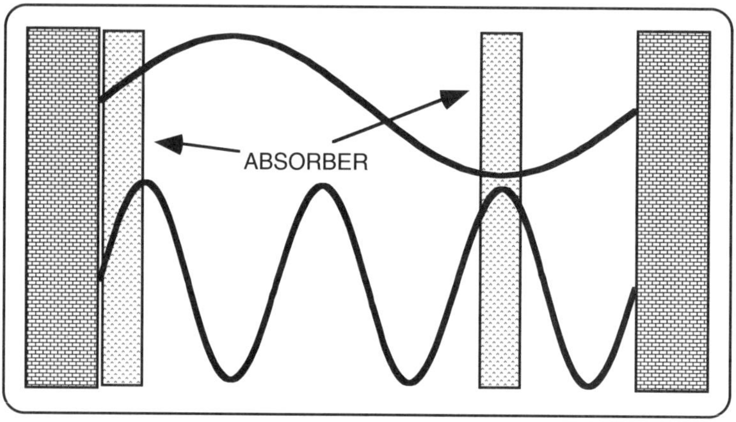

Abb. 3.5 Ein Absorber wird durch einen größeren Abstand von der Wand auch für tiefere Frequenzen wirksam

Zur Absorption mittlerer und tiefer Frequenzen werden spezielle Mitten- bzw. Tiefenabsorber verwendet. Diese Absorber sind als Helmholtz-Resonatoren ausgebildet, in denen die Schwingungen durch Fasermaterial im Innern der Resonatoren bedämpft werden.
Typische Mittenabsorber sind mit Loch- oder Schlitzplatten verkleidete Hohlräume unterschiedlicher Größe vor einer Wand, die teilweise mit Faserstoffen ausgekleidet sind. Eine solche Konstruktion hat eine relativ breitbandige Wirkung im gesamten Mittenbereich.
Als Tiefenabsorber dagegen wirken luftdicht gegen eine Wand angebrachte Platten. Der Zwischenraum zwischen Wand und Platten wird ebenfalls mit Fasermaterial ausgefüllt. Auch diese Konstruktion ist ein Resonator. Durch unterschiedlichen Abstand der Platten von der Wand und verschieden schwere Platten kann deren Resonanzfrequenz in einen Bereich von 70 Hz bis 300 Hz gelegt werden, was wiederum eine breitbandige Absorptionswirkung zur Folge hat.

3.6 Schalldämmung

Auch die Schalldämmung ist ein wichtiger Gesichtspunkt bei der Planung von Studio- und Regieräumen. Sie kennzeichnet die Fähigkeit von Materialien, den Durchgang von Schall zu hemmen. Eine gute Schalldämmung, also die weitgehende Unterbindung des Schallübergangs in andere Räume, ist sowohl zwischen Studio- und Regieraum als auch zwischen gesamtem Studiokomplex und benachbarten Räumen notwendig.
Der Schallübergang kann in Form von Luftschall oder auch als Körperschall erfolgen. Die beste Dämmung gegen Luftschall bieten luftdichte, schwere und harte Materialien (Stein, Metall, Holz). Dabei hängt die Dämmung weitgehend von der Masse dieser Stoffe ab.
Körperschall ist weit schwieriger zu bedämpfen, da meist größere Bereiche eines Gebäudes, beispielsweise durch Schritte, Türschlagen, Vibrationen von Maschinen oder Straßenlärm, in Schwingung versetzt werden. Die beste Dämmung ist die Vermeidung der Ursache, also des Körperschalls. Dies erreicht man durch schwimmenden Estrich oder dicke Teppichböden. Vielfach müssen Studios jedoch mit aufwendigen Haus-in-Haus-Konstruktionen gegen Körperschall geschützt werden.
Zur meßtechnischen Erfassung der Schalldämmung berechnet man die Differenz zwischen dem Schalldruckpegel vor und nach dem Durchgang des Schalls durch das dämmende Material.
Diese Differenz bezeichnet man als Schalldämm-Maß. Es hat - wie der Schalldruckpegel - die Einheit dB.

Material	Schalldämm-Maß [dB]
Backsteinwand 11 cm	46
Betonwand 12 cm	50
Betonwand 20 cm	56
Spanplatte 4 cm	28
Normale Tür	15
Schallschutztür	35
Fenster	25
Schallschutzfenster	35

Tabelle 3.6 Schalldämm-Maß einiger Baustoffe

3.7 Zeitlicher Aufbau eines Schallfelds im Raum

Das diffuse Schallfeld wird hinsichtlich seines zeitlichen Aufbaus in drei Phasen gegliedert, die charakteristisch für einen Raum sind.

3.7.1 Direktschall

Den Schall, der den Hörer auf direktem, ungehindertem Wege erreicht, nennt man Direktschall. Ein ausreichend großer Anteil von Direktschall ist für eine gute Sprachverständlichkeit bzw. für die Verfolgung musikalischer Abläufe in einem Raum die wichtigste Voraussetzung. Der direkte Schallanteil ermöglicht es aber auch, die Richtung festzustellen, aus der eine Schallwelle das Gehör erreicht.

3.7.2 Erste Reflexionen

Nach dem Direktschall treffen am Hörort zunächst einzelne Reflexionen ein, deren Pegel und besonders deren Verzögerung gegenüber dem Direktschall kennzeichnend für die akustische Umgebung sind (erste Reflexionen). Manchmal stößt man auch im deutschen Sprachraum auf die englische Bezeichnung „Early Reflections".

Die ersten Reflexionen sind - zusammen mit dem Direktschall - für die empfundene Lautstärke einer Schallquelle verantwortlich. Ihr Pegel kann ohne weiteres um bis zu 10 dB höher liegen als der Pegel des Direktschalls, ohne daß davon die Ortung der Schallquelle beeinträchtigt wird.

Reflexionen können sich aber auch negativ auf die Deutlichkeit des Schalls auswirken, beispielsweise wenn die Verzögerung, mit der sie beim Hörer eintreffen, mehr als 50 ms beträgt. Das entspricht einem Umweg des Schalls von mehr als 17 m. Diese Reflexionen führen zu Echo-Effekten, die als eher störend empfunden werden. Bei Verzögerungen von weniger als 20 ms oder weniger als 7 m Umweg können unangenehme Klangfärbungen durch Überlagerung der Schallwellen auftreten.

3.7.3 Nachhall

Nach einer gewissen Zeit verschmelzen die einzelnen Reflexionen in einem Raum immer mehr zum sogenannten Nachhall. In dieser Phase des Schallfelds sind keine einzelnen Reflexionen mehr wahrnehmbar. Nach dem Ende der Erregung einer Schallwelle klingt der Nachhall in einer für den jeweiligen Raum typischen Weise aus. Die Dauer dieses Ausklingvorgangs wird als Nachhallzeit bezeichnet. Nach der Definition des Akustikers Sabine (1868 - 1919) versteht man unter dem Begriff Nachhallzeit die Zeit, in der der Schalldruckpegel nach dem Ende der Erregung einer Schallwelle um 60 dB abnimmt.

In allen Räumen zeigt diese Nachhallzeit eine Abhängigkeit von der Frequenz der Schallwelle. In der Regel nimmt die Nachhallzeit mit steigender Frequenz ab. Daher gibt man für Räume eine mittlere Nachhallzeit an. Sie beträgt beispielsweise in trockenen Studioräumen für Wortproduktionen ca. 0,3 sec, in großen Kirchenräumen über 3 sec.

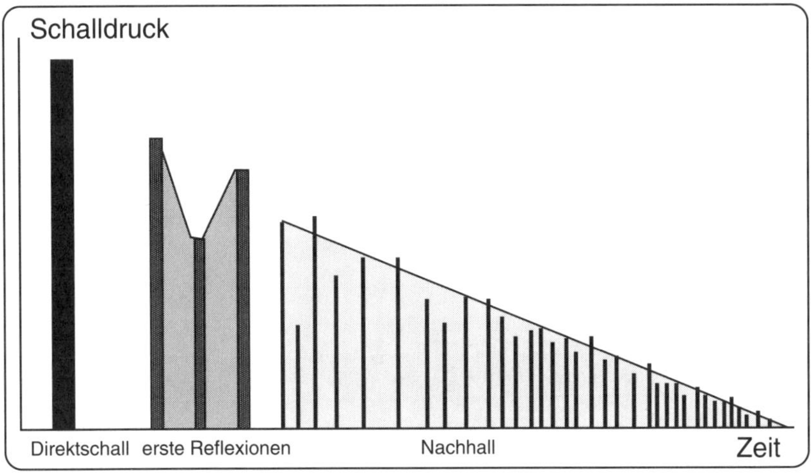

Abb. 3.7 Zeitlicher Aufbau des Schallfelds

Kapitel 4 Wahrnehmung von Schall

Untersuchungen über die Funktion des Gehörs als Sinnesorgan des Menschen für die Wahrnehmung von Schallwellen sind ausgesprochen komplex und aufwendig. Zwar sind Aufbau des Gehörs und Funktionsweise der einzelnen Komponenten weitgehend erforscht, die Verarbeitung der Wahrnehmungen durch das Gehirn jedoch sind noch nicht umfassend geklärt. Zu diesem Komplex liegen verschiedene Theorien und Modellvorstellungen vor, die allesamt auf Beobachtungen an Versuchspersonen beruhen. Von besonderer Bedeutung sind in diesem Zusammenhang Untersuchungen des räumlichen Hörens und des sogenannten Verdeckungseffekts.
In diesem Kapitel sind die vorliegenden Erkenntnisse zusammengefaßt, die wichtig sind für die Wahrnehmung von Sprache und Musik, sowohl als natürliche Schallquelle wie bei der elektroakustischen Wiedergabe.

4.1 Aufbau und Funktion des Gehörs

Sehen wir uns zunächt einmal den Aufbau des Ohres etwas genauer an. Es wird in drei Funktionsabschnitte unterteilt: Außenohr, Mittelohr und Innenohr.
Das äußere Ohr, bestehend aus Ohrmuschel, Gehörgang und Trommelfell, leitet die Schallwellen zum Gehör. Dabei kann der Schall schon Veränderungen in seiner spektralen Zusammensetzung erfahren, die das Gehör beispielsweise zur Ortung einer Schallquelle auszuwerten versteht. Das Trommelfell wird durch die Schallwellen zum Mitschwingen angeregt und überträgt so die Schwingungen des Luftschalls zum Mittelohr.
Das Mittelohr stellt die Verbindung zwischen Trommelfell und innerem Ohr her. Mit seinen drei Gehörknöchelchen - sie werden Hammer, Amboß und Steigbügel genannt - ist es als eine Art Druckwandler zu betrachten. Sie verstärken einerseits sehr geringe Auslenkungen des Trommelfells, andererseits aber

können sie bei großen Schalldruckpegeln durch eine zusätzliche Vorspannung auch eine dämpfende Wirkung haben und sind so ein wirksamer Schutzmechanismus gegenüber Schädigungen des Gehörs. Jeder, der sich schon einmal längere Zeit in lauter Umgebung (Rockkonzert, Fabrikhalle) aufgehalten hat, kennt die Wirkung dieses Mechanismus: Normale Schallpegel werden anschließend als leiser empfunden. Diese Schutzwirkung läßt erst nach einigen Stunden wieder nach.

Das Mittelohr ist mit Luft ausgefüllt und besitzt über die Eustach'sche Röhre eine Verbindung zum Rachenraum. Durch Schlucken kann so ein Druckausgleich zwischen Außen- und Mittelohr erfolgen.

Das Innenohr wird aufgrund seiner Form auch Schnecke genannt. Es wandelt die empfangenen Schwingungen in Nervenströme um. In Längsrichtung ist die Schnecke durch eine Trennwand in zwei Bereiche geteilt, die am Ende der Schnecke durch eine Öffnung (Helicotrema) miteinander verbunden sind. Das Innere der Schnecke ist vollständig mit Lymphflüssigkeit ausgefüllt. Den Abschluß zum Mittelohr bilden das ovale und das runde Fenster. Der Steigbügel überträgt seine Schwingungen auf das ovale Fenster und dadurch auch auf die Flüssigkeit im Innenohr. Das runde Fenster dient lediglich zum Ausgleich der entstehenden Druckunterschiede.

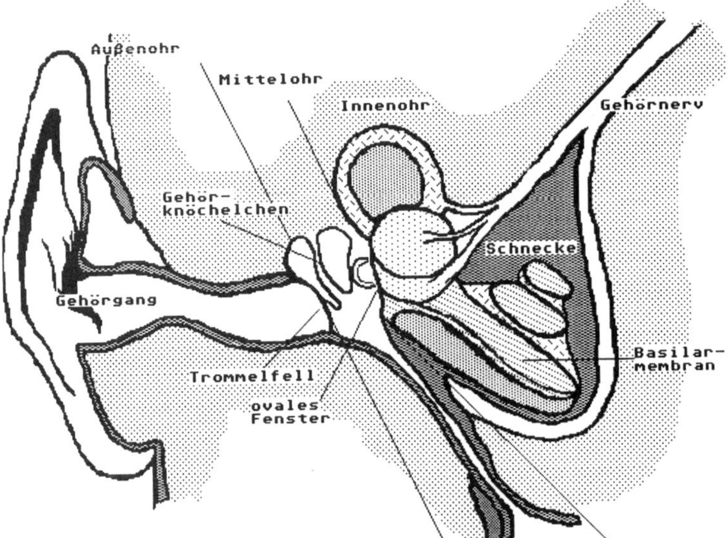

Abb. 4.1 Schnitt durch das menschliche Ohr

Auf der Trennwand der Schnecke liegen auf der Basilarmembran unter zwei weiteren Membranen ca. 25.000 Sinneszellen, das sogenannte Cortische Organ.

Diese Sinneszellen wandeln die Schwingungen der Lymphflüssigkeit in elektrische Ströme um, die vom Hörnerv an das Gehirn weitergeleitet werden. Die Empfindlichkeit des Cortischen Organs für einzelne Frequenzen ist längs des Organs verteilt. Dies erklärt auch die unterschiedliche Empfindlichkeit des Gehörs für verschiedene Frequenzen bzw. den teilweisen Verlust der Hörfähigkeit in einzelnen Frequenzbereichen durch die Schädigung einzelner Bereiche des Cortischen Organs.

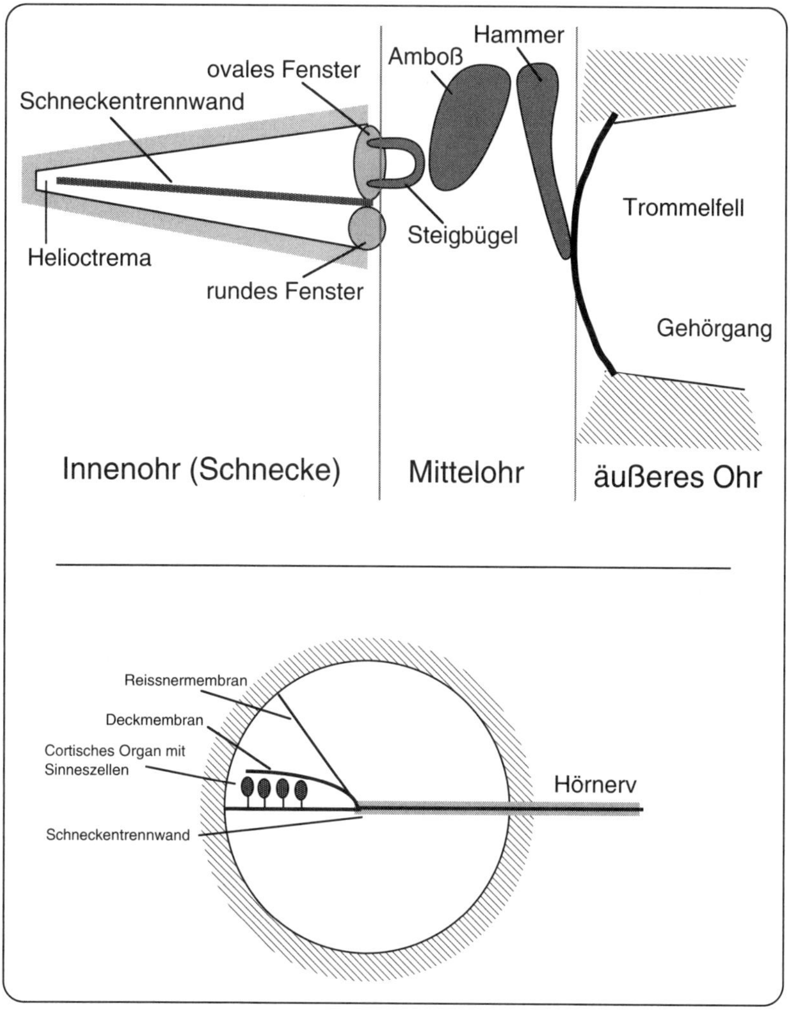

Abb. 4.2 Schema des menschlichen Gehörs

4.2 Eigenschaften des Gehörs

Die Psychoakustik untersucht die Zusammenhänge zwischen Reizen, die auf das Gehör einwirken, den sogenannten Schallereignissen, und den daraus resultierenden Empfindungen, den Hörereignissen. Die Schwierigkeit bei diesen Untersuchungen besteht darin, daß zwar die akustischen Reize physikalisch eindeutig durch Größen wie Frequenz, Schalldruck usw. zu definieren, die hervorgerufenen Empfindungen jedoch physikalisch nicht präzise zu erfassen sind. Vielmehr ist man auf Angaben von Versuchspersonen angewiesen, die mehr oder weniger genau ihre Empfindungen zu beschreiben versuchen.
Eine relativ verläßliche Methode ist die Ermittlung der Verdopplung einer bestimmten Empfindung. Man läßt also eine Versuchsperson beispielsweise angeben, wann sich die empfundene Lautstärke eines Signals verdoppelt hat und registriert die damit verbundene Zunahme des Schalldruckpegels.

4.2.1 Lautstärke

Die Lautstärke ist die wohl wichtigste Empfindung bei der Wahrnehmung von Schallwellen. Diese Empfindung ist einerseits abhängig vom Schalldruckpegel, andererseits aber auch von der Frequenz eines Schallereignisses. Das bedeutet, daß bei einem Schalldruckpegel von 50 dB nicht alle Frequenzen als gleich laut empfunden werden.

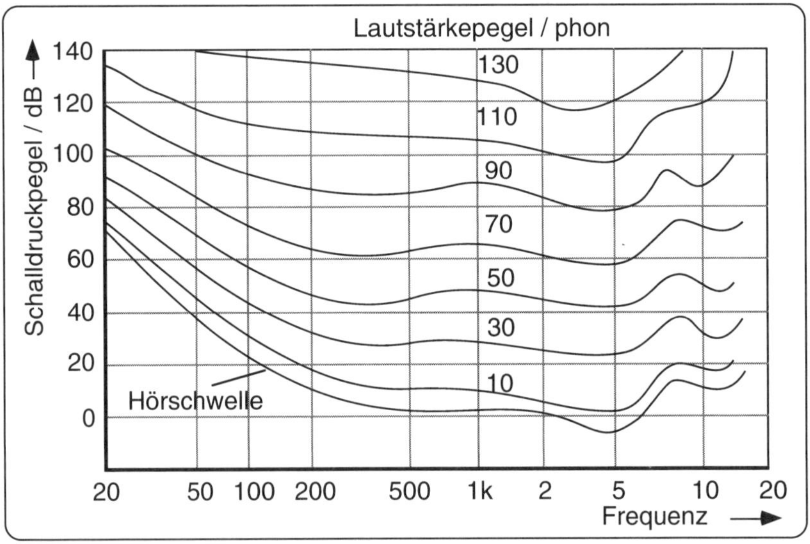

Abb. 4.3 Kurven gleicher Lautstärke nach DIN 45 630

Die Zusammenhänge zwischen Schalldruckpegel und Frequenz auf der einen und empfundener Lautstärke auf der anderen Seite stellt man graphisch in den Kurven gleicher Lautstärke dar. Die ermittelten Werte sind naturgemäß individuell verschieden, so daß man sich für weitere Betrachtungen zu einer Normung dieser Kurven entschlossen hat (DIN 45 630). Begrenzt werden diese Kurven zum einen von der Hörschwelle, also dem Schalldruckpegel, der gerade noch ein Hörereignis hervorruft, und zum anderen von der Schmerzschwelle, dem Schalldruckpegel, der im Gehör Schmerzen hervorruft und unter Umständen sogar dauerhafte Schädigungen verursachen kann.
Zur Erfassung der empfundenen Lautstärke hat man die Größe des Lautstärkepegels mit der Einheit „phon" eingeführt. Jeder Kurve gleicher Lautstärke entspricht ein bestimmter Lautstärkepegel. Bei einer Frequenz von 1 kHz stimmen Schalldruckpegel und Lautstärkepegel zahlenmäßig überein. Da man als Bezugsschalldruck den geraden Wert von 2×10^{-5} Pa gewählt hat, liegt die Hörschwelle nicht bei 0 phon, sondern bei rund 4 phon.
Hörversuche zeigen nun, daß die Verdopplung der empfundenen Lautstärke einer Zunahme des Lautstärkepegels um jeweils 10 phon entspricht. Dies gilt jedoch nicht für sehr geringe Lautstärkepegel unterhalb 30 phon. Aus der Tatsache, daß die Einheit phon eine logarithmierte Größe beschreibt, kann man nun schließen, daß auch das Ohr die Lautstärke logarithmisch empfindet. Gerade dieser Aspekt rechtfertigt die auf den ersten Blick vielleicht kompliziertere, logarithmische Darstellung von Pegeln, denn sie kommt den Eigenschaften des Gehörs sehr nahe.
Die frequenz- und schalldruckabhängige Lautstärkeempfindung hat einen sehr großen Einfluß auf das Hören von Musik. Aus dem Verlauf der Kurven gleicher Lautstärke ergibt sich unmittelbar, wie sich die Abhörlautstärke auf die empfundene spektrale Zusammensetzung einer Musikdarbietung auswirkt. Kurz gefaßt kann man sagen, daß bei geringer Lautstärke die Musik scheinbar weniger Tiefen- und Höhenanteile besitzt, dagegen scheint bei größerer Lautstärke der Mittenbereich abgeschwächt zu sein. Diesem Effekt wird beispielsweise in Stereo-Anlagen mit der Loudness-Schaltung Rechnung getragen, die diese Frequenzabhängigkeit kompensieren und damit ausgeglichenes Hören auch bei Zimmerlautstärke ermöglichen soll.
Auch bei der Messung von Stör- oder Geräuschpegeln wird diese Eigenschaft des Gehörs berücksichtigt, indem man die Meßergebnisse entsprechend dem Verlauf der Kurven gleicher Lautstärke gewichtet. Diese Thematik wird näher in Sektion C behandelt.

4.2.2 Tonhöhe

Die empfundene Tonhöhe eines Tons hängt natürlich hauptsächlich von der Frequenz ab. Allerdings zeigt sich auch eine geringe Abhängigkeit der Ton-

höhenempfindung von der Amplitude. So werden Töne mit einer Frequenz von unter 2 kHz bei steigendem Pegel als tiefer empfunden. Bei Frequenzen oberhalb 2 kHz dagegen steigt die Tonhöhenempfindung mit dem Pegel leicht an.
In harmonischen Klängen bestimmt der Grundton die Tonhöhenempfindung, und das selbst dann, wenn er nur sehr schwach ausgebildet oder gar überhaupt nicht mehr vorhanden ist. Das Gehör kann also die Tonhöhe allein aus den spektralen Komponenten eines Klangs rekonstruieren.
Weit wichtiger für das musikalische Hören ist die Wahrnehmbarkeit von Frequenzänderungen oder -abweichungen zweier Töne untereinander, wenn es beispielsweise um das Stimmen von Instrumenten geht. Unterhalb einer Frequenz von 500 Hz kann das Gehör eine Frequenzänderung von 3,5 Hz zweier nacheinander gespielter Töne gerade noch feststellen, bei höheren Frequenzen beträgt diese Empfindlichkeit ca. 0,7% der Frequenz. Werden Töne gleichzeitig gespielt, so ist anhand der auftretenden Schwebungen eine weitaus präzisere Unterscheidung möglich.

4.2.3 Verzerrungen

Bei der Beurteilung der Fähigkeit, lineare oder nicht-lineare Verzerrungen gehörmäßig festzustellen, muß man berücksichtigen, daß das Gehör selbst Verzerrungen in nicht unerheblichem Maß produziert. So sind die Kurven gleicher Lautstärke nichts anderes als ein Maß für die linearen Verzerrungen des Gehörs. Doch auch nicht-lineare Verzerrungen treten im Gehör auf, wenn auch in relativ geringem Ausmaß.
Über die Hörbarkeit linearer, also Frequenzgangsverzerrungen, gibt es kaum Untersuchungen. Zum Einfluß der oberen und unteren Grenzfrequenzen eines Übertragungssystems auf die Verständlichkeit einer Sprachübertragung liegen die meisten Ergebnisse vor. Für die Qualität einer Musikübertragung bzw. -speicherung läßt sich zumindest feststellen, daß der Übertragungsbereich wenigstens 40 Hz bis 15 kHz betragen muß, wobei eine Abweichung vom geradlinigen Frequenzgang von ca. +/-4 dB noch nicht wahrnehmbar ist. Bei tieferen Frequenzen ist dagegen eine höhere Abweichung zulässig. Dieses Ergebnis allerdings beruht nicht auf Untersuchungen an Personen mit einem geschulten Gehör. Für diesen Personenkreis dürften die akzeptablen Toleranzen weit enger liegen.

4.2.4 Verdeckung

Das Gehör vermag einzelne Schallquellen bei der Wahrnehmung gewissermaßen zu bevorzugen. Es kann also trotz eines pegelmäßig höheren Hintergrundgeräuschs beispielsweise einer leiseren Unterhaltung folgen. Dieser Fähigkeit sind jedoch Grenzen gesetzt, und zwar durch die Verdeckung.

Genaue Untersuchungen des sogenannten Verdeckungseffekts sind sehr aufwendig, sollen sie auch praktisch aussagekräftige Ergebnisse liefern. Am einfachsten läßt sich natürlich die Verdeckung eines Tons durch einen anderen Ton untersuchen. In der Praxis allerdings haben wir es kaum mit einzelnen Tönen zu tun, sondern mit breitbandigen Signalen von unterschiedlicher spektraler Zusammensetzung.
Das Gehör bewertet das hörbare Spektrum in rund 30 sogenannten Frequenzgruppen. Entscheidend für die Wahrnehmung ist also, in welche Frequenzgruppe ein bestimmtes Signal fällt. Und auf die Untersuchung der Verdeckung dieser Frequenzgruppen untereinander konzentrieren sich die Forschungen auf diesem Gebiet. Dabei läßt sich relativ verläßlich feststellen, unter welchen Voraussetzungen eine Frequenzgruppe eine andere verdeckt.
Der Verdeckungseffekt besitzt große Bedeutung in der Studiotechnik, auch wenn das auf den ersten Blick nicht so offensichtlich sein mag. Zwei Technologien nämlich, die Rauschverminderungsverfahren bei der analogen Aufzeichnungstechnik und die Datenreduktion in der digitalen Audiotechnik, nutzen die Erkenntnisse aus den Untersuchungen der Verdeckung. Daß diese Erkenntnisse unmittelbar in die Produktentwicklung einfließen, ist sicherlich einer der Gründe dafür, daß die Ergebnisse nicht im Detail veröffentlich werden, sie sind gewissermaßen Betriebskapital.
Rauschverminderungsverfahren sollen das störende Bandrauschen analoger Aufnahmen beseitigen. Doch natürlich kann das Rauschen nicht wirklich entfernt werden, sondern man kann nur erreichen, daß es weniger hörbar wird. Dabei nutzt man die Tatsache, daß das Rauschen unter bestimmten Voraussetzungen vom Nutzsignal verdeckt wird. Kennt man diese Voraussetzungen, so lassen sich Verfahren entwickeln, die sehr effektiv arbeiten und eine Verminderungen des Bandrauschens um mehr als 20 dB bewirken (siehe Kapitel 13).
Auch in der Digitaltechnik nutzt man den Verdeckungseffekt, um den Datenfluß einer digitalen Aufzeichnung oder Übertragung möglichst niedrig zu halten. Man will also erreichen, daß beispielsweise digitale Audioinformationen in CD-Qualität, die einen Datenfluß von rund 700 MBit/s pro Kanal aufweisen, auch mit einem geringeren Datenfluß und damit kostengünstiger ohne hörbare Beeinträchtigungen aufgezeichnet oder übertragen werden können. Der Ansatz hierbei ist, daß solche Informationen, die ohnehin verdeckt und somit überhaupt nicht wahrgenommen werden, bei Übertragung oder Aufzeichnung vernachläßigt werden können. Damit läßt sich der erforderliche Datenfluß auf 128 MBit/s und darunter herabsetzen. Das wiederum ermöglicht hochwertige digitale Übertragungen über preiswerte ISDN-Netze (siehe Kapitel 6). Auch bei den neuen digitalen Consumer-Formaten DCC (Digital Compact Cassette) und MD (Mini-Disc) wird die sogenannte Bitratenreduktion bei der Aufzeichnung eingesetzt (siehe Kapitel 14).

4.3 Räumliches Hören

Räumliches Hören ist die Fähigkeit des Gehörs, die Einfallsrichtung des Schalls festzustellen. Für die Beschreibung der Richtungswahrnehmung verwendet man ein kopfbezogenes Koordinatensystem mit drei Ebenen (vergleiche Abbildung 4.4). Genauso ist die Wahrnehmung der räumlichen Ausdehnung einer Schallquelle ein weiteres Phänomen des räumlichen Hörens. Diese Räumlichkeit einer Schallquelle muß nicht unbedingt den tatsächlichen Verhältnissen entsprechen. Die wahrgenommene Räumlichkeit steigt mit zunehmender Lautstärke und dem Anteil seitlicher Reflexionen.

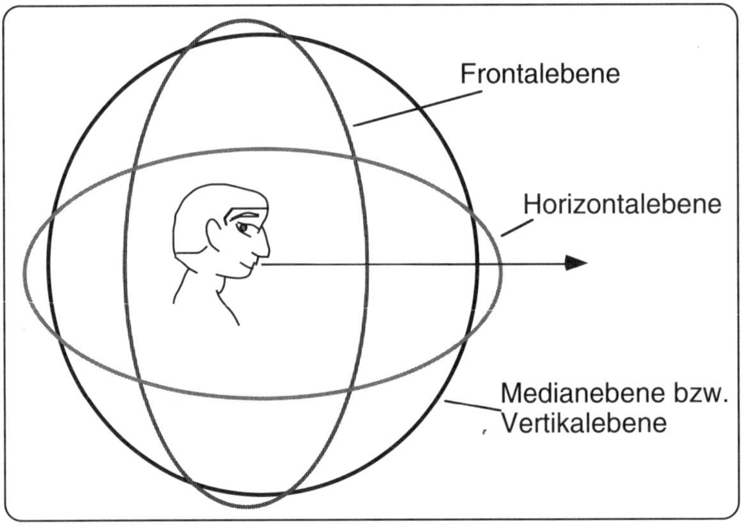

Abb. 4.4 Koordinatensystem zur Beschreibung der Richtungswahrnehmung

Bei der Untersuchung der Fähigkeit des räumlichen Hörens muß man unterscheiden, ob Schallwellen in natürlicher Umgebung direkt von der Schallquelle zum Hörer gelangen, oder ob der Schall mit entsprechenden elektroakustischen Anlagen wiedergegeben wird. Für die Aufnahmetechnik ist dabei von besonderem Interesse, inwieweit sich eine natürliche Räumlichkeit künstlich reproduzieren läßt.

4.3.1 Natürliche Schallquellen

Zur Lokalisation in der Horizontalebene wertet das Gehör sowohl die minimalen Laufzeitunterschiede (max. 0,6 ms) als auch Pegelunterschiede zwischen den

beiden Ohren aus, die bei seitlichem Einfall einer Schallwelle auftreten können. Dabei erfolgt die Ortung von Schallwellen unterhalb von ca. 1 kHz bevorzugt anhand der Laufzeitunterschiede. Bei höheren Frequenzen dagegen werden Pegelunterschiede herangezogen. Die auftretenden Pegeldifferenzen sind der Kopfform wegen nicht bei allen Frequenzen identisch, was die genaue Ortung beeinträchtigt. Die genaue Kenntnis der Schallquelle begünstigt daher die Lokalisation, da das Gehör dann aus der Erfahrung heraus die auftretenden Klangfarbenunterschiede zwischen beiden Ohren besser bewerten kann.
Nicht beeinträchtigt wird die Lokalisation durch Reflexionen, die kurz nach dem Direktschall beim Hörer eintreffen. Nach dem „Gesetz der ersten Wellenfront" kann der Pegel des später eintreffenden Schalls bei einer Verzögerung zwischen 5 ms und 50 ms sogar bis zu 10 dB höher sein als der des direkten Schalls, ohne die Lokalisation zu stören. Diesen Effekt macht man sich bei richtungsgetreuen Beschallungsanlagen zunutze, indem man mit entsprechend verzögerten Lautsprechern am Hörort einen höheren Schalldruck und damit eine ausreichende Lautstärke erzielt, ohne die Richtungswahrnehmung zu stören.
Die Lokalisation in der vertikalen Ebene beruht allein auf der Kenntnis des einfallenden Schalls. Bezogen auf die Blickrichtung ergeben sich als Unterscheidungskriterium beim Einfall aus anderen Richtungen nur Klangfarbenunterschiede, die natürlich nur dann ausgewertet werden können, wenn dem Hörer die Schallquelle bekannt ist. Um auch unbekannte Schallquellen genau orten zu können, bedient sich das Gehör eines Tricks: Durch eine unmerkliche, minimale Drehung des Kopfs werden Laufzeit- und Pegelunterschiede zwischen den Ohren provoziert, die eine exakte Lokalisation ermöglichen.
Auch die Beurteilung der Entfernung einer Schallquelle hängt weitgehend von der Erfahrung, aber auch von der Erwartung ab. Allgemein schätzt das Gehör die Entfernung einer Schallquelle als viel zu gering ein, Distanzen über 15 m scheint es erst gar nicht zu geben. Außerdem zeigt sich, daß Flüstern immer in einer geringeren, Schreien dagegen in einer größeren Entfernung als der tatsächlichen lokalisiert wird.

4.3.2 Elektroakustische Wiedergabe

Das Ziel einer elektroakustischen Wiedergabe von Schall ist es, dem Zuhörer einen bestimmten, vor allem auch räumlichen Klangeindruck zu vermitteln. Dabei steht nicht unmittelbar im Vordergrund, daß dieser Klangeindruck realistisch sein soll, denken wir nur einmal an Aufnahmen aus der Popmusik oder der Neuen Musik. In jedem Fall aber bedient sich die Wiedergabetechnik der Verfahren, die ursprünglich einmal dafür entwickelt wurden, einen möglichst realistischen, also natürlichen Verhältnissen entsprechenden Klangeindruck zu vermitteln. Drei wesentliche Technologien kann man dabei unterscheiden, die im folgenden betrachtet werden sollen.

a) Monophone Wiedergabe

Der einfachste Fall einer elektroakustischen Wiedergabe ist die Wiedergabe über einen einzelnen Lautsprecher. Aus heutiger Sicht wird jedoch sicher niemand mehr behaupten wollen, daß sich mit einer monophonen Wiedergabe auch ein nur halbwegs realistischer Klangeindruck erzeugen ließe. Diese Technik läßt nur die Wahrnehmung einer Entfernung durch den Hörer zu. Für die hochwertige Wiedergabe von Musik kommt sie daher kaum noch in Frage. Wohl aber für Anwendungen, wo der reine Informationsgehalt einer Wiedergabe oder Übertragung im Vordergrund steht, also beispielsweise bei Nachrichten und Dokumentationen.

b) Stereophone Wiedergabe

Den nun folgenden Betrachtungen liegt die übliche Stereoanordnung eines Lautsprecherpaares zugrunde: Zusammen mit dem Hörer bilden die Lautsprecher ein gleichseitiges Dreieck. Damit ergeben sich im Vergleich zum natürlichen Hören aber völlig andere Verhältnisse. Bekanntermaßen ist die Ortung einer fiktiven Schallquelle in der Lautsprecherebene nicht auf den Ort der beiden Lautsprecher beschränkt, sondern auch beliebig dazwischen möglich. Die so georteten Schallquellen nennt man Phantomschallquellen.
Im Gegensatz zum Hören in einer realen Umgebung trifft bei einer stereophonen Wiedergabe aber jeweils ein Signal aus dem linken und rechten Lautsprecher für ein und dieselbe Phantomschallquelle beim Hörer ein. Erfolgt die Ortung eines halblinks auf einer Bühne gespielten Instruments aufgrund der Richtung des Direktschalls, so kann diese Position der Schallquelle bei einer stereophonen Wiedergabe nur durch eine geeignete Kombination von Signalen aus beiden Lautsprechern nachgebildet werden. Aus dem Unterschied zwischen beiden Signalen gewinnt das Gehör die Richtungsinformation.
Tatsächlich jedoch trifft der Schall beim Hörer nicht aus der Richtung ein, die geortet wird. Dies ist nur dann der Fall, wenn eine Schallquelle entweder ganz links oder ganz rechts, also am Ort eines der beiden Lautsprecher, abgebildet wird.
Vergleichbar dem natürlichen Hören wird der Ort einer Phantomschallquelle entweder durch eine Pegeldifferenz und/oder einen Laufzeitunterschied zwischen den Lautsprechern wahrgenommen. Man spricht daher von Intensitäts- bzw. Laufzeitstereophonie. Dabei interessieren natürlich die Zusammenhänge zwischen diesen Differenzen und der resultierenden imaginären Verschiebung der Phantomschallquellen aus der Mitte der Lautsprecher-Basis.
Für die Ortung ganz links bzw. ganz rechts, also die Verschiebung der Phantomschallquelle um 30° aus der Mitte der Lautsprecher-Basis, ist eine Pegeldifferenz von rund 25 dB notwendig. Dieser Wert ist weitgehend frequenzunabhängig. Den genauen Zusammenhang zeigt die Abbildung 4.5.

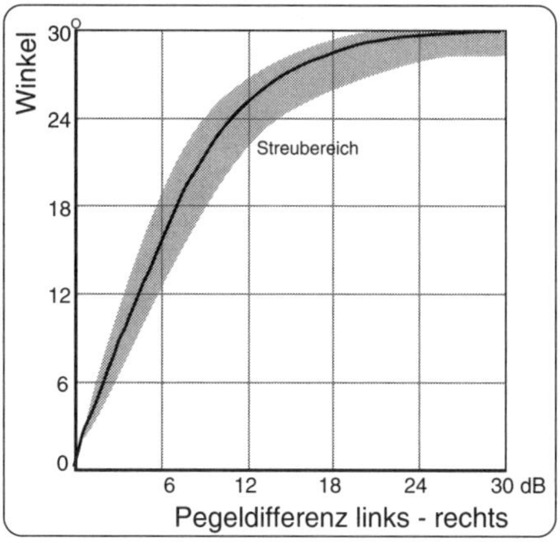

Abb. 4.5 Zusammenhang zwischen dem Ort einer Phantomschallquelle und der Pegeldifferenz zwischen den Lautsprechern

Auch durch das Einfügen einer Zeitdifferenz zwischen den Lautsprechern läßt sich der Ort einer Phantomschallquelle verschieben. Der notwendige Unterschied für die Ortung ganz links bzw. rechts beträgt etwa 2 ms. Allerdings ist dieser Wert sehr von der Frequenz des Testsignals abhängig. So sind bei tiefen Frequenzen relativ große Zeitunterschiede notwendig, im mittleren Frequenzbereich dagegen können sich Mehrdeutigkeiten ergeben, da sich die auftretenden Zeitunterschiede verschiedenen Richtungen zugeordnen lassen. Erst bei Frequenzen oberhalb ca. 2 - 3 kHz ist dann eine präzisere Ortung wieder möglich.

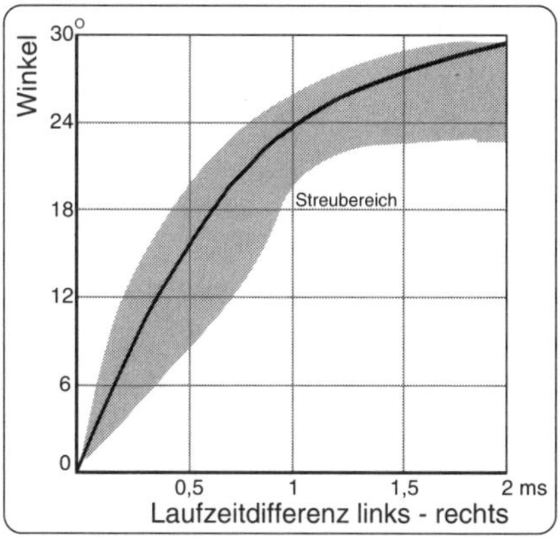

Abb. 4.6 Zusammenhang zwischen dem Ort einer Phantomschallquelle und der Laufzeitdifferenz zwischen den Lautsprechern

Entsprechend den realen Verhältnissen am Aufnahmeort wird man bei einer Stereo-Aufnahme Pegel- und Laufzeitunterschiede gleichermaßen ausnutzen. Arbeitet man - was praktisch fast unmöglich ist - ausschließlich mit Pegeldifferenzen, so ist das reproduzierte Klangbild meist sehr flach und vermittelt keinen guten Raumeindruck. Nutzt man verstärkt Laufzeitunterschiede, so erreicht man ein räumlich eindrucksvolleres Klangbild. Diese Überlegungen treffen zunächst für den Fall zu, daß eine Aufnahme möglichst den natürlichen Raumeindruck des Aufnahmeraums vermitteln soll, wie dies bei klassischer Musik angestrebt wird. Die Produktionsweise von Pop- und Rockmusik dagegen erlaubt es dem Toningenieur, die räumliche Wirkung einer Aufnahme weitgehend frei zu gestalten, da er nur selten an die Vorgaben der Aufnahmeumgebung gebunden ist.

Man hat natürlich auch versucht, seitlich des Hörers und hinter ihm Phantomschallquellen abzubilden, um so den Eindruck zu vermitteln, der Hörer säße mitten in einem Konzertsaal. Eine kontinuierliche Abbildung von Phantomschallquellen durch ein seitlich vom Hörer aufgestelltes Lautsprecherpaar gelingt jedoch nicht. Das Ohr ist nicht in der Lage, die Pegel- und Laufzeitunterschiede in einer Weise zu bewerten, als erreiche ihn der Schall von vorn. Die Phantomschallquelle wird entweder ausschließlich vorn oder hinten geortet, nicht aber zwischen den Lautsprechern. Ein hinter dem Hörer aufgestelltes Lautsprecherpaar führt wieder zur Ortung von kontinuierlichen Phantomschallquellen. Aus diesem Grund scheitert eine quadrophone Wiedergabe, da eindeutig zu ortende Phantomschallquellen nur vor oder hinter dem Hörer abgebildet werden, nicht aber seitlich.

c) Mehrkanalige Wiedergabe

In den dreißiger Jahren, also etwa zur gleichen Zeit, als man sich mit der Stereophonie zu beschäftigen begann, wurde bereits eine Wiedergabe mit mehr als zwei Lautsprechern erwogen. Sehr schnell nämlich hatte man erkannt, daß ein wesentliches Problem der zweikanaligen Wiedegabe in der Ortung von Schallquellen liegt, die scheinbar zwischen den beiden Lautsprechern liegen, den sogenannten Phantomschallquellen. Die Ortung von Phantomschallquellen hängt nämlich auch von der Position des Hörers ab. Befindet sich die Hörposition nicht exakt auf der Mittelachse zwischen den beiden Lautsprechern, so verschiebt sich der gehörte Ort einer Phantomschallquelle entsprechend. Sitzt man also genau vor einem der beiden Lautsprecher, so ortet man auch eine ursprünglich in die Mitte positionierte Schallquelle aus dem jeweiligen Lautsprecher. Besonders in Auditorien (Konzertsäle, Kinos usw.), wo nur wenige Zuhörer eine in Bezug auf stereophone Wiedergabe wirklich optimale Hörposition einnehmen können, kommt dieser Effekt zum Tragen.

Man hat daher parallel zur Entwicklung der Stereotechnik auch an Systemen

gearbeitet, die um einen dritten Lautsprecher in der Mitte ergänzt wurden. Damit ist zumindest sichergestellt, daß Schallquellen in der Mitte von jeder beliebigen Hörposition auch richtig geortet werden. Phantomschallquellen gibt es somit auch nur zwischen dem mittleren und den beiden seitlichen Lautsprechern.
Diese Wiedergabetechnik konnte sich vor allem für den Filmton durchsetzen, wo die bildbezogene Ortung des Dialogs in der Mitte der Leinwand ein wesentliches Kriterium ist. So wurde der Walt-Disney-Film *Fantasia* schon 1939 mit dreikanaligem Ton produziert. Alle modernen mehrkanaligen Tonsysteme für den Filmton arbeiten heute auch mit einem separaten, in der Mitte postierten Lautsprecher (siehe Abschnitt 10.3).
Auch mit einer Wiedergabe der Richtung „vorne-hinten" hat man sich natürlich beschäftigt. Die sogenannte Surround-Technik ist wiederum zunächst für den Filmton entwickelt und dort auch eingesetzt worden. Moderne Kinowiedergabesysteme (siehe Abschnitt 10.3) besitzen daher zusätzlich einen oder mehrere Surround-Kanäle, die einen sehr realistischen Klangeindruck ermöglichen.
Auch als Tonsystem für die neuen hochauflösenden Fernsehverfahren (HDTV) wurde ein mehrkanaliges Format eingeführt, die sogenannte 3/2-Stereophonie. Sie verfügt - ähnlich vieler Kinoformate - über drei vordere Kanäle und zwei Surround-Kanäle.
Schließlich finden wir mehrkanalige Lautsprechersysteme auch in Theatern oder Kongreßsälen, wo heute neben der reinen Sprachverständlichkeit auch eine richtungsgetreue Beschallung ein wesentliches Qualitätskriterium ist.

Kapitel 5 Analoge Audiotechnik

Jede Übertragung oder Speicherung von Schallwellen, sei es eine reine Verstärkung über eine Lautsprecheranlage, eine Rundfunkübertragung oder eine Aufnahme, erfordert die Einschaltung eines „Zwischenträgers" der ursprünglichen Schallinformation, mit Hilfe dessen der Schall „transportiert" werden kann. Dieser Zwischenträger kann grundsätzlich nach zwei Prinzipien arbeiten: analog oder digital. Mit diesen beiden Varianten der Audiotechnik beschäftigen sich dieses und das folgende Kapitel.
Merkmal der analogen Audiotechnik ist, daß die ursprüngliche Schallinformation in einem Format verarbeitet wird, das einen Parameter besitzt, der sich entsprechend - also analog - zum ursprünglichen Verlauf des Schalldrucks verändert. Dieser Parameter ist zunächst immer eine elektische Spannung, die dann in andere Größen, beispielsweise in eine magnetische Feldstärke oder die Auslenkung der Rille einer Schallplatte, übertragen wird.

5.1 Prinzip

Das Prinzip der analogen Audiotechnik besteht darin, durch Schallwandler die Schwingungen der Luftmoleküle in elektrische Schwingungen umzuwandeln, sie dann über eine elektrische Leitung zum Ort des Hörers bzw. der Wiedergabe zu übertragen und durch einen weiteren Schallwandler wieder als Schallwellen hörbar zu machen.
Die einfachste Form einer solchen analogen, elektroakustischen Übertragungskette ist die Anordnung „Mikrofon - Verstärker - Lautsprecher", eine für Beschallungsanlagen übliche Konstellation. Doch die analoge, elektroakustische Schallübertragung ist keineswegs auf die unmittelbare Übertragung des Schalls beschränkt. Vielmehr können elektrische Schwingungen auch analog „zwischengespeichert" und auf vielfältige Weise manipuliert werden. Damit wären wir

beim prinzipiellen Aufbau einer analogen Übertragungskette in einem Tonstudio.

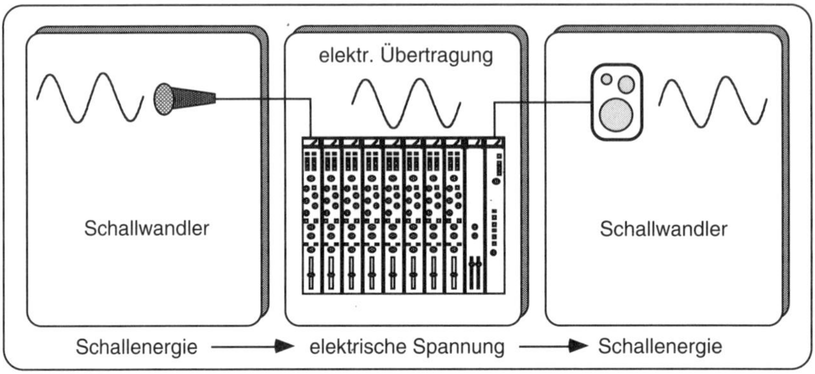

Abb. 5.1 Prinzip der analogen, elektroakustischen Schallübertragung

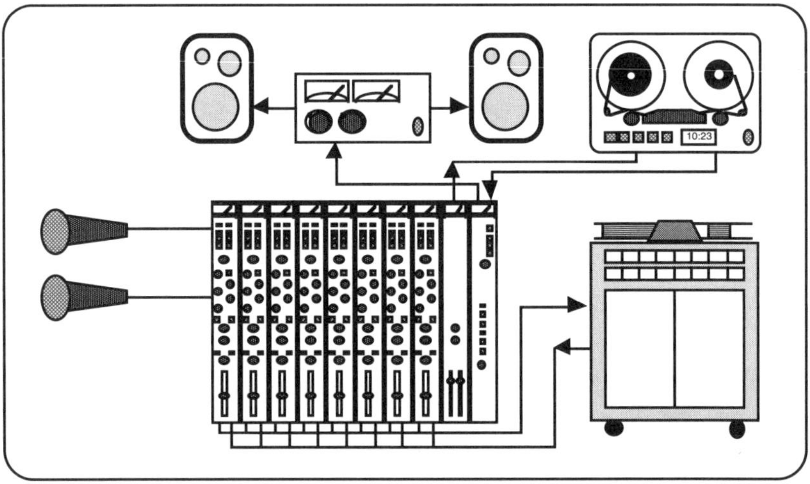

Abb. 5.2 Tonstudio als analoge, elektroakustische Übertragungskette

5.2 Schallwandler

Anfang und Ende einer jeden elektroakustischen Übertragungskette - analog wie digital - bildet ein Schallwandler (auch elektroakustischer Wandler genannt).

Dieser wandelt Schallenergie in elektrische Energie oder umgekehrt. Grundsätzlich besteht ein Schallwandler aus einer Membran, die durch Schallwellen bzw. eine elektrische Spannung zum Schwingen angeregt wird. Nach diesem Prinzip arbeiten Mikrofone, Lautsprecher und Kopfhörer, aber auch die Abtastsysteme von Schallplattenspielern.
Schallwandler werden in zwei Kategorien eingeteilt. Ein irreversibler Schallwandler kann nur in einer Wirkungsrichtung betrieben werden, er arbeitet also entweder als Mikrofon oder als Lautsprecher. Ein reversibler Schallwandler dagegen kann in beiden Wirkungsrichtungen benutzt werden.
Eine weitere Unterscheidung legt die Art der Energiewandlung zugrunde. In der Tonstudiotechnik findet man hauptsächlich elektromagnetische, elektrodynamische und elektrostatische Wandler (siehe auch Kapitel 9 und 16).
Elektromagnetische Wandler bestehen aus einem Permanentmagneten mit einer Leiterwicklung und einem Anker, der mit der Membran verbunden ist. Bewegt sich die Membran und damit der Anker, wird in der Leiterwicklung eine Spannung induziert. Umgekehrt bewirkt eine angelegte Spannung eine Schwingung der Membran. Das System ist also reversibel.
Dynamische Mikrofone und Lautsprecher arbeiten nach dem elektrodynamischen Prinzip. Hier hängt eine stromdurchflossene Schwingspule im Feld eines Permanentmagneten. Auch dieser Wandler ist reversibel.
Hochwertige Studiomikrofone nutzen das elektrostatische oder dielektrische Prinzip. Die Membran fungiert hier als Elektrode eines Kondensators. Ihre Schwingung führt zu Änderungen der Kapazität und damit zu Spannungsänderungen. Dieses Prinzip arbeitet auch umgekehrt, das wird in der Praxis allerdings nur sehr selten realisiert.

5.3 Elektrische Schwingungen

Eine elektrische Schwingung beschreibt den Verlauf der elektrischen Spannung in Abhängigkeit von der Zeit. Nach dem Ohmschen Gesetz geht mit einer Spannungsänderung auch immer eine Änderung des elektrischen Stroms einher. So tritt neben einer Schwingung der Spannung auch eine Stromschwingung auf. In der Tonstudiotechnik kann jedoch der Strom als Größe in der Regel vernachlässigt werden, da zwischen den einzelnen Komponenten einer Übertragungskette praktisch kein Strom fließt (siehe auch Abschnitt 8.6).
Für elektrische Schwingungen gelten die gleichen Betrachtungen wie für Schwingungen allgemein (siehe Kapitel 1). So können bei der Übertragung elektrischer Schwingungen unerwünschte lineare und nicht-lineare Verzerrungen auftreten. Andererseits jedoch lassen sich durch geeignete elektrische Schaltungen elektrische Schwingungen verstärken oder rückwirkungsfrei und gezielt mischen, was bei akustischen Schwingungen praktisch nicht realisierbar ist.

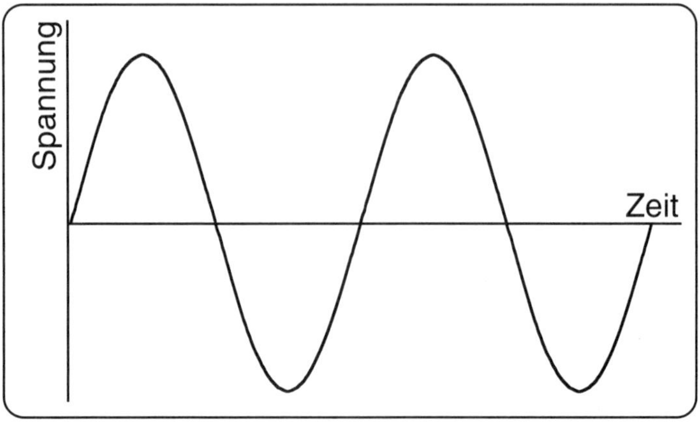

Abb. 5.3 Verlauf einer sinusförmigen elektrischen Schwingung

5.4 Elektrische Pegel

Die Amplitude einer elektrischen Schwingung überstreicht einen sehr großen Spannungsbereich, wenn der hörbare Schalldruck in eine proportionale Spannung umgewandelt wird. Aus diesem Grund werden auch elektrische Spannungen in der Studiotechnik nicht in Volt angegeben, sondern als logarithmische Spannungspegel. Die Berechnung des absoluten Spannungspegels U_P erfolgt nach folgender Formel:

$$U_P = 20 \lg \frac{U}{U_0}$$

U_P = absoluter Spannungspegel [dB]
U = elektrische Spannung [V]
U_0 = Bezugsspannung
lg - Zehnerlogarithmus

Die Spannungen U_0 und U können entweder als Effektiv- oder Spitzenwert angegeben werden. Leider gibt es für den absoluten Spannungspegel keine einheitliche Bezugsspannung U_0 wie beispielsweise für Schalldruckpegel, was immer wieder zu Verwechslungen und Mißverständnissen führt. Daneben existiert auch noch ein sogenannter relativer Spannungspegel, der wiederum alle Pegel auf einen bestimmten, absoluten Spannungspegel bezieht.
In den deutschen Rundfunkanstalten und den meisten professionellen Studios beträgt der Bezugswert für absolute Spannungspegel 0,775 V. Dieser Wert ergibt sich als Spannung an einem Widerstand von 600 Ω, an dem eine Leistung von 1 mW umgesetzt wird. Spannungspegel mit diesem Bezugswert werden in dBm angegeben. 0 dBm sind also 0,775 V.

In der Studiotechnik wird in der Regel keine Leistung umgesetzt, so daß diese Definition des Bezugswerts wenig sinnvoll erscheint. Trotzdem wurde die Spannung von 0,775 V als Bezugswert auch für reine Spannungspegel beibehalten, und man macht diese Angaben in dBu: 0 dBu = 0,775 V.
In der Praxis sind Angaben in dBm und dBu also identisch, sie unterscheiden sich lediglich in der exakten Definition ihrer Bezugswerte. In den angelsächsischen Ländern werden absolute Spannungspegel auf eine Spannung von 1 V bezogen. Diese Angaben erfolgen dann in dBv: 0 dBv = 1 V. Demnach gilt also: 0 dBv = +2,2 dBu.
Neben dem absoluten Spannungspegel gibt es den relativen Spannungspegel. Angaben in relativen Spannungspegeln beziehen sich immer auf einen bestimmten absoluten Spannungspegel. Die Einführung relativer Pegel hatte eher praktische Gründe, auch wenn dies auf den ersten Blick nicht offensichtlich erscheint.
So beträgt der absolute Spannungspegel bei Vollaussteuerung in der Bundesrepublik +6 dBm = 1,55 V. Dieser Pegel ist der relative Spannungspegel 0 dBr, auf den alle Angaben bezogen werden. Vorteil einer solchen Angabe ist, daß gleichzeitig ein Hinweis darauf erfolgt, wie die mögliche Dynamik eines Übertragungssystems ausgenutzt ist.
Tatsächlich kann der relative Spannungspegel auf einen beliebigen absoluten Spannungspegel bezogen werden, der sich nach den Möglichkeiten des jeweiligen Übertragungssystems richtet. International ist als Pegel für Vollaussteuerung und damit für den relativen Spannungspegel 0 dBr ein absoluter Spannungspegel von +4 dBu gebräuchlich.
In vielen semiprofessionellen Mischpulten und Bandgeräten dagegen beträgt dieser Bezugswert 10 dBv, dort entspricht also 0 dBr einem absoluten Pegel von -10 dBv oder 0,32 V.

5.5 Pegeldiagramm einer Übertragungskette

Ein Pegeldiagramm stellt die Pegelverhältnisse innerhalb einer Übertragungskette bezogen auf eine bestimmte Vollaussteuerung 0 dBr dar. Die Komponenten dieser Kette, wie Mikrofonvorverstärker oder Klangregler, sind jeweils für einen bestimmten Arbeitspegel ausgelegt.
Diese Arbeitspegel wiederum können jedoch verschiedene Werte haben (vergleiche Abschnitt 5.4).
In hochwertigen professionellen Mischpulten verstärkt bereits der Mikrofonvorverstärker den Ausgangspegel des Mikrofons auf den Arbeitspegel 0 dBr = +6 dBm, der dann in der ganzen Übertragungskette beibehalten wird. Auf diesen Arbeitspegel sind auch alle externen Geräte wie Tonbandmaschinen, Hallgeräte und Endverstärker ausgelegt.

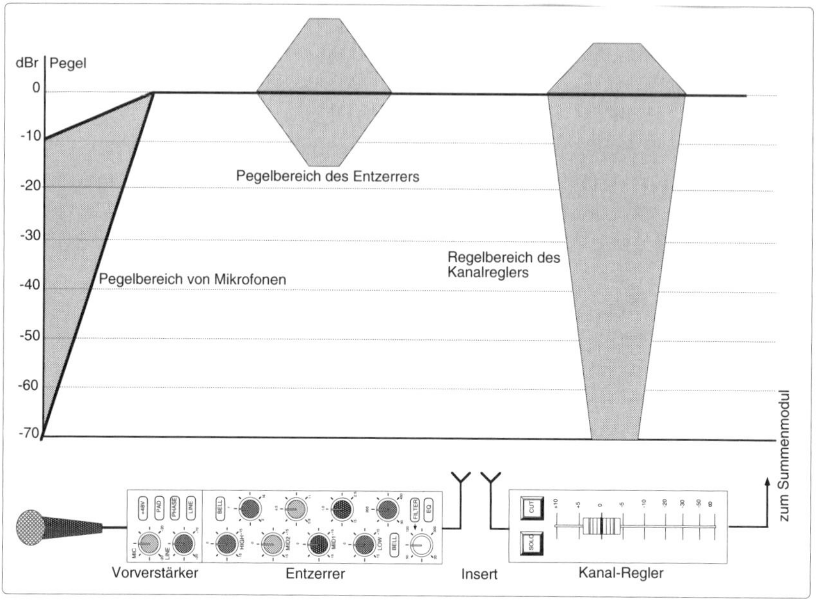

Abb. 5.4 Pegeldiagramm einer hochwertigen Übertragungskette

In vielen, auch professionellen Mischpulten jedoch beträgt der interne Arbeitspegel lediglich -10 dBr, um damit eine höhere Übersteuerungsreserve zu erreichen. Gleichzeitig verringert sich der Schaltungsaufwand, was mit einer Kostensenkung verbunden ist. In einem solchen Konzept muß man jedoch dafür sorgen, daß an jedem Punkt des Mischpults, an dem externe Geräte angeschlossen werden können, wieder der Arbeitspegel 0 dBr anliegt. Vor den Einschleifpunkten und den Ausgängen also muß ein entsprechender Aufholverstärker liegen.

Häufig jedoch wird selbst auf diese Verstärker verzichtet und grundsätzlich mit einem geringeren Arbeitspegel gearbeitet. Dieses Konzept ist bei preisgünstigen, semiprofessionellen Mischpulten verwirklicht. Im Prinzip entspricht der Verlauf des Pegeldiagramms dem aus der Abbildung 5.4. Der Unterschied liegt darin, daß der Arbeitspegel um 10 dB geringer ist. In diesem Fall jedoch ist der Anschluß von Geräten mit einem höheren Arbeitspegel nur dann möglich, wenn diese Geräte an einen geringeren Arbeitspegel angepaßt werden können. Bei vielen Effektgeräten wie Delays und Hallgeräten ist dies in der Regel kein Problem, dagegen gibt es diese Option beispielsweise für professionelle Tonbandgeräte häufig nur gegen Aufpreis.

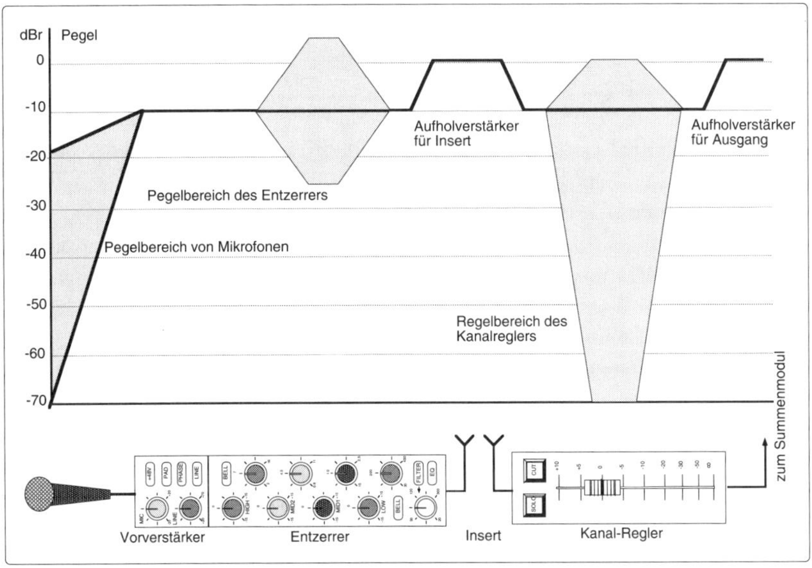

Abb. 5.5 Pegeldiagramm einer Übertragungskette mit geringerem internem Arbeitspegel

5.6 Anpassung

Ein analog aufgebautes Tonstudio ist elektrisch gesehen eine Zusammenschaltung vieler einzelner Geräte mit analogen Ein- und Ausgängen. So werden an das Mischpult Tonbandmaschinen, Endverstärker, Effektgeräte und an den Ausgang einer Tonbandmaschine der Abhörverstärker des Mischpults und ein Cassettenrecorder angeschlossen. Bei einer solchen Zusammenschaltung ist die Frage der elektrischen Anpassung der Geräte untereinander von grundlegender Bedeutung.

Unter Anpassung versteht man das Verhältnis zwischen dem Ausgangswiderstand eines Verstärkers und dem Eingangswiderstand eines nachfolgenden Verstärkers. Ein Verstärker kann in diesem Zusammenhang ein beliebiges Studiogerät sein. Praktisch interessiert dabei, ob und auf welche Weise das Ausgangssignal eines Verstärkers durch den Anschluß eines weiteren Verstärkers beeinflußt wird.

Sind Ausgangswiderstand und Eingangswiderstand identisch, so spricht man von Leistungsanpassung, da in diesem Fall die übertragene Leistung maximal ist. Der Nachteil der Leistungsanpassung besteht darin, daß ein exakt linearer Frequenzgang nur mit großem Schaltungsaufwand zu realisieren ist. Einerseits müssen alle Bauteile für hohe Leistungen dimensioniert sein. Andererseits ist

der elektrisch wirksame Widerstand (Scheinwiderstand) von Kondensatoren und Spulen frequenzabhängig, was sich natürlich besonders stark auswirkt, wenn ein hoher Strom fließt.
Die Frequenzgangkompensation solcher Schaltungen ist dementsprechend aufwendig, so daß die Leistungsanpassung im Studio auf die Zusammenschaltung von Lautsprechern und Endstufen beschränkt bleibt, wo es auf eine möglichst hohe Leitungsübertragung ankommt.
Um einen möglichst linearen Frequenzgang zu erreichen, arbeitet man in der Tonstudiotechnik mit der Überanpassung, was bedeutet, daß der Eingangswiderstand eines Verstärkers um ein Vielfaches höher liegt als der Ausgangswiderstand eines vorangehenden Verstärkers. Dabei wird ein Verhältnis von wenigstens 25:1 angestrebt. In der Praxis werden sogar weit bessere Verhältnisse erreicht. Dementsprechend beträgt der Eingangswiderstand der meisten Geräte mindestens 10 kΩ, der Ausgangswiderstand dagegen weniger als 100 Ω, was ein Verhältnis von 100:1 bedeutet.

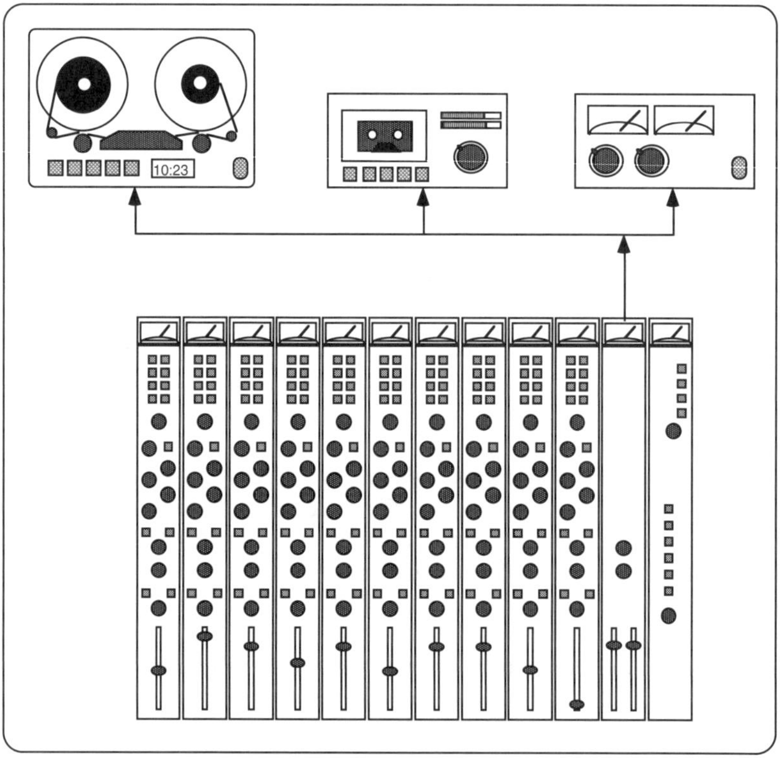

Abb. 5.6 Erlaubte Zusammenschaltung von Geräten

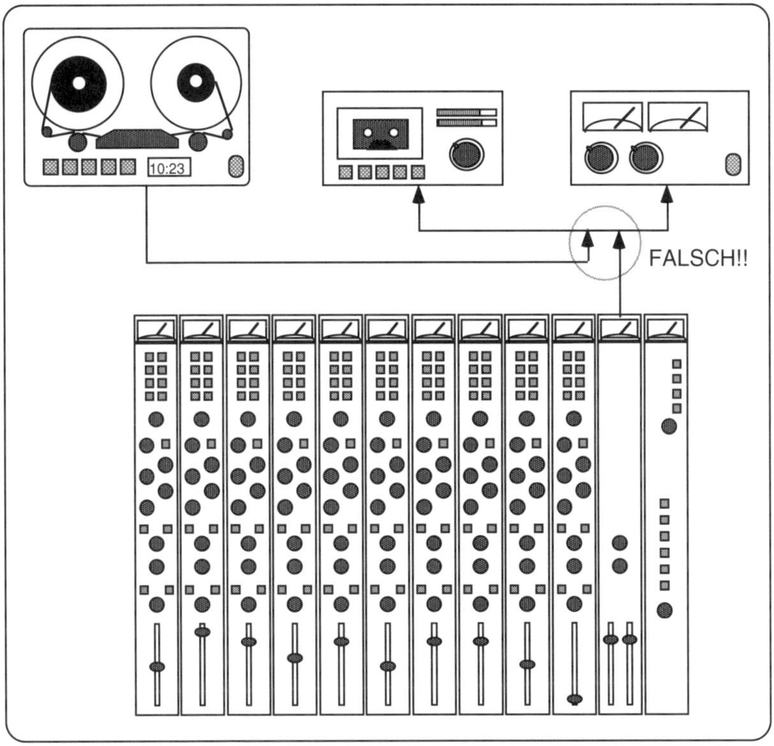

Abb. 5.7 Fehlerhafte Zusammenschaltung von Geräten

Der große Vorteil der Überanpassung liegt darin, daß an einen Ausgang auch mehrere Eingänge angeschlossen werden können, ohne daß das Ausgangssignal in seinem Pegel oder im Frequenzgang beeinflußt wird. Der Anschluß von zehn Geräten an einen Ausgang ist in der Regel kein Problem. Gleichzeitig aber wird klar, warum es unmöglich ist, an einen Eingang eines Gerätes zwei Ausgänge anzuschließen: In diesem Fall wirkt der Ausgangswiderstand des einen Gerätes für das andere wie ein Eingangswiderstand, eine Überanpassung ist nicht mehr gegeben. Lineare und nicht-lineare Verzerrungen sind die unausweichliche Folge.

Kapitel 6 Digitale Audiotechnik

Das wesentliche Merkmal der digitalen Audiotechnik ist, daß es keinen Parameter gibt, der sich entsprechend des ursprünglichen Schalldruckverlaufs ändert. Das vorhandene Signal wird vielmehr in eine Folge binärer Informationen umgeformt und läßt sich so mit speziell entwickelten Datenverarbeitungsverfahren übertragen oder speichern. Allerdings steht vor jeder Wandlung eines Signals in eine digitale Information bislang noch eine analoge Wandlung des Schalls in eine elektrische Spannung. Und auch die Rückwandlung in eine Schallinformation erfolgt über diesen „Umweg". Unmittelbar kann Schall - noch nicht - gewandelt werden.
Die digitale Signalverarbeitung kann den entscheidenden Vorteil für sich in Anspruch nehmen, daß Übertragungen oder Aufnahmen auf der digitalen Ebene uneingeschränkt kopierbar sind, und zwar ohne jegliche Verluste, zusätzliche Verzerrungen oder Rauschen. Vom Aufnahmestudio bis zur Wiedergabe von der CD ist die Qualität des Tonträgers identisch, solange sichergestellt ist, daß die einmal gewonnenen digitalen Daten erhalten bleiben.
Dieses Kapitel behandelt die Grundlagen der digitalen Signalverarbeitung. Im Rahmen dieses Buchs kann jedoch nicht detailliert auf alle Aspekte der digitalen Audiotechnik eingegangen werden (an dieser Stelle sei auf weiterführende Literatur verwiesen). Der praktische Einsatz der digitalen Audiotechnik, beispielsweise zur Aufzeichnung oder Signalbearbeitung, wird in den jeweiligen Kapiteln behandelt.

6.1 Wandlung

Die Funktionsweise digitaler Signalverarbeitung ist im Grunde ein relativ einfach zu verstehender Prozeß. Im Gegensatz zur analogen Technik wird hier elektrische Energie zur Speicherung nicht in eine analoge, magnetische oder mechanische Energie umgeformt. Vielmehr wird die Amplitude eines Signals in kurzen Zeitabständen gemessen und als absoluter Zahlenwert festgehalten. Diesen Vorgang nennt man Wandlung. Am Anfang jeder digitalen Übertragungskette steht demnach eine Analog/Digital-Wandlung (kurz: A/D-Wandlung), an deren Ende eine Digital/Analog-Wandlung (kurz: D/A-Wandlung). Die Speicherung der ermittelten Amplitude der Eingangsspannung erfolgt als binäre oder duale Zahl. Das binäre bzw. duale Zahlensystem kennt bekanntlich nur die Ziffern 0 und 1. Zur weiteren Bearbeitung und Speicherung der Informationen können somit Computer und Speichermedien wie Festplatten eingesetzt werden.

Die Wandlung eines analogen Signals in eine digitale Audioinformation wird im wesentlichen von zwei Parametern gekennzeichnet, nämlich der Sampling-Frequenz und der Quantisierung. Sie sollen im folgenden betrachtet werden.

6.1.1 Sampling

Bei der Umsetzung analoger Signale in eine digitale Information, der Analog/Digital-Wandlung, wird in regelmäßigen Abständen die Amplitude des Signals abgetastet.

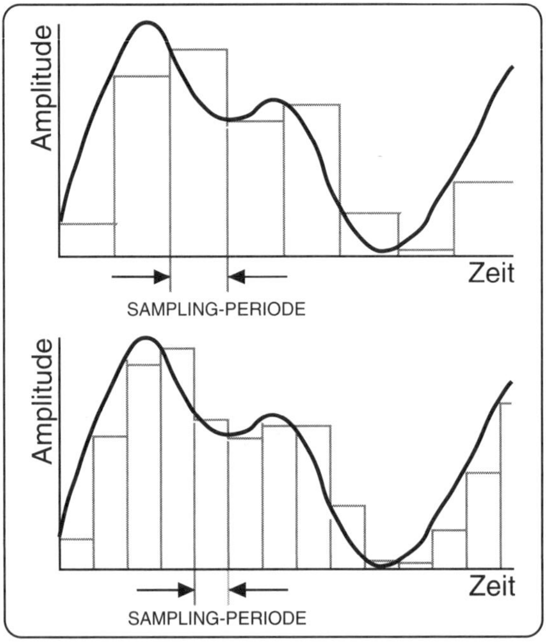

Abb. 6.1 Sampling mit verschiedenen Abtastfrequenzen

Dabei entnimmt der Wandler regelmäßig Proben aus dem analogen Signal. Diese Proben nennt man Samples. Bis die Amplitude exakt erfaßt ist, muß der Wert der Amplitude für kurze Zeit festgehalten werden, daher auch die Bezeichnung „Sample and Hold". Zur weiteren Verarbeitung und Speicherung werden die Samples in eine Folge von binären Zahlen umgesetzt (quantisiert). Mit einem umgekehrten Prozeß, der Digital/Analog-Wandlung, wird der ursprüngliche Signalverlauf wieder hergestellt.
Durch den Prozeß des „Sample and Hold" bleibt natürlich immer ein gewisser Anteil des analogen Signalverlaufs unberücksichtigt, er wird nicht erfaßt. Durch eine genügend häufige Abtastung kann man jedoch erreichen, daß das Signal „verlustfrei" wieder reproduziert werden kann. Auf der anderen Seite bedeutet eine zu häufige Abtastung eine zu hohe Informationsdichte, die für eine ausreichend genaue Erfassung gar nicht notwendig ist und zudem einen höheren Rechenaufwand und größeren Speicherplatzbedarf bei der weiteren Verarbeitung erfordert.
Die Anzahl der Samples, die pro Sekunde erfaßt werden, gibt man als Sampling-Frequenz (Sample Rate) an. Eine Sampling-Frequenz von 48 kHz bedeutet, daß pro Sekunde 48.000 Samples erfaßt werden. Nach dem sogenannten Nyquist-Theorem muß die Sampling-Frequenz mindestens doppelt so hoch sein wie die höchste zu erfassende Frequenz. Um bei digitaler Signalverarbeitung einen Frequenzgang zu erzielen, der dem hörbaren Frequenzbereich von 20 Hz...20 kHz entspricht, ist also eine Sampling-Frequenz von mindestens 40 kHz notwendig. Aus dem Nyquist-Theorem folgt aber gleichzeitig, daß Signale mit einer Frequenz oberhalb der halben Sampling-Frequenz nicht mehr exakt wiederhergestellt werden können (siehe Abbildung 6.2 oben). Bei der Rückwandlung der digitalen Informationen in analoge Spannungsverläufe wird der Digital/Analog-Wandler von solchen Anteilen sogar förmlich „getäuscht" und kann Frequenzen im hörbaren Frequenzbereich erzeugen, die ursprünglich gar nicht vorhanden waren (siehe Abbildung 6.2 unten). Diese Frequenzen nennt man Alias-Frequenzen und spricht vom Aliasing-Fehler.
Aliasing ist also eine Art digitaler „Zweideutigkeit". Wie diese Zweideutigkeit zustande kommt, ist einfacher zu verstehen, wenn man sich ein Phänomen vor Augen führt, das man aus Film oder Fernsehen kennt: Obwohl ein Auto oder die berühmte Postkutsche mit großer Geschwindigkeit durchs Bild fährt, scheinen die Räder des Gefährts sich nur langsam zu drehen, manchmal stillzustehen oder sich sogar rückwärts zu bewegen. Die Ursache dafür ist leicht zu erklären: Ein Film besteht aus 25 Einzelbildern pro Sekunde, die für das Auge aufgrund dessen Trägheit zu einem sich kontinuierlich bewegenden Filmbild verschmelzen. Dreht sich nun das Rad ebenfalls 25mal in der Sekunde, so nimmt es die Filmkamera immer in der gleichen Position auf. Für den Betrachter des Films scheint das Rad damit zu stehen. Man spricht hier von Bild-Aliasing.

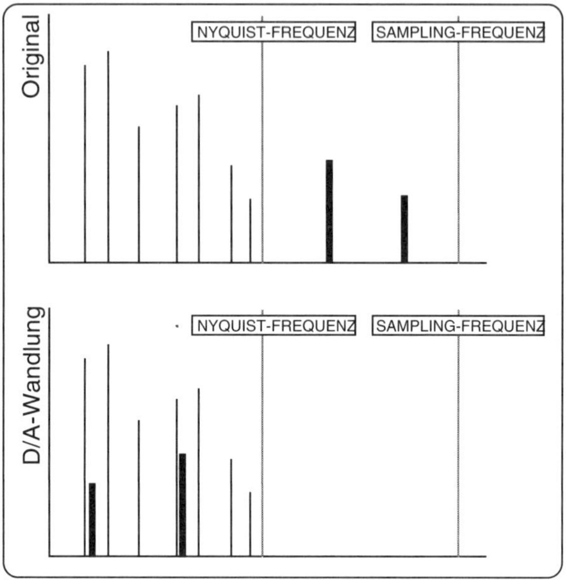

Abb. 6.2 Wirkung von Aliasing-Fehlern

Ähnlich muß man sich die Wirkungsweise des Aliasing bei Audiosignalen vorstellen: Ein Digital/Analog-Wandler arbeitet nach der Vorgabe, daß wenigstens zwei Samples innerhalb einer Wellenlänge vorhanden sind (fett gezeichneter Signalverlauf in Abbildung 6.3). Die Samples eines Signals mit einer höheren Frequenz als der halben Sampling-Frequenz (dünn gezeichneter Signalverlauf in Abbildung 6.3) ergeben für den Digital/Analog-Wandler die gleichen Informationen. Er wird aus diesen Daten einen Frequenzverlauf mit einer niedrigeren Frequenz erzeugen.

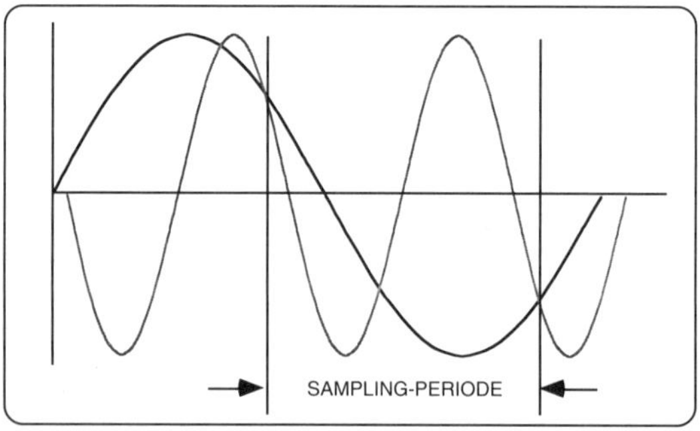

Abb. 6.3 Zustandekommen des Aliasing-Fehlers

Daraus ergibt sich die Notwendigkeit, Signale mit einer Frequenz oberhalb der halben Sampling-Frequenz vom Analog/Digital-Wandler fernzuhalten. Nun ist es wahrscheinlich, daß im analogen Übertragungsweg auch Frequenzen oberhalb 20 kHz auftreten, obwohl wir diese nicht mehr hören können. Man muß daher dem Wandler ein sehr steilflankiges Tiefpaßfilter vorschalten, das diese Frequenzen ausfiltert. Praktisch kann ein solches Filter aber nicht beliebig steil sein. Außerdem führen Filter immer auch zu Phasenänderungen im Bereich der Übergangsfrequenz. Deshalb wählt man als Sampling-Frequenz 44,1 kHz bzw. 48 kHz und kann so den Aufwand beim Tiefpaßfilter auf ein annehmbares Maß reduzieren.
Der Standard mit einer Sampling-Frequenz von 44,1 kHz ist übrigens darauf zurückzuführen, daß die ersten Digitalaufnahmen mit Videorecordern durchgeführt wurden. Die digitalen Audioinformationen werden dabei anstelle der Bildinformationen in die Bildzeilen geschrieben. Bringt man nun je drei Samples in einer Bildzeile unter, so ergibt sich beim PAL-Bildstandard eine Aufzeichnungsdichte von 44.100 Samples pro Sekunde.

6.1.2 Quantisierung

Die Übersetzung der durch die Sample-and-Hold-Schaltung ermittelten, analogen Spannungswerte in eine binäre Information nennt man Quantisierung. Die Genauigkeit dieses Prozesses hängt davon ab, aus wievielen einzelnen 0- oder 1-Informationen (Binary Digits, kurz Bits) das digitale Wort zusammengesetzt wird. In der professionellen wie auch der semiprofessionellen Digitaltechnik wurde und wird eine Wortbreite von 16 Bit verwendet. Mittlerweile jedoch werden für Aufzeichnungen im professionellen Bereich 20 Bit angestrebt, im Bereich der semiprofessionellen Geräte dagegen wurden Verfahren entwickelt, die mit weitaus geringeren Wortbreiten auskommen (siehe Abschnitt 6.2).
Eine 16-Bit-Information erlaubt die Unterscheidung von 2^{16} oder 65.536 Einzelwerten. Man könnte auch sagen, daß eine 16-Bit-Quantisierung mit 65.536 Referenzspannungen arbeitet. Mit dieser Genauigkeit wird demnach die analoge Signalamplitude erfaßt.
Grundsätzlich könnte man die Amplitude einfach dadurch erfassen, daß man sie in einem Arbeitsschritt einfach mit allen vorhandenen Referenzspannungen vergleicht und den höchsten Wert als Digitalinformation weitergibt, der von der tatsächlichen Spannung noch überschritten wird.
Diese Technik wird Flash-verfahren genannt. Bei einer 16-Bit-Quantisierung wären mit diesem Verfahren im schlechtesten Fall 65.536 Einzelvergleiche in der Zeit zwischen zwei Samples notwendig, was selbst die schnellsten Wandler überfordert.
Das sogenannte Wägeverfahren verfolgt eine andere Strategie: Zuerst wird das höchste Bit der Referenzspannung ermittelt, die vom Signal noch überschritten

wird. Dabei bleibt eine Differenz zwischen der tatsächlichen Spannung und der ermittelten Referenz. Für diese Differenz wird auf die gleiche Weise wie beim ersten Schritt das zweithöchste Bit des Datenworts ermittelt. Auch dabei bleibt eine gewisse Differenz und das Verfahren kann fortgesetzt werden, bis alle Bits des Datenworts gesetzt sind. Dieses Verfahren benötigt zwar 16 Arbeitsschritte, aber auch nur 16 Vergleichsoperationen.
Bei einer Übersteuerung verhält sich ein Analog/Digital-Wandler ganz anders als beispielsweise ein analoges Magnetband. Wird ein Magnetband übersteuert, so nehmen die Verzerrungen nur ganz allmählich zu, bis schließlich die Bandsättigung erreicht wird. Bei der Analog/Digital-Wandlung jedoch treten ab Überschreiten der Vollaussteuerung sofort erhebliche Verzerrungen auf. Für den Wandler stellt sich ein übersteuertes Signal als Eingangsamplitude über der höchsten erlaubten Referenzspannung dar. Dieser Bereich kann aber nicht mehr erfaßt werden und wird „abgeschnitten". Dies führt sofort zu starken Verzerrungen.
Trotz einer Auflösung in 65.536 Stufen treten beim Quantisieren Abweichungen vom tatsächlichen Wert der gesampelten Eingangsspannung auf. Diese Abweichung wird allgemein als Quantisierungsrauschen bezeichnet. Dabei handelt es sich jedoch keineswegs um ein Zufallssignal, wie es Rauschen per Definition eigentlich ist.
Den Pegel dieses Rauschens bzw. die Differenz zwischen maximalem Pegel und Rauschen bei einer Quantisierung mit N-Bits kann man einfach mit der folgenden Formel berechnen:

$$\text{Signal/Rausch-Abstand} = 6N + 1{,}8\ [\text{dB}]$$

Bei einer 16-Bit-Quantisierung beträgt diese Differenz demzufolge 97,8 dB. Diese Dynamik wird beispielsweise von Digitalrecordern auch erreicht. Sie liegt damit um rund 30 dB höher als die einer analogen Magnetbandaufzeichnung ohne Rauschverminderung. Allerdings wird die wirklich nutzbare Dynamik um rund 10 dB reduziert, da man in der Praxis eine Übersteuerungsreserve in dieser Größenordnung einkalkulieren muß, um auch Übersteuerungen durch unvorhersehbare Spitzen sicher auszuschließen.

6.2 Kodierung

Digitale Daten - Audiosignale inbegriffen - müssen vor der Aufzeichnung, allgemein vor jeder Übertragung, in geeigneter Weise aufbereitet - kodiert - werden. Dabei sind Kriterien zu berücksichtigen, die das jeweils eingesetzte Übertragungs- oder Speichersystem vorgeben. Ziel der Kodierung ist, unter den gegebenen Voraussetzungen eine möglichst sichere und effiziente Übertragung zu gewährleisten.

6.2.1 Preemphasis

Um den Signal/Rausch-Abstand einer Digital-Aufnahme noch weiter zu verbessern, kann man das Aufnahmesignal vorentzerren. Diese Preemphasis ist eine Höhenanhebung, die vor der Analog/Digital-Wandlung eingefügt wird. Durch eine entsprechende Deemphasis nach der Digital/Analog-Wandlung wird der lineare Frequenzverlauf wieder hergestellt. Gleichzeitig senkt man mit der Deemphasis aber das Quantisierungsrauschen gerade in dem Frequenzbereich ab, in dem es als besonders störend empfunden wird. Die Preemphasis ist bei der Aufnahme zuschaltbar, also nicht fest eingestellt. Bei Aufnahme mit Preemphasis wird gleichzeitig im digitalen Datenstrom ein Kontrollbit gesetzt, das bei der Wiedergabe die Deemphasis automatisch aktiviert.
Bei der Einführung der Preemphasis ging man von der Überlegung aus, daß ein durchschnittliches Signal im Höhenbereich nicht bis an die Übersteuerungsgrenze ausgesteuert ist. In diesem Bereich besteht also noch eine gewisse Aussteuerungsreserve. Diese Reserve kann man ausnutzen, indem man den Höhenbereich bei der Aufnahme anhebt. Die Gesamtaussteuerung wird sich dadurch nicht oder nur wenig ändern, so daß man insgesamt mit dem gleichen maximalen Pegel rechnen kann.
Diese Überlegungen treffen für Aufnahmen klassischer Musik in der Regel zu. Die Aufnahmen aus dem Jazz-, Rock- oder Popbereich haben aber meistens eine völlig andere spektrale Zusammensetzung. Insgesamt weisen sie einen sehr viel stärkeren Höhenanteil auf. Wird dieser Höhenanteil dann durch eine Preemphasis zusätzlich angehoben, ist es manchmal notwendig, den Gesamtpegel zurückzunehmen, um Übersteuerungen zu vermeiden. In der Praxis kann man mit einem um bis zu 5 dB niedrigeren Gesamtpegel rechnen.
Stellt man ein Masterband für die CD-Produktion mit Preemphasis her, so wird die Preemphasis auch auf die CD übernommen. Eine CD, die mit Preemphasis aufgenommen wurde, wird in dem eben beschriebenen Fall daher um bis zu 5 dB leiser wiedergegeben als eine CD ohne Preemphasis. Diese Tatsache wird von vielen Plattenproduzenten nicht akzeptiert. Bei Jazz-, Rock- oder Pop-Produktionen wird man daher in der Regel ohne Preemphasis arbeiten. Durch die im Vergleich mit klassischer Musik geringere Dynamik kann man auf den zusätzlichen Gewinn an Rauschabstand ohne weiteres verzichten.

6.2.2 Signalkodierung

Unter diesem Stichwort sollen die verschiedenen Verfahren zusammengefaßt werden, nach denen das Eingangssignal in ein digitales Audiosignal umgewandelt wird. Insofern kann man in diesem Zusammenhang auch von Wandlerverfahren oder -prinzipien sprechen. Hier steht zunächst die Datenmenge im Vordergrund, die ein gegebenes System verarbeiten kann bzw. muß, wobei gleich das im folgenden Abschnitt 6.2.3 Gesagte einbezogen werden muß.

Der erste Schritt der Signalkodierung ist - wie gesehen - die Wandlung des analogen Eingangssignals in eine digitale Audioinformation. Hier unterscheiden wir heute im wesentlichen zwei Verfahren, nämlich die sogenannte Pulse-Code-Modulation (PCM) und die Delta-Modulation bzw. Delta-Sigma-Modulation. Die Pulse-Code-Modulation ist das fast schon klassische Verfahren der Wandlung wie es bei DAT und CD eingesetzt wird. Bei diesem Verfahren wird jeder ermittelte Datenwert als 16-Bit-Wort übertragen.
Die Delta-Sigma-Modulation dagegen arbeitet nach der Strategie, jeweils nur die Differenz zum vorausgegangenen Wert zu übertragen. Gleichzeitig werden bei der Wandlung auftretende Störungen (Quantisierungsrauschen) spektral so beeinflußt, daß diese weitgehend in den nicht-hörbaren Frequenzbereich fallen. Man spricht hier auch von „Noise-Shaping“. Möglich wird dies durch das sogenannte Over-Sampling, einer Abtastung mit einer Sampling-Frequenz weit oberhalb der durch das Nyquist-Theorem vorgegebenen. Gleichzeitig läßt sich durch das Over-Sampling der Aufwand bei den Aliasing-Filtern reduzieren. Allgemein wird die Delta-Sigma-Modulation heute als die klanglich beste Wandlung angesehen.
Ein weiterer, ganz wesentlicher Aspekt der Signalkodierung ist die Bitratenreduktion oder auch Datenreduktion, also eine Verminderung der ursprünglich vorhandenen digitalen Audioinformationen, jedoch ohne eine Beeinträchtigung des eigentlichen Signals. Die Strategien der Bitratenreduktion beruhen im wesentlichen auf psycho-akustischen Erkenntnissen und vernachlässigen diejenigen Signalanteile, die von anderen verdeckt werden und die man ohnehin nicht wahrnimmt (siehe Kapitel 4).
Praktische Anwendung findet diese Variante der Signalkodierung bei den aktuellen semiprofessionellen Formaten Mini Disk (MD) und Digital Compact Cassette (DCC), die im Vergleich zur CD mit nur rund einem Viertel des Speicherplatzes auskommen. Auch digitale Telefonverbindungen, beispielsweise im ISDN-Netz, arbeiten mit einer erheblichen Bitratenreduktion bis hin zu einem Faktor von 8. Ähnliches gilt für den digitalen Sound für den Kinofilm und das digitale Radio.

6.2.3 Fehlerkodierung

Mit der Fehlerkodierung soll verhindert werden, daß durch Störungen bei der Speicherung oder Übertragung Informationen verloren gehen. Fehlt auch nur ein einziges Bit eines digitalen Wortes, so kann das schon gravierende Folgen haben. Fehlen gar ganze Wörter, hört man bei digitalen Audiosignalen im wahrsten Sinne des Wortes gar nichts mehr - Drop-Out.
Aufgabe der Fehlerkodierung ist es daher, Daten zuverlässig gegenüber möglichen Beeinträchtigungen auf einem gegebenen Speichermedium oder Übertragungsweg zu schützen. Dabei muß natürlich zunächst berücksichtigt werden,

welche Art von Störungen überhaupt auftreten können und wie wahrscheinlich sie sind. Auf Magnetbändern beispielsweise treten im wesentlichen längere Störungen auf, verursacht durch fehlerhafte Bandstellen.
Praktisch wird bei der Fehlerkodierung so verfahren, daß man die Daten verschachtelt („Inter-Leaving") und durch zusätzlich übertragene Daten in gewisser Weise redundant macht. Fehlen dann bestimmte Daten bei der Wiedergabe oder nach der Übertragung, so kann mit Hilfe der zusätzlich vorhandenen Daten der fehlende Wert berechnet werden und die ursprüngliche Information steht wieder zur Verfügung. Diese Fehlerkorrektur ist eine der wesentlichen Voraussetzungen für das Funktionieren jeder digitalen Tonaufzeichnung oder Übertragung überhaupt. Gängige Verfahren sind CRC (Cyclic Redundancy Check) und RSC (Reed Solomon Code). Die Verfahren werden in Kapitel 14 im einzelnen behandelt.

6.2.4 Kanalkodierung

Mit der Kanalkodierung schließlich werden die system-spezifischen Parameter des jeweiligen Speichermediums oder Übertragungswegs berücksichtigt. Will man beispielsweise die digitalisierten Audiossignale aufzeichnen, so ist klar, daß der Cassettenrecorder dafür nicht taugt.
Prinzipiell nämlich lassen sich digitale Daten mit Magnetbandtechnik nicht unmittelbar aufzeichnen. Würde ein Datenwort nämlich aus einer längeren Folge des gleichen Werts, also 0 oder 1 bestehen, so hätte das für beide Werte eine gleichbleibende Magnetisierung auf dem Band zur Folge. In einem Wiedergabe-Tonkopf würde dadurch aber absolut gar keine Spannung induziert werden, und die Daten wären verloren.
Die Problematik bei der Aufzeichnung auf andere Medien, wie Festplatten oder Compact-Disc, ist ganz ähnlich. Die Aufgabe der Kanalkodierung besteht also darin, die Daten so aufzubereiten, daß sie überhaupt gespeichert oder übertragen werden können. Auf die Kodierungsverfahren wird in Kapitel 14 im Detail eingegangen.

6.3 Schnittstellen

Wir haben gesehen, daß wir es in der digitalen Audiotechnik keineswegs nur mit stets gleichen Datenströmen zu tun haben, die die Audioinformation beinhalten. Je nach Anwendung nämlich müssen diese Datenströme durch eine geeignete Kodierung entsprechend aufbereitet werden. Ein direkter Austausch digitaler Audioinformationen durch das einfache „Zusammenstecken" zweier Kabel ist daher ausgeschlossen.
Auch bei der digitalen Aufzeichnungstechnik, sei es auf Magnetbändern oder

Festplatten bzw. optischen Platten, existiert kein einheitlicher Standard zwischen den verschiedenen Herstellern. Ein problemloser Austausch von Datenträgern zwischen den Studios ist allein schon dadurch ausgeschlossen. Hinzu kommt, daß gewisse Datenträger wie konventionelle Festplatten überhaupt nicht wechselbar sind.
Um trotzdem einen Transfer von Daten zwischen verschiedenen Aufzeichnungsformaten zu ermöglichen, beispielsweise für eine weitere Bearbeitung von Aufnahmen oder die Übertragung auf ein Medium zur kommerziellen Verbreitung (CD, DAT), gibt es verschiedene Schnittstellenformate, vergleichbar mit den bekannten Schnittstellen aus der Computertechnik. Damit können digitale Audiodaten wenigstens verlustfrei von einem auf ein anderes Aufzeichnungsformat kopiert werden.
Aber auch für eine digitale Verkopplung von Aufzeichnungsgeräten, Effektgeräten etc. einerseits und digitalen Mischpulten andererseits sind genormte Schnittstellen notwendig.

6.3.1 AES/EBU-Zweikanal-Interface

Mit dem AES/EBU-Interface können zweikanalige, digitale Audioinformationen übertragen werden. Das Interface arbeitet mit serieller Übertragung und wird mit denselben Sende- bzw. Empfängerschaltungen betrieben, wie die RS422-Schnittstelle. Leider gibt es zwar geringfügige, aber nichts desto trotz manchmal sehr entscheidende Unterschiede im Datenformat des AES-Interfaces. Diese liegen zwar nicht bei der eigentlichen Audioinformation, sondern in den sogenannten User- und Kontrollbits, führen aber bisweilen zu „Verständnisschwierigkeiten" zwischen den Geräten. Mit dem im März 1992 veröffentlichten revidierten Standard AES3-1992 (ANSI S4.40-1992) sollten diese Probleme jedoch in der Zukunft beseitigt werden können.
Jeder Datenblock, ein sogenanntes Frame, umfaßt jeweils zwei Subframes mit den Daten für jeweils einen der beiden Kanäle. Ein Subframe ist 32 Bits lang, von denen 20 Bits für die digitalen Audio-Informationen dienen. Zusätzlich werden Kontrollbits übertragen, die beispielsweise anzeigen, welcher der beiden Kanäle gerade gesendet wird. Weitere Bits können für spezielle Zwecke verwendet werden. Die Zeitreferenz für die Synchronisierung von Sende- und Empfangsgerät wird aus dem Übertragungstakt abgeleitet.
Das AES/EBU-Format kennt zwei Versionen, eine professionelle Ausführung mit symmetrischen Übertragungswegen und XLR-Verbindern und eine semiprofessionelle Version, die unsymmetrisch mit Cinch-Steckern verdrahtet wird und auch als S/PDIF-Interface (Sony/Philips Digital Interface) bekannt ist. Genormt ist die semiprofessionelle Version in der Recommendation IEC-958. Sie kann auch mit optischen Verbindungen (Lichtleiter) realisiert werden, die entsprechende Norm ist EIAJ CP340.

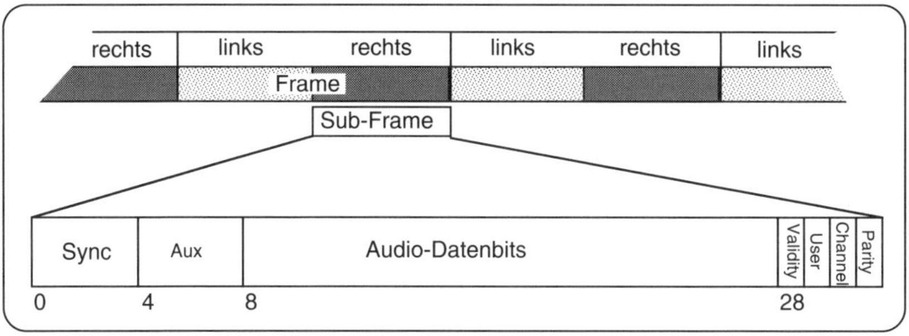

Abb. 6.4 AES/EBU-Format

6.3.2 MADI-Mehrkanal-Interface

Ein auch für die Übertragung von mehrkanaligen Audiodaten geeignetes Interface ist besonders für die Verbindung zwischen digitalen Mischpulten und Aufzeichnungsmaschinen notwendig. Ende 1989 wurde dazu der MADI-Standard eingeführt und als AES10-1991 normiert. MADI steht für Multichannel Audio Digital Interface. Angestrebt wurde insbesondere eine zum AES/EBU-Format kompatible Struktur der Datenblöcke (Frames). Im einzelnen sieht der MADI-Standard so aus:

- 56 Audiokanäle,
- Sampling-Frequenz 32 kHz...48 kHz, +/-12,5% für Varispeed,
- maximal 24 Audio-Bits (unter Ausnutzung der vier Aux-Bits des AES/EBU-Formats),
- serielle Übertragung mit Standard-Industrie-Chips (FDDI), Standard-Videokabeln und BNC-Verbindern.

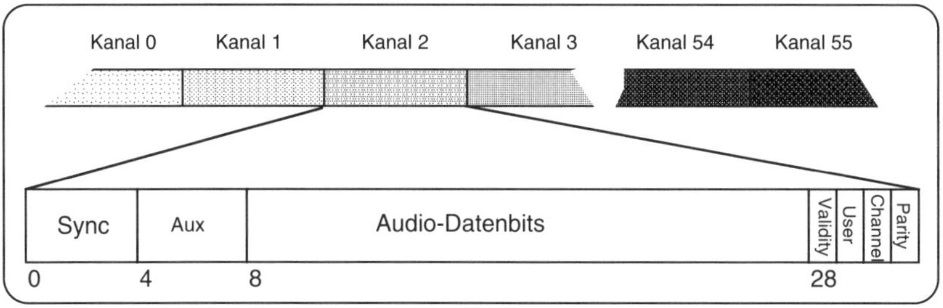

Abb 6.5 MADI-Datenformat

Der maximale Datenfluß bei einem MADI-Interface läßt sich leicht berechnen: 48 kHz-Sampling-Frequenz plus 12,5% Varispeed ergeben eine maximal erforderliche Sampling-Frequenz von 54 kHz. Bei 32 Bits in 56 Kanälen beträgt der maximale Datenfluß damit 54 kHz x 32 x 56 = 96,768 MBits/s. Zur Synchronisierung zweier Einheiten wird jeweils nach vier Bits ein weiteres Bit eingefügt. So entsteht ein maximaler Datenfluß von rund 125 MBits/s.

6.3.3 Digitale Audionetzwerke

Größere Netzwerke, in denen eine Vielzahl digitaler Audiogeräte und sogar Studios miteinander verbunden sind, gehören - ähnlich wie Computernetzwerke - längst nicht mehr zu den Phantasien hochfliegender Techniker. Der Einsatz von Audionetzwerken ist immer dann vorteilhaft, wenn größere Schallarchive verwaltet werden sollen und die Notwendigkeit besteht, schnell auf sie zuzugreifen.

Ein Beispiel ist die Vernetzung einer Rundfunkanstalt, angefangen beim Schallarchiv bis zum Sendestudio, sie eröffnet ganz neue Perpektiven nicht nur bei der Gestaltung der Sendungen. Anstelle endloser Regale gefüllt mit Tonbändern und Platten kann das Archiv auf einem zentralen, digitalen Datenträger gespeichert und dort auch effizient verwaltet werden. Der Zugriff auf eine beliebige Aufnahme dauert selbst bei Audiomaterial von einer Länge von mehr als 20 Jahren(!) nur Minuten, und das von jedem angeschlossenen Arbeitsplatz aus. Auf aufwendige Sendestudios mit einer Vielzahl von Bandmaschinen und Plattenspielern kann somit in vielen Fällen völlig verzichtet werden. Erst diese Technologie erlaubt es kommerziellen Anbietern, mit einem Minimum an Personalaufwand regional unterschiedliche Programme zu produzieren und auszustrahlen.

Ein weiterer Anwendungsbereich digitaler Audionetze ist die Tonbearbeitung für Film und Video. Hier sind es insbesondere die umfangreichen Geräuscharchive, auf die über ein Netzwerk von jedem Arbeitsplatz aus zugegriffen werden kann.

Sektion B
Praktischer Teil

Im zweiten Teil dieses Buchs werden wir uns mit den einzelnen Komponenten befassen, die Sie in einem Tonstudio antreffen werden. Die Diskussion wird sich dabei am Signalverlauf einer Übertragungskette orientieren, also den Weg vom Mikrofon bis zum Lautsprecher verfolgen. In den einzelnen Kapiteln werde ich dann einige grundlegende Fakten erläutern, soweit dies noch nicht im ersten Teil geschehen ist, und Normen und Arbeitstechniken vorstellen. Den Schwerpunkt werden aber immer praktische Aspekte bilden. Soweit es die Materie zuläßt, wurde deshalb auf mathematische Herleitungen und Formeln verzichtet.

Kapitel 7 Zum Berufsbild des Toningenieurs

Der Beruf des Toningenieurs gehört sicher zu den Tätigkeiten, die eine enorm große Vielfalt an möglichen Arbeitsfeldern bieten. Vielleicht rührt daher auch die Verwirrung einiger Begriffe bei der Beschreibung dieses Berufs: Angefangen beim Tontechniker über den Toningenieur bis hin zum Tonmeister reichen die Berufsbezeichnungen, die zwar ursprünglich einmal eine ganz bestimmte Tätigkeit beschrieben haben, heutzutage jedoch beinahe beliebig austauschbar sind. So ist der Tonmeister beim Film derjenige, der den Ton am Drehort aufnimmt ebenso, wie derjenige, der die bisweilen höchst komplexe Tonmischung eines Films durchführt. Im Bereich der klassischen Musikaufnahme dagegen hat der Tonmeister eher die Aufgabe des verantwortlichen Aufnahmeleiters oder gar Produzenten, am Mischpult sitzt er höchst selten. Und in Studios, in denen in erster Linie Pop- und Rockmusik produziert wird, heißt der Mann respektive die Frau am Pult eben meistens Toningenieur bzw. Toningenieurin. Und bei dieser Bezeichnung möchte ich innerhalb dieses Buchs auch bleiben, wobei mir die weiblichen Leser nachsehen wollen, wenn ich auf den Zusatz „in“ verzichte.

Als mögliche Arbeitsfelder kommen für einen Toningenieur folgende Bereiche in Frage: Rundfunk und Fernsehen, klassische Musikaufnahmen, Pop- und Rockmusik, Film- und Videotonbearbeitung, Werbung und Beschallung.

Jedes dieser Felder unterscheidet sich nicht nur in der Art der jeweiligen Tätigkeit, sondern natürlich auch des „Handwerkszeugs“, also den Geräten, mit denen Sie als Toningenieur zu tun haben werden. Angefangen von den Mikrofonen bis hin zu den Aufnahmegeräten gibt es für jeden Bereich mehr oder weniger spezialisierte Ausführungen. Diese werden in den folgenden Kapiteln im Detail erläutert.

Allerdings erscheint es wenig sinnvoll, Studioeinrichtungen und Geräte zu beschreiben, ohne etwas über deren jeweiligen Einsatzbereich zu wissen. Dieses Kapitel soll Ihnen helfen, die Arbeitsbereiche ein wenig kennenzulernen und so den Sinn und Zweck der einzelnen Geräte besser zu verstehen. Außerdem kann es bei dem einen oder anderen Leser vielleicht Interesse an einem ganz bestimmten Arbeitsfeld wecken und so bei der Berufswahl hilfreich sein. Letztlich jedoch muß man - wie in jedem Beruf - auch praktische Erfahrungen sammeln, um mit einem Berufsbild wirklich vertraut zu werden. Die Lektüre eines Buchs allein kann den beruflichen Alltag im einzelnen natürlich nicht beschreiben.

7.1 Rundfunk und Fernsehen

Bis vor wenigen Jahren wurde dieser Bereich ausschließlich von den öffentlich-rechtlich organisierten Häusern dominiert, mittlerweile jedoch hat sich auch hierzulande die Medienlandschaft erheblich gewandelt und private Veranstalter bereichern die Szene - auch für Toningenieure.
Grundsätzlich kann man die Arbeit eines Toningenieurs beim Rundfunk und Fernsehen in drei Bereiche unterteilen, nämlich in die Produktion, die aktuelle Berichterstattung und die Sendeabwicklung. Und obwohl es sich eigentlich um zwei unterschiedliche Medien handelt, so ist der Arbeitsablauf im Rundfunk wie im Fernsehen doch sehr ähnlich, auch für den Toningenieur. Endprodukt ist in der Regel ein stereophones Sendeband bzw. Sendesignal.
Unter Produktion versteht man die Vorbereitung ganzer Sendungen oder die Erstellung von Beiträgen zu bestimmten Sendungen. Von Fernsehspielen über Dokumentationen und Reportagen bis zum dreiminütigen Kurzbeitrag kann die Bandbreite dabei reichen. Die Aufgaben eines Toningenieurs gehen dabei von der Aufnahme der jeweiligen Ausgangsmaterialien bis zur sendefertigen Abmischung. In der Regel werden solche Produktionen - je nach Aufwand - in mehreren Abschnitten (Aufnahme, Nachbearbeitung, Mischung) durchgeführt. Typisch für diesen Bereich ist die Produktion von Reportagen, bei denen Interviews mit einem kommentierenden Begleittext zu einem Beitrag zusammengefügt werden. Aufgenommen und geschnitten werden die einzelnen Teile auf separaten Bändern, die dann auf ein Stereoband gemischt werden.
Die aktuelle Berichterstattung lebt natürlich von der Geschwindigkeit. Schon von vornherein kann man hier als Toningenieur daher nicht erwarten, aufwendige, ambitionierte Projekte realisieren zu können. Gefragt sind Flexibilität und Improvisationsgabe. In den meisten Fällen werden aktuelle Beiträge im Studio unter Produktionbedingungen nachbearbeitet (siehe oben). Die Sendeabwicklung hat ihren speziellen Reiz natürlich vom Gefühl „On Air“ zu sein. Besonders bei Live-Übertragungen von aufwendigen Produktionen wie Konzerten oder Shows sind neben der beruflichen Qualifikation entsprechend gute Nerven gefragt.

7.2 Klassische Musikaufnahmen

Aufnahmen klassischer Musik werden im allgemeinen in drei Arbeitsabschnitten durchgeführt. Der erste Schritt - vielleicht sogar der entscheidende aus der Sicht des Toningenieurs - ist die Auswahl der Mikrofone und deren Plazierung, die sogenannte Mikrofontechnik. Zu berücksichtigen sind hierbei der aufzunehmende Klangkörper und der Aufnahmeraum, aber auch die klanglichen Vorstellungen des musikalischen Aufnahmeleiters und des Produzenten. Meistens benutzt man bei dieser Aufnahmetechnik ein sogenanntes Hauptmikrofon bzw. eine Hauptmikrofongruppe, also entweder ein Stereomikrofon oder mehrere Einzelmikrofone.
Ergänzt wird das Hauptmikrofon durch sogenannte Stützmikrofone für einzelne Instrumente und Raummikrofone. Häufig wird trotz dieser großen Anzahl von Mikrofonen direkt auf ein Stereoband aufgenommen, die klangliche Balance muß also von vornherein stimmen. Um trotzdem möglichst flexibel zu bleiben, arbeitet man auch bei klassischen Musikaufnahmen oft mit der Mehrspurtechnik.
Der zweite Schritt ist die eigentliche Aufnahme. Hier kommen fast ausschließlich digitale Aufnahmeverfahren zum Einsatz. Unter Studiobedingungen stehen bei der Aufnahme natürlich künstlerische Gesichtspunkte im Vordergrund. So wird jeder musikalische Abschnitt normalerweise mehrmals aufgenommen, um anschließend die besten Takes per Schnitt zu kombinieren. Bei Live-Aufnahmen, beispielsweise Konzertmitschnitten, hat man diese Möglichkeiten natürlich nicht.
Der dritte Schritt schließlich ist - wie bereits erwähnt - der Schnitt, und bei Mehrspuraufnahmen die Abmischung. Der Schnitt erfolgt dabei auf elektronischem Weg mit verkoppelten digitalen Bandmaschinen oder auf Harddisk-Systemen. Das Endprodukt ist ein Stereoband - häufig eine DAT-Cassette - für die Überspielung auf CD.

7.3 Pop- und Rockmusik

Die Produktion von Pop- und Rockmusik wird heute ausschließlich in Mehrspurtechnik durchgeführt. Damit hat man es immer mit zwei Produktionsphasen zu tun, nämlich einmal der Aufnahme der einzelnen Instrumente auf getrennte Spuren der Mehrspurmaschine und zum zweiten der Mischung dieser Spuren auf ein Stereo-Masterband.
Die Mehrspur-Aufnahmetechnik - analog wie digital - ermöglicht es, alle Instrumente im sogenannten Playbackverfahren nacheinander aufzunehmen. Ein Musiker hört dabei die schon vorhandenen Instrumente über Kopfhörer vom Band und spielt dazu seinen Part.

FANTASIA-STUDIOS	Wonderland	Tel.: 123/45678	Fax.: 124/3594837
No Name Songs	PROJEKT LP		☒Analog ☐Digital
KÜNSTLER 5 Guys in a Band	DATUM Juli 93		☐38 cm/s ☒76 cm/s
PRODUZENT The Band	BAND 3 von 5		☒CCIR ☐NAB
ENGINEER Fred Fader	KUNDE Music Art		☐DolbyA ☒DolbySR

1	2	3	4	5	6	7	8
Drum-	Ambience	Kick	Snare	Cymbals &	Toms	HiHat	Baß
L ←	→ R			L ←	→ R		

9	10	11	12	13	14	15	16
Synth-Bass	Lead-Guit.	Heavy	Git	Solo Git	String- (Chorus)	Synth	Melodie Synth (Vus)
		L ←	→ R		L ←	→ R	

17	18	19	20	21	22	23	24
Vocals	Vocals (alternativ)	backing	vocals	Sequence	Perc (sampled)	Solo (alternativ)	SMPTE Timecode
		L ←	→ R				

Abb. 7.1 Spurplan einer typischen Mehrspuraufnahme

Während der Aufnahmephase hat der Toningenieur zwei wesentliche Aufgaben, nämlich die Auswahl und Aufstellung der Mikrofone und die anschließende Aufnahme. Bei bestimmten Aufnahmen, wie Schlagzeug-Tracks, ist die Aufnahmetechnik sehr entscheidend für den endgültigen Sound eines Instruments. Hier kann der Toningenieur eine sehr kreative Rolle übernehmen. Aufgenommen wird dann normalerweise in mehreren Abschnitten, und dabei ist das musikalische Talent des Toningenieurs gefragt, er muß exakt „einsteigen" können. Beim Aufnehmen im Playbackverfahren nämlich werden Fehler dadurch korrigiert, daß man kurz vor einer weniger gelungenen Stelle vom Wiedergabemodus der jeweiligen Spuren der Mehrspur-Maschnine in die Aufnahme einsteigt und der Musiker seinen Part weiterspielt. Gekonnt eingestiegen, sind solche „Schnitte" nicht zu hören.
Bei der Abmischung ist natürlich in erster Linie der kreative Umgang mit den technischen Möglichkeiten eines Mischpultes und der vielen Zusatzgeräte in einem Studio gefragt. Eine immer größere Rolle spielt der Einsatz von MIDI-Equipment, teilweise als Ersatz des herkömmlichen Instrumentariums oder beispielsweise bei Drum-Sounds zu dessen Ergänzung. Insgesamt kann der Toningenieur einer Mischung seine ganz persönliche Note, seinen „Sound" geben. Will man in dieser Branche erfolgreich sein, ist diese Fähigkeit beinahe unumgänglich.

7.4 Film- und Videotonbearbeitung

Auch die Arbeit des Toningenieurs in der Film- und Videoproduktion läßt sich in die zwei Abschnitte Aufnahme und Mischung unterteilen. Zwischen diesen beiden Abschnitten erfolgt jedoch noch ein dritter, der Synchronschnitt. Dabei werden die aufgenommenen Elemente nach Maßgabe des Bildschnittes synchron „angelegt“. Diese Arbeit wird von Ton-Cuttern durchgeführt. Außerdem werden zusätzliche Atmosphären, Spezialeffekte und Musik vorbereitet. Schnitt und Mischung werden auch als Nachbearbearbeitung oder Postproduktion bezeichnet.

Um die Synchronität einzelner Tonelemente wie Dialog oder Geräusche überhaupt nachträglich und vor allem unabhängig voneinander beeinflussen zu können, ist es natürlich erforderlich, alle Elemente auf getrennte Bänder aufzunehmen. Trotz der Entwicklung digitaler Tonträger ist das perforierte Magnetband noch immer das gängige Aufnahme- und Bearbeitungsmedium für Film- und Videovertonung. Allerdings wird das Perfoband mit Sicherheit in den nächsten Jahren mehr und mehr von digitalen Trägern verdrängt werden.

Alle Aufnahmen, sei es der Originalton vom Drehort oder nachsynchronisierte Dialoge oder Geräusche aus dem Studio, werden vor der Schnittbearbeitung auf Perfoband bzw. entsprechende digitale Tonträger überspielt. Erster Aufgabenbereich eines Toningenieurs ist demnach die Aufnahme dieser Elemente. Am interessantesten ist dabei sicher die Arbeit am Drehort. Hier kommt es auf schnelles und routiniertes Arbeiten an, um zunächst im wesentlichen die Dialoge aufzunehmen. Die Belange des Bilds stehen am Drehort immer im Vordergrund, und vom Toningenieur wird demnach erwartet, daß er sich diesen Gegebenheiten anpaßt.

Zweiter großer Arbeitsbereich bei der Aufnahme des Filmtons ist die Arbeit im Synchronstudio, also die nachträgliche, bild-synchrone Aufnahme von Dialogen und Geräuschen. Dies wird aufgrund von schlechten Aufnahmebedingungen am Drehort (z. B. zu hoher Verkehrslärm) sehr oft erforderlich. Neben der Synchronarbeit für Originalproduktionen ist die Nachsynchronisation fremdsprachiger (meist amerikanischer) Produktionen für Fernsehen und Kino in der Bundesrepublik ein sehr bedeutender Markt.

Die Mischung der einzelnen Elemente, also Dialoge, Geräusche, Atmosphären und Musik, zum Film kann je nach Aufwand mehrere Wochen dauern. Sie erfolgt in der Regel in mehreren Vormischungen, die dann zur Endmischung zusammengefügt werden. Nicht selten arbeiten zwei oder drei Toningenieure gemeinsam, einer an Dialogen, der andere an Geräuschen. Diese Arbeitsweise ist vornehmlich in den Vereinigten Staaten anzutreffen. Kinoproduktionen werden normalerweise in mehrkanaligen Formaten (4- oder 6-Kanal-Ton) gemischt, Fernsehproduktionen in mono oder stereo. Für das neue hochauflösende Fernsehen (HDTV) ist ein fünfkanaliges Tonformat vorgesehen.

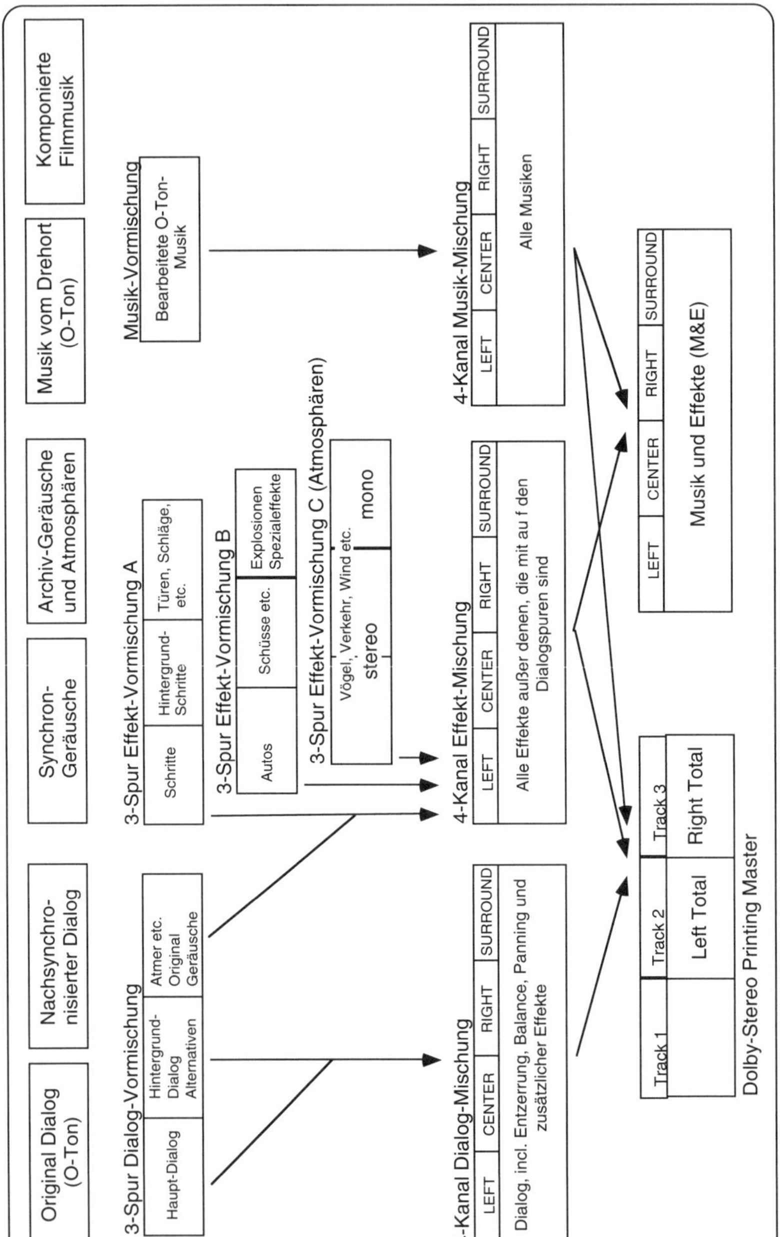

Abb. 7.2 Typischer Ablauf einer Filmmischung (Dubbing-Chart)

Auch hier sind die Talente eines Toningenieurs auf verschiedenste Weise gefragt. Zum einen muß er die meistens aus mehreren Einzelaufnahmen zusammengeschnittenen Szenen auch klanglich zu einem Ganzen zusammenfügen. Lautstärkesprünge oder ähnliche Unzulänglichkeiten müssen ausgeglichen, nachsynchronisierte Passagen an Originalaufnahmen angepaßt werden. Zum anderen läßt sich mit der richtigen Zumischung von zusätzlichen Atmosphären oder Spezialeffekten und schließlich der Filmmusik die Wirkung des Bildes auf den Zuschauer eindrucksvoll unterstützen. Das ist eine überaus kreative Aufgabe für einen Toningenieur.

7.5 Werbung

Es liegt in der Natur der Werbebranche, daß die Arbeit in einem Tonstudio, das sich auf die Herstellung von Werbung spezialisiert hat, in der Regel hektisch abläuft. Häufig sind knappe Termine für die Fertigstellung einzuhalten, kurzfristige Änderungen an der Tagesordnung. Auf einen Toningenieur kommen hier die unterschiedlichsten Aufgaben zu. Von Sprecheraufnahmen bis hin zu komplexen Mischungen muß alles bewältigt werden. Die verschiedensten Arbeitstechniken wie Mehrspurproduktion und der Umgang mit digitalen Workstations gehören hier zum unbedingten Handwerkszeug. Klanglich soll eine Werbeproduktion die Wirkung auf den potentiellen Kunden unterstützen. Insofern bestehen hier ganz spezielle Erwartungen an die Fähigkeiten eines Toningenieurs.

7.6 Beschallung

Anlagen zur Beschallung von Räumen sind heute mitunter sehr komplex aufgebaute Systeme und erfordern, sollen sie wirkungsvoll eingesetzt werden, einigen Sachverstand. Auch die jeweiligen Einsatzgebiete sind höchst unterschiedlich, von der Beschallung eines Stadions für ein Rockkonzert bis hin zu Theater- und Opernhäusern reicht die Spannweite. Entsprechend verschieden sind demnach auch die Anforderungen an Beschallungsanlagen: Bei Rockkonzerten gehört der kraftvolle Sound aus der PA-Anlage einfach mit zum Erlebnis, im Theater dagegen steht in der Regel eher der subtile Umgang mit der Beschallungstechnik im Vordergrund. Ganz praktische Anforderungen, nämlich die Sprachverständlichkeit, werden an die Beschallung bei Kongressen oder ähnlichen Veranstaltungen gestellt.
Moderne Beschallungsanlagen sind häufig mehrkanalig aufgebaut und erlauben auch die richtungsgetreue Wiedergabe. Es ist klar, daß dafür ein nicht unerheblicher technischer Aufwand und eine genaue Kenntnis der Funktionsweise

erforderlich ist. Nur qualifizierte Toningenieure können die Möglichkeiten solch komplexer Anlagen auch ausschöpfen und für die jeweilige Aufgabe wirkungsvoll einsetzen.

Natürlich arbeiten die verschiedenen Branchen nicht so unabhängig voneinander, wie es die Beschreibung der einzelnen Teilgebiete vielleicht nahelegen könnte. Überschneidungen vielfältiger Art sind eher an der Tagesordnung. So arbeitet der Rundfunk mit der Plattenindustrie sehr häufig im Rahmen einer Koproduktion bei Aufnahmen im Bereich der Klassik zusammen. Einzelne Rundfunkanstalten haben sogar eigene Sinfonieorchester. Auch das Fernsehen ist bei der Produktion von Filmen oder Fernsehserien auf die Zusammenarbeit mit Filmproduktionsgesellschaften angewiesen. Entsprechendes gilt auch umgekehrt. Musik für Filme oder Videoproduktionen wird normalerweise in den Studios produziert, in denen ansonsten klassische Musik, aber auch Pop- und Rockproduktionen aufgenommen werden.

Von einer generellen Trennung der jeweiligen Arbeitsfelder kann also nicht die Rede sein, im Gegenteil. Und gerade diese vielfältigen Überschneidungen machen den Reiz des Beruf des Toningenieurs aus und eröffnen ständig neue Betätigungsbereiche.

Kapitel 8 Leitungstechnik

Leitungen dienen im Tonstudio dazu, die verschiedenen Geräte untereinander zu verbinden. Abhängig vom zu übertragenden Tonsignal unterscheidet man zwischen Mikrofonleitungen und Leitungen, die den Studio-Arbeitspegel (oft auch Line-Level genannt) führen. In beiden Fällen muß gewährleistet sein, daß entlang dieser Leitungen keine zusätzlichen Störungen des Signals durch Einstreuungen erfolgen, und daß sich die Leitungen untereinander nicht durch Übersprechen stören. Daher wird bei der Leitungsführung darauf geachtet, daß Tonleitungen möglichst separat von Starkstrom- (Netzkabel) oder anderen Leitungen (Video, Schaltleitungen etc.) verlegt werden. Außerdem sollte man Mikrofonleitungen von Leitungen mit Studiopegel fernhalten, in keinem Fall sollte ein gemeinsames Mehrfachkabel verwendet werden.

8.1 Abschirmung

Jede Tonleitung ist von einem Schirm umgeben. Darin verläuft die signalführende Ader. Mehrfachkabel sind neben den Abschirmungen für die Einzeladern noch mit einem Außenschirm ausgestattet. Eine solche Abschirmung ist ein Geflecht aus Kupfer oder Aluminium und stellt - elektrisch gesehen - einen Faradayschen Käfig dar, in den keine elektrischen Felder eindringen können. Da der Schirm geerdet wird, können Störspannungen ungehindert abfließen. Elektromagnetische Einstreuungen aber, verursacht beispielsweise durch den Magneten eines Lautsprechers, hält auch eine solche Abschirmung nicht fern.

8.2 Unsymmetrische Leitungen

Ist eine Leitung aus einer signalführenden Ader und dem Schirm aufgebaut, spricht man von einer unsymmetrischen Leitung (engl. unbalanced). Sie ist die einfachste Verbindung zweier Geräte untereinander. Das Tonsignal ist ja, elektrisch betrachtet, nichts anderes als eine elektrische Wechselspannung gegenüber dem sogenannten 0-Volt-Potential der Gleichspannungsquelle des jeweiligen Verstärkers. Dieses Potential darf nicht mit dem Schutzleiter des Wechselstromnetzes (Erde) verwechselt werden. Die Gleichspannung in einem Verstärker wird durch einen Transformator und einen Gleichrichter aus der Netz-Wechselspannung gewonnen. Sie ist aber mit dem Netz nicht direkt verbunden. Der Netz-Transformator sorgt für die sogenannte galvanische Trennung.

Die unsymmetrische Verbindung zweier Geräte besteht wie gesagt aus der Signalader und einer Verbindung des 0-Volt-Potentials durch den Schirm der Leitung. Durch diese Leitungsführung werden allerdings Einstreuungen entlang der Leitung am Eingang eines Geräts bzw. Verstärkers in gleichem Maße wie das Tonsignal verstärkt.

Solange ausschließlich Geräte mit Studio-Arbeitspegel verbunden werden, also beispielsweise ein Tonbandgerät und ein Mischpult, sind solche Einstreuungen in der Regel unproblematisch. Mikrofonsignale dagegen müssen teilweise noch erheblich verstärkt werden und damit auch die eingestreuten Störungen. Daher findet man unsymmetrische Mikrofonanschlüsse allenfalls direkt an Tonbandgeräten oder Cassettenrecordern, wo nur sehr kurze Anschlußkabel notwendig sind.

In der Regel ist bei Verwendung hochwertiger Kabel und Stecker sowie sorgfältiger Abschirmung aller Leitungen die unsymmetrische Verbindung von Geräten mit Studiopegel problemlos möglich, solange die Kabelwege kurz bleiben. Innerhalb eines Regieraums können diese Bedingungen sicher eingehalten werden.

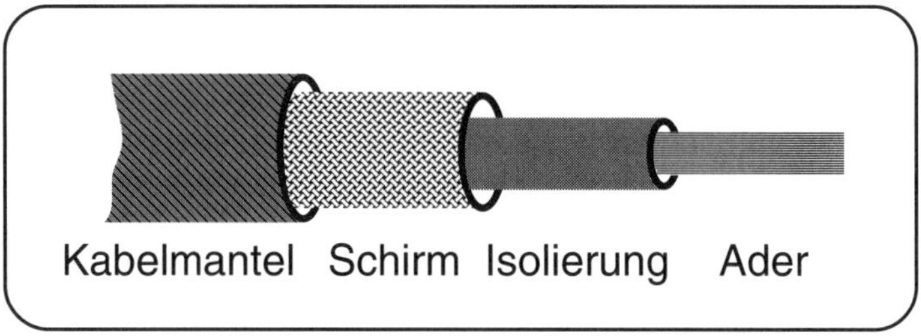

Abb. 8.1 Schematische Darstellung einer unsymmetrischen Leitung

8.3 Symmetrische Leitungen

Symmetrische Leitungen (engl. balanced) besitzen im Gegensatz zu unsymmetrischen zwei Tonadern in einem gemeinsamen Schirm. Beide Tonadern führen die gleichen Signale, die jedoch gegeneinander in der Phase um 180°

gedreht sind. Die beiden Adern werden mit „a“ (auch „hot“ oder „high“) und „b“ (auch „cold“ oder „low“) gekennzeichnet, die Ader „b“ ist in der Phase invertiert. Die beiden Adern dürfen nicht vertauscht werden. Bei der Rückwandlung in ein unsymmetrisches Signal an einem symmetrischen Geräteeingang wird die Phase der Ader „b“ wieder invertiert, und die Signale beider Adern bilden summiert das Tonsignal.

Werden nun entlang einer symmetrischen Leitung Störungen eingestreut, so wirken diese in beiden Adern gleich stark und mit gleicher Phase. An einem symmetrischen Eingang jedoch wird die Phase der Ader „b“ gedreht, was zur Folge hat, daß sich Störungen durch Auslöschung gegenseitig kompensieren, den unsymmetrischen Teil eines Geräts also nicht erreichen.

Symmetrische Leitungen sind also erheblich störsicherer als unsymmetrische und eignen sich daher insbesondere für lange Kabelwege und Mikrofonleitungen, die ja einen relativ geringen Signalpegel aufweisen. Mikrofonwege können, symmetrisch ausgeführt, über 100 Meter lang sein, Leitungen mit Studio-Arbeitspegel sogar über 500 Meter. Kabellängen von 100 Metern bei Mikrofonwegen werden selbst in Studios mittlerer Größe sehr schnell erreicht. Bereits das lose Anschlußkabel hat nicht selten eine Länge von 10 Metern und liegt oft in der Nähe von Endverstärkern oder Lautsprechern. Schon allein deshalb sollten Mikrofonleitungen grundsätzlich symmetrisch ausgeführt werden.

Freilich sollten auch Leitungen, die Studio-Arbeitspegel führen, möglichst symmetrisch sein. Die meisten professionellen Geräte sind ohnehin bereits mit symmetrischen Ein- und Ausgängen ausgestattet, so daß sich die Mehrkosten für eine symmetrische Verkabelung in Grenzen halten. Semiprofessionelle Geräte dagegen werden wohl kaum über symmetrische Anschlüsse verfügen, eine symmetrische Verkabelung wird also durch die notwendigen Symmetrierstufen sehr teuer.

Sollen die Leitungen in Kabelkanälen verlegt werden, was in der Regel zu relativ langen Leitungen führt, ist in jedem Fall eine symmetrische Verkabelung empfehlenswert.

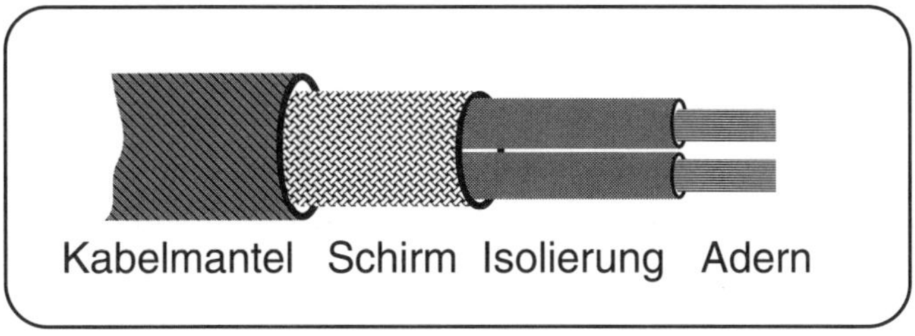

Abb. 8.2 Symmetrische Leitung

8.4 Symmetrierung mit Übertragern

Auch Verstärker können vollständig symmetrisch aufgebaut sein. Allerdings würde dies sämtliche Schaltungen erheblich verteuern, da ja alle Komponenten wie Transistoren und Widerstände gleich zweimal vorhanden sein müßten. Aus diesem Grund werden heute nur die Verbindungsleitungen zwischen den einzelnen Geräten symmetrisch ausgeführt, intern jedoch arbeiten alle Geräte unsymmetrisch. Diese Technik macht wiederum Symmetrierstufen an den Ein- und Ausgängen aller Geräte notwendig.
Mit einem speziellen Übertrager kann ein unsymmetrisches Signal symmetriert werden oder umgekehrt. Ein Übertrager besteht aus einem Metallkern mit je einer Wicklung für das symmetrische und das unsymmetrische Signal. Er ist also ähnlich aufgebaut wie ein normaler Netz-Transformator.
Der Übertrager sorgt dafür, daß die Tonadern von Geräten galvanisch nicht miteinander verbunden sind, es besteht also kein direkter elektrischer Kontakt zwischen zwei Geräten durch die Tonadern. Somit können zwischen den Geräten auch keine Gleichströme fließen und zu Störungen oder gar Schäden führen.

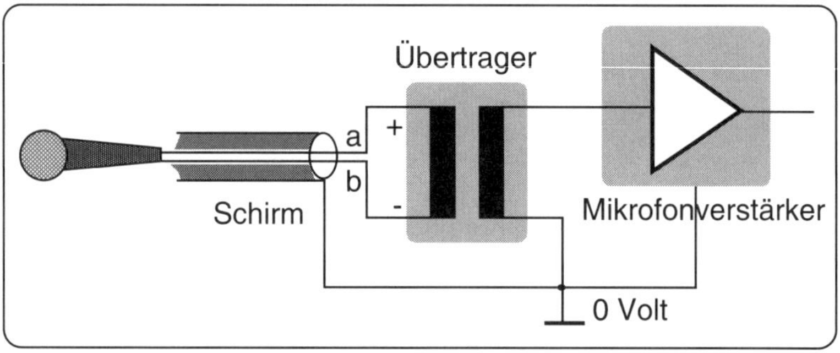

Abb. 8.3 Symmetrischer Mikrofonanschluß

Übertrager mit einem linearen Übertragungsverhalten und geringen nicht-linearen Verzerrungen sind nur sehr kostenintensiv herzustellen. Studioanlagen, die komplett mit Übertragern symmetriert sind, findet man daher heute fast nur noch in Rundfunkanstalten, wo die galvanische Trennung der einzelnen Geräte und Studioanlagen aufgrund der hohen Anforderungen an die Betriebssicherheit notwendig ist. Allgemein jedoch werden Übertrager nur noch für die Mikrofoneingänge verwendet, alle anderen Anschlüsse dagegen werden elektronisch symmetriert.

8.5 Elektronische Symmetrierung

Gegenüber der Symmetrierung mit Übertragern ist eine elektronische Symmetrierung sehr viel preisgünstiger zu realisieren. Besonders in der Operationsverstärkertechnik ist der zusätzliche Kostenaufwand fast unerheblich, denn ein Operationsverstärker besitzt schon zwei Eingänge, nämlich einen nichtinvertierenden und einen invertierenden und bietet sich demnach von vornherein für eine symmetrische Beschaltung an. Außerdem hat ein Operationsverstärker ein sehr lineares Übertragungsverhalten, und im gesamten Aussteuerungsbereich treten nur minimale Verzerrungen auf. Dafür besteht zwischen den Geräten jedoch keine galvanische Trennung mehr. Das hat für die Praxis allerdings kaum Nachteile, so daß sich die elektronische Symmetrierung in der Tonstudiotechnik weitgehend durchgesetzt hat.

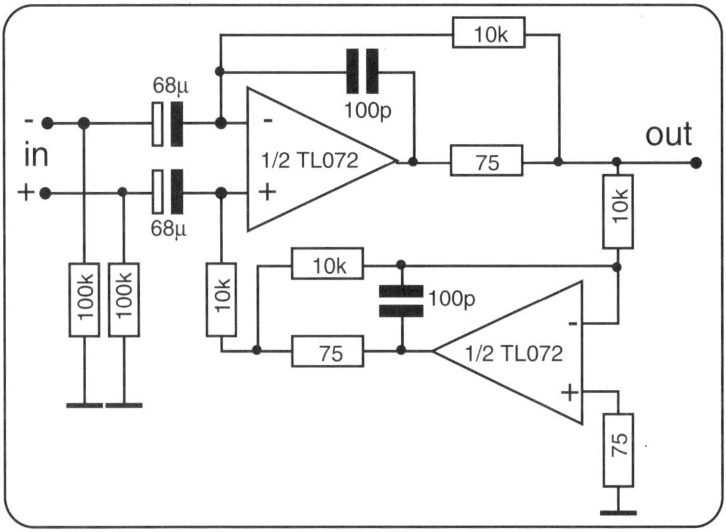

Abb. 8.4 Symmetrische Eingangsstufe für Signale mit Studiopegel

Auch ein symmetrischer Ausgang ist in der Operationsverstärkertechnik elektronisch relativ einfach zu verwirklichen, eine typische Schaltung zeigt Abbildung 8.5. Mit den beiden Schaltungen aus den Abbildungen 8.4 und 8.5 lassen sich auch nachträglich preisgünstige Symmetrierstufen für bisher unsymmetrische Studiogeräte wie Cassettenrecorder usw. nachrüsten. Soweit vorhanden, können die notwendigen Versorgungsspannungen dem Gerät selbst entnommen werden, da die Stromaufnahme der Schaltung sehr gering und eine Überlastung des vorhandenen Netzteils nicht zu erwarten ist.

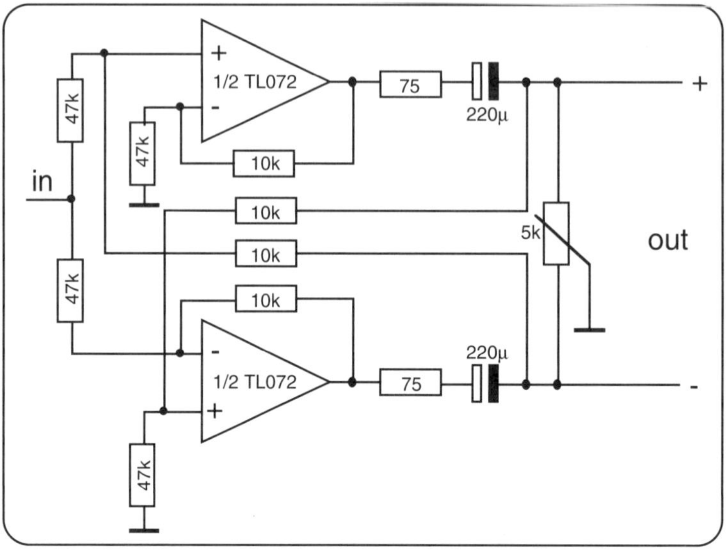

Abb. 8.5 Symmetrische Ausgangsstufe

8.6 Zusammenschaltung symmetrischer und unsymmetrischer Geräte

Häufig steht man vor dem Problem, symmetrische und unsymmetrische Geräte miteinander verbinden zu müssen. Das kann der Fall sein, wenn beispielsweise ein Cassettenrecorder an ein Mischpult mit symmetrischem Ausgang angeschlossen werden soll. Grundsätzlich ist eine solche Verbindung ohne Schwierigkeiten möglich, trotzdem sollten einige Punkte beachtet werden.

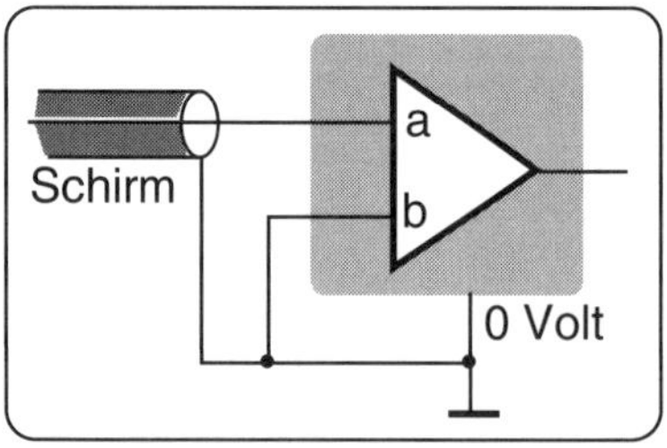

Abb. 8.6 Anschluß einer unsymmetrischen Quelle an einen symmetrischen Eingang

a) Unsymmetrisch -> symmetrisch
Dieser Fall ist der einfachere: Man verbindet einfach die Tonader der unsymmetrischen Leitung mit dem Anschluß „a“ oder „hot“ des symmetrischen Eingangs und die beiden Schirme. Zusätzlich wird am symmetrischen Eingang der Anschluß „b“ oder „cold“ mit dem Schirm durch eine Brücke verbunden.

b) Symmetrisch -> unsymmetrisch

Im umgekehrten Fall, also dem Anschluß einer symmetrischen Quelle an einen unsymmetrischen Eingang, werden die Ader „a" der symmetrischen Leitung mit dem unsymmetrischen Signaleingang und die Schirme miteinander verbunden. Die Brücke zwischen der Ader „b" und dem Schirm darf erst am unsymmetrischen Eingang gelegt werden, da so die Leitung selbst noch symmetrisch bleibt.

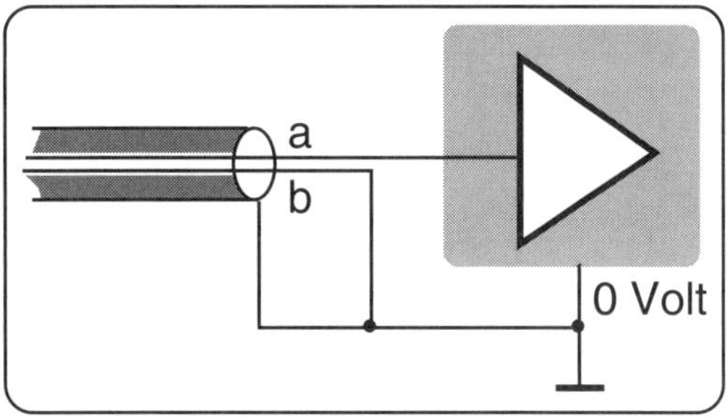

Abb. 8.7 Anschluß einer symmetrischen Quelle an einen unsymmetrischen Eingang

8.7 Steckerbelegungen

Leider gibt es in der Tonstudiotechnik keine einheitlichen oder genormten Steckverbinder für Audiosignale. Im professionellen Bereich existiert seit 1992 eine internationale Norm (AES14-1992 bzw. ANSI S4.48-1992) für die Anschlußbelegung bei drei- und fünfpoligen XLR-Verbindern (siehe Abbildung 8.8). Diese Norm regelt auch, daß ein Eingang grundsätzlich als Buchse, als sogenannter „Female Connector", ein Ausgang dagegen als „Male Connector" ausgeführt ist. Dies soll eine Verwechslung von Anschlüssen ausschließen. Trotz dieser Norm kann man jedoch nicht davon ausgehen, daß durchweg alle Geräte entsprechend verdrahtet sind. So werden Geräte deutscher Hersteller zum Teil noch mit umgekehrter Ausführung der Buchsen und Stecker ausgeliefert, also ausgangsseitig mit einem „Female Connector".

Einige Hersteller beharrten lange darauf, die Steckerkontakte umgekehrt zu belegen, versahen also Pin 2 mit der b-Ader und Pin 3 mit der a-Ader. Solange diese Unterschiede nur zwischen verschiedenen Geräten bestehen, gibt es keine Probleme, da lediglich die Phase des Signals gedreht wird und zwar für alle betroffenen Leitungen. Tritt eine solche Phasendrehung aber beispielsweise in nur einem von zwei Stereokanälen auf, ist eine korrekte stereophone Wiedergabe dieser beiden Kanäle nicht mehr möglich.

Aus Kostengründen statten allerdings nicht alle Hersteller ihre Geräte mit diesen

Anschlüssen aus, sondern greifen auf billigere Lösungen wie Cinch- oder Klinkenstecker zurück. In solchen Fällen sind alle Geräteanschlüsse als Buchsen ausgelegt. Insbesondere unsymmetrische Geräte besitzen in der Regel diese Verbinder, die über keinerlei mechanische Verriegelung verfügen.
Beim Anschluß unsymmetrischer Quellen muß ebenfalls darauf geachtet werden, daß die Tonader an Anschluß „a" geführt wird, da der Anschluß „b" ja mit dem Schirm verbunden ist.

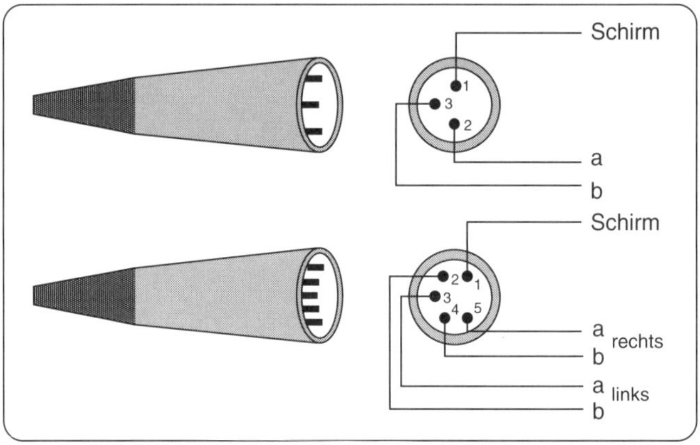

Abb. 8.8 Anschlußbelegung von XLR-Verbindern nach AES14-1992

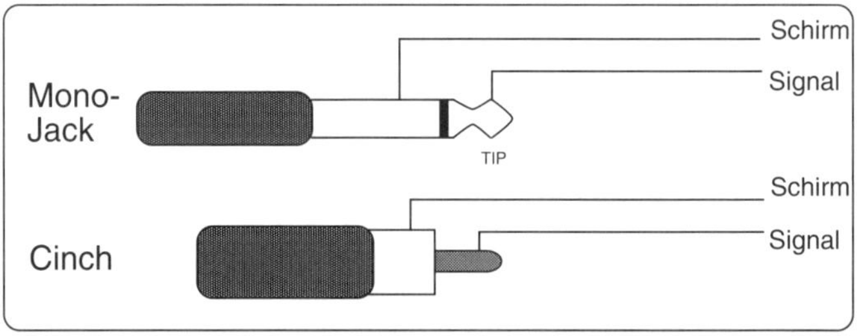

Abb. 8.9 Anschlußbelegung bei unsymmetrischen Verbindern

8.8 Erdung

Anlaß zum Ärger im Tonstudio bieten, aller Mühe bei der Verkabelung und aufwendiger symmetrischer Leitungen zum Trotz, „Brummschleifen". Sie sind meist auf eine fehlerhafte Erdung zurückzuführen und lassen sich relativ einfach und sicher beseitigen. Falsch und gleichzeitig auch noch gefährlich ist es in

jedem Fall, einfach den Schutzkontakt am Gerätestecker zu unterbrechen.
Das 220V-Netz hat immer drei Anschlüsse:

- Phase, der spannungsführende Anschluß,
- Null, der Anschluß, der im Kraftwerk geerdet ist,
- Schutzleiter, der Anschluß, der im Haus selbst geerdet (zum Beispiel an der Wasserleitung) und mit dem Gehäuse des Elektrogerätes verbunden ist.

Kommt durch einen Defekt das Gerätegehäuse mit der Phase in Kontakt, so fließt der Strom über den Schutzleiter ab. Da der Widerstand für den Strom so gering ist, brennt infolge der sehr hohen Stromstärke sofort die Sicherung durch. Doch selbst im Falle, daß die Sicherung nicht abschaltet, besteht beim Berühren eines defekten Gerätes keine Gefahr, denn dank der Erdung im Haus besteht zwischen Mensch und Gehäuse keine sogenannte Potentialdifferenz. Deshalb kann kein Strom durch den Körper fließen. Fehlt aber der Schutzleiter, sind diese Schutzbedingungen nicht gegeben, und es besteht die Gefahr eines elektrischen Schlags. Auch die Abschirmungen von Audio-Anschlüssen und damit das 0-Volt-Potential der Gleichspannungsquelle von Verstärkern sind in den Geräten mit dem Schutzleiter verbunden, weil auch Störspannungen, die auf die Schirme einwirken, über den Schutzleiter abfließen sollen. Das bedeutet nun jedoch, daß zwischen den Gehäusen bzw. dem 0-Volt-Potential zweier Geräte mit Schutzkontakt und Schirm gleichsam zwei Verbindungen bestehen. Und genau diese „doppelte“ Verbindung ist die Brummschleife. Ausgleichsströme aufgrund von Einstreuungen in dieser Schleife führen zu Störspannungen, die sich meistens als Brummen oder ähnliche Störgeräusche bemerkbar machen.
Zur Vermeidung von Brummschleifen gibt es verschiedene Konzepte. Bei der sogenannten sternförmigen Erdung wird in allen Geräten die Verbindung zwischen Schutzerde und 0-Volt-Potential unterbrochen und das 0-Volt-Potential an einem gemeinsamen Erdungspunkt zusammengeführt. Das verhindert zuverlässig die Bildung von Brummschleifen. Diese Methode läßt sich allerdings bei vielen Geräte nicht verwirklichen, da die Verbindung zwischen Schutzerde und 0-Volt über Transformator-Gehäuse und Steckergehäuse hergestellt und nicht so ohne weiteres zu unterbrechen ist.
Als sehr praktikabel für den Betrieb im Tonstudio hat sich folgendes Konzept erwiesen: An allen Geräte-Verbindungskabeln wird der Schirm nur an einer Seite des Kabels mit dem Steckerkontakt verbunden. An welcher Seite die Verbindung unterbleibt, ist unerheblich, es muß jedoch immer die gleiche Seite sein, also entweder Eingangs- oder Ausgangsseite. Die notwendige Verbindung der 0-Volt-Potentiale zwischen den Geräten ist über die Schutzerde gewährleistet, zu geschlossenen Brummschleifen allerdings kann es nicht mehr kommen. Die einzige Ausnahme bilden Mikrofonkabel, bei denen der Schirm in jedem Fall an beiden Seiten angeschlossen bleiben muß, da Mikrofone über kein eigenes Potential verfügen.

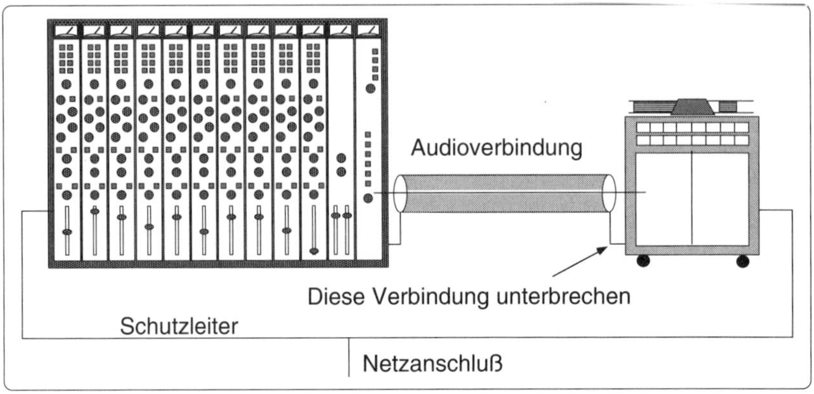

Abb. 8.10 Sind Schirm und Schutzleiter an beiden Geräten verbunden, entsteht eine Brummschleife.

8.9 Digitale Leitungen

Für die Übertragung digitaler Audiodaten (siehe Kapitel 6) kommen prinzipiell aus der Computertechnik bekannte Leitungen in Frage, so beispielsweise SCSI-Leitungen oder in Netzwerken Glasfaser-Verbindungen. Wo es um eine Übertragung in Echtzeit geht, wie etwa beim digitalen Kopieren zwischen zwei DAT-Recordern, muß natürlich gewährleistet sein, daß die gewählte Verbindungsart die erforderlichen Datenmengen auch übertragen kann, also eine entsprechende Bandbreite aufweist.
Im Tonstudio wird in der Regel mit Verbindungen nach dem AES/EBU-Standard gearbeitet (siehe Abschnitt 6.3). Als Leitungen kommen dabei für Übertragungen nach dem professionellen Standard nur symmetrische in Betracht. Normalerweise sind dafür keine besonderen Kabel erforderlich. Man kann diesselben Leitungen wie für analoge Signale verwenden (siehe dazu Abbildung 8.11).

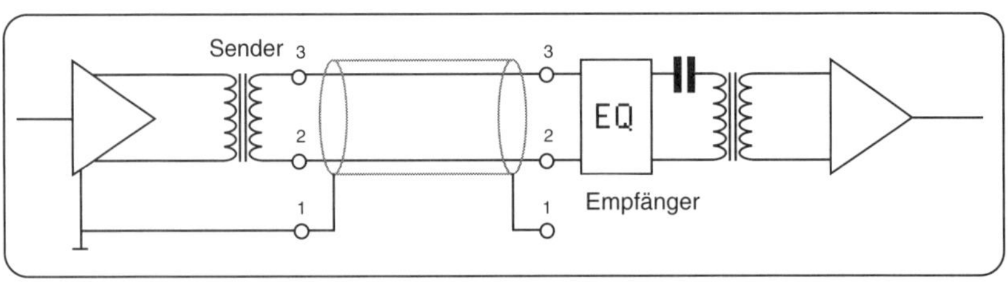

Abb. 8.11 Digitale Verbindung nach AES3-1992 (professionell)

Leitungen für digitale Verbindungen nach dem semiprofessionellen Format sind unsymmetrisch bzw. es werden Lichtleiter verwendet. Bei der unsymmetrischen Leitungsführung werden Standard-Cinchkabel eingesetzt. Für die Wandlung in ein optisches Signal bzw. die Rückwandlung eines optischen Signals werden Adapter angeboten.

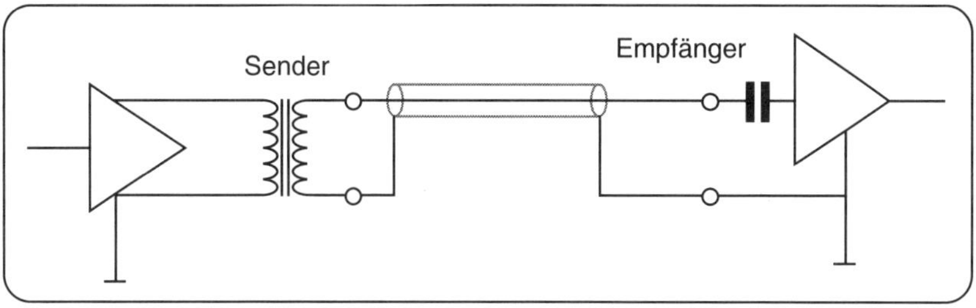

Abb. 8.12 Digitale Verbindung nach IEC 958 (semiprofessionell)

Digitale Audioinformationen lassen sich auch über weniger hochwertige Verbindungen wie Telefonleitungen übertragen. Diese Leitungen verfügen allerdings nicht über die erforderliche Bandbreite, so daß entweder eine Übertragung mit verminderter Bitrate vorgenommen werden muß oder die Übertragung nicht in Echtzeit erfolgen kann. Für derartige Übertragungen sind Empfangs- und Sendegeräte auf dem Markt, deren Funktionsweise man durchaus mit einem normalen Computer-Modem vergleichen kann. Zukünftig werden für Übertragungen, bei denen nicht unbedingt höchste Qualität erforderlich ist, verstärkt wählbare ISDN-Leitungen eingesetzt werden, so zum Beispiel für Reportagen. Auch die Vernetzung verschiedener Arbeitsplätze für Tonbearbeitung ist heute schon möglich. Hier kommen optische Breitbandnetze zum Einsatz, für die allerdings noch keine international einheitlich Norm exisitiert.

8.10 Patchbay

Sämtliche analogen Verbindungen innerhalb eines Studios laufen über ein Steckfeld (engl. Patchbay). Zu diesen Verbindungen gehören die Mikrofonwege aus dem Studio zum Mischpult, die Einschleifpunkte des Mischpults, die Wege vom Mischpult zur Mehrspur-Bandmaschine und den Stereo-Bandmaschinen, die Wege von diesen Maschinen zurück zum Mischpult, die Ein- und Ausgänge der verschiedenen Effektgeräte, die Abzweige des Mischpults (Effekt-Sends) und die Eingänge des Mischpults für Effektgeräte (Effekt-Returns). Eine Patchbay ist in professionellen Mischpulten in symmetrischer Schaltungstechnik aufgebaut.

Auch für digitale Verbindungen kann man natürlich eine Patchbay vorsehen und nach demselben Schema aufbauen. Voraussetzung dafür ist, daß alle digitalen Anschlüsse mit dem gleichen Standard (z. B. AES3-1992) arbeiten. Derzeitige Praxis in der Mehrzahl der Studios allerdings ist, auch die digitalen Geräte wie die Mehrspurmaschine oder den DAT-Recorder „analog“ zu verdrahten, das heißt, die Signale werden im jeweiligen Gerät gewandelt.

Abb. 8.13 Patchbay eines Solid State Logic-Pults

Das einer Patchbay zugrundeliegende Konzept besteht darin, daß sämtliche benötigten Verbindungen schaltbar sind. Beispielsweise ist der Mikrofonanschluß 12 im Studio immer direkt auf den Eingangskanal 12 geschaltet. Erst wenn es notwendig ist, diesen Mikrofonweg auf einen anderen Eingangskanal zu legen, kann diese Verbindung an der Patchbay hergestellt werden. Das Mikrofon muß also nicht im Aufnahmeraum umgesteckt werden, sondern im Regieraum an der Patchbay. Genauso kann auch zwischen den Stereoausgang des Mischpults und die Stereo-Bandmaschine ein Limiter eingeschleift werden. Grundsätzlich besteht ein Anschlußpunkt aus zwei Steckern (Jacks), dem Insert-Send und dem Insert-Return. Am ersten Jack (Insert-Send) liegt das ankommende Signal, beispielsweise der Mikrofonanschluß, am zweiten Jack (Insert-Return) der Eingang, zu dem die Verbindung führt, im Beispiel also der Mikrofoneingang des entsprechenden Eingangskanals. Die Verbindung über den zweiten Jack wird unterbrochen, wenn ein Patch-Kabel eingesteckt wird. Dann wird das Signal weitergeschaltet, das über das Patch-Kabel zugeführt wird. Der erste Jack unterbricht die Verbindung nicht, das ankommende Signal kann also dort auch nur abgegriffen und parallel weitergeschaltet werden. Nur bei

Mikrofonwegen unterbricht auch dieser Jack, da Mikrofone nicht parallel an zwei Mikrofoneingänge angeschlossen werden dürfen.
Nach dem gleichen Prinzip wird beispielsweise auch ein Noise-Gate in einen Eingangskanal eingeschleift. Vom Insert-Send wird die erste Verbindung zum Eingang des Noise-Gate (der natürlich ebenfalls an der Patchbay anliegt) hergestellt. Die zweite Verbindung führt vom Ausgang des Noise-Gate zum Insert-Return, also zurück in den Eingangskanal. Solange die zweite Verbindung noch nicht geschaltet ist, bleibt der ursprüngliche Signalweg bestehen. Erst mit der zweiten Verbindung ist das Noise-Gate tatsächlich eingeschleift.

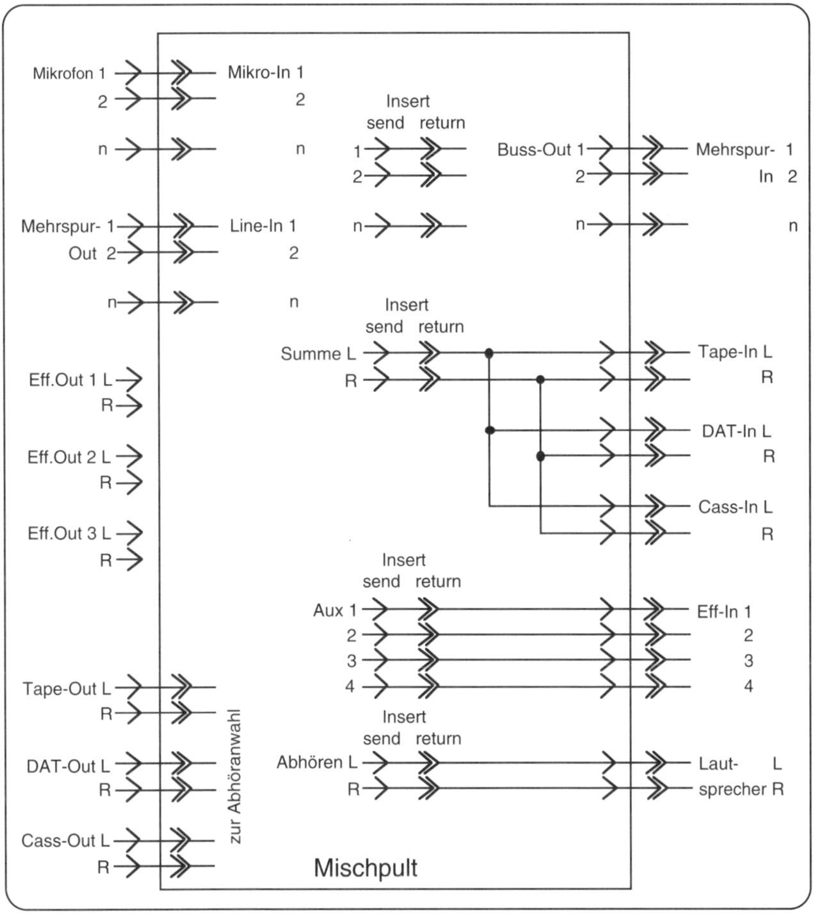

Abb. 8.14 Vereinfachtes Blockschaltbild einer Patchbay

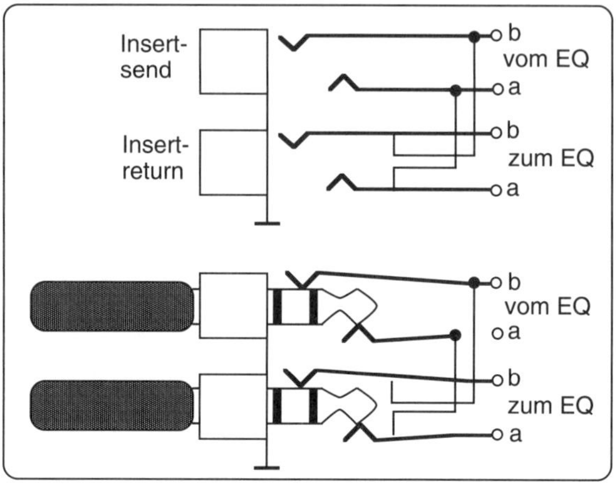

Abb. 8.15 Beschaltung von Patchbay-Jacks

Kapitel 9 Mikrofone

Betrachten wir den typischen Signalverlauf bei einer Aufnahme, so finden wir am Anfang der Übertragungskette grundsätzlich ein Mikrofon (sehen wir einmal von dem Fall ab, daß Synthesizer, Sampler usw. direkt elektrische Schwingungen erzeugen). Mikrofone haben die Aufgabe, Schallwellen in elektrische Schwingungen umzuwandeln. Jedes Mikrofon besitzt dazu eine Membran, die von den Luftbewegungen in mechanische Schwingungen versetzt wird. Mit einem Wandler werden diese Membranschwingungen dann in elektrische Schwingungen umgeformt.

9.1 Wandlerprinzipien

Unter dem Wandlerprinzip versteht man die Art und Weise, wie Schallschwingungen in elektrische Schwingungen umgewandelt werden. Für die Anwendung im Tonstudio haben sich vor allem zwei Wandlerprinzipien durchgesetzt: elektrostatische Wandler in den Kondensatormikrofonen und elektrodynamische Wandler in Tauchspulen- und Bändchenmikrofonen. Andere Wandlerprinzipien, beispielsweise elektromagnetische Wandler, werden wegen ihres relativ schlechten Frequenzgangs im Studiobereich kaum eingesetzt. Man findet sie in Miniatur-Mikrofonen und Telefonen.

9.1.1 Kondensatormikrofone

Das Kondensatormikrofon ist das klassische, hochwertige Studiomikrofon. Moderne Kondensatormikrofone zeichnen sich durch eine sehr natürliche und transparente Wiedergabe des gesamten Frequenzspektrums aus und werden immer dort eingesetzt, wo es um exzellente Aufnahmequalität geht.
Die genaue Bezeichnung müßte, dem angewendeten Wandlerprinzip entsprechend, eigentlich „elektrostatisches-“ oder „dielektrisches Mikrofon“ lauten. Die Membran eines solchen Wandlers ist eine elektrisch leitende, nur 1...10 µm dicke Folie, die als Elektrode vor einer zweiten Elektrode, der sogenannten

Gegenelektrode, im Abstand von 5...50 µm angebracht ist. Die Schwingungen der Membran verursachen Änderungen der Kapazität zwischen den beiden Elektroden, weshalb diese Anordnung auch als Kondensator mit veränderlicher Kapazität betrachtet werden kann. Aus diesem Grund hat sich die Bezeichnung Kondensatormikrofon allgemein durchgesetzt.

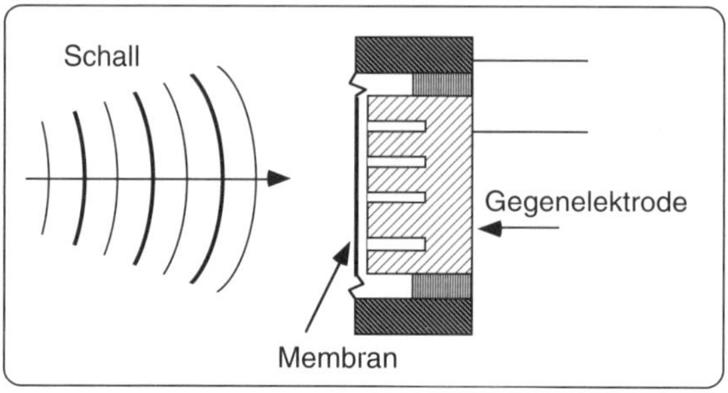

Abb. 9.1 Prinzipieller Aufbau eines Kondensatormikrofons

Die Mikrofonkapsel wird über einen großen Widerstand (>500 MΩ) an eine konstante Gleichspannung von 40...200 V gelegt („polarisiert"). Eine Änderung der Kapazität der Mikrofonkapsel ruft nun am Widerstand eine Spannungsänderung im Rhythmus der Schallwellen hervor. Die derart erzeugte elektrische Schwingung kann jedoch nicht direkt auf eine Mikrofonleitung gegeben werden, da der Ausgangswiderstand der Mikrofonkapsel für den Anschluß an eine solche Leitung viel zu hoch ist.

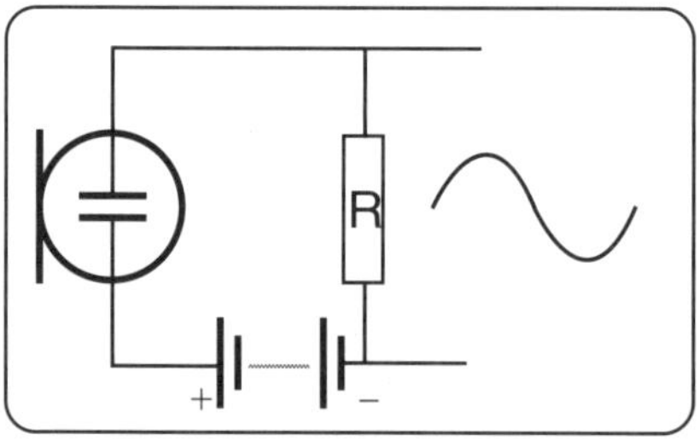

Abb. 9.2 Kondensatormikrofon in Niederfrequenzschaltung

Ein in das Mikrofongehäuse integrierter Verstärker sorgt für die notwendige Impedanzwandlung auf einen Ausgangswiderstand von ca. 200 Ω. Der Verstärker ist entweder aus Röhren, Feldeffekt-Transistoren oder Operationsverstärkern aufgebaut. Diese Beschaltung der Mikrofonkapsel wird Niederfrequenzschaltung genannt und ist in den meisten Studiomikrofonen verwirklicht.

Außer an einer Niederfrequenzschaltung kann eine Kondensatormikrofonkapsel auch an einer sogenannten Hochfrequenzschaltung betrieben werden. Als noch keine rauscharmen Feldeffekt-Transistoren oder Operationsverstärker zur Verfügung standen, war die Hochfrequenzschaltung die gängige Schaltungstechnik. Die Mikrofonkapsel ist dabei Teil eines Hochfrequenz-Schwingkreises, dessen Frequenz oder Phase durch die Beschallung der Kapsel und die daraus resultierenden Kapazitätsveränderungen moduliert wird. Das eigentliche Audiosignal wird über eine Demodulator-Schaltung ausgekoppelt.
Im Vergleich zu herkömmlich konstruierten Mikrofonen läßt sich das Eigenrauschen des Mikrofons mit weiterentwickelten Hochfrequenzschaltungen (siehe Abbildung 9.3) um 6 - 10 dB verringern. Ein wesentlicher Grund dafür, daß einige Hersteller (z. B. Sennheiser) auf diese Technik setzen. Gegenüber der Niederfrequenzschaltung ergeben sich aber auch Nachteile, beispielsweise ist es nicht möglich, die Richtcharakteristik umzuschalten (siehe Abschnitt 9.2).

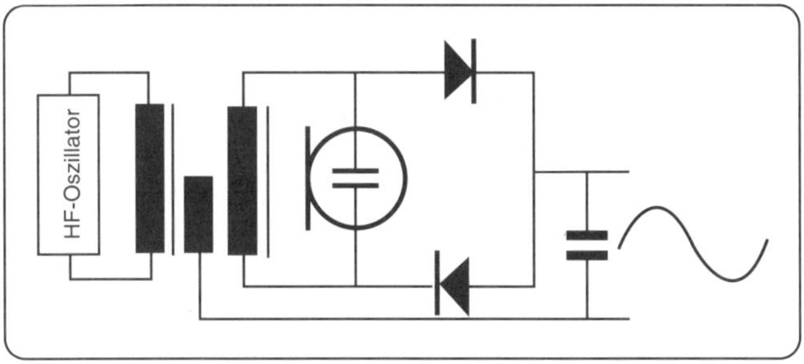

Abb. 9.3 Kondensatormikrofon in Hochfrequenzschaltung

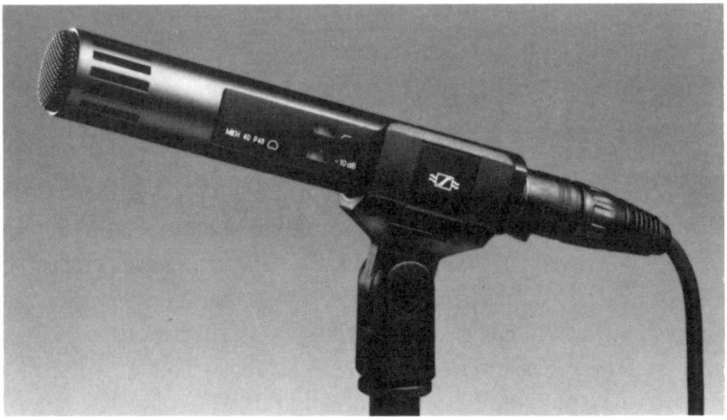

Abb. 9.4 Sennheiser MKH 40 Kondensatormikrofon

Die Größe der Membranen in Kondensatormikrofonen kann sehr unterschiedlich sein. Auf den maximalen Schalldruck, der ohne Verzerrungen verarbeitet werden kann, hat dies aber keinen Einfluß. Verzerrungen treten in den meisten Fällen in den Verstärkern der Mikrofone auf. Erst bei extrem hohem Schalldruck verzerrt auch die Mikrofonkapsel selbst. Trotzdem zeigt die Praxis im Studio, daß keineswegs jedes Mikrofon für jeden Zweck geeignet ist. Im allgemeinen lassen sich Kondensatormikrofone mit einer größeren Membran besonders gut im Nahbereich von Instrumenten verwenden, wo sehr hohe Schalldruckpegel auftreten können, beispielsweise an Baßverstärkern oder Bassdrums (Neumann U47 fet). Sie sind jedoch auch zur Aufnahme von Stimme (Neumann U87/U89 oder TLM170) geeignet. Mikrofone mit kleinerer Membran (Neumann KM100-Serie, Sennheiser MKH-Serie) zeichnen sich durch eine gleichmäßige Richtcharakteristik über den gesamten Frequenzbereich aus (vergleiche Abschnitt 9.2), weshalb sie sich für die Aufnahme eines größeren Klangkörpers (z. B. Bläser-Gruppe) oder als zusätzliche Raum-Mikrofone empfehlen.

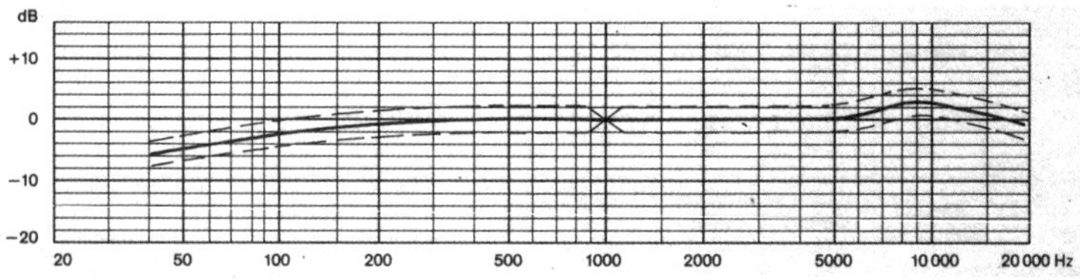

Abb. 9.5 Frequenzgang des Kondensatormikrofons Neumann KM140

Spannungsversorgung

Ein Kondensatormikrofon benötigt eine Versorgungsspannung, und zwar als Kapselvorspannung und zur Versorgung des Kapselverstärkers. Diese Spannung kann von einer eingebauten Batterie geliefert oder über eine separate Leitung zugeführt werden. Beides erscheint jedoch wenig praktikabel. Batterien haben keine unbegrenzte Kapazität und pflegen ihren Dienst immer gerade dann zu versagen, wenn eine Aufnahme läuft. Für zusätzliche Leitungen sind auch spezielle Mikrofonkabel und Steckverbinder notwendig. Die Verwendung von identischen Standardkabeln für alle Mikrofone wäre somit nicht möglich. Lediglich in älteren, noch röhrenbestückten Mikrofonen ist eine solche Zuleitung erforderlich, da neben der Kapselvorspannung auch die Heiz- und Anodenspannung für die Röhren zum Mikrofon geführt werden müssen.

Sind die Mikrofonleitungen symmetrisch ausgeführt, so bietet sich die Möglichkeit, über die Mikrofonzuleitung gleichzeitig das Mikrofon mit einer Gleichspannung zu versorgen. Diese Gleichspannung wird in die Mikrofonleitung eingekoppelt, durch die symmetrisch aufgebauten Aus- und Eingänge allerdings vom Mikrofon und Mischpult ferngehalten (siehe Kapitel 8). Die heute gebräuchliche Speisungsart ist die sogenannte Phantomspeisung mit einer Spannung von 48 V. Bei der Phantomspeisung wird die Gleichspannung zur Versorgung der Mikrofone über zwei Widerstände von 6,8 kΩ auf die beiden Adern der Mikrofonleitung geschaltet und so auch wieder entnommen. Zwischen den Adern besteht also gleichspannungsmäßig keine Potentialdifferenz. Durch den Schirm ist der Stromkreis der Versorgungsspannung geschlossen. In der Regel dient das Netzteil des Mischpults als Gleichspannungsquelle. Für die Phantomspannung sind im allgemeinen Werte von 42...52 V zugelassen.

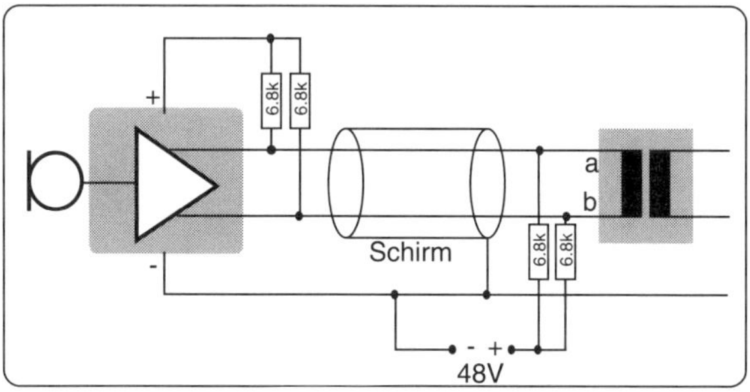

Abb. 9.6 Phantomspeisung

Im Gegensatz zur früher üblichen Tonaderspeisung mit 12 V, bei der nur die beiden Tonadern zur Versorgung benutzt wurden, hat die Phantomspeisung den Vorteil, daß die Gleichspannung von 48 V direkt als Kapselvorspannung genutzt werden kann. Außerdem muß die Tonaderspeisung abgeschaltet werden, wenn Mikrofone angeschlossen werden, die keine Versorgungsspannung benötigen. Dies gilt auch, wenn diese symmetrisch sind. Die Phantomspannung dagegen kann immer an der Mikrofonleitung anliegen, solange die angeschlossenen Mikrofone symmetrisch sind. Und sogar ein Kurzschluß in einer Mikrofonleitung führt nicht zu einer Unterbrechung der Versorgung anderer Mikrofone, da die Vorwiderstände den Kurzschlußstrom auf ca. 15 mA begrenzen.

9.1.2 Elektret-Kondensatormikrofone

Neben der Polarisierung einer Kondensatormikrofonkapsel mit einer von außen zugeführten Gleichspannung ist es auch möglich, Folien dauerhaft zu polarisieren. Durch spezielle Verfahren und geeignete Materialien ist es möglich, die Kapselvorspannung gleichsam einzufrieren und damit auf eine externe Vorspannung zu verzichten. Damit kann auch die Versorgung der Mikrofone über eine Phantomspeisung entfallen, da der notwendige Verstärker im Mikrofon auch mit der niedrigen Gleichspannung einer Batterie mehrere hundert Stunden lang betrieben werden kann. Das macht Elektret-Kondensatormikrofone besonders für den Fall geeignet, daß keine Phantomspeisung zur Verfügung steht, beispielsweise im semiprofessionellen Studio oder bei Außenaufnahmen. Dazu kommt, daß Elektret-Kondensatormikrofone in der Regel nicht so aufwendig konstruiert und damit wesentlich preiswerter sind als herkömmliche Kondensatormikrofone. Allerdings darf man nicht die gleichen klanglichen Vorzüge erwarten. Daneben können Elektret-Kondensatormikrofone gleichsam „altern“, d.h. ihre Kapselvorspannung mit der Zeit verlieren.

9.1.3 Elektrodynamische Mikrofone

Die Funktionsweise eines „elektrodynamischen“ oder „dynamischen“ Mikrofons beruht auf dem Induktionsgesetz. Demnach wird in einem elektrischen Leiter, der sich in einem Magnetfeld bewegt, eine Spannung induziert. Dieser Leiter kann gleichzeitig die Mikrofonmembran sein (Bändchenmikrofon), oder aber als Schwingspule an der eigentlichen Membran befestigt sein (Tauchspulenmikrofon).

a) Bändchenmikrofon

Die Membran eines Bändchenmikrofons, eben das „Bändchen“, ist ein Aluminiumstreifen von 2...4 mm Breite und einigen Zentimetern Länge. Dieses Bändchen ist zwischen den Polen eines Dauermagneten eingespannt und kann nur um wenige µm schwingen. Da der eigene Widerstand des Bändchens weniger als 1 Ω beträgt, muß dem Bändchen ein Übertrager nachgeschaltet werden, der den Ausgangswiderstand auf ca. 200 Ω transformiert.

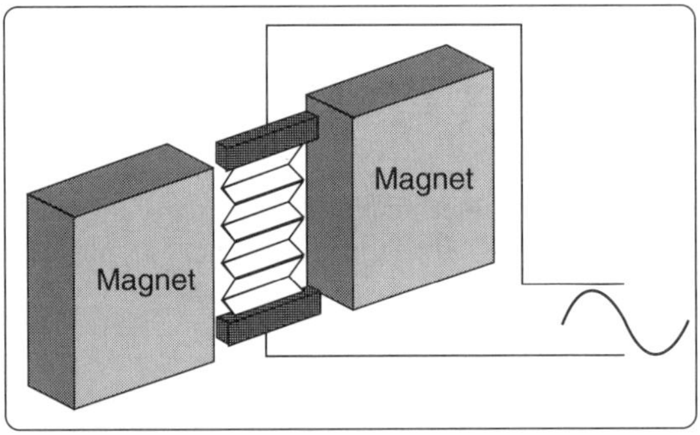

Abb. 9.7 Prinzip eines Bändchenmikrofons

Bändchenmikrofone besitzen allgemein einen sehr linearen Frequenzgang. Daneben sorgt die sehr leichte Membran für ein gutes Impulsverhalten. Das Bändchenmikrofon ist daher in der Klangqualität durchaus mit einem Kondensatormikrofon vergleichbar. Empfindlich dagegen reagiert es jedoch auf Wind, Erschütterungen und schnelle Bewegungen.

Abb. 9.8 Das Bändchenmikrofon Beyerdynamic M160, rechts daneben das Tauchspulenmikrofon RE 20 von Electro-Voice

b) Tauchspulenmikrofon

Beim Tauchspulenmikrofon ist die an der eigentlichen Mikrofonmembran befestigte Schwingspule in einem ringförmigen Spalt eines Magneten gelagert. Schwingt die Membran, so wird in der Spule eine Spannung induziert, die ohne einen Übertrager direkt abgegriffen werden kann, da der Widerstand der Schwingspule im allgemeinen schon 200 Ω beträgt. Sehr aufwendig bei einem Tauschspulenmikrofon sind die Maßnahmen, den Frequenzgang im gesamten Übertragungsbereich einigermaßen linear zu halten. Dazu muß der Einfluß der Membranmasse auf das Übertragungsverhalten durch zusätzliche Resonanzräume im Mikrofongehäuse kompensiert werden.

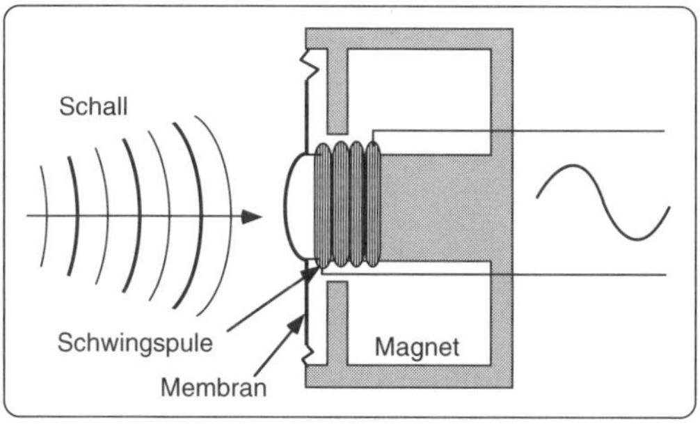

Abb. 9.9 Prinzip eines Tauchspulenmikrofons

Verglichen mit einem Kondensator- oder Bändchenmikrofon besitzen Tauchspulenmikrofone keinen vergleichbar linearen Frequenzgang. Auch ihr Impulsverhalten ist aufgrund der relativ hohen Membranmasse nicht so gut. Trotz dieser Einschränkungen bieten hochwertige Tauchspulenmikrofone eine gute Klangqualität und werden daher auch im Studio häufig verwendet. Auf der Bühne oder für Außenaufnahmen sind sogar fast ausschließlich Tauchspulenmikrofone im Einsatz. Sie sind robuster als Kondensatormikrofone und arbeiten auch bei extrem hohen Schalldruckpegeln ohne Verzerrungen.

Da bei einem Tauchspulenmikrofon ein linearer Frequenzgang ohnehin nicht zu erreichen ist, versuchen viele Hersteller wenigstens, den Frequenzgang so zu beeinflussen, daß ein Mikrofon sich für einen speziellen Anwendungsfall besonders eignet. Als Beispiele sollen das D112 von AKG oder das M380 von Beyerdynamic genannt sein, die für die Aufnahme von Instrumenten mit einem hohen Tiefenanteil (Baß, Bassdrum etc.) prädestiniert sind. Ein ausgesprochenes Vocal-Mikrofon ist dagegen das SM58 von Shure.

Abb. 9.10 Shure SM57 Dynamisches Mikrofon

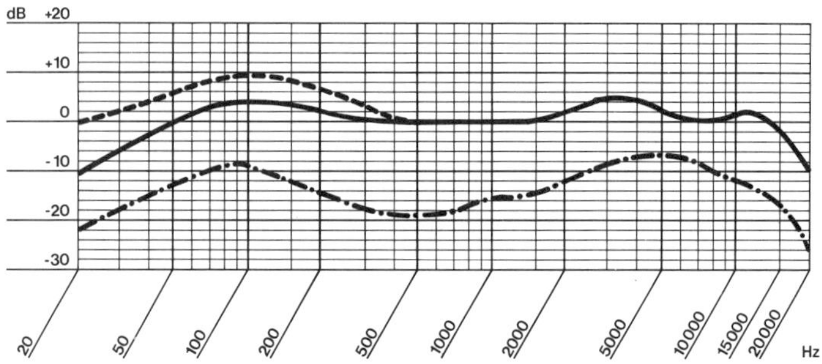

Abb. 9.11 Frequenzgang des AKG Mikrofons D112

9.1.4 Piezoelektrische Mikrofone

Piezoelektrische Mikrofone nutzen die Eigenschaft bestimmter Kristalle, auf mechanischen Druck mit einer elektrischen Ladungsverschiebung zu reagieren.

Die so entstehenden Spannungsunterschiede zwischen den beiden Seiten des Kristalls können direkt an einen Mikrofonverstärker weitergeleitet werden. Nachteil von piezoelektrischen Mikrofonen ist die große Abhängigkeit der Empfindlichkeit und des Frequenzgangs von der Temperatur, die eine Verwendung dieses Wandlers im Studio ausschließt. Ihre Anwendung bleibt auf Kontaktmikrofone für spezielle Aufgaben beschränkt, so die Wandlung von Tonsignalen in Steuerimpulse. Außerdem ermöglicht der niedrige Herstellungspreis eine große Verbreitung für Amateurzwecke.

9.2 Richtcharakteristiken

Daß Mikrofone eine Richtwirkung besitzen können, sehen - besser hören - wir fast täglich bei Interviews im Rundfunk oder Fernsehen: Im Eifer des Gefechts vergißt der Reporter hin und wieder, das Mikrofon auf sich bzw. den Interviewpartner zu richten, die Sprache wird leiser und damit unverständlicher. Allgemein können wir also sagen, daß Mikrofone für Schallwellen aus verschiedenen Richtungen unterschiedlich empfindlich sein können. So läßt sich unerwünschter Schall allein durch die Aufstellung und Ausrichtung des Mikrofons ausblenden. Zur Veranschaulichung wird die Richtwirkung graphisch als zweidimensionale Charakteristik dargestellt. In Wirklichkeit muß man sich die Darstellung natürlich dreidimensional vorstellen. Eine solche Darstellung zeigt die Änderung der Empfindlichkeit eines Mikrofons bezogen auf die Richtung 0°.

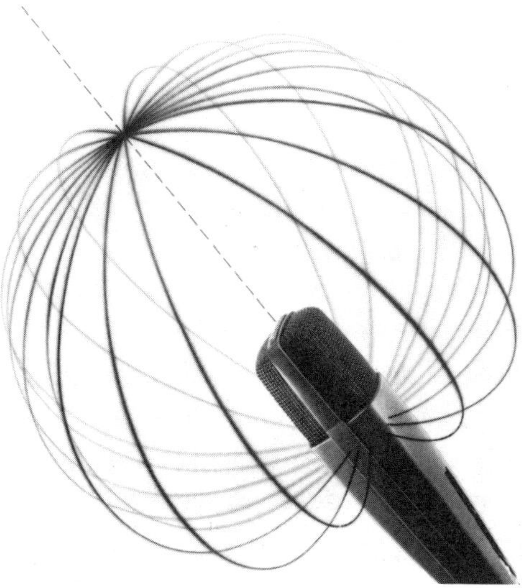

Abb. 9.12 Dreidimensionale Darstellung der Richtcharakteristik Niere

Die Richtcharakteristik von Mikrofonen ohne Richtwirkung ist eine Kugel. Kugelmikrofone sind demnach für Schall aus allen Richtungen gleichermaßen empfindlich. Die verbreitetste Richtcharakteristik ist wohl die in der Abbildung 9.12 dargestellte Niere. Die Richtwirkung von Mikrofonen beruht weitgehend auf der Bauweise der Mikrofone und kann in gewissen Grenzen variiert werden. Grundsätzlich sind in diesem Zusammenhang zwei Kategorien von Mikrofonen zu unterscheiden: Druckempfänger und Druckgradientenempfänger.

9.2.1 Druckempfänger

Bei einem Druckempfänger ist nur eine Seite der Mikrofonmembran dem Schallfeld ausgesetzt. Die Rückseite der Kapsel ist luftdicht abgeschlossen. Damit ist der Schalldruck die Größe, die die Membran zum Schwingen anregt. Der Schalldruck jedoch ist von der Richtung unabhängig, aus der die Schallwelle das Mikrofon erreicht, man sagt auch, der Schalldruck ist eine ungerichtete Größe. Ein Druckempfänger besitzt daher keine Richtwirkung und hat eine kugelförmige Richtcharakteristik.

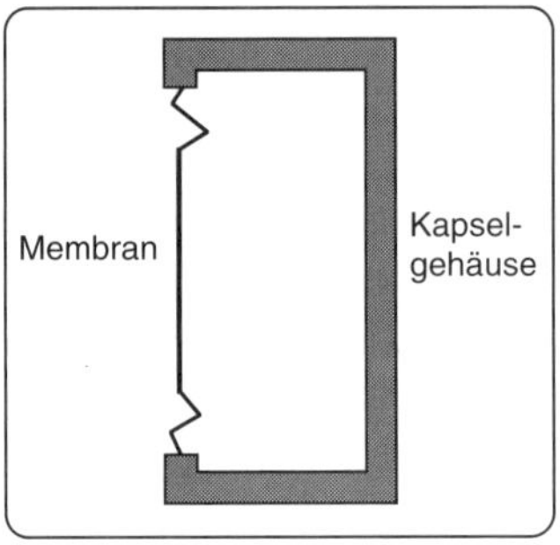

Abb. 9.13 Prinzip eines Druckempfängers

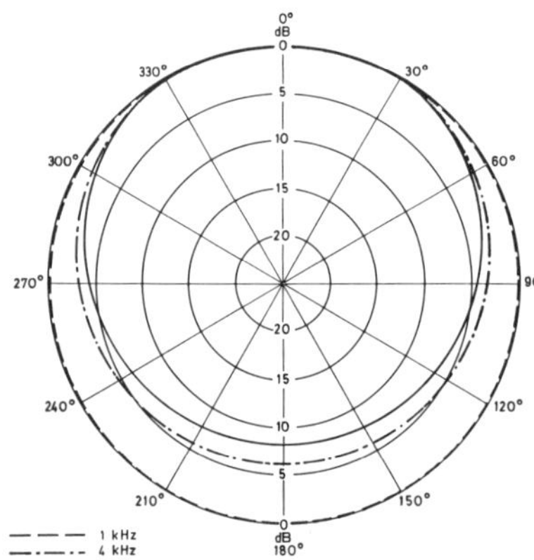

Abb. 9.14 Richtcharakteristik eines Druckempfängers bei verschiedenen Frequenzen

Eine kugelförmige Richtcharakteristik kann in der Praxis jedoch nicht für alle Frequenzen erzielt werden. Solange die Abmessungen des Mikrofons klein gegenüber der Wellenlänge der Schallwellen sind, ist die Richtcharakteristik kugelförmig, da die Schallwellen um das Mikrofon herum gebeugt werden. Mit zunehmender Frequenz jedoch wirkt das Mikrofon immer mehr als Hindernis für den Schall. Schallwellen mit hoher Frequenz, die von der Seite oder von hinten auf das Mikrofon treffen, werden nur teilweise oder überhaupt nicht um das Mikrofon herum gebeugt und somit ausgeblendet. Die Richtcharakteristik eines Druckempfängers wird damit bei hohen Frequenzen nierenförmig. Gleichzeitig werden hohe Frequenzen aus der Einfallsrichtung 0° von der Membran reflektiert. Dies ruft einen Druckstau vor dem Mikrofon hervor, was zu einer Anhebung des Höhenbereichs um bis zu 10 dB oder mehr führen kann.

Um die kugelförmige Richtcharakteristik möglichst auch bei hohen Frequenzen zu erhalten, sind Druckempfänger allgemein relativ kleine Mikrofone mit einer ebenfalls sehr kleinen Membran. Allerdings hängt auch die Empfindlichkeit eines Mikrofons von der Membrangröße ab, eine bestimmte Größe kann also nicht unterschritten werden.

9.2.2 Druckgradientenempfänger

Die Membran eines Druckgradientenempfängers ist mit beiden Seiten dem Schallfeld ausgesetzt. Für ihre Auslenkung ist damit der Unterschied des Schalldrucks vor und hinter der Membran maßgebend. Diese Schalldruckdifferenz nennt man Druckgradient.

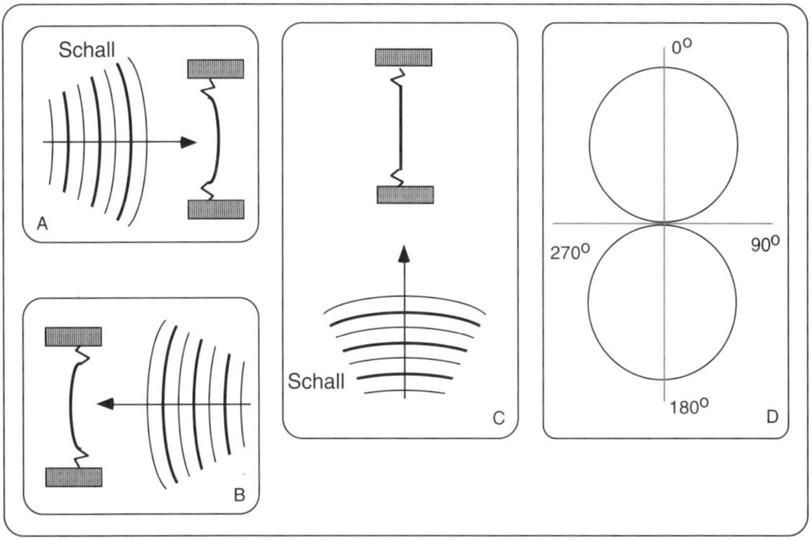

Abb. 9.15 Prinzip eines Druckgradientenmikrofons mit Achtercharakteristik

a) Druckgradientenempfänger mit Achterrichtcharakteristik
Die Richtcharakteristik eines idealen Druckgradientenempfängers hat die Form einer Acht (Abbildung 9.15 D). Schall aus einer Richtung von 0° oder 180° führt zu einer maximalen Druckdifferenz (Abbildung 9.15 A und B). Das Ausgangssignal für von vorn auftreffenden Schall ist jedoch dem von hinten ankommenden gegenüber genau gegenphasig. Trifft der Schall genau seitlich, also aus 90° oder 270° auf das Mikrofon, so entsteht kein Druckunterschied und folglich auch kein Ausgangssignal (Abbildung 9.15 C).
Der Druckgradient ist von dem Umweg abhängig, den der Schall nehmen muß, um auch von hinten an die Membran zu gelangen. Dieser Umweg ist zunächst abhängig von der Einfallsrichtung des Schalls und führt zu der achtförmigen Richtcharakteristik. Bei gleicher Einfallsrichtung und damit gleichem Umweg nimmt die Frequenz zusätzlichen Einfluß auf den Druckgradienten. Den Zusammenhang zwischen Frequenz und Druckgradienten und dessen Zustandekommen zeigen die Abbildungen 9.16 und 9.17.

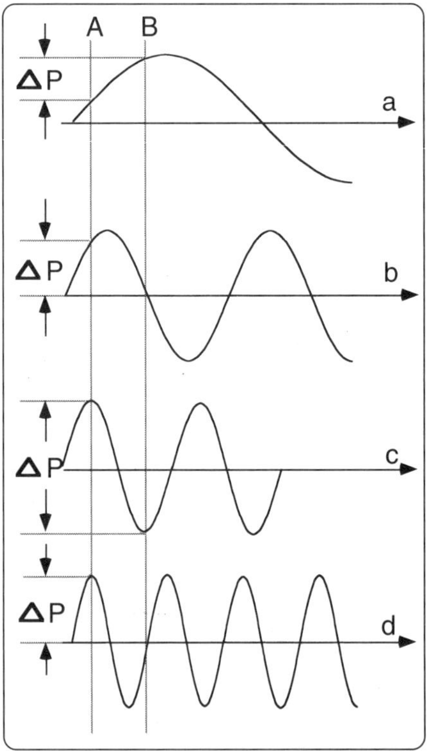

Abb. 9.16 Druckgradient bei konstantem Wegunterschied

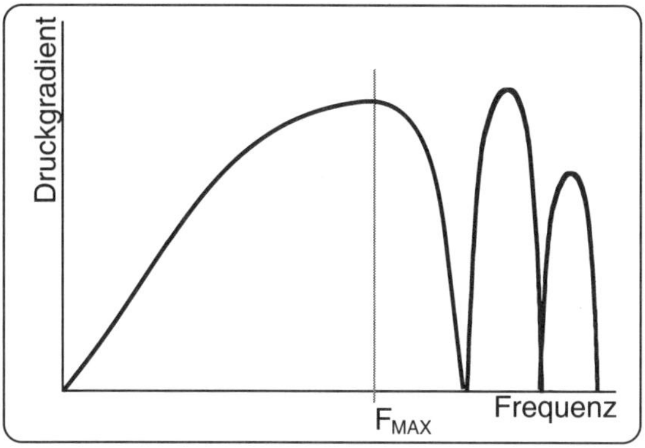

Abb. 9.17 Frequenzgang des Druckgradienten

Der Druckunterschied bei gleichem Umweg bzw. konstantem Abstand zwischen den Punkten A und B steigt mit zunehmender Frequenz zunächst an (Abbildung 9.16 a und b). Entspricht die halbe Wellenlänge genau dem Abstand der beiden Punkte A und B, so erreicht der Druckgradient sein erstes Maximum (Abbildung 9.16 c). Danach fällt er wieder ab (Abbildung 9.15 d). Bei einer Wellenlänge gleich dem Abstand A - B tritt kein Druckunterschied auf, danach steigt der Druckgradient wieder an. Insgesamt ergibt sich der in Abbildung 9.17 dargestellte Frequenzgang des Druckgradienten.
Die Frequenz für den maximalen Druckgradienten liegt je nach der Größe des Mikrofons bei 4...10 kHz. Damit ein Mikrofon auch oberhalb dieser Frequenz noch befriedigende Ergebnisse liefert, sorgt man durch eine entsprechende Bauweise dafür, daß Druckgradientenmikrofone im oberen Bereich als Druckempfänger arbeiten.
Um einen linearen Frequenzgang zu erzielen, muß der Membran eine Kraft zur Dämpfung ihrer Auslenkung entgegengesetzt werden, deren Wirkung ebenfalls mit der Frequenz ansteigt, um insgesamt einen gleichmäßigen Druckgradienten und damit einen linearen Frequenzgang zu erhalten. Zunächst hat schon die Masse der Membran selbst eine derartig dämpfende Wirkung (Massehemmung). Eine zusätzliche Dämpfung, die auch mit der Frequenz zunimmt, kann mit Luftöffnungen erreicht werden (Reibungshemmung). Durch Ausnutzung dieser beiden Methoden läßt sich ein hinreichend linearer Frequenzgang erzielen.

b) Druckgradientenempfänger mit Nierencharakteristik

Druckgradientenmikrofone lassen sich neben der beschriebenen Achtercharakteristik auch mit anderen Richtwirkungen konstruieren, beispielsweise als Niere oder Superniere. In der Praxis hat sogar der größte Teil der Druckgradientenmikrofone diese Richtwirkung, da sie am häufigsten benötigt wird.

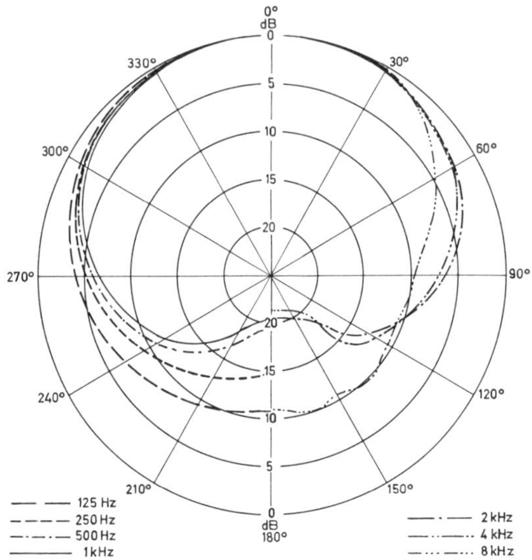

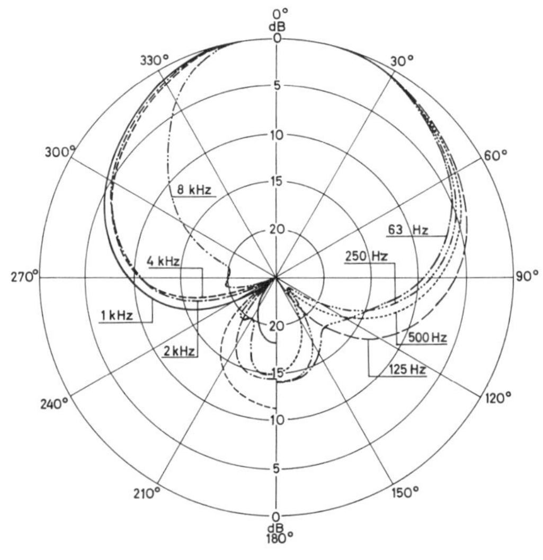

Abb. 9.18 Richtcharakteristiken von Niere und Superniere für verschiedene Frequenzen am Beispiel des M 300 (oben) und M 88 von Beyerdynamic

Um einem Druckgradientenempfänger eine Nierencharakteristik zu geben, muß man die Wege des Schalls zu den beiden Membranseiten so beeinflussen, daß bei Schalleinfall von vorn (0^0) der größte und bei Schalleinfall von hinten (180^0) kein Druckunterschied auftritt. Dies ist durch sogenannte akustische Laufzeitglieder, also zusätzliche Umwege für den Schall innerhalb des Mikrofons möglich. Auf die gleiche Weise kann eine Supernierencharakteristik oder gar eine Hyperniere konstruiert werden. Aus diesem Grunde haben alle gerichteten Mikrofone zusätzliche, seitliche Schallöffnungen, die jedoch teilweise durch den Mikrofonkorb verdeckt sind. Werden diese Öffnungen versehentlich ganz oder teilweise abgedeckt, beispielsweise mit der Hand, so verändert sich jetzt die Richtcharakteristik hin zu einer Kugel. Unter den Bedingungen auf der Bühne kann das sofort zu einer Rückkopplung führen.

Die Richtwirkung von Nierenmikrofonen läßt zu den tiefen Frequenzen hin nach, da die notwendigen akustischen Laufzeitglieder in der relativ kleinen Mikrofonkapsel nicht mehr zu realisieren sind. Das Nierenmikrofon wird auch hier immer mehr zur Kugel. Aus diesem Grund sind einige Mikrofone als Zweiwege-System ausgelegt. Im allgemeinen werden getrennte Kapseln für hohe und tiefe Frequenzen verwendet. Auf diese Weise kann das ganze Mikrofongehäuse als Laufzeitglied genutzt und eine für sämtliche Frequenzen gleiche Richtwirkung gewährleistet werden.

Abb. 9.19 AKG D202 Zweiweg-Mikrofon

c) Nahbesprechungseffekt bei Druckgradientenmikrofonen

Beträgt der Abstand eines Druckgradientenmikrofons zur Schallquelle nur rund 1 m oder weniger, so werden die Tiefenanteile am Mikrofonausgang angehoben. Diese Erscheinung nennt man Nahbesprechungseffekt. Er tritt bei allen Druckgradientenmikrofonen auf und erklärt sich wie folgt: Durch Annäherung an eine Schallquelle nimmt der Schalldruck proportional mit dem Abstand zu. Das bedeutet gleichzeitig, daß dem frequenzabhängigen Druckgradienten entsprechend den Abbildungen 9.16 und 9.17 ein frequenzunabhängiger Druckgradient überlagert ist, der aufgrund des unterschiedlichen Abstands der Punkte

A und B von der Schallquelle zustande kommt. Dieser frequenzunabhängige Druckgradient wirkt sich am stärksten im Tiefenbereich aus, da hier der frequenzabhängige Druckgradient am kleinsten ist. Insgesamt führt dies zu einer verstärkten Übertragung der Tiefen. Ab einem Abstand von 1...1,5 m von der Schallquelle ist diese Anhebung nicht mehr wirksam.

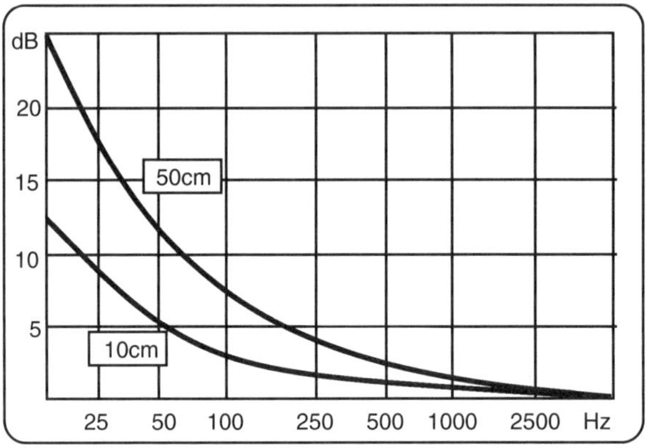

Abb. 9.20 Nahbesprechungseffekt durch Überlagerung des frequenzabhängigen und des frequenzunabhängigen Druckgradienten

Zur Kompensation des Nahbesprechungseffekts sind Druckgradientenmikrofone meist mit einem zuschaltbaren Filter ausgestattet, es kann wahlweise auch das Filter aus dem Mikrofonkanal des Mischpultes verwendet werden. Der Nahbesprechungseffekt läßt sich natürlich andererseits als Mittel zur Klanggestaltung einsetzen. So nutzen ihn beispielsweise viele Sänger, um das Volumen ihrer Stimme durch die Variation des Mikrofonabstands zu beeinflussen.

9.2.3 Interferenzempfänger

Zur weiteren Verbesserung der Richtwirkung können Mikrofone mit einem Richtrohr versehen werden. Dieses ist an der Vorderseite offen und besitzt seitliche Schlitze oder Löcher. Durch diese Bauweise überlagern sich seitlich einfallende Schallwellen ganz oder teilweise gegenphasig und löschen sich mehr oder weniger aus. Diese Erscheinung nennt man Interferenz. Schall, der exakt von vorn auf das Rohr trifft, überlagert sich gleichphasig, erfährt also keine Auslöschung.

Die Richtwirkung eines Interferenzmikrofons hängt in erster Linie von der Länge des Richtrohrs ab. Für tiefere Frequenzen ist die Richtwirkung dieser Mikrofone mit der eines Nierenmikrofons vergleichbar, nach oben hin wird die Richtcharakteristik keulenförmig.

Abb. 9.21 Richtcharakteristik eines Interferenzmikrofons

9.2.4 Mikrofone mit umschaltbarer Richtcharakteristik

Kondensatormikrofone mit umschaltbarer Richtcharakteristik sind mit zwei Mikrofonkapseln ausgestattet. Deshalb werden sie auch Doppelmembran-Mikrofone genannt.
Das Prinzip dieser Mikrofone beruht auf der entgegengesetzten Ausrichtung zweier Membranen mit einer gemeinsamen Gegenelektrode. Beide Mikrofonkapseln haben Nierencharakteristik.

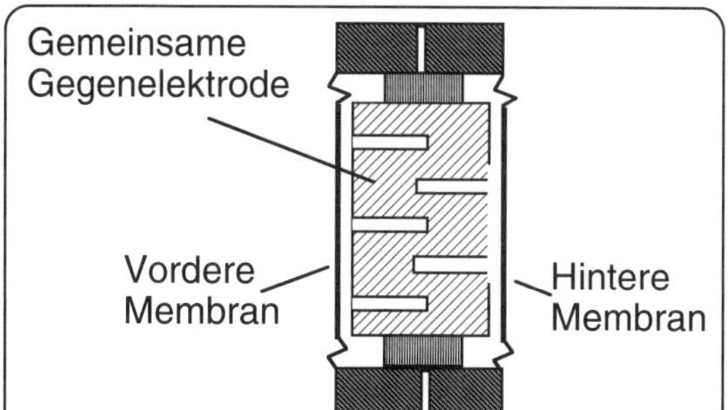

Abb. 9.22 Prinzip eines umschaltbaren Kondensatormikrofons

Die Umschaltung der Richtwirkung erfolgt dadurch, daß die nach hinten gerichtete Kapsel mit einer veränderbaren Kapselvorspannung versorgt wird. Liegt an dieser Kapsel keine Vorspannung, so ist sie deaktiviert, das Mikrofon besitzt insgesamt eine normale Nierencharakteristik. Ist die Kapselvorspannung beider Kapseln identisch und haben sie die gleiche Polarität, addieren sich die Ausgangssignale beider Kapseln gleichphasig, und es ergibt sich insgesamt eine Kugelcharakteristik. Ist die Polarität beider Kapseln jedoch entgegengesetzt, so addieren sich die Ausgangssignale gegenphasig. Eine Achtercharakteristik ist die Folge.

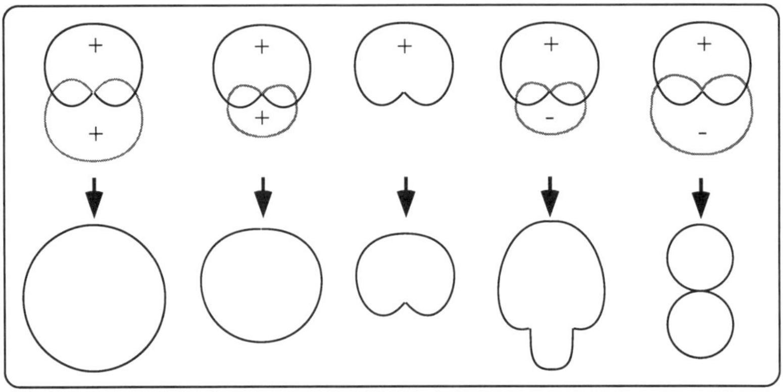

Abb. 9.23 Erzeugung von Richtcharakteristiken durch Addition zweier Nieren

Durch einen Umschalter oder ein Potentiometer lassen sich auf diese Weise auch Zwischenstufen der Richtcharakteristiken einstellen. Das Prinzip dieser Umschaltung zeigt die Abbildung 9.24.

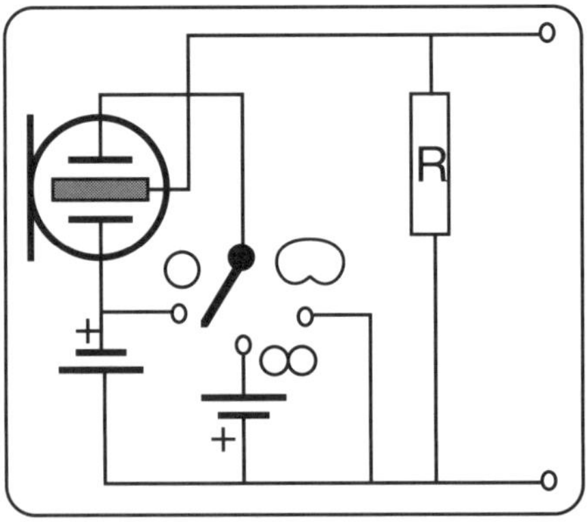

Abb. 9.24 Schaltung eines Kondensatormikrofons mit umschaltbarer Richtcharakteristik

Abb. 9.25 Beyerdynamic MC 740 und Neumann TLM 170, beide sind Kondensatormikrofone mit umschaltbarer Richtcharkteristik

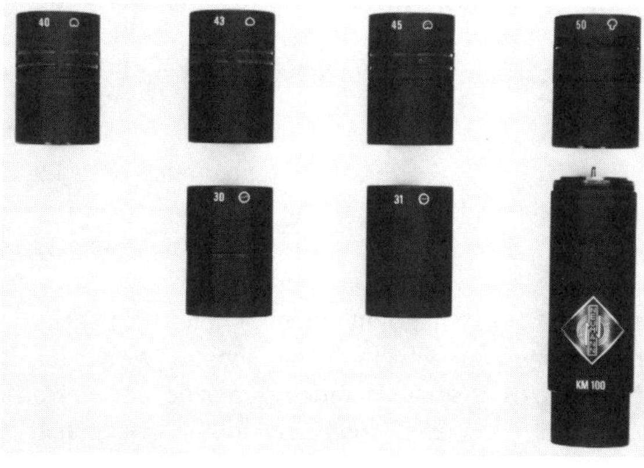

Abb. 9.26 Neumann KM 100 Kondensatormikrofon mit wechselbaren Kapseln

9.3 Weitere Eigenschaften von Mikrofonen

9.3.1 Übertragungsfaktor und Übertragungsmaß

Diese beiden Angaben beschreiben die Empfindlichkeit eines Mikrofons oder, anders ausgedrückt, den Zusammenhang zwischen Schalldruck an der Mikrofonmembran und der daraus resultierenden Ausgangsspannung des Mikrofons. Je größer der Übertragungsfaktor ist, desto geringer muß die Verstärkung (Mic-Gain) des Mikrofon-Verstärkers im Mischpult eingestellt werden.
Der Übertragungsfaktor ist das Verhältnis zwischen Ausgangsspannung und Schalldruck bei einer Frequenz von 1 kHz. Es wird in mV/Pa (Millivolt pro Pascal) ausgedrückt. Auch dieser Übertragungsfaktor wird in der Regel als logarithmiertes Übertragungsmaß angegeben, mit einem Bezugs-Übertragungsmaß von 10 V/Pa:

$$\text{Übertragungsmaß [dB]} = 20 \times \lg \frac{\text{Übertragungsfaktor}}{\text{Bezugs-Übertragungsfaktor}}$$

Der Übertragungsfaktor liegt bei Kondensatormikrofonen im Bereich von etwa 5...12 mV/Pa, das entspricht einem Übertragungsmaß von -66...-58 dB. Dynamische Mikrofone haben Werte von 1...3 mV/Pa, dementsprechend -80...-70 dB. Bei Kondensatormikrofonen ist daher - bei gleicher Schallquelle - eine um ca. 10...15 dB geringere Vorverstärkung im Mischpult notwendig.

9.3.2 Geräuschspannungsabstand

Der Geräuschspannungsabstand eines Mikrofons ist das Verhältnis zwischen der Spannung, die das Mikrofon ohne Einwirkung von Schall erzeugt, und der Spannung, die das Mikrofon bei einem Schalldruck von 1 Pa und einer Frequenz von 1 kHz abgibt:

$$\text{Geräuschspannungsabstand [dB]} = 20 \times \lg \frac{\text{Spannung bei 1 Pa/1 kHz [V]}}{\text{Geräuschspannung [V]}}$$

(Ein Schalldruck von 1 Pa entspricht einem Schalldruckpegel von 94 dB.)
Die Geräuschspannung wird bewertet gemessen, und zwar nach der international gültigen Norm CCIR 468 bzw. der identischen deutschen Norm DIN 45 401 (siehe auch Kapitel 18). In vielen Unterlagen gibt man jedoch noch den mit der früher üblichen A-Bewertung gemessenen Geräuschspannungsabstand an, was zu rund 10 dB besseren Werten führt. Beim Vergleich von Mikrofonen muß darauf geachtet werden.

Der Geräuschspannungsabstand von Kondensatormikrofonen liegt etwa im Bereich von 65...70 dB (CCIR-Bewertung). Für dynamische Mikrofone wird der Geräuschspannungsabstand im allgemeinen nicht angegeben.
Gelegentlich findet man auch noch die Angabe der Ersatzlautstärke, wenngleich dies nach den gültigen Normen nicht mehr vorgesehen ist. Die Ersatzlautstärke ist der Pegel, den ein Mikrofon ohne Einwirkung von Schall abgibt. Sie kann durch eine Subtraktion des Geräuschspannungsabstands vom Schalldruck 94 dB berechnet werden.
Die nutzbare Dynamik eines Mikrofons ist aber keineswegs durch den Geräuschspannungsabstand festgelegt. Der Grenzschalldruckpegel (siehe Abschnitt 9.3.3) eines Mikrofons liegt in der Praxis um 30...40 dB höher als der Bezugsschalldruckpegel für den Geräuschspannungsabstand. Damit ergeben sich für die Dynamik Werte in der Größenordnung von 100 dB.

9.3.3 Grenzschalldruck

Bei Mikrofonen gibt man nicht den Klirrfaktor selbst an, sondern den Schalldruck, der zu einem bestimmten Klirrfaktor führt. In der Regel wird ein Klirrfaktor von 0,5% bei 1 kHz zugelassen. Den entsprechenden Schalldruck bezeichnet man dann als Grenzschalldruck.
Bei Kondensatormikrofonen liegt er in einem Bereich von ca. 20...40 Pa oder einem Schalldruckpegel von 120...126 dB. Moderne Kondensatormikrofone in Operationsverstärkertechnik erzielen einen Grenzschalldruck von bis zu 500 Pa (entspricht einem Schalldruckpegel von 148 dB).
Dynamische Mikrofone können ebenfalls sehr hohe Schalldruckpegel verarbeiten. Diese liegen in einem Bereich von über 140 dB. In der Praxis hat dies den Vorteil, daß dynamische Mikrofone nicht verzerren, weshalb hier häufig auf die Angabe eines Grenzschalldrucks verzichtet wird.

9.3.4 Impulsverhalten

Das Impulsverhalten eines Mikrofons kennzeichnet seine Fähigkeit, auch sehr steile Flanken einer Schwingung exakt übertragen zu können. Solche Flanken kommen in der Praxis besonders beim Schlagzeug und bei Percussionsinstrumenten vor, aber auch die Stimme besitzt Komponenten mit solchen Flanken.
Im Gegensatz zu anderen Parametern läßt sich das Impulsverhalten nicht objektiv bestimmen. Deshalb fehlen häufig auch in den Datenblättern entsprechende Angaben. Jedoch ist gerade das Impulsverhalten ein sehr entscheidender Faktor für eine gute Aufnahmequalität. Anhand des Impulsverhaltens läßt sich auch die oft sehr unterschiedliche Klangcharakteristik zweier Mikrofone mit ansonsten fast identischen Daten erklären.

Auf einem Oszilloskop läßt sich das Impulsverhalten wenigstens graphisch darstellen. Als Schallimpuls wird eine Funkenentladung verwendet, die einen extrem kurzen Druckimpuls erzeugt. Dieser Druckimpuls wird mit dem zu prüfenden Mikrofon aufgenommen und der Verlauf der Ausgangsspannung am Oszilloskop sichtbar gemacht.

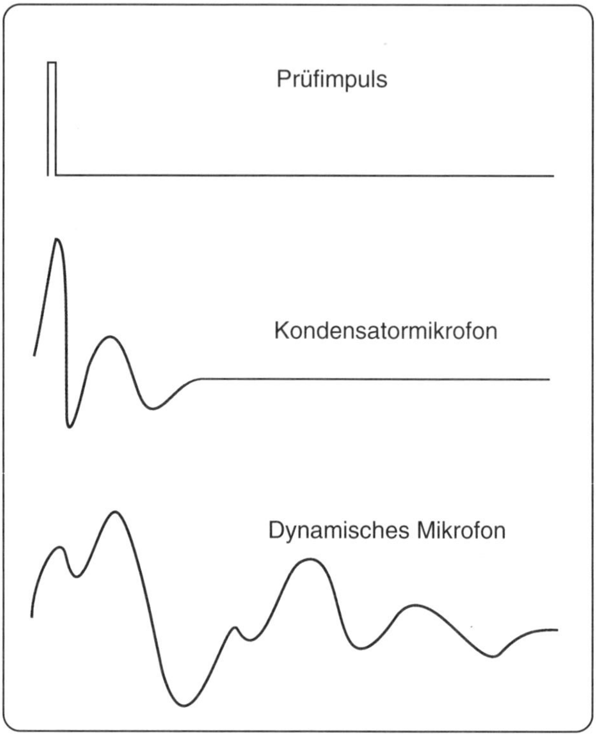

Abb. 9.27 Impulsverhalten eines Kondensator- und eines dynamischen Mikrofons

Maßgeblich wird das Impulsverhalten von der Masse der Mikrofonmembran bestimmt. Da die Membranmasse eines Kondensatormikrofons erheblich geringer ist als die eines dynamischen Mikrofons, besitzt ersterer Mikrofontyp auch ein besseres Übertragungsverhalten für Impulse. Die Abbildung 9.27 zeigt, daß ein Kondensatormikrofon einer steilen Flanke sehr gut folgt und kaum über die Ruhelage hinaus wieder zurückschwingt (in der Abbildung nach unten). Man nennt diese Erscheinung auch Überschwingen. Außerdem schwingt die Membran kaum nach. Ein perkussiver Klang wird dementsprechend also naturgetreu wiedergegeben.

Dynamische Mikrofone dagegen können impulshaltige Schwingungsverläufe nicht so exakt reproduzieren. Die erste Flanke wird nur verzerrt wiedergegeben, die Membran zeigt deutliches Über- und Nachschwingen. Das führt in der Praxis zu den für dynamische Mikrofone typischen Klangfärbungen gegenüber dem Originalklang. Diese Klangfärbung muß aber keinesfalls ein Nachteil sein, wie dies der Blick auf den Impulsverlauf zunächst nahelegen könnte. Im Gegenteil ist es oft genau diese Färbung, die einem dynamischen Mikrofon und damit auch einer Aufnahme einen ganz besonderen Charakter verleiht. Und eben aus diesen Grund werden häufig dynamische Mikrofone gerade dann eingesetzt, wenn es um einen besonderen „Sound" geht.

9.4 Sondermikrofone

9.4.1 Stereomikrofone

Stereomikrofone - auch als Koinzidenz-Mikrofone bezeichnet - sind mit zwei getrennten, gegeneinander drehbaren Kapseln ausgestattet. Die Richtcharakteristik beider Kapseln lassen sich separat umschalten. Zwischen beiden Kapseln treten praktisch, unabhängig von der Einfallsrichtung, keine Laufzeitunterschiede für den Schalleinfall auf. Deshalb werden diese Mikrofone bevorzugt dann verwendet, wenn eine Stereoabbildung ausschließlich durch Pegelunterschiede zwischen den beiden Kanälen erreicht werden soll (siehe dazu auch Abschnitt 9.5).

Abb. 9.28 Stereomikrofon SM 69 von Neumann

9.4.2 Kugelflächenmikrofon

Auch das Kugelflächenmikrofon ist ein Mikrofon für Stereo-Aufnahmen, es besitzt also zwei getrennte Mikrofonkapseln, die reine Druckempfänger sind und seitlich in einem Winkel von 180^0 in eine Kugel eingebaut sind. Das Kugelflächenmikrofon muß man sicher im Zusammenhang mit anderen Entwicklungen im Bereich der Stereomikrofonie sehen, die mit Trennkörpern zwischen den beiden Kapseln arbeiten (siehe Abschnitt 9.5.2) und nicht zuletzt mit der Idee der Kunstkopfaufnahmen.

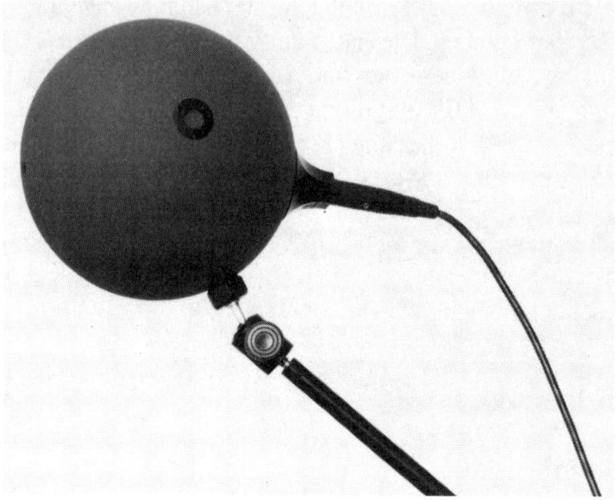

Abb. 9.29 Shoeps Kugelflächenmikrofon KFM 6 U

9.4.3 Grenzflächenmikrone

Grenzflächenmikrofone (engl. Pressure-Zone-Microphone, kurz PZM-Mikrofon) haben gegenüber herkömmlichen Mikrofonen zwei wesentliche Vorteile. Zum einen können sich bei Mikrofonen, die in einem gewissen Abstand von der Schallquelle aufgestellt werden (siehe Abbildung 9.30), direkter Schall und insbesondere Bodenreflexionen so ungünstig überlagern, daß der Klangeindruck durch Kammfiltereffekte „näselnd" oder „hohl" erscheint. Die Wegunterschiede zwischen direktem und reflektiertem Schall sind dabei so gering, daß sich am Mikrofon ein Frequenzverlauf ergibt, wie er in Abbildung 9.32 dargestellt ist.

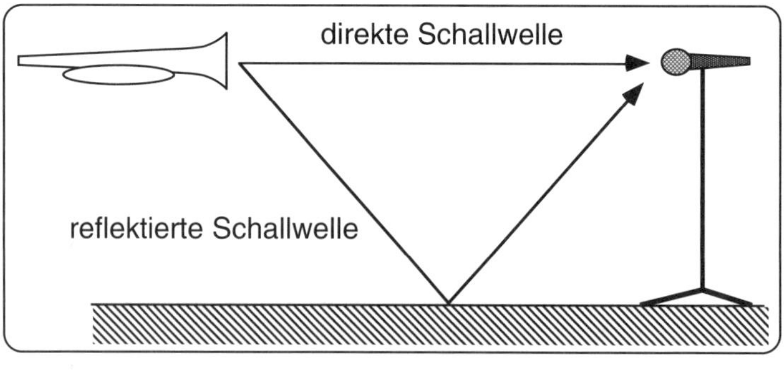

Abb. 9.30 Wegunterschiede bei herkömmlicher Mikrofonaufstellung

Abb. 9.31 Das MPC 40 PZM-Mikrofon von Beyerdynamic

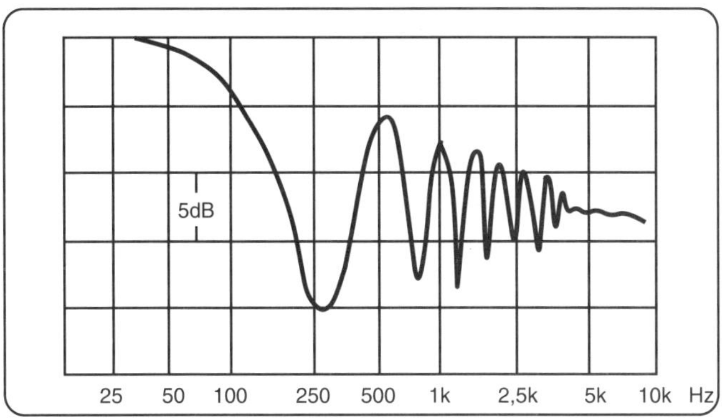

Abb. 9.32 Frequenzverlauf am Mikrofon mit Bodenreflexionen

Um einen linearen Frequenzverlauf am Mikrofon zu erreichen, müssen die Bodenreflexionen ausgeschaltet oder unwirksam gemacht werden. Bei herkömmlichen Mikrofonen kann man beispielsweise den Abstand von der Schallquelle verkleinern und so einen höheren Direktschallanteil erreichen. Integriert man das Mikrofon in die Bodenfläche, so sind Bodenreflexionen für dieses Mikrofon nicht mehr wirksam, der „hohle" Klang der Aufnahme verschwindet. Und genau auf diesem Prinzip beruhen Grenzflächenmikrofone.
Zum zweiten wird bei dieser Art von Mikrofon der sogenannte Grenzflächeneffekt ausgenutzt - daher auch der Name Grenzflächenmikrofon. An der Grenzfläche tritt eine Zunahme des Schalldrucks um 6 dB auf. Diese Zunahme wird durch einen Druckstau unmittelbar vor der Grenzfläche bewirkt. Bei herkömm-

lichen Mikrofonen mit reflektierenden Flächen von wenigen Zentimetern wirkt sich dieser Druckstau nur bei sehr hohen Frequenzen aus und führt dann zu einer Anhebung in diesem Bereich. Ist die Grenzfläche groß genug, so kann man den Druckstau im gesamten Frequenzbereich ausnutzen. Und obwohl Grenzflächenmikrofone von vornherein über eine gewisse Eigenfläche verfügen, sollten sie flach auf eine größere Fläche, also beispielsweise den Fußboden, gelegt werden. Insgesamt haben diese Mikrofone eine halbkugelförmige Richtcharakteristik. Sie verfügen über einen extrem linearen Frequenzgang, wenn sie in eine große begrenzende Fläche integriert sind. An den Deckel eines Flügels geklebt, führt ein PZM-Mikrofon beispielsweise zu einem ausgewogenen Klangbild des Instrumentes. Natürlich kann man Grenzflächenmikrofone auch frei im Raum aufstellen, das allerdings ändert zwangsläufig den Frequenzgang. Die Art der Plazierung eines Grenzflächenmikrofons wirkt also wie ein akustisches Filter.

9.4.4 Spezialmikrofone für Schlagzeug

Eine ganze Reihe von Herstellern bietet Mikrofone oder gar ganze Aufnahmesysteme für die Aufzeichnung von Schlagzeug an.

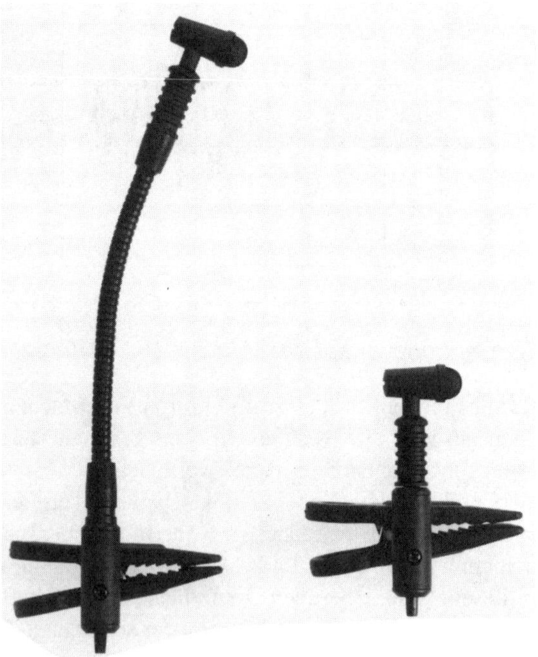

Abb. 9.33 Beyerdynamic MCE 52 und 53 Ansteckmikrofone für Drums

Bei der Abnahme eines Schlagzeugs für Rock- oder Popmusikproduktionen wird heute für jedes Schlaginstrument ein separates Mikrofon verwendet. Das kann zu einem hohen Übersprechen zwischen den einzelnen Mikrofonen führen, das häufig nicht mehr ausreichend kontrollierbar ist. Dieser Aspekt steht bei den meisten Entwicklungen auf diesem Gebiet heute im Vordergrund.
Neben speziellen, herkömmlichen Mikrofonen, die für diesen Zweck optimiert sind, interessieren hier aber insbesondere Mikrofone, die direkt an den Trommeln befestigt oder sogar eingebaut werden können. Dabei handelt es sich entweder um dynamische Mikrofone, die entsprechend modifiziert sind, oder um Spezialentwicklungen.
Der Vorteil dieser Systeme besteht im relativ geringen Übersprechen zwischen den einzelnen Mikrofonen. Ganz ausgeschaltet werden kann es allerdings nicht. Zusätzlich bieten einige Systeme die Möglichkeit, aus den Mikrofonsignalen Triggerimpulse oder MIDI-Informationen zu gewinnen, um damit elektronisch erzeugte Sounds ansteuern zu können.

9.4.5 Drahtlose Mikrofone

Drahtlose Mikrofone gibt es als Hand- oder Ansteckmikrofone. Als Handmikrofon werden sie in erster Linie auf der Bühne oder bei Außenübertragungen eingesetzt. Hier steht die Bewegungsfreiheit für Musiker bzw. Reporter im Vordergrund. Diese Mikrofone sind heute so kompakt gebaut, daß sie sich von normalen Mikrofonen äußerlich kaum unterscheiden. Lediglich die kurze Antenne anstelle des sonst üblichen Kabels weist auf ein drahtloses Mikrofon hin. In der Regel arbeiten diese Mikrofone auch über größere Entfernungen sehr zuverlässig. Deshalb haben sie sich im Bühnenbereich durchgesetzt. Zu beachten ist, daß der Betrieb solcher Mikrofone im Bereich der Bundesrepublik Deutschland dem Fernmeldegesetz unterliegt, d.h. es muß eine Genehmigung der Post vorliegen.
Bei Studiomusikproduktionen arbeitet man dagegen fast ausschließlich mit Stativen, so daß eine drahtlose Übertragung nicht notwendig ist. Außerdem verursacht das Halten eines Mikrofons in der Hand immer zusätzliche Störgeräusche, die im Studio nicht akzeptabel sind.
Drahtlose Ansteckmikrofone haben einen separaten Sender, der in der z.B. in der Tasche getragen werden kann, an den eine sehr kleine, kaum sichtbare Mikrofonkapsel angeschlossen wird. Solche Mikrofone werden immer dann verwendet, wenn Mikrofone nicht oder zumindest kaum sichtbar sein sollen. Das gilt beispielsweise für Live-Übertragungen von Shows oder ähnlichen Veranstaltungen im Fernsehen und ganz besonders für die Dialogaufnahmen bei Film-Dreharbeiten. Abhängig von der Kameraperspektive kann hier nicht immer mit einem Richtmikrofon „geangelt“ werden, und drahtlose Mikrofone lassen sich alternativ einsetzen.

9.5 Mikrofonauswahl und Mikrofonaufstellung

Die Auswahl von Mikrofonen für eine bestimmte Aufnahme, vor allem aber deren Aufstellung, wird durch eine Reihe von Faktoren beeinflußt. Dazu gehören nicht nur der Aufnahmeraum oder die Instrumente, sondern auch die Vorgaben durch Trends und Zeitgeschmack. Es fällt daher äußerst schwer, allgemein gültige Richtlinien anzugeben, die ein gutes Resultat gewährleisten. Trotzdem möchte ich einige Hinweise weitergeben, die auf mehrjährigen eigenen Erfahrungen, aber auch auf Erfahrungen von Kollegen beruhen. Betrachten Sie diese Tips jedoch eher als Anregung oder Ausgangspunkt für Ihre eigenen Experimente und keinesfalls als „Rezept" für eine qualitativ gute Aufnahme. Oft sind es gerade unkonventionelle Techniken, die zu herausragenden Ergebnissen führen.

9.5.1 Mono-Aufnahmen in Rundfunk und Fernsehen

Die Mono-Aufnahmetechnik wird heute praktisch nur noch bei reinen Wortproduktionen angewendet, namentlich bei Rundfunk-Features/Reportagen.
Bei Wortbeiträgen im Rundfunk steht die Sprachverständlichkeit an erster Stelle. Man ist daher in der Regel bestrebt, Sprache direkt und trocken, d.h. ohne einen merklichen Raumanteil aufzunehmen. Die Nachhallzeit in einem Studio für Wortproduktionen sollte deshalb möglichst kurz sein. Außerdem verwendet man Mikrofone mit einer Nieren- oder Supernierencharakteristik, bevorzugt Kondensatormikrofone. Der Abstand eines Sprechers zum Mikrofon sollte ca. 30...60 cm betragen. Bei diesem Abstand ist schon der Nahbesprechungseffekt wirksam, so daß man eventuell eine Tiefenabsenkung vornehmen muß. Bei geringeren Mikrofonabständen sollte man immer darauf achten, daß der Sprecher das Mikrofon genau anspricht. Kopfbewegungen beispielsweise beim Ablesen eines Textes können leicht zu erheblichen Änderungen der Klangfarbe führen. Es empfiehlt sich deshalb die Verwendung eines schrägen Lesepults.
Der Tisch, an dem ein Sprecher Platz nimmt, sollte eine nicht-reflektierende Oberfläche besitzen, z. B. einen Filzbelag. Reflexionen von der Tischoberfläche können zusammen mit dem Direktschall am Mikrofon zu Kammfiltereffekten führen, die Stimme klingt dadurch unangenehm nasal. Sind die Mikrofone bündig mit der Tischoberfläche in die Tischplatte eingelassen, so treten diese Probleme nicht auf. Den gleichen Vorteil bieten Grenzflächenmikrofone, die auf den Tisch gelegt werden (siehe auch Abschnitt 9.4).
Bei mehreren Sprechern kann man in Betracht ziehen, die einzelnen Personen über die Stereobasis verteilt zu plazieren und mit einem Stereomikrofon aufzunehmen. Meist empfiehlt sich aber die Verwendung von je einem Mikrofon pro Sprecher, um Lautstärkeunterschiede ausgleichen zu können. Die Verteilung auf der Stereobasis läßt sich dann mit dem Panorama-Potentiometer im Misch-

pult vornehmen. Mit Rücksicht auf die oft unzulänglichen Abhörbedingungen beim Radioempfang wird allerdings nur selten von dieser Möglichkeit Gebrauch gemacht. Stattdessen ordnet man alle Sprecher in die Mitte des Stereopanoramas ein.
Bei Interviews oder Live-Reportagen herrscht oft ein großer Umgebungspegel. Um diesen Störpegel möglichst gering zu halten, sollte der Abstand zum Mikrofon gering sein. Um Poppgeräusche zu vermeiden, benutzt man einen Windschutz. Dynamische Mikrofone sind für diesen Anwendungsfall am besten geeignet, da sie sehr robust sind und keine Versorgungsspannung benötigen. Außerdem haben sie oft eine eingebaute Tiefensperre zur Kompensation des Nahbesprechungseffekts sowie einen integrierten Windschutz. Ebenfalls für diesen Zweck geeignet sind Interferenzmikrofone, die durch ihre starke Richtwirkung auch noch bei größerem Mikrofonabstand eine gute Sprachverständlichkeit garantieren.

9.5.2 Tonaufnahmen für Spielfilme und Fernsehspiele

Tonaufnahmen in diesem Bereich können sehr vielfältig sein, angefangen bei den Dialogaufnahmen am Drehort über zusätzliche Atmosphären und Nachsynchronisationen bis hin zu Spezialeffekten. Allerdings wird bei vielen Produktionen der sogenannte Originalton vom Drehort überhaupt nicht mehr verwendet, Dialoge und Geräusche werden im Studio nachsynchronisiert. Vielfach ist der Grund dafür jedoch nicht die künstlerische Entscheidung, sondern die schlechte technische Qualität des O-Tons. Die Ursache dafür ist zuweilen auch in einer mangelnden Mikrofontechnik zu suchen.

Aufnahmen am Drehort

O-Ton-Aufnahmen erfolgen im allgemeinen in mono, selbst dann, wenn der Film in stereo oder einem Mehrkanalformat gemischt wird (siehe Kapitel 16). Bei der Aufnahme des O-Tons am Drehort steht die Verständlichkeit der Dialoge im Vordergrund, nicht deren Einordnung im Stereopanorama. Diese Einordnung läßt sich in den meisten Fällen am Drehort überhaupt noch nicht abschätzen, sondern hängt maßgeblich vom Bildschnitt ab.
In der Regel kommen am Drehort Richtmikrofone nach dem Interferenzprinzip zum Einsatz (siehe Abschnitt 9.2.3), die mit einem Galgen den Schauspielern nachgeführt werden. Man muß jedoch im Einzelfall entscheiden, ob es beispielsweise zu hohe Umgebungsgeräusche erforderlich machen, mit mehreren drahtlosen, in der Garderobe der Schauspieler versteckten Ansteckmikrofonen zu arbeiten. Dabei muß allerdings das Übersprechen zwischen den einzelnen Mikrofonen möglichst gering gehalten werden. Denn stehen zwei Schauspieler dicht beieinander, so können unangenehme Phasing-Effekte auftreten. Es empfiehlt sich, solche Szenen dann mit Mehrspurtechnik aufzuzeichnen.

Ein weiterer wichtiger Aspekt bei O-Ton-Aufnahmen ist eine möglichst identische Qualität der einzelnen Takes. Jede Szene wird normalerweise in mehreren, häufig mehrmals wiederholten Abschnitten gedreht und anschließend zusammengeschnitten. Entsprechend dem Bildschnitt erfolgt auch der Schnitt des Tons. Sind einzelne Takes jedoch nicht mit identischem Mikrofonabstand aufgenommen worden, so lassen sich die Tonsequenzen kaum nahtlos aneinanderschneiden. Schließlich werden am Drehort auch Aufnahmen ohne Bildbezug erstellt. In erster Linie handelt es sich dabei um Atmosphären, die mit den verschiedenen Stereo-Aufnahmeverfahren hergestellt werden. Mit diesen zusätzlichen Atmosphären werden die aus Einzelsequenzen zusammengestellten Szenen bei der Tonmischung auch akustisch zu einem Ganzen zusammengefügt.

Nachsynchronisation im Studio

Auch Aufnahmen im Synchronstudio werden im allgemeinen in mono durchgeführt. Sowohl Dialoge wie auch Geräusche, die sogenannten Foleys, werden zum Bild synchron nachträglich aufgezeichnet, sofern keine entsprechenden Aufnahmen vom Drehort zur Verfügung stehen. Gänzlich nachsynchronisiert werden natürlich die Dialoge fremdsprachiger Versionen von Filmen, gerade in Deutschland ein nicht unerheblicher Markt.

Akustisch soll sich eine nachsynchronisierte Szenen möglichst nicht vom O-Ton unterscheiden, und so muß mit entsprechender Mikrofontechnik gearbeitet werden. Generell kommen nur Kondensatormikrofone mit Nierencharakteristik für diesen Zweck zum Einsatz, um den Einfluß der Studioakustik möglichst gering zu halten. Für normale Dialogaufnahmen sollte ein Mikrofonabstand von wenigstens 80 cm eingehalten werden, ansonsten entsteht der Eindruck einer zu vordergründigen, unnatürlich dichten Sprache, die nicht mit der Bildperspektive harmoniert. Außerdem wirken sich bei zu geringen Mikrofonabständen (weniger als 60 cm) schon kleine Schwankungen im Abstand eines Sprechers zum Mikrofon auf die Klangfarbe aus. Zum einen nimmt die Höhenempfindlichkeit bei gerichteten Mikrofonen zur Seite hin schneller ab, als die Tiefenempfindlichkeit. Bewegt sich also ein Schauspieler zur Seite, so wirkt sich das umso stärker im Höhenbereich aus, desto dichter er am Mikrofon steht. Zum anderen ist in geringerer Entfernung zum Mikrofon der Nahbesprechungseffekt wirksam. Ändert sich die Entfernung zum Mikrofon, verändert sich auch der Tiefenanteil. Auch dieser Effekt ist umso stärker, je dichter ein Sprecher am Mikrofon steht.

Außenaufnahmen sollten in einer möglichst reflexionsfreien Umgebung nachsynchronisiert werden, um auch akustisch den Eindruck einer Außenszene zu vermitteln. Entsprechend mit schalldämmenden Platten präparierte Aufnahmebereiche sind hierfür in der Regel ausreichend. Sie absorbieren die für den Höreindruck „innen" relevanten Reflexionen von den Wänden ausreichend, um

den Eindruck „außen“ zu vermitteln. Entsprechendes gilt für die Nachsynchronisation von Geräuschen.
In der Regel wird bei der Nachsynchronisation von Dialogen und Geräuschen ohne perspektivische Tonänderungen aufgenommen. Diese bildbezogene Tongestaltung wird bei der Tonmischung durch eine entsprechende Entzerrung und die Zumischung von künstlichen Raumanteilen nachgebildet.

9.5.3 Stereo-Aufnahmen

Eine besondere Aufnahmetechnik ist die Aufnahme von Klangkörpern mit nur einem Stereomikrofon oder einer Mikrofongruppe. Mit dieser Technik werden die meisten Aufnahmen aus dem Bereich der klassischen Musik durchgeführt. Eine gewisse Distanz und eine ausgewogene Räumlichkeit sind zwei der Kriterien bei diesen Aufnahmen. Daher sind schon ein guter Aufnahmeraum und die Sitzordnung der Musiker Grundvoraussetzung für ein befriedigendes Ergebnis. Die Mikrofone werden immer in einer gewissen Entfernung zum Klangkörper aufgestellt, um ein ausgewogenes Verhältnis zwischen Direktschall und Reflexionen bzw. Nachhall zu erreichen. Eine größere Räumlichkeit können zusätzliche Raummikrofone erzeugen. Im einfachsten Fall benutzt man zwei Mikrofone oder ein Stereomikrofon mit zwei Kapseln, die jeweils einem Stereokanal zugeordnet werden. Weiterhin fallen Aufnahmen mit einer Gruppe von Mikrofonen in diese Kategorie, solange sie einen Klangkörper als Ganzes aufnehmen. Grundsätzlich werden zwei Techniken unterschieden: Die reine Intensitätsstereophonie, die ein Stereopanorama nur aufgrund von Pegeldifferenzen zwischen den Kanälen erzeugt, und die Laufzeitstereophonie, die besonders die Zeitunterschiede zwischen den Signalen der beiden Stereokanäle ausnutzt. Eine reine Laufzeitstereophonie allerdings ist praktisch unmöglich, da selbst bei nur geringen Mikrofonabständen und der Verwendung von Druckempfängern immer auch gewisse Pegelunterschiede auftreten.
Stereomikrofone sind stets Kondensatormikrofone. Auch bei der Verwendung zweier getrennter Mikrofone wird man Kondensatormikrofonen den Vorzug geben. Sie klingen insgesamt ausgewogener als dynamische Mikrofone, was für eine gute Stereoabbildung wichtig ist. In jedem Fall ist unbedingt auf identische Phasenlage beider Mikrofone zu achten.

a) Intensitätsstereophonie

Um ausschließlich Pegelunterschiede zwischen den beiden Stereokanälen zu erhalten, plaziert man zwei Mikrofone sehr dicht zueinander, so daß praktisch keine Wegunterschiede für einfallenden Schall zwischen beiden Kapseln auftreten können. Je nach der Ausrichtung der beiden Kapseln und deren Zuordnung zu den beiden Stereokanälen unterscheidet man zwei grundsätzlich verschiedene Verfahren der Intensitätsstereophonie:

M-S-Mikrofonverfahren
Nach diesem Verfahren wurden in den 50er Jahren die ersten Orchester-Stereoaufnahmen durchgeführt. Ein wichtiger Gesichtspunkt zur damaligen Zeit war die absolute Monokompatibilität. Das ist die Forderung, daß Stereoaufnahmen auch bei monophoner Wiedergabe nicht durch Klangfarbenänderungen oder Balanceverschiebungen zwischen einzelnen Instrumenten verfälscht werden. Das M-S-Verfahren erfüllt als einziges diese Anforderung, andere Verfahren sind nur mehr oder weniger kompatibel.
Beim M-S-Mikrofonverfahren wird ein Mikrofon (eine Kapsel eines Stereomikrofons) genau wie bei einer Monoaufnahme direkt auf den Klangkörper ausgerichtet. Dieses Mikrofon liefert das sogenannte M- oder Mittensignal. Die Richtcharakteristik der Kapsel ist dabei beliebig. Die zweite Kapsel muß ein reiner Druckgradientenempfänger sein, also eine Achtercharakteristik besitzen. Sie wird um 90° zur M-Kapsel gedreht nach links ausgerichtet und liefert das sogenannte S- oder Seitensignal.
Eine solche Mikrofonanordnung erzeugt die Signale für die beiden Stereokanäle nicht unmittelbar, sondern diese werden erst durch eine Summen- und Differenzbildung aus den Signalen M und S gewonnen:

Linker Kanal	=	M + S
Rechter Kanal	=	M - S

Die Abbildung 9.34 veranschaulicht, wie sich die beiden Richtcharakteristiken einer M-S-Anordnung überlagern, und das L- bzw. R-Signal gewonnen wird.

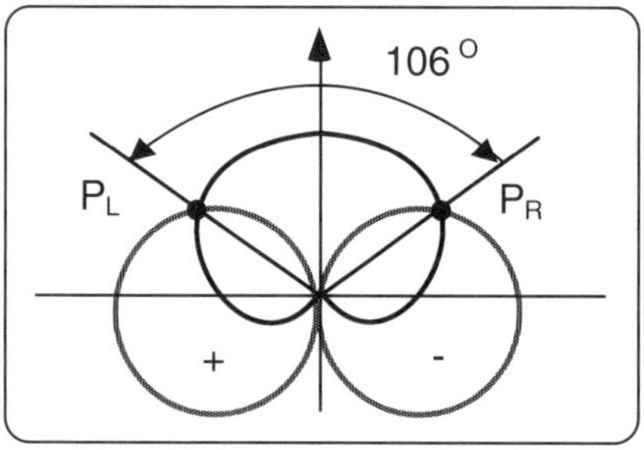

Abb. 9.34 M-S-Anordnung

Die Schnittpunkte der beiden Richtcharakteristiken führen jeweils zu einem Signal in nur einem Kanal. Für den Punkt P_L ist die Phasenlage des M-Signals gleich der des S-Signals bei gleicher Amplitude. Demnach führt die Summen- und Differenzbildung nur zu einem Signal im linken Kanal, da die Differenz aus M- und S-Signal genau Null ergibt. Umgekehrt sind die Verhältnisse für den

Punkt P_R, denn hier haben M- und S-Signal entgegengesetzte Phasenlage. Der Winkel zwischen den beiden Punkten P_L und P_R bestimmt den Aufnahmebereich dieser Mikrofonanordnung, innerhalb dessen eine richtungsgetreue Aufnahme erzielt werden kann. Durch eine Pegeländerung des M-Signals bzw. des S-Signals läßt sich der Aufnahmebereich einer M-S-Anordnung variieren. Ausgangspunkt bei der Entwicklung der M-S-Technik war die Monokompatibilität. Ein Mono-Signal wird aus einem Stereosignal durch die einfache Addition beider Kanäle gewonnen. Führt man diese Addition einmal für ein Stereo-Signal durch, das mit der M-S-Technik aufgenommen wurde, so wird anhand der obigen Formel sofort klar, daß dieses Monosignal kompatibel sein muß:

$$\begin{aligned} \text{Mono} &= \text{Linker Kanal} + \text{Rechter Kanal} \\ &= (M + S) + (M - S) \\ &= 2M \end{aligned}$$

Bei der monophonen Wiedergabe verhält sich eine M-S-Aufnahme also so, als ob sie nur mit dem M-Mikrofon aufgenommen worden wäre.
Die Summen- und Differenzbildung wurde lange Zeit mit Übertragern realisiert. Sie sind bis heute in Gebrauch. Sehr viel einfacher und vor allem kostengünstiger ist es jedoch, dies mit Summierverstärkern zu lösen. Die Abbildung 9.35 zeigt ein einfaches Schaltbild für einen Summen- und Differenzverstärker.

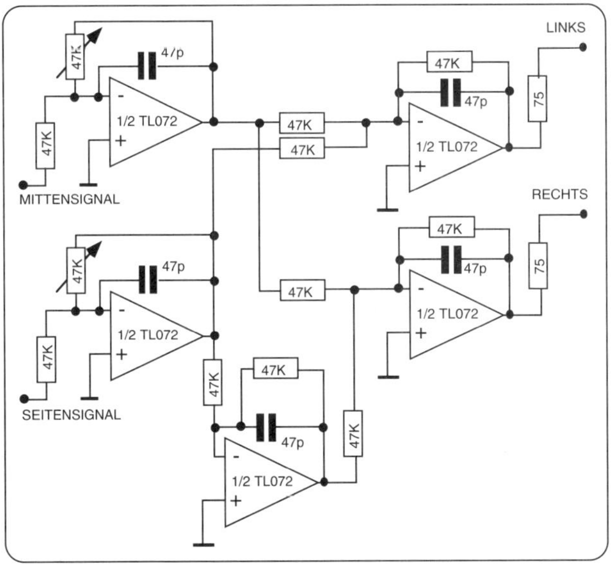

Abb. 9.35 Schaltbild eines Summen- und Differenzverstärkers

Diese Schaltung hat zudem den Vorteil der getrennten Regelbarkeit von M- und S-Signal. Damit läßt sich die Räumlichkeit einer M-S-Aufnahme auch noch nachträglich in gewissen Grenzen variieren.
Auch ohne einen speziellen Summen- und Differenzverstärker lassen sich M-S -Signale in einem Mischpult verarbeiten. Man führt dabei den S-Anteil auf zwei Kanäle im Mischpult, von denen der eine in der Phase gedreht und im Panorama nach rechts eingeordnet ist. Der andere S-Kanal wird - ohne Phasendrehung - nach links eingeordnet. Über einen dritten Kanal wird das M-Signal in die Mitte gelegt. Durch die gleichmäßige Zumischung beider S-Kanäle zum M-Kanal kann auch damit die räumliche Wirkung einer M-S-Aufnahme noch verändert werden.

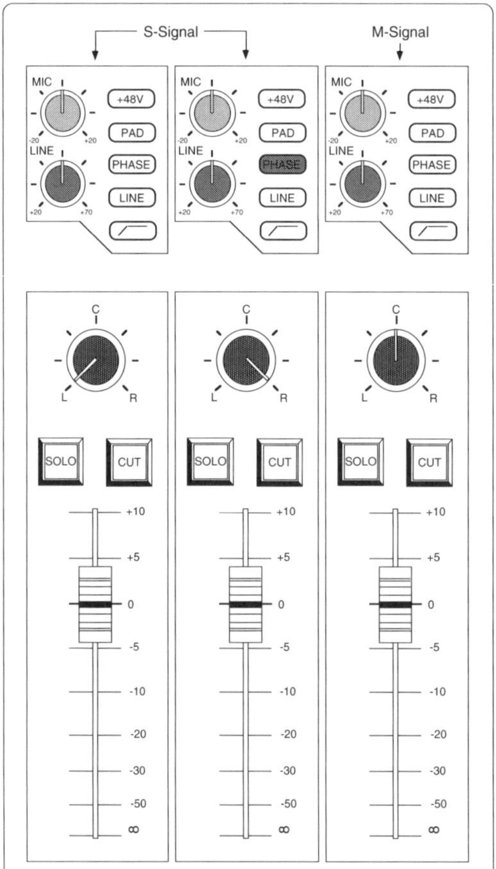

Abb. 9.36 M-S-Verarbeitung im Mischpult

Die M-S-Aufnahmetechnik ist leider etwas in Vergessenheit geraten. Das liegt sicher zum einen an den fehlenden Summen- und Differenzverstärkern in den meisten Mischpulten. Zwar lassen sich L- und R-Signal über insgesamt vier Kanäle im Mischpult auch erzeugen, dies ist jedoch wenig praktikabel. Zum anderen ist aber vielen Toningenieuren vornehmlich aus dem Bereich Pop- und Rockmusik diese Technik überhaupt nicht bekannt. Sie hat jedoch gegenüber der X-Y- oder A-B-Technik einige Vorteile, besonders bei der Aufnahme sogenannter Ambience-Spuren. Hier läßt sich die Räumlichkeit auch nachträglich noch verändern. Außerdem ist die Richtungstreue vor allem in kleinen Räumen sehr viel besser.

X-Y-Mikrofonverfahren

Beim X-Y-Mikrofonverfahren haben beide Mikrofonkapseln die gleiche Richtcharakteristik, in der Regel werden zwei Nieren verwendet. Beide Mikrofone dreht man um den gleichen Winkel bezüglich der Mittelachse nach links bzw. rechts. Nun treten bei Schalleinfall aus unterschiedlichen Richtungen nur Pegelunterschiede zwischen beiden Mikrofonen auf. Der Öffnungswinkel bestimmt den Aufnahmebereich einer solchen Mikrofonanordnung. Damit eine Schallquelle auf einer Seite des Stereopanoramas abgebildet wird, ist eine Pegeldifferenz von ca. 20...25 dB notwendig. Nierenmikrofone haben für den Schalleinfall von hinten (180°) eine Dämpfung in dieser Größenordnung. Beträgt der Öffnungswinkel einer X-Y-Anordnung also 180°, so ist der in einem Winkel von 90° einfallende Schall in nur einem Stereolautsprecher hörbar (siehe auch Abb. 9.37). Bei einem Öffnungswinkel von 180° besitzt also der Aufnahmebereich den gleichen Winkel.

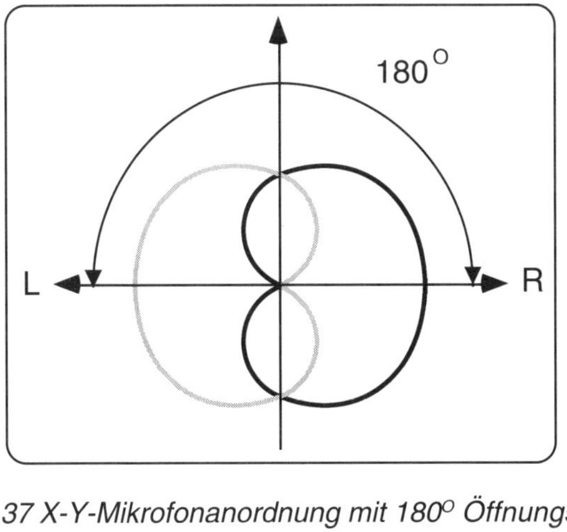

Abb. 9.37 X-Y-Mikrofonanordnung mit 180° Öffnungswinkel

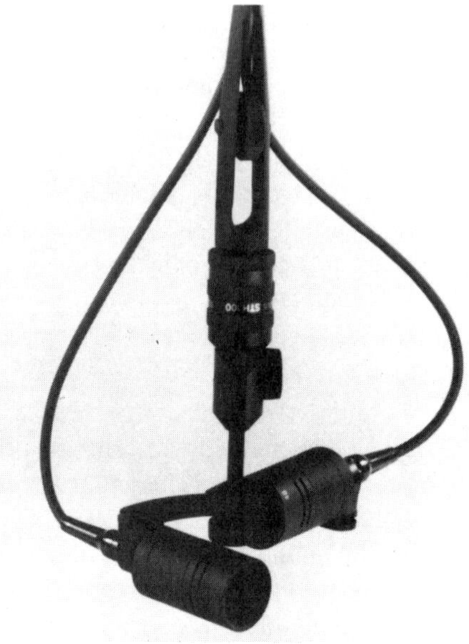

Abb. 9.38 X-Y-Mikrofonanordnung am Beispiel des Neumann KM 140

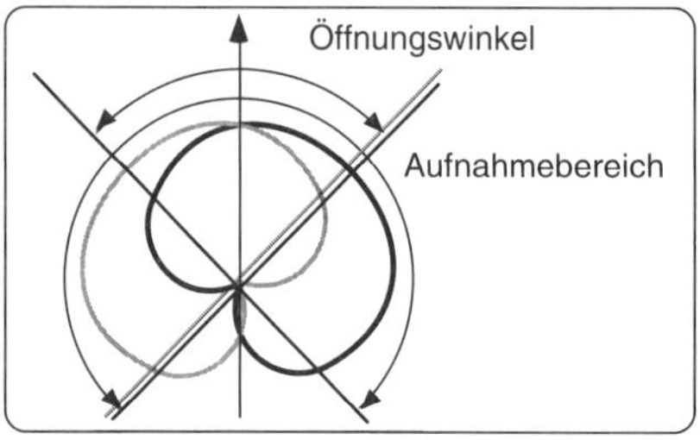

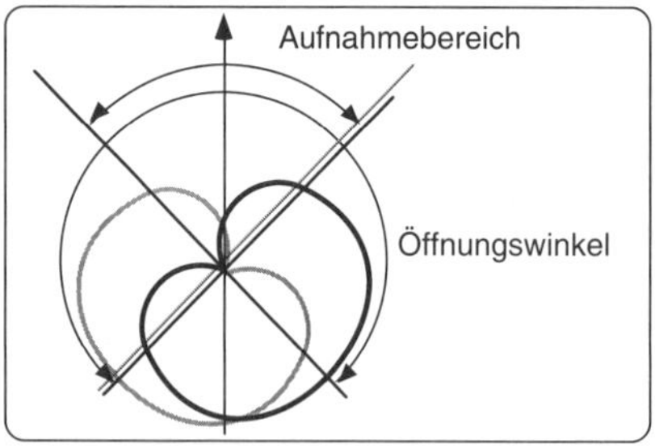

Abb. 9.39 Zusammenhang zwischen Öffnungswinkel und Aufnahmebereich

Verringert man den Öffnungswinkel solch einer Anordnung, so vergrößert sich der Aufnahmebereich, da sich die Richtungen mit der maximalen Pegeldifferenz nach hinten hin verschieben. Umgekehrt verkleinert sich der Aufnahmebereich natürlich bei zunehmendem Öffnungswinkel.

Die gleichen Überlegungen gelten für die Verwendung anderer Richtcharakteristiken, beispielsweise einer Superniere. Hier ist der Aufnahmebereich bei einem gleichen Öffnungswinkel kleiner als der einer Niere.

In der Praxis arbeitet man mit Öffnungswinkeln von etwa 135°...180° bei Nierencharakteristik. Damit werden die meisten größeren Klangkörper wie Orchester oder Bläsergruppen mit einer ausreichend breiten Stereobasis abgebildet. Bei kleineren Klangkörpern und einem relativ kleinen Mikrofonabstand, so beispielsweise bei Overhead-Mikrofonen für ein Schlagzeug, kann man auch mit einem kleineren Öffnungswinkel arbeiten. Nachteilig wirkt sich allerdings aus, daß die Richtcharakteristik nicht für alle Frequenzen dieselbe ist. Besonders im Höhenbereich wird eine Nierencharakteristik mehr und mehr zu einer Keule. Dadurch ist mit einem Höhenabfall für den Schall aus der Mitte des Klangkörpers zu rechnen.
Auch Aufnahmen in X-Y-Technik sind - wie M-S-Aufnahmen - monokompatibel, da Phasenunterschiede, die bei der Summierung zum Monosignal zu Auslöschungen führen könnten, nicht oder kaum auftreten. Die Rundfunkanstalten geben diesen beiden Aufnahmetechniken daher den Vorzug, denn hier wird die unbedingte Monokompatibilität noch immer für notwendig gehalten. Dafür nimmt man auch in Kauf, daß diese Aufnahmen räumlich meist weniger eindrucksvoll klingen.
Theoretisch sind beide Aufnahmetechniken - M-S wie X-Y - identisch, geht man von einer frequenzunabhängigen Richtcharakteristik der Mikrofone aus. Unter dieser Voraussetzung gibt es für jede M-S-Anordnung eine X-Y-Anordnung, die zu denselben Ergebnissen führt. In der Praxis jedoch weisen insbesondere Nierencharakteristiken, wie sie bei der X-Y-Technik bevorzugt werden, bei seitlichem Schalleinfall eine mitunter erhebliche, relative Höhenabsenkung auf. Insofern kann man durchaus sagen, daß die M-S-Technik klanglich die besseren Ergebnisse liefert, da einerseits das Mitten-Mikrofon auf das Zentrum des Klangkörpers ausgerichtet ist und andererseits der reine Druckgradientenempfänger für das Seitensignal einen weitgehend linearen Frequenzgang für alle Richtungen aufweist. Im Gegensatz dazu sind die beiden Mikrofone bei einer X-Y-Anordnung eben nicht direkt auf den Klangkörper ausgerichtet, besonders bei einem großen Öffnungswinkel. Insgesamt muß man daher mit einem weniger brillanten Klangbild rechnen. Hinzu kommt der Vorteil der M-S-Aufnahmetechnik, daß sich auch nachträglich noch durch die Veränderung des Verhältnisses zwischen M- und S-Signal der räumliche Eindruck einer Aufnahme beeinflussen läßt. Das ist bei der X-Y-Technik ausgeschlossen.

b) Laufzeitstereophonie

Dieses Aufnahmeverfahren nutzt Zeitdifferenzen zwischen zwei Mikrofonen zur stereophonen Abbildung einer Schallquelle. Praktisch gehen mit den Laufzeitdifferenzen stets Pegeldifferenzen einher, da der Schalldruck mit der Entfernung von der Schallquelle abnimmt. Bei unterschiedlicher Entfernung zweier Mikrofone zu einer Schallquelle treten also immer Laufzeit- und Pegel-

unterschiede gemeinsam auf, weshalb es nicht korrekt ist, von einer reinen Laufzeitstereophonie zu sprechen. Nun läßt sich durch entsprechende Mikrofonaufstellung in gewissen Grenzen das Verhältnis zwischen Pegel- und Laufzeitdifferenzen beeinflussen.
Um bei stereophoner Wiedergabe eine Abbildung in nur einem Lautsprecher zu erzielen, ist eine Laufzeitdifferenz von ca. 2 ms notwendig. Das entspricht einem Wegunterschied von ca. 70 cm. Diesen Abstand müssen die beiden Mikrofone einer A-B-Aufstellung haben. In der Praxis arbeitet man mit Abständen von 20...150 cm. Der Abstand von 20 cm entspricht in etwa dem Abstand der Ohren. Beim A-B-Mikrofonverfahren kann man mit beliebigen Richtcharakteristiken arbeiten. Durch Verwendung von Kugelmikrofonen werden die unvermeidlichen Pegeldifferenzen zwischen den Mikrofonen minimiert. Bei gerichteten Mikrofonen sind die Pegeldifferenzen größer und werden noch erhöht, wenn man beide Mikrofone zusätzlich in einem gewissen Winkel zueinander ausrichtet. Das wiederum bedeutet, daß man bei gerichteten Mikrofonen mit einem geringeren Mikrofonabstand arbeiten kann, ohne daß dies eine Verengung der abgebildeten Stereobasis nach sich zöge.

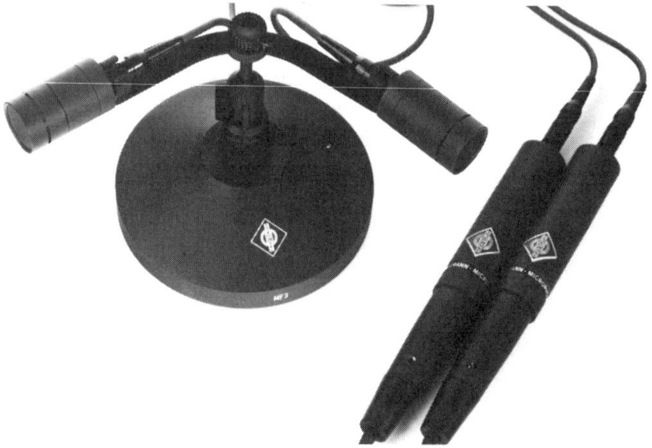

Abb. 9.40 A-B-Mikrofonanordnungen am Beispiel des Neumann-Mikrofons KM 150

Eine weitere Variante der A-B-Technik ist die Verwendung einer Scheibe, die beide Mikrofone trennt. Die Mikrofone haben dabei einen Abstand von etwa 20 cm. Diese Technik wurde von dem schweizerischen Toningenieur Jecklin eingeführt, weshalb die Scheibe auch Jecklin-Scheibe genannt wird. Auch das Kugelflächenmikrofon arbeitet nach dem Prinzip der Laufzeitstereophonie (siehe dazu ebenfalls Abschnitt 9.4.2). Beiden Varianten gemeinsam ist jedoch,

daß ohnehin auftretende Pegeldifferenzen zusätzlich verstärkt werden. Grundsätzlich ist man beim A-B-Verfahren nicht auf zwei Mikrofone beschränkt. Sehr oft sieht man bei Aufnahmen klassischer Orchester eine Anordnung von drei, manchmal sogar fünf Mikrofonen. In der Regel handelt es sich um Kugelmikrofone.
Aufnahmen in Laufzeitstereophonie führen zu einem qualitativ besseren räumlichen Eindruck als solche, die die Räumlichkeit nur aufgrund von Pegeldifferenzen abbilden. Allerdings sind diese Aufnahmen häufig nicht uneingeschränkt monokompatibel. Trotzdem werden insbesondere viele Schallplattenaufnahmen von Orchesterwerken in dieser Technik durchgeführt.

c) Einsatz von Stützmikrofonen
In den seltensten Fällen bringt die Aufnahme eines größeren Klangkörpers mit nur einem Stereomikrofon oder einer A-B-Aufstellung ein zufriedenstellendes Resultat hinsichtlich einer ausgewogenen Balance zwischen allen Instrumenten. Durch den Einsatz von Zusatzmikrofonen, sogenannten Stützmikrofonen, läßt sich die Balance in gewissen Grenzen korrigieren.
Als Stützmikrofone verwendet man gerichtete Mikrofone, also Nieren oder Supernieren. Der Abstand zur Klangquelle sollte relativ gering sein, um so eine ausreichende Trennung zu benachbarten Instrumenten zu erreichen. Am Mischpult wird das Stützmikrofon mit dem Panorama-Potentiometer entsprechend der Abbildung durch das Hauptmikrofon in die Stereobasis eingeordnet. Als Stützmikrofone können aber auch weitere Stereoanordnungen benutzt werden.
Werden Stützmikrofone sehr stark zugemischt, besteht die Gefahr, daß das Klangbild seine räumliche Tiefe verliert. Diese Gefahr nimmt mit steigender Anzahl der Stützmikrofone zu. Der Grund liegt darin, daß der unterschiedliche Abstand der Instrumente zum Hauptmikrofon durch Klangfarbenunterschiede und Reflexionen in gewissen Grenzen reproduziert wird. Ein zu hoher Anteil von Stützmikrofonen vermittelt dagegen den Eindruck, daß sich alle Instrumente in der gleichen Entfernung vom Hörer befinden. Diesem Effekt wirkt man mit verschiedenen Maßnahmen entgegen. Zunächst sollte durch eine entsprechende Klangregelung das Stützmikrofon an das Hauptmikrofon angepaßt werden. Durch die Zumischung von künstlichem Nachhall kann außerdem ein größerer Entfernungseindruck erzielt werden. Verfügt man über hochwertige Verzögerungsgeräte, so besteht die Möglichkeit, die Stützmikrofone gegenüber dem Hauptmikrofon um die Zeit zu verzögern, die dem Abstand der beiden Mikrofone entspricht.

9.5.4 Einzelmikrofon-Aufnahmen

Die Aufnahme jedes Instruments mit einem separaten Mikrofon ist die heute gebräuchliche Technik bei der Produktion von Jazz-, Rock- oder Popmusik. Sie erlaubt es dem Toningenieur, Balance und räumliche Wirkung einer Aufnahme beinahe ohne Rücksicht auf die tatsächlichen Verhältnisse im Aufnahmeraum zu gestalten. Gleichzeitig kann die Klangfarbe und die Dynamik jedes einzelnen Instruments weitgehend beeinflußt werden. Alle Hinweise und Abbildungen im folgenden beziehen sich demgemäß nur auf Aufnahmen aus diesem Musikbereich. Voraussetzung dafür ist freilich eine ausreichende akustische Trennung zwischen den Instrumenten bei der Aufnahme. Nur dann können Klangfarbe und Räumlichkeit einzelner Klangquellen ohne Rückwirkung auf andere Instrumente variiert werden. Diese Trennung läßt sich entweder durch einen geringen Mikrofonabstand, durch den Einsatz gerichteter Mikrofone (Niere, Superniere), durch Trennwände oder durch die sukzessive Aufnahme der Instrumente im Playback-Verfahren erreichen (siehe Abschnitt 8.1).

a) Stimme

Für die Aufnahme von Stimmen werden meist Kondensatormikrofone mit einer großen Membran benutzt. Ein schon fast legendäres Vocal-Mikrofon ist das U87 von Neumann. Aber auch eine Reihe anderer Mikrofone ist für diesen Zweck geeignet. Hier kann letzten Endes nur ein direkter Vergleich mehrerer Mikrofone den Ausschlag geben. Und nicht zuletzt entscheidet auch der Geschmack des Sängers/der Sängerin und des Produzenten über die Auswahl des Mikrofons.
Vorteil einer großen Membran ist die Unempfindlichkeit gegenüber Popp-Geräuschen, die bei Explosivlauten wie „p“ oder „b“ auftreten können. Besonders bei einem Mikrofonabstand von ca. 20...40 cm treten im Bereich der Membran ganz erhebliche Luftwirbel auf. Bei kleineren Membranen können diese schnell zu einer Übersteuerung der Kapsel und/oder des Verstärkers führen. Trotzdem sollte man auch bei einem Mikrofon mit großer Membran einen Windschutz verwenden. Das kann ein spezieller Schaumstoffüberzug sein, aber auch ein Stück Nylonstrumpf, auf einen Rahmen gespannt, erfüllt den Zweck.
Ist die Richtcharakteristik einstellbar, wie beispielsweise beim U87 oder U89, so arbeitet man in der Regel mit einer Nierencharakteristik. Eine Kugelcharakteristik führt zu einem räumlicheren Klang, was besonders in ausgewogen klingenden Studios zu einem interessanten Sound der Stimme führen kann. Besondere Beachtung sollte dem Nahbesprechungseffekt geschenkt werden, wie er in allen gerichteten Mikrofonen auftritt, übrigens auch beim U87 und U89 in Kugelcharakteristik, denn dann sind ja zwei Nierenmikrofone zusammengeschaltet. Viele unerfahrene Sänger kennen die Wirkung dieses Effektes überhaupt nicht, was oft zu Problemen während der Aufnahmesession führt. Sänger, die damit vertraut sind, können diesen Effekt dagegen sogar ganz bewußt in ihre Interpretation einbeziehen.
Bei der Aufnahme mehrerer Sänger für Backing-Vocals etc. kommt man in der

Regel auch mit nur einem Mikrofon aus. Erst bei mehr als drei Sängern empfiehlt sich ein zweites Mikrofon. Falls die Sänger allerdings Schwierigkeiten haben, sich gegenseitig zu hören bzw. sich selbst zu kontrollieren, so ist es häufig besser, mit je einem Mikrofon pro Sänger zu arbeiten, da man dann die Balance im Kopfhörer, aber auch die im Regieraum entsprechend korrigieren kann. Auch bei einer solchen Aufnahme wird man einen Mikrofonabstand von ungefähr 20...40 cm wählen.

Abb. 9.41 Stimme

b) Akustische Gitarre

Die Abstrahlverhältnisse für die verschiedenen Frequenzbereiche sind bei einer akustischen Gitarre relativ einfach. Tiefe Frequenzen, in erster Linie also die Grundtöne, werden hauptsächlich durch das Schalloch abgestrahlt, höhere Frequenzen und damit auch die Obertöne dagegen über die Decke und direkt von den Saiten. Will man daher einen sehr obertonreichen Klang erreichen, so plaziert man das Mikrofon im Bereich des Stegs, im anderen Fall richtet man es direkt auf das Schalloch aus.

Die besten Ergebnisse liefern auch hier Kondensatormikrofone. Mikrofone mit einer kleinen Membran führen zu einem brillanten, durchsichtigen Klang, Mikrofone mit einer großen Membran klingen dagegen etwas runder. Die Unterschiede sind jedoch sehr gering. Der Abstand des Mikrofons sollte etwa 20...50 cm betragen.

Gut geeignet für die Akustikgitarre sind auch Grenzflächenmikrofone (PZM-Mikrofone), die in einem Abstand von 1...2 m vor dem Gitarristen auf den Fußboden gelegt werden. Sie führen zu einem räumlicheren Klangbild, so daß hier der Einfluß des Aufnahmeraums auf den Gesamtklang berücksichtigt werden muß.

Abb. 9.42 Akustikgitarre

Häufig sind Gitarren mit eingebauten Pickups ausgestattet. Diese produzieren aber im allgemeinen keinen ausgewogenen Klang, sondern sind meist sehr mittenbetont. Abgesehen von dem Fall, daß man einen solch speziellen Sound erreichen möchte, wird man im Studio herkömmlichen Mikrofonen den Vorzug geben.

c) Klavier

Grundsätzlich sollte man im Studio für qualitativ gute Pianoaufnahmen ausschließlich einen Flügel verwenden. Ein Klavier ist immer nur eine Behelfslösung und bringt eher ein unbefriedigendes Ergebnis. Doch auch der Flügel ist schon aufgrund seiner Abmessungen nicht so einfach abzunehmen, weshalb mindestens zwei, manchmal sogar auch drei Mikrofone zum Einsatz kommen sollten.

Die Ausrichtung und vor allem der Abstand der Mikrofone sind verantwortlich für den Klangeindruck. Ist ein sehr percussiver, harter Klang gewünscht, so richtet man zwei oder drei Mikrofone direkt auf den Bereich der Hämmer aus. Der Abstand kann 15...40 cm betragen.

Die Dynamik des Instruments wird mit dieser Aufstellung aber kaum noch wiedergegeben, da sich der Klang nicht entfalten kann. Dagegen läßt sich durch Aufspreizen der Mikrofone über die gesamte Stereobasis ein eindrucksvoller Stereoeffekt erzielen, der dann allerdings nicht mehr viel mit den natürlichen

Verhältnissen zu tun hat. Für einen runderen Klang, beispielsweise in Balladen, richtet man die Mikrofone auf die Löcher im Resonanzboden und wählt auch einen größeren Abstand (30...60 cm).
Das Mikrofon für den Baßbereich kann auch im Bereich der Saiteneinspannung plaziert sein, dort klingen die Tiefen etwas präsenter und klarer. Durch Kombination dieser Aufstellung mit einem weiteren Mikrofon in einer Entfernung von 1...1,5 m kann man den Klang noch weiter abrunden. Insgesamt ergibt sich auf diese Weise eine größere Dynamik, die auch dem Pianisten mehr Möglichkeiten zur individuellen Klanggestaltung läßt.
Auch für die Aufnahme eines Flügels eignen sich Grenzflächenmikrofone (PZM-Mikrofone) besonders gut. Sie können beispielsweise an den Deckel des Instruments geklebt werden. Allerdings ist mit diesen Mikrofonen keine ebenso klare stereophone Wiedergabe des Flügel möglich, d.h. es wird schwierig, die Tastatur von links bis rechts aufzuspreizen.

Abb. 9.43 Flügel

d) Kontrabaß
Nach wie vor spielt der Kontrabaß im Jazz eine wichtige Rolle, auch wenn er vielfach schon vom E-Baß verdrängt worden ist. Das mag seinen Grund darin haben, daß der Kontrabaß auf der Bühne kaum zur Geltung kommen kann. Pickups oder im Steg eingebaute Mikrofone führen selten zu einem wirklich guten Klangbild. Im Studio dagegen unterliegt die Mikrofonaufstellung nicht den Beschränkungen der Bühne, so daß durchaus gute Ergebnisse zu erzielen

sind. Für die Abnahme verwendet man ein Kondensatormikrofon mit einer großen Membran und Nieren- oder Supernierencharakteristik, das auf den Bereich eines der F-Löcher ausgerichtet ist. Wird der Baß gezupft, so darf der Abstand des Mikrofons relativ gering sein, vielleicht 20 cm. Beim gestrichenen Baß jedoch ist ein etwas größerer Abstand von 50...70 cm notwendig, da sonst das Anstrichgeräusch zu stark überwiegt.

e) Violine, Viola und Violoncello

Für diese Instrumente wählt man - wie beim gestrichenen Kontrabaß - einen größeren Abstand der Mikrofone von mindestens 50 cm. Da die Hauptabstrahlrichtung für sämtliche Frequenzen bei den drei Instrumenten ungefähr senkrecht zur Decke liegt, wird ein Mikrofon auch in diesem Bereich aufgestellt. Auch hier führen Kondensatormikrofone zu den besten klanglichen Ergebnissen.

f) Querflöte

Der Klang einer Querflöte ist durch ein starkes Anblasgeräusch charakterisiert. Häufig wird dies durch einen sehr geringen Abstand von 10...20 cm zum Mikrofon noch betont. Allerdings ist dann darauf zu achten, daß das Mikrofon nicht direkt angeblasen wird, so daß man es besser von oben auf das Mundstück richtet. Bei größerem Abstand des Mikrofons verringert sich der Anteil des Anblasgeräuschs. Außerdem ist diese Art der Aufstellung nicht so empfindlich gegenüber der Bewegung des Flötisten. Das Mikrofon wird in einem Winkel von 0°...90° in Relation zur Blickrichtung des Flötisten schräg von oben auf das Instrument ausgerichtet. Auch für die Aufnahme einer Querflöte sind Kondensatormikrofone am besten geeignet.

g) Klarinette

Die Abstrahlcharakteristik der Klarinette weist eine Besonderheit auf, denn durch die Stürze werden ausschließlich Frequenzen über 5 kHz und die übrigen durch die Klappen abgestrahlt. Damit ist auch klar, in welchem Bereich das Mikrofon bei einer Aufnahme plaziert wird: auf die unteren Klappen ausgerichtet und mit einem Abstand von wenigstens 50 cm. Ein harter Fußboden wie z. B. Parkett fördert einen etwas brillanteren Klang.

h) Saxophon

Vor allem Tenor- und Altsaxophon werden auch in der Rock- oder Popmusik gern als Soloinstrument eingesetzt. Die Aufnahme eines Saxophons ist sehr einfach, da alle Frequenzen durch die Schallstürze abgestrahlt werden. Man richtet daher auch das Mikrofon auf diesen Bereich aus, sollte es jedoch nicht zu dicht aufstellen, da sonst zu starke Luftgeräusche auftreten. Bei einem Abstand

von 50...70 cm nehmen zudem geringe Bewegungen des Saxophonisten kaum einen Einfluß auf den Klang.
Da ein Saxophon sehr hohe Schalldruckpegel erzeugen kann, sollte man Mikrofone verwenden, die diese auch verzerrungsfrei übertragen können. Kondensatormikrofone mit einer zuschaltbaren Vordämpfung (z. B. Neumann U87) sind daher besonders geeignet. Aber auch hochwertige dynamische Mikrofone führen zu einem guten Ergebnis. Meistens klingen sie etwas voller und runder als Kondensatormikrofone.

i) Trompete und Posaune
Zum einen kennzeichnet die besonders in den hohen Frequenzen scharf gebündelte Abstrahlung diese beiden Instrumente, zum anderen ein extrem hoher Schalldruckpegel. Eine Trompete kann in einem Abstand von 30 cm einen Schalldruckpegel von über 130 dB erzeugen. Damit ist die Auswahl des Mikrofons auf hoch aussteuerbare Kondensatormikrofone (U89, TLM 170 von Neumann) oder wahlweise auf dynamische Mikrofone beschränkt. Der Abstand sollte wenigstens 30 cm betragen. Übersteuerungen des Mikrofons können zusätzlich verhindert werden, indem ein wenig am Mikrofon vorbeigeblasen wird.

j) Gitarrenverstärker
E-Gitarren, speziell aber E-Bässe, werden im Studio in zunehmendem Maße über DI-Boxen bzw. spezielle Zusatzgeräte direkt an das Mischpult angeschlossen, so daß die Abnahme des Verstärkers mit einem Mikrofon häufig nicht mehr notwendig ist. Trotzdem sind viele Sounds, z. B. der typische Verzerrer-Sound eines Verstärkers, auf elektronischem Weg nicht realisierbar, hier wird auf einen Amp zurückgegriffen. Gitarrenverstärker sind jeweils mit einem Lautsprecher ausgerüstete Einwegsysteme, die hohe Frequenzen stark gebündelt abstrahlen. Daher ist die Ausrichtung des Mikrofons sehr wichtig für die gute Wiedergabe des Verstärkersounds. Je dichter man das Mikrofon am Lautsprecher aufstellt, desto entscheidender ist die Ausrichtung. Im allgemeinen beträgt der Abstand des Mikrofons 5...20 cm.
Die Auswahl des Mikrofons hängt von der maximalen Lautstärke des Verstärkers ab. Ein unverzerrt gespielter Verstärker in mittlerer Lautstärke kann auch mit einem kleinen Kondensatormikrofon aufgenommen werden, ohne daß Übersteuerungen zu befürchten sind. Sehr laute, verzerrte Sounds allerdings führen zu erheblichen Luftströmungen, die nur von sehr übersteuerungsfesten Mikrofonen verkraftet werden. Aus diesem Grund treten auch die klanglichen Unterschiede zwischen den Mikrofonen besonders hervor. Man verwendet Kondensatormikrofone mit einer großen Membran oder dynamische Mikrofone. Der direkte Vergleich mehrerer Mikrofone erleichtert die Auswahl.

Abb. 9.44 Gitarrenverstärker

k) Schlagzeug

Die heute übliche Praxis der Schlagzeugaufnahme ist die separate Abnahme jedes Instruments mit einem separaten Mikrofon. Dabei ist ein häufig erhebliches Übersprechen zwischen den einzelnen Mikrofonkanälen die Folge. Eine umso größere Bedeutung kommt daher der richtigen Mikrofonauswahl und Mikrofonausrichtung zu. Da die Mikrofone sehr dicht am jeweiligen Instrument plaziert werden, treten äußerst hohe Schalldruckpegel verbunden mit erheblichen Luftströmungen auf, die bei vielen Mikrofonen, vor allem bei Kondensatormikrofonen, zu Übersteuerungen der Kapsel führen können. Diese Luftströmungen sind auch der Grund für den deutlichen Unterschied im Klangcharakter verschiedener Mikrofone im Nahbereich. Ein direkter Vergleich ist also auch hier unerläßlich, um den Ansprüchen gerecht zu werden. Im allgemeinen werden für Schlagzeugaufnahmen dynamische Mikrofone bevorzugt.

Abb. 9.45 Drumset

Bassdrum

Naturgemäß treten bei einer Bassdrum tiefe Frequenzen mit einem relativ hohen Pegel auf, verbunden mit einer starken Luftstömung. Diese Luftströmung führt in Mikrofonen mit einer kleinen Membran leicht zu Übersteuerungen, wobei dynamische Mikrofone etwas unempfindlicher als Kondensatormikrofone sind. Am besten eignen sich deshalb Mikrofone mit einer großdimensionierten Membran (ElectroVoice RE20, U47fet von Neumann).

Speziell für die Aufnahme von Instrumenten mit einem hohen Tiefenanteil wurden Mikrofone wie das D112 von AKG oder das M380 Beyerdynamic entwickelt.

Für die Ausrichtung des Mikrofons gilt die Faustregel: Je dichter das Mikrofon am Schlagfell, desto höher der Anteil des Anschlags im Klang und umgekehrt. Einen relativ hohen Tiefenanteil erzielt man, wenn das Mikro etwa in der Ebene des Resonanzfells plaziert wird. Außerhalb der Bassdrum aufgestellt, erzielt man einen räumlichen Klang, allerdings mit einem größeren Übersprechanteil anderer Instrumente.

Häufig arbeitet man deshalb bei der Abnahme der Bassdrum mit zwei Mikrofonen, und zwar einem dicht am Anschlagspunkt, dem anderen etwa auf der Ebene des Resonanzfells, um das Verhältnis zwischen Anschlag und Klang variieren zu können. Bei der Verwendung zweier Mikrofone für ein Instrument gibt es natürlich immer Auslöschungen bestimmter Frequenzbereiche durch Überlagerung. Besonders ungünstig wäre dies im Tiefenbereich. Soll aber zum Beispiel eine Auslöschung im Bereich von etwa 80 Hz erfolgen - dem Frequenzbereich also, der für den Druck einer Bassdrum entscheidend ist - so müßten die Mikros ca. 2 m voneinander entfernt aufgestellt sein. In der Praxis aber werden die Mikros ca. 40...50 cm voneinander entfernt sein, was zu Auslöschungen im Bereich von ca. 800 Hz führen kann, die aber den Klang der Bassdrum im allgemeinen nicht negativ beeinflussen.

Snare

Zwei Schwierigkeiten sind bei der Snaredrum zu berücksichtigen: Zum einen fehlt meist der nötige Platz für die optimale Plazierung des Mikrofons, zum anderen tritt fast immer ein starkes Übersprechen der HiHat auf. Das Mikrofon wird auf den Rand des Schlagfells ausgerichtet, der Abstand beträgt ungefähr 5...10 cm.

Abb. 9.46 Snaredrum

Das Übersprechen kann durch die Verwendung eines Supernieren-Mikrofons (z. B. MD441 von Sennheiser) verringert werden, da dieses noch unempfindlicher für Schall aus 90° ist. Eine Alternative ist der Einsatz von Nierenmikros (z. B. Shure SM 57 oder Beyerdynamic M422) oder hochaussteuerbare Kondensatormikrofone.
Auch bei der Snaredrum ergeben sich aus der Verwendung eines zweiten Mikrofons an der Trommelunterseite Vorteile. Den typischen „Snare"-Sound wird man hier am besten an den Ketten einfangen. Allerdings ist dann sehr genau auf eine korrekte Aufstellung zu achten, denn sonst treten unangenehme Auslöschungen auf. Die Ursache liegt darin, daß sich bei einem Schlag auf das Schlagfell dieses vom oberen Mikro weg-, das Resonanzfell sich jedoch gleichzeitig auf das untere Mikro zubewegt. Die Signale beider Mikrofone sind also - zumindest am Toneinsatz - gegenphasig. Vor allem im Tiefenbereich führt das zu erheblichen Auslöschungen und damit zu einem dünneren Sound. Deshalb verwendet man besser zwei identische Mikrofone und plaziert diese möglichst im gleichen Abstand vom jeweiligen Fell. Im Pult wird dann die Phase des unteren Mikrofons gedreht.

TomToms

Für die Aufnahme von TomToms sollte man - wenn möglich - Mikrofone des gleichen Typs verwenden. Da jedes Mikrofon einen ganz speziellen Klang liefert, ist nur so ein homogener TomTom-Sound zu erzielen. Auch hier verwendet man in der Regel dynamische Mikrofone (Sennheiser MD 441, Shure SM57, M420 von Beyerdynamic) und richtet sie auf den Rand des Schlagfells mit einem Abstand von 5...10 cm aus.

Abb. 9.47 TomToms

Bei der Plazierung der Mikrofone sollte man immer ein Auge auf die über den TomToms hängenden Becken haben und die Richtcharakteristik der Mikrofone genau kennen, um das Übersprechen einigermaßen in Grenzen halten zu können. Bei Nierenmikrofonen (SM57) wird Schall aus 180° (von hinten) optimal ausgeblendet, Supernieren (MD 441) dagegen haben dort ein Nebenmaximum. Die größte Dämpfung der Superniere liegt bei ca. 135°. Im Zweifelsfall muß man ein bißchen mit der Ausrichtung experimentieren.

HiHat
Der brillante Klang der HiHat ist mit einem Kondensatormikrofon oder einem Bändchen-Mikrofon optimal wiederzugeben. Das Mikrofon wird mit einem Abstand von 5...10 cm auf das obere HiHat-Becken gerichtet. Auf keinen Fall darf man das Mikrofon auf den Spalt zwischen den beiden Becken richten, denn dort gibt es beim Treten der HiHat starke Luftströmungen, die das Mikrofon übersteuern können.

Becken
Becken werden normalerweise mit zwei Overhead-Mikrofonen aufgenommen. Neben der Abnahme der Becken verleiht das kaum vermeidbare Übersprechen der anderen Instrumente dem Schlagzeug einen räumlich abgerundeten Klang. In vielen Fällen wird diese natürliche Räumlichkeit durch zusätzliche Raummikrofone, die sogenannten Ambience-Mikrofone, noch verstärkt. Im Grunde entspricht dieses Aufnahmeverfahren einer Stereoaufnahme. Es gelten daher die gleichen Überlegungen wie bei dieser Aufnahmetechnik (siehe Abschnitt 9.5.2) Auf die Auswahl der Mikrofone hat die gewählte Aufnahmetechnik, also M-S, X-Y oder A-B, eigentlich keinen Einfluß, solange man mit Mikrofonen arbeitet, deren Richtcharakteristiken für das jeweilige Aufnahmeverfahren geeignet sind. Trotzdem wird man im allgemeinen Kondensatormikrofonen den Vorzug geben. Zu berücksichtigen ist der Aufnahmebereich einer Stereo-Aufstellung, damit die Stereobasis auch vollständig ausgenutzt wird. Arbeitet man nach dem A-B-Verfahren, so sollten die Mikrofone nicht zu dicht (> 50 cm) an den Becken plaziert werden, da sonst durch die Bewegung der Becken Phasing-Effekte am Ort des Mikrofons auftreten können. Beim M-S- bzw. X-Y-Verfahren besteht die Gefahr eines zu geringen Abstands ohnehin kaum.

9.6 Direct-Injection-Box (DI-Box)

Eine sehr wichtige Rolle bei der Produktion von Rock- und Popmusik spielt heute die Erzeugung von Klängen auf elektronischem Weg. Synthesizer, Drum-Maschinen oder Sampler sind aus diesem Genre nicht mehr wegzudenken. Die

Aufnahme elektronischer Instrumente ist im Grunde sehr unkompliziert, denn sie werden einfach direkt ans Mischpult angeschlossen, ebenso wie E-Bässe und elektrische Gitarren.

Nun sind die Mikrofonanschlüsse eines Mischpults nicht für Signale aus Synthesizern oder Gitarren ausgelegt. Die Impedanz (Eingangswiderstand des Mikrofoneingangs) beträgt ca. 2 kΩ, was für die angeschlossenen Instrumente häufig zu gering ist. Die angestrebte Überanpassung ist damit nicht mehr gewährleistet. Das führt zu Pegelverlusten, erhöhten Verzerrungen und zusätzlichem Rauschen. Außerdem liegt die Phantomspannung auf dem Mikrofonanschluß, die bei unsymmetrischen Instrumentenausgängen unter Umständen sogar zur Zerstörung des Ausgangsverstärkers führen kann.

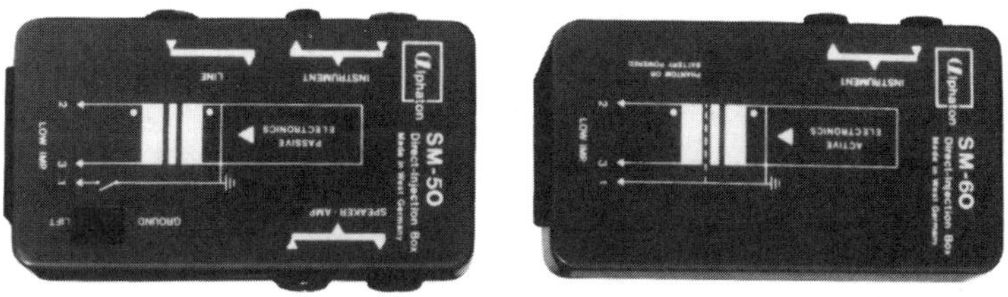

Abb. 9.48 DI-Box

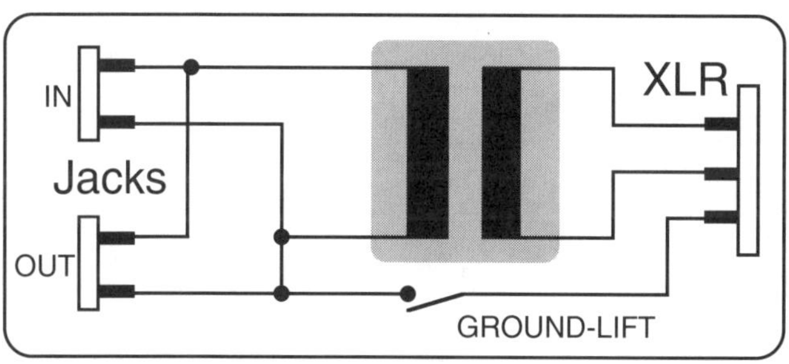

Abb. 9.49 Schaltung einer passiven DI-Box

Der Anschluß elektronischer Instrumente mit unsymmetrischen Ausgängen sollte deshalb grundsätzlich über eine sogenannte DI-Box (Direct-Injection-Box) erfolgen. Diese Boxen sorgen für die notwendige Anpassung und Konvertierung des unsymmetrischen Signals der Instrumente in ein symmetrisches. Die einfachste Ausführung dieser Boxen besteht lediglich aus einem Symmetrierübertrager, ist also passiv. Variabler in der Anwendung sind aktive Boxen, die entweder durch eine Batterie oder die Phantomspannung versorgt werden.

Solche Boxen bieten meist eine veränderbare Verstärkung und können so optimal an die Erfordernisse angepaßt werden. Außerdem sollte eine gute DI-Box einen Schalter besitzen, der die Schirme von Instrument und Mikrofoneingang auftrennt, einen sogenannten Ground-Lift. So lassen sich auftretende Brummschleifen sicher unterbrechen.

Kapitel 10 Mischpulte

Das Mischpult ist die zentrale Einheit eines jeden Studios, Ihr eigentlicher Arbeitsplatz als Toningenieur also. Hier laufen alle Signale zusammen, können von Ihnen in ihrem Klang beeinflußt, in ihrer Lautstärke aufeinander abgestimmt und schließlich auf ein Tonband oder andere Tonträger aufgezeichnet werden. Wie Sie in Kapitel 7 bereits erfahren haben, sind die Aufgaben eines Toningenieurs höchst verschieden, und folglich sind auch die Anforderungen an ein Mischpult sehr unterschiedlich. Und obwohl sich die Industrie von der Einführung digitaler Technik in diesem Bereich unter anderem erhoffte, universell einsetzbare Mischpulte anbieten zu können, ist derzeit wieder ein umgekehrter Trend in der Entwicklung zu erkennen, nämlich Mischpulte zu bauen, die auf die jeweiligen Arbeitsbereiche und -gewohnheiten abgestimmt sind.
Generell kann man Mischpulte auf verschiedene Weise kategorisieren. Zum einen lassen sich Mischpulte aufgrund ihres Einsatzbereiches in solche für Stereoproduktionen, für Mehrspurproduktionen und für die Filmtonproduktion unterteilen. Anhand dieser Bereiche werden Sie innerhalb dieses Kapitels die jeweiligen Pulte und die wesentlichen Bedienelemente kennenlernen.
Zum anderen kann aber auch die technische Ausführung als Unterscheidungsmerkmal herangezogen werden, also die Frage, ob ein Mischpult in konventioneller analoger Technik, in dieser Technik, jedoch mit digitaler Steuerung oder vollkommen digital aufgebaut ist.

10.1 Mischpulttechnologien

Zunächst sollen die eben genannten drei Technologien für den Bau von Mischpulten in ihren Grundzügen erläutert werden. Prinzipiell müssen sie sich in ihrer praktischen Anwendung nicht unbedingt unterscheiden, die digitale Technik allerdings erlaubt im allgemeinen eine flexiblere Konzeption eines Mischpults. Für den Toningenieur kann die Arbeit trotzdem fast gleichermaßen ablaufen, nach wie vor wird er bestimmte Parameter wie Lautstärke oder Klangfarbe eines

Instruments verändern. Der Unterschied beginnt jedoch bei der technischen Umsetzung dieser Parameter in akustische Ergebnisse.

10.1.1 Analoge Mischpulte

Die analoge Mischpulttechnik ist auch heute noch die am häufigsten eingesetzte Technologie und wird es sicher auch noch einige Jahre bleiben. Daher wird auch innerhalb dieses Kapitels über Mischpulte die analoge Technik im Vordergrund stehen, besonders da auch bei anderen Technologien der aus der analogen Technik bekannte Signalverlauf im wesentlichen beibehalten wurde.
Das Merkmal analoger Mischpulte besteht darin, daß Parameter wie Lautstärke oder Klangfarbe unmittelbar über einen Regler oder Schalter in der jeweils betroffenen elektrischen Schaltung verändert werden. Ein Kanalregler erhöht oder vermindert also direkt die Verstärkung des Reglerverstärkers, ein Höhenregler ändert unmittelbar den Frequenzgang des Entzerrers. Für jeden veränderbaren Parameter ist ein ganz spezieller Regler oder Schalter vorhanden. An diesem Prinzip hat sich seit den ersten Mischpulten in Röhrentechnik bis zu den analogen high-tech Ausführungen wie beispielsweise Solid State Logic oder Neve nichts verändert. Und obwohl der Platzbedarf analoger Audioschaltungen sich im Laufe der Jahrzehnte ganz erheblich vermindert hat, sind die Mischpulte eher größer geworden. Allerdings liegt das an den Erfordernissen moderner Produktionstechniken, wo in einigen Fällen über 50, manchmal über 100 Mischpultkanäle benötigt werden.

Abb. 10.1 Konventionelles Analogpult (Studer 963)

10.1.2 Analoge Mischpulte mit digitaler Steuerung

Der Bedarf an einer ständig steigenden Anzahl von Kanälen hatte zur Folge, daß über die rein physikalische Größe von Mischpulten nachgedacht werden muß. Konventionelle Mischpulte lassen sich nur bis zu einem gewissen Maße kompakter bauen, ohne die Bedienbarkeit einzuschränken. Ein Gedanke ist daher, nicht für jeden einzelnen Parameter einen separaten Regler bzw. Schalter vorzusehen, sondern den gewünschten Parametern bei Bedarf universellen Bedienelementen zuzuordnen. Die Veränderung solch eines Parameters erfolgt dann über ein digitales Steuersignal, das auf einen Audioschaltkreis einwirkt. Dessen Signalweg ist allerdings analog. Man spricht daher von digitaler Steuerung analoger Schaltungen wie Entzerrer oder Mikrofonverstärker.

Abb. 10.2 Analogpult mit digitaler Steuerung (Harrison MPC)

Im Grunde ließe sich ein komplettes Mischpult nach diesem Prinzip auf einen einzigen Regler und einen Schalter reduzieren, bedienungsfreundlich wäre das allerdings nicht. Praktische Lösungen sehen daher so aus, daß einzelne Funktionsgruppen wie der Entzerrer innerhalb eines Kanals über beispielsweise nur einen

Regler für Frequenzanwahl, Bandbreite und Pegel verfügen, die dann den einzelnen Frequenzbereichen (Tiefen, Mitten und Höhen) zugeordnet werden. Jeder Kanalzug selbst kann auch wieder auf mehrere Audiokanäle zugreifen. Eine weitere Variante zuordenbarer Bedienelemente besteht in einem zentralen Bedienfeld für alle Funktionen innerhalb eines Kanalzugs, über das auf die einzelnen Audiokanäle zugegriffen wird.
Das Mischpult selbst ist also nur noch die Bedienoberfläche für Audiotechnik, die nicht mehr unbedingt im Mischpult selbst untergebracht sein muß, wie das in konventionellen Pulten der Fall ist. Die gesamte Audioelektronik kann in ein separates Rack ausgelagert werden. Mit dieser Technologie ist es auch möglich, die Signalwege im Mischpult innerhalb gewisser Grenzen für die verschiedenen Anwendungsbereiche zu konfigurieren, um so mit einem Pult sehr unterschiedlichen Anforderungen gerecht zu werden.
Die digitale Steuerung von Parametern ermöglicht es darüber hinaus, die Einstellungen des gesamten Mischpults abzuspeichern. Einmal gefundene Entzerrereinstellungen können so jederzeit reproduziert werden, eine unterbrochene Arbeit läßt sich später ohne große Vorbereitungen fortsetzen (siehe auch Abschnitt 10.6).

10.1.3 Digitale Mischpulte

In digitalen Mischpulten schließlich ist der gesamte Signalweg digital aufgebaut. Sofern nicht schon digitale Eingangssignale vorliegen, muß jedes ankommende Signal zunächst einmal gewandelt werden. Entsprechendes gilt für die Ausgangssignale. Innerhalb des Mischpults werden die Audiosignale dann in der digitalen Ebene verarbeitet. Man spricht hier vom Digital Sound Processing (DSP). Ein digitaler Entzerrer beispielsweise ist daher im Grunde nichts anderes als ein Programm bzw. Software für einen Mikroprozessor, der die gewünschten Veränderungen im Frequenzgang in die digitalen Audiosignale „hineinrechnet". Auch der Signalweg ist grundsätzlich beliebig „programmierbar", läßt sich also beliebig routen. Ein digitales Pult könnte so für jede Anwendung sekundenschnell konfiguriert werden.
Damit eröffnen sich für die Gestaltung der Bedienelemente eines Mischpults, also für dessen Bedienoberfläche, dieselben Möglichkeiten wie für analoge Pulte mit digitaler Steuerung. Und obwohl man die Bedienung eines Mischpults auch über Bildschirm und Maus äußerst preiswert realisieren könnte, so zeichnet sich auch bei digitalen Mischpulten wieder ein Trend hin zu ganz konventionellen Bedienelementen ab, die eine intuitive und unmittelbare Arbeit erlauben, wie sie mit Hilfe eines Bildschirms nun einmal nicht zu erreichen ist. Für diese Entwicklung spricht auch, daß sich die Hersteller zunehmend von dem Gedanken lösen, universell einsetzbare Mischpulte zu konzipieren. Zu viele Kompromisse müssen eingegangen werden, wenn es gilt, das technisch Machbare mit

Wirtschaftlichkeit in Einklang zu bringen. So begegnet man auch bei digitalen Pulten wieder den bekannten Konzeptionen.

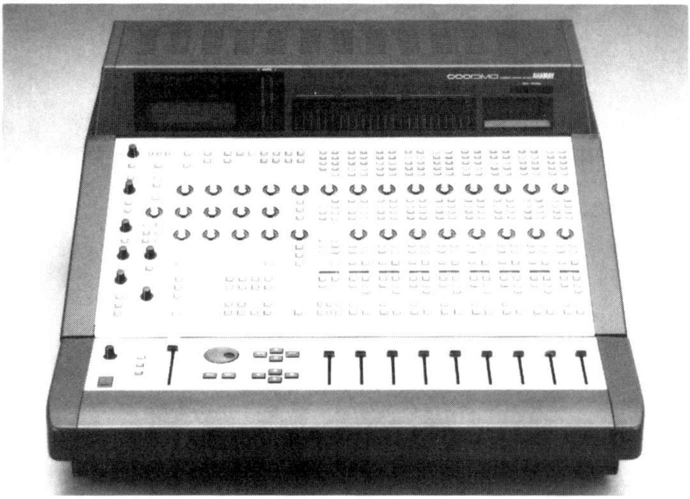

Abb. 10.3 Digitales Mischpult (Yamaha DMC1000)

10.2 Mischpulte für Stereoaufnahmen

Wie schon eingangs dieses Kapitels angemerkt, sollen Sie in den folgenden Abschnitten Mischpulte für verschiedene Anwendungsbereiche kennenlernen. Dabei soll aber die eigentliche Technologie des Mischpults (siehe Abschnitt 10.1) weitgehend unberücksichtigt bleiben. Für die Bedienung spielt es keine Rolle, wie ein Entzerrer schaltungstechnisch aufgebaut ist. Wichtig sind der Signalweg und die Funktion der Bedienelemente. Dies soll anhand von fiktiven Mischpulten erläutert werden.
Mischpulte für die direkte Aufzeichnung von Aufnahmen auf ein Stereotonband sind in der Regel nach einem einheitlichen Konzept aufgebaut. Sie bestehen aus mehreren Eingangskanälen zum Anschluß von Mikrofonen oder anderen Quellen (CD-Player, Tonbandgeräte usw. für Zuspielungen). Die Summe der Eingangskanäle wird auf einen Stereosummenkanal geführt, von wo das Signal auf Tonbandgeräte und Abhörkanal weitergeleitet wird. Im Abhörkanal läßt sich unabhängig vom jeweiligen Summensignal selektieren, was im Regieraum abgehört wird. Dieser Anwahl folgt auch das Aussteuerungsinstrument. So kann man auch während der Aufzeichnung bereits das Hinterbandsignal hören und dessen Pegel kontrollieren.

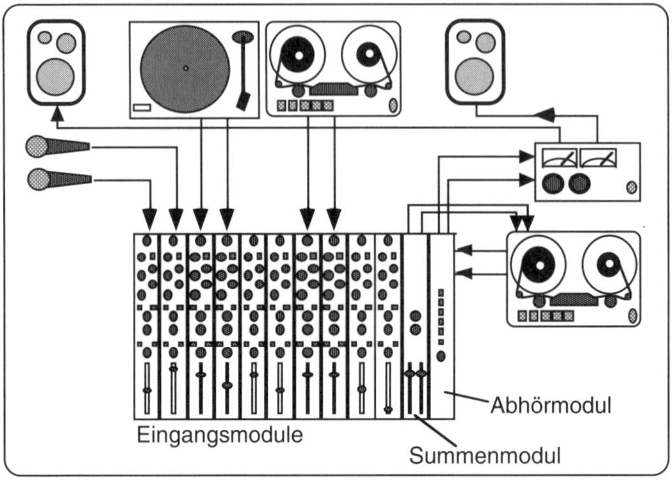

Abb. 10.4 Stereomischpult mit verschiedenen Quellen

10.2.1 Eingangsmodule

Die Eingangkanäle eines Mischpults bestehen aus mehreren Funktionsgruppen, die meist in einem gemeinsamen Modul untergebracht sind. Dies erleichtert den schnellen Austausch eines Moduls bei einem Ausfall. In Mischpulten, die nach den speziellen Anforderungen des Kunden erst konfiguriert werden, sind alle Baugruppen wie Mikrofonverstärker, Filter usw. in der Regel als Einzelsteckmodule aufgebaut.

a) Mikrofonverstärker

Der Mikrofonverstärker bringt das Ausgangssignal eines Mikrofons auf den Arbeitspegel des Mischpults. Beim Anschluß von Quellen, die schon den Studio-Arbeitspegel liefern, entfällt diese Stufe bzw. sie wird auf eine Verstärkung von 0 dB eingestellt. Am flexibelsten ist eine umschaltbare Eingangsstufe, die entweder auf Mikrofonempfindlichkeit mit einer Verstärkung bis ca. 70 dB oder auf Arbeitspegel (Line-Level) mit einer Verstärkung von +/-10 dB umschaltbar ist.

Mikrofonverstärker-Eingänge sind grundsätzlich symmetrisch und in der Regel mit einem Eingangsübertrager ausgestattet. Die Verstärkung ist in einem Bereich von 0...70 dB kontinuierlich einstellbar. Damit auch Übersteuerungen des Eingangsübertragers durch sehr hohe Mikrofonausgangspegel, wie sie bei Kondensatormikrofonen auftreten können, sicher verhindert werden, besitzen die meisten Mischpulte eine Vordämpfung von 20 dB (Pad), die bereits vor dem Eingangsübertrager wirksam ist. Der Regelbereich der Verstärkung wird dann auf 20...70 dB verkleinert. Zusammen mit der zuschaltbaren Vordämpfung wird aber insgesamt wieder ein Bereich von 0...70 dB überschritten.

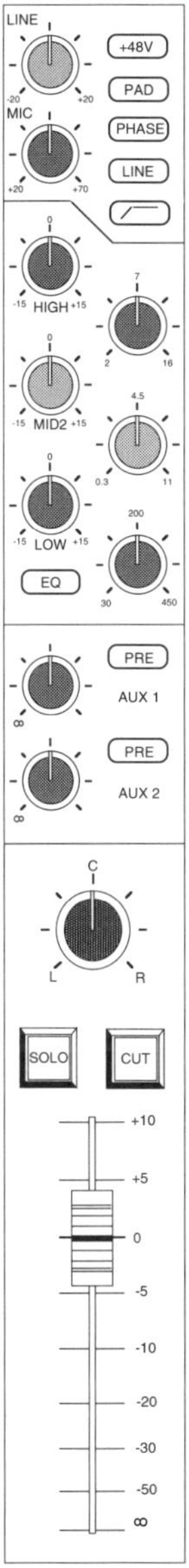

Abb. 10.5 Eingangsmodul eines Stereomischpults

Die korrekte Einstellung der Vorverstärkung ist in zweierlei Hinsicht sehr wichtig. Sie sollte daher immer vor Beginn einer Aufnahme sorgfältig vorgenommen werden. Bei einer zu geringen Vorverstärkung arbeiten die nachfolgenden Funktionsgruppen nicht mit ihrem optimalen Arbeitspegel, ein verminderter Signal-Rausch-Abstand kann die Folge sein. Andererseits führt eine zu hoch eingestellte Verstärkung leicht zu Übersteuerungen im Eingangskanal, die unter Umständen am Aussteuerungsinstrument für das Summensignal gar nicht erfaßt werden. Am einfachsten ist die Einstellung, wenn der Ausgangspegel des Mikrofonverstärkers durch eine Solo-Funktion bei der maximalen Lautstärke der Quelle direkt abgehört und gemessen werden kann (siehe Abschnitt 10.2.7). Ist das nicht möglich, so sind alle nachfolgenden Funktionsgruppen, insbesondere aber Kanal- und Summenregler, auf eine Verstärkung von 0 dB einzustellen. So ist der Pegel des Mikrofonverstärkers mit dem Aussteuerungsinstrument am Mischpultausgang kontrollierbar. Zusätzlich dient zumeist eine Übersteuerungsanzeige (Overload) direkt am Mikrofonverstärker zur Überwachung des Pegels.

Ein zuschaltbarer Hochpaß (Low-Cut) filtert störende, tieffrequente Anteile wie Trittschall oder Windgeräusche aus dem Mikrofonsignal aus.

Kondensatormikrofone werden über die symmetrische Mikrofonleitung mit der notwendigen Spannung versorgt (Phantomspeisung). Damit auch unsymmetrische Quellen an diesen Eingang angeschlossen werden können, muß die Phantomspannung für jeden Kanal getrennt abschaltbar sein.

Die Phasenlage des Mikrofonverstärker-Ausgangs kann umgekehrt werden (Phase-Reverse), damit beispielsweise eine Phasendrehung durch die Mikrofonleitung einer Stereo-Mikrofonanordnung schnell beseitigt werden kann. Auch bei der Verwendung von zwei oder mehr Mikrofonen für die Aufnahme eines einzigen Instruments kann eine Phasendrehung notwendig sein.

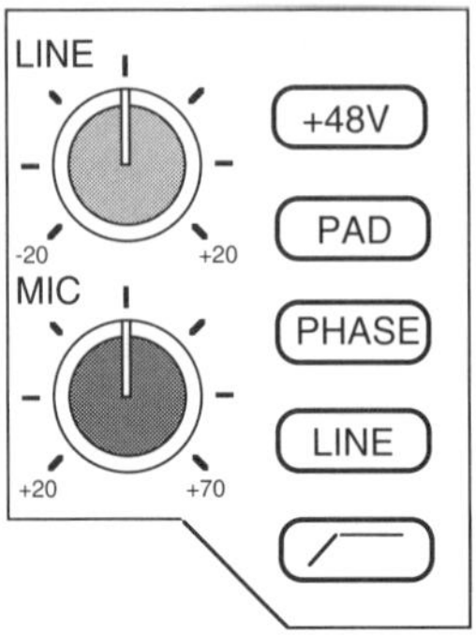

Abb. 10.6 Eingangsstufe und Equalizer (rechts)

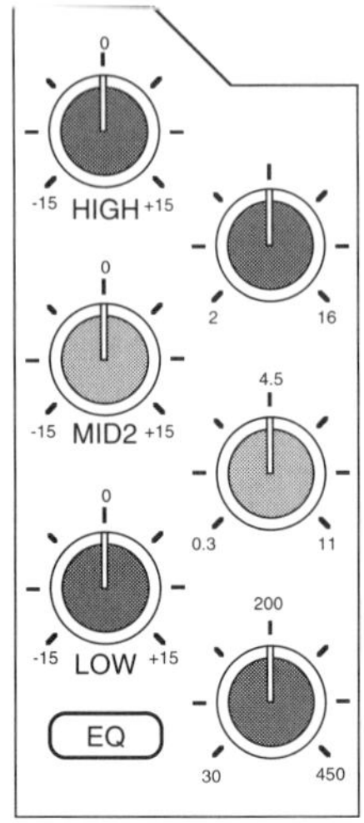

b) Klangregelung

Veränderungen des Frequenzgangs und damit des Klangeindrucks einer Aufnahme können aus künstlerischen wie technischen Gründen erwünscht sein. Dazu dienen Filter und Entzerrer. Je nach der Charakteristik der möglichen Veränderungen im Frequenzgang findet man auch Bezeichnungen wie Verzerrer, Tiefensperre, Präsenzfilter usw. Daneben wird auch die englische Bezeichnung Equalizer, abgekürzt EQ, häufig verwendet. Im folgenden wird die Bezeichnung Entzerrer für alle Einrichtungen benutzt, die Veränderungen im Frequenzgang erzeugen können.

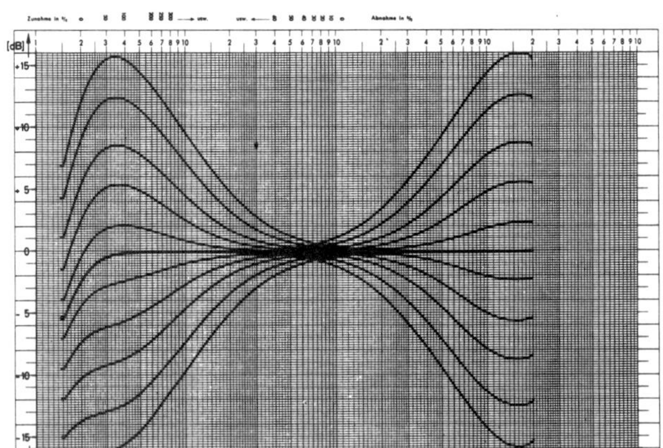

Abb. 10.7 Regelkurve eines Entzerrers mit Shelving-Charakteristik

Die einfachste Ausführung eines Entzerrers besteht aus einem Höhen- und Tiefenregler, die beide Frequenzbereiche ober- bzw. unterhalb der 1-kHz-Frequenz anheben bzw. absenken können. Diese Entzerrer nennt man aufgrund ihrer Regelkurve auch „Kuhschwanz-Entzerrer“. Im Englischen wird dieser Entzerrer mit der Bezeichnung Shelving charakterisiert. Mit dem Tiefenregler kann beispielsweise die Tiefenbetonung durch den Nahbesprechungseffekt bei Druckgradientenmikrofonen (siehe Abschnitt 9.2.2) kompensiert werden.
Will man nur einen bestimmten Frequenzbereich anheben oder absenken, so muß der Entzerrer eine andere Regelkurve aufweisen. Man nennt solche Entzerrer einfach nur Mittenregler, aber auch Präsenz/Absenz-Filter oder Entzerrer mit Peak-Charakteristik. Die Mittenfrequenz, in deren Bereich eine Veränderung vorgenommen werden soll, ist in der Regel einstellbar. In aufwendigen Entzerrern kann zudem die Bandbreite des Frequenzbereichs, die sogenannte Güte des Filters (Q-Faktor), umgeschaltet bzw. kontinuierlich eingestellt werden.

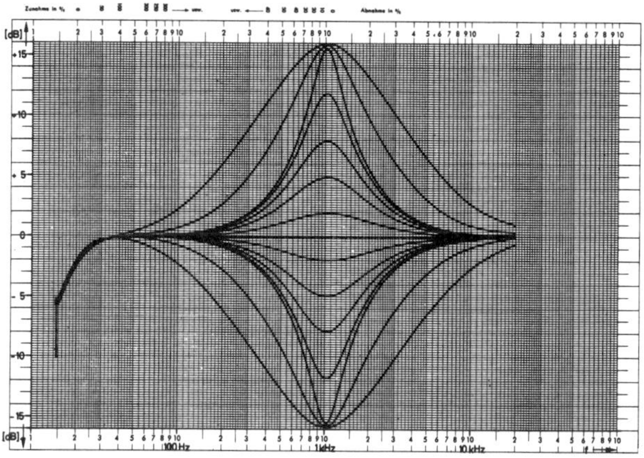

Abb. 10.8 Regelkurve eines Entzerrers mit Peak-Charakteristik und verschiedenen Q-Faktoren

Am vielseitigsten, allerdings nur in größeren Mischpulten zu finden, sind die sogenannten parametrischen Entzerrer. Hier lassen sich sämtliche Parameter für die Frequenzgangveränderung einstellen. Der Tiefenregler kann zwischen Shelving- und Peak-Charakteristik umgeschaltet werden, ebenso läßt sich die Einsatz- bzw. Mittenfrequenz in einem Bereich von ca. 30...800 Hz regeln. Für den mittleren Frequenzbereich von ca. 200...12 kHz stehen zwei überlappende Regelbereiche (Peak-Charakteristik) mit regelbarer Mittenfrequenz und Bandbreite zur Verfügung. Der obere Frequenzbereich wird durch einen Höhenregler abgedeckt, der wie der Tiefenbereich zwischen Shelving- und Peak-Charakteristik umschaltbar ist. Die Frequenz reicht von ca. 2...20 kHz.

Ergänzt wird die Entzerrer-Palette in vielen Mischpulten durch einen Hochpaß mit regelbarer Eckfrequenz und einer großen Flankensteilheit, um tieffrequente Störungen auszufiltern.
Mit einem regelbaren Tiefpaß ähnlicher Regelcharakteristik (Höhensperre) am oberen Ende des Übertragungsbereichs können hochfrequente Rauschanteile und ähnliche Störungen unterdrückt werden.

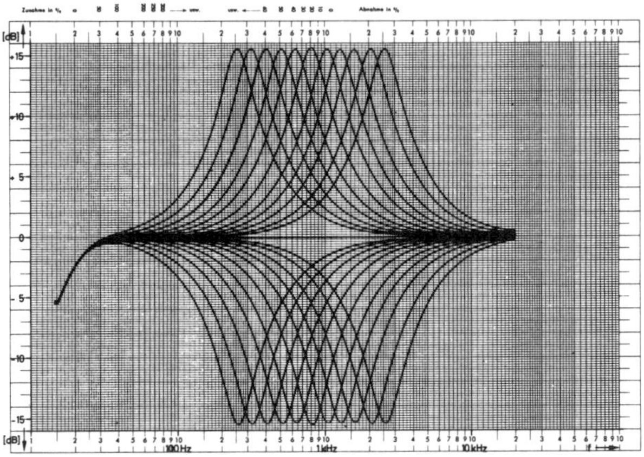

Abb. 10.9 Regelkurven eines parametrischen Entzerrers

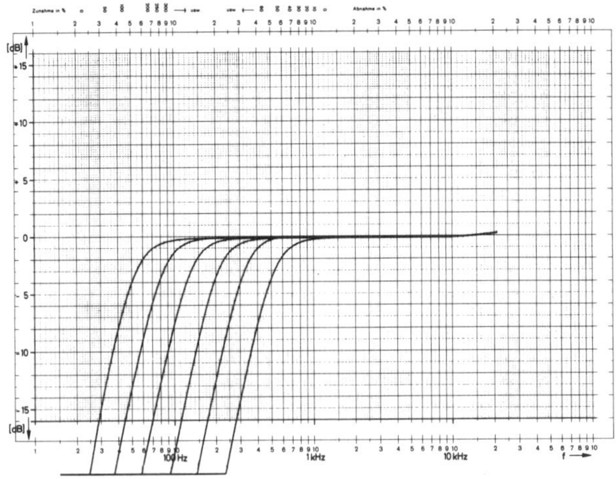

Abb. 10.10 Regelkurven von Tiefensperren

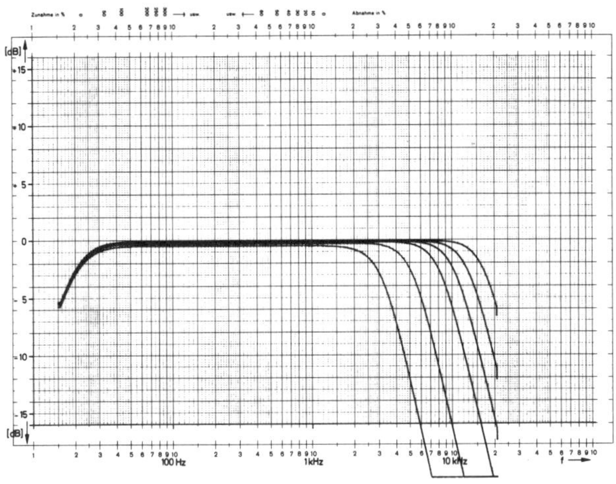

Abb. 10.11 Regelkurven von Höhensperren

Die Entzerrereinheit eines Eingangsmoduls sollte unbedingt über einen Bypass-Schalter verfügen. Nur so kann eine einmal gefundene Entzerrer-Einstellung schnell mit dem unentzerrten Klang verglichen werden. Nur der direkte Vergleich zwischen entzerrtem und linearem Signal ermöglicht eine objektive Beurteilung einer Entzerrereinstellung, und nur so kann die Wirksamkeit von Veränderungen sicher abgeschätzt werden.

c) Einschleifpunkt (Insert)

Um zusätzliche Geräte zur Klangbeeinflussung, beispielsweise Begrenzer oder spezielle Entzerrer, in einen einzelnen Kanal einzuschalten, ist in jedem Eingangskanal ein Einschleifpunkt (Insert) vorgesehen. Dieser besteht aus einem Ausgang (Insert-Send), an dem das Signal aus dem Eingangskanal anliegt und einem Eingang (Insert-Return), über den das Signal in den Kanal zurückgeführt wird. An diesem Punkt wird also der interne Signalfluß unterbrochen, das Signal wird über ein Steckfeld (siehe auch Abschnitt 8.6) heraus- und zu den Zusatzgeräten weitergeführt. Tatsächlich unterbrochen wird der Signalfluß aber erst durch die Beschaltung des Eingangs bzw. Insert-Return. Dies übernimmt eine sogenannte Trennklinke. In einigen Mischpulten läßt sich der Einschleifpunkt auf verschiedene Punkte im Eingangskanal schalten, beispielsweise vor oder nach dem Entzerrer. Außerdem erleichtert auch hier ein Bypass-Schalter den Vergleich zwischen linearem und bearbeitetem Signal.

d) Panorama-Regler

Der Panoramaregler, kurz Pan-Pot genannt, bestimmt die Position des Signals

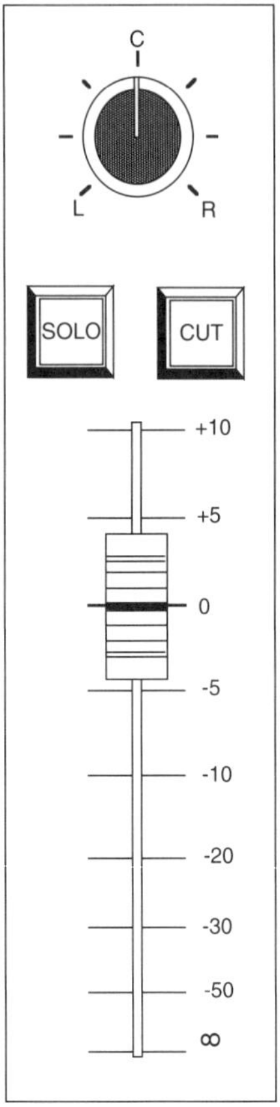

Abb. 10.12 Fader-Sektion

in der Stereobasis. Dabei werden Pegelunterschiede zwischen den beiden Summenkanälen links und rechts erzeugt, die nach den Gesetzen der Intensitätsstereophonie eine Phantomschallquelle bilden. Zur Abbildung einer Stereoquelle ordnet man zwei benachbarte Kanäle zunächst ganz links bzw. ganz rechts ein. Durch die Pan-Pots kann aber auch das Zentrum der Stereobasis bzw. die Basisbreite variiert werden.

e) Kanal-Regler

Mit dem Kanalregler (Fader) wird die Lautstärke des jeweiligen Kanals im Gesamtsignal bestimmt. Der Regelbereich beträgt im allgemeinen -90...+10 dB, wobei der Wert -90 dB einer Stummschaltung des Kanals gleichkommt. Die Regelcharakteristik ist in einem Bereich von -20...+10 dB linear, d.h. ein konstanter Regelweg entspricht immer der gleichen Pegeländerung. Im unteren Dynamikbereich ist die Auflösung des Reglers geringer, um ein gutes Regelverhalten im Hauptarbeitsbereich des Reglers zu erzielen.

Zur Stummschaltung des Kanals ist ein separater Schalter (Mute) vorgesehen. Eine Kontrolleuchte erleichtert den Überblick. Allerdings wird in einigen Mischpulten angezeigt, ob ein Kanal ausgeschaltet ist (Channel Mute), in anderen dagegen der umgekehrte Zustand (Channel On).

Sind an die verschiedenen Eingangskanäle Quellen wie Tonbandmaschinen, Plattenspieler oder CD-Player angeschlossen, wie dies beispielsweise im Sendebetrieb eines Funkhauses üblich ist, so sind die Kanal-Regler meistens mit einem sogenannten Regler-Start ausgerüstet. Wird ein Regler aufgezogen, wird damit auch die angeschlossene Maschine gestartet.

f) Abzweige

Für diese Funktionsgruppe existiert eine verwirrende Vielzahl von Bezeichnungen: Auxiliary-Send, Effect-Send, Echo-Send, Foldback-Send, Hall-Abzweig oder Kopfhörerweg sind nur einige der verwendeten Begriffe. Sie alle dienen der Auskopplung des Kanalsignals auf eine zusätzliche Summenschiene und werden unter anderem zur Ansteuerung von Hallgeräten oder Kopfhörereinspielungen genutzt. Die meisten Mischpulte verfügen über wenigstens zwei getrennte Abzweige, größere Pulte über bis zu zehn. Der Abgriff für das Kanalsignal kann entweder vor oder hinter den Kanalregler geschaltet werden, je nach Anwendungsfall.

Einige Beispiele mögen die Funktion der Abzweige verdeutlichen. Sollen verschiedene Eingangskanäle mit künstlichem Nachhall versehen werden, so kann über einen Hilfsweg der gewünschte Anteil aus jedem Kanal in das Hallgerät geführt werden. Der Anwendung nach würde man also in diesem Fall von Hall-Abzweig oder Reverb-Send sprechen. Das Ausgangssignal des Hallgeräts wird über zwei weitere Eingangskanäle dem Gesamtsignal zugemischt. Der Abzweig wird in diesem Fall hinter den Kanalregler geschaltet, da eine Veränderung der Lautstärke ja auch einen größeren Hallanteil nach sich ziehen soll.

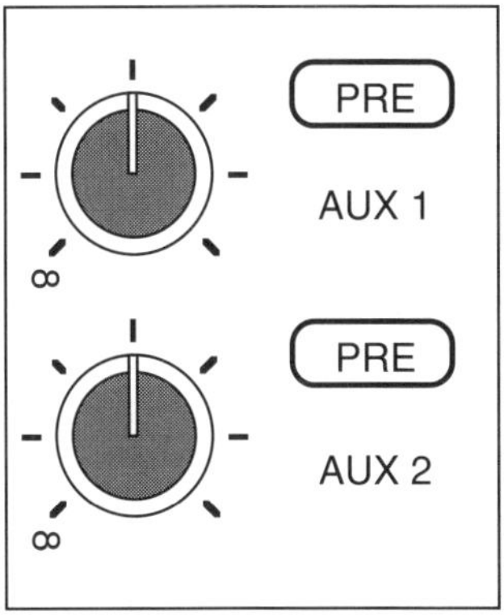

Abb. 10.13 Abzweige

Eine andere Anwendung ist eine vom Stereo-Gesamtsignal unabhängige Mischung, beispielsweise zur Kopfhörereinspielung. In diesem Fall wird der Abzweig, den man dann wohl Kopfhörerweg oder Foldback-Send nennen wird, vor den Kanalregler geschaltet, Änderungen der Lautstärkeverhältnisse im Stereosignal beeinflussen also die Balance im Kopfhörer nicht.

g) Solo-Funktion

Die Solo-Funktion dient in erster Linie der Pegelüberwachung einzelner Kanäle. Sie wird auch „Pre-Fader-Listen" oder „Vorhören" genannt. Im Solo-Modus wird ein Kanal direkt auf die Abhörlautsprecher und die Aussteuerungsinstrumente geschaltet. Die Solo-Funktion erleichtert besonders die korrekte Einstellung der Mikrofonvorverstärkung gerade dann, wenn mit einer großen Anzahl von Mikrofonen gearbeitet wird. Aber auch Störungen in Mikrofonen oder Kanälen können so leichter lokalisiert werden.

Die Auslösung dieser Solofunktion unterbricht das Gesamtsignal am Ausgang des Mischpults nicht, sondern es werden lediglich die Abhörlautsprecher umgeschaltet. Man kann diese Funktion deshalb auch bei laufender Aufnahme benutzen, das Stereo-Summensignal oder die Kopfhörereinspielung werden nicht unterbrochen.

Ein anderes Konzept einer Solofunktion ist das „Solo-in-Place", man findet es häufig in größeren Mischpulten. Wird „Solo-in-Place" in einem Kanal ausgelöst, so werden die anderen Kanäle gleichzeitig stummgeschaltet. Es ist so möglich, einen oder mehrere Kanäle mit genau demselben Pegel und derselben Einordnung im Stereopanorama abzuhören, wie er in der Gesamtmischung erscheint. Werden gleichzeitig die Kanäle für die Rückführung der Effektgeräte aus der Solo-Funktion herausgenommen (Solo-Safe), können auch die Effekte jedes Kanals separat kontrolliert werden. Allerdings darf „Solo-in-Place“ nicht bei laufender Aufnahme angewählt werden, wie das bei Pre-Listen möglich ist, denn die übrigen Kanäle werden ja stummgeschaltet. Die „Solo-in-Place“-Funktion kann daher meistens gesperrt werden, um ein versehentliches Auslösen zu verhindern.

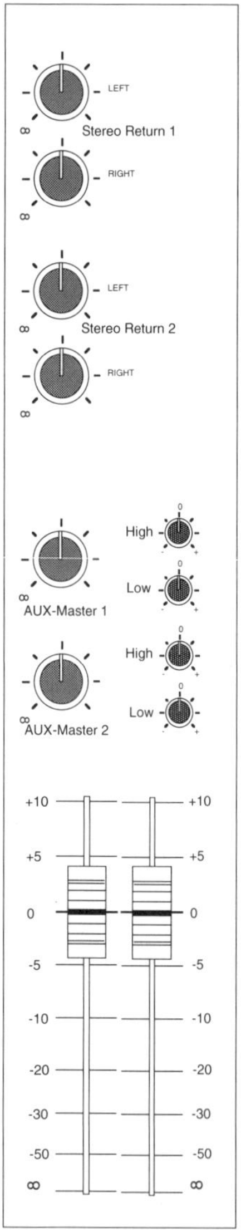

Abb. 10.14 Das Summenmodul

10.2.2 Summenmodul

Die Ausgangssignale der einzelnen Kanäle werden im Summenmodul zusammengefaßt und können dort in ihrem Gesamtpegel beeinflußt werden. Das Summensignal wird dann zu den Stereo-Tonbandgeräten und dem Monitormodul geführt.
Auch die Summensignale der Abzweigwege verfügen jeweils über einen Regler für den Gesamtpegel, der normalerweise ebenfalls im Summenmodul untergebracht ist. Diese Signale lassen sich in vielen Fällen noch mit einem einfachen Entzerrer in ihrem Klang bearbeiten.
Zusätzliche Eingänge für Signale mit Studio-Arbeitspegel sind in der Regel im Summenmodul ebenfalls untergebracht und für die Rückführung von Effektgeräten ins Mischpult vorgesehen. Da diese Signale normalerweise keine zusätzliche Klangregelung benötigen, mischt man sie über einfache Potentiometer in das Gesamtsignal ein.

10.2.3 Monitormodul

Das Monitormodul selektiert das Signal, das über die Lautsprecher abgehört und auf den Aussteuerungsinstrumenten angezeigt wird. Diese Anwahl betrifft nicht den Ausgang des Mischpults. Es ist also möglich, während einer Aufnahme beliebige andere Signale zur Kontrolle abzuhören.

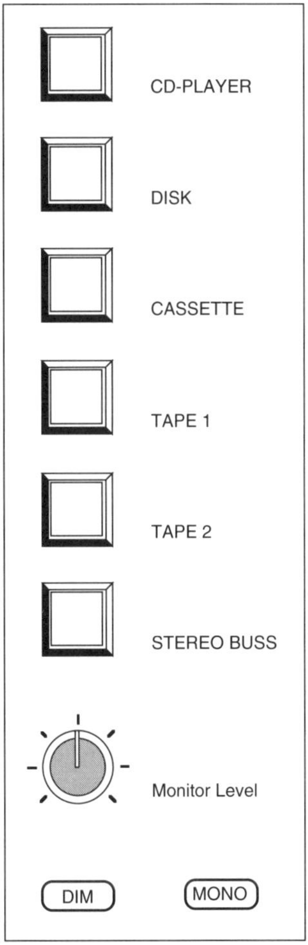

Abb. 10.15 Monitormodul

Die wichtigste Abhörquelle ist sicher der Ausgang des Mischpults, also die Stereosumme. Weitere Quellen sind die Summensignale der Abzweigwege. Wird über einen Abzweig eine Kopfhörereinspielung vorgenommen, so läßt sich das eingestellte Mischungsverhältnis der Eingangskanäle hier abhören. Die Hinterband-Signale der Tonbandgeräte können ebenfalls angewählt werden. So läßt sich schon während der Aufnahme das Signal auf dem Band über den Wiedergabekopf kontrollieren, eventuelle Bandfehler sind sofort erkennbar. Dieser Abhörstatus ist deshalb bei jeder Aufnahme unbedingt zu empfehlen. Auch andere Geräte wie Plattenspieler, Cassettenrecorder usw. können in der Regel direkt im Monitormodul angewählt werden.

Die Abhörlautstärke ist natürlich ebenfalls regelbar. Außerdem ist eine Stummschaltung für die Lautsprecher vorhanden. Sehr praktisch ist auch die Umschaltmöglichkeit zwischen zwei verschiedenen Lautsprecherpaaren, um das Klangbild mit unterschiedlichen Wiedergabequalitäten kontrollieren zu können. Auch die Möglichkeit, mono abzuhören, sollte gegeben sein.

Die Aussteuerungsinstrumente zeigen stets das gerade abgehörte Signal an, und zwar unabhängig von der tatsächlichen Abhörlautstärke.

10.3 Mischpulte für Mehrspur-Produktionen

10.3.1 Aufnahme

Mischpulte, die für eine Mehrspuraufnahme geeignet sind, müssen im Vergleich zu normalen Stereopulten über eine Reihe weiterer Komponenten verfügen. In den Eingangsmodulen muß eine Spuranwahl vorhanden sein, die es erlaubt, jeden Kanal auf eine beliebige Spur der Mehrspur-Bandmaschine zu senden. Diese Anwahl erfolgt über eine Schaltermatrix, die in jedem Eingangskanal

identisch ist. Die Schaltermatrix verfügt über wenigstens ebenso viele Anwahlmöglichkeiten (Groups), wie Spuren vorhanden sind. Natürlich ist es auch möglich, mehrere Eingangskanäle auf eine gemeinsame Spur zu schalten. Man kann also schon während der Aufnahme Zwischensummen von Signalen bilden, beispielsweise mehrere Blasinstrumente auf eine Spur zusammenfassen. Mit einem zusätzlichen Pan-Pot in der Spuranwahl lassen sich auch beliebige Stereo-Zwischensummen bilden. So nimmt man die TomToms eines Schlagzeugs meistens als Stereo-Signal auf zwei Spuren auf.
Die Regler in den Eingangskanälen bestimmen bei einer Mehrspuraufnahme den Aufnahmepegel der Spur und nicht - wie bei einer Stereoaufnahme - sofort das endgültige Mischungsverhältnis der einzelnen Kanäle. Während einer Mehrspuraufnahme muß daher eine Abhörmischung der einzelnen Spuren der Bandmaschine (nicht der Eingangskanäle des Mischpults!) eingestellt werden. Diese Mischung nennt man kurz Monitor-Mix.

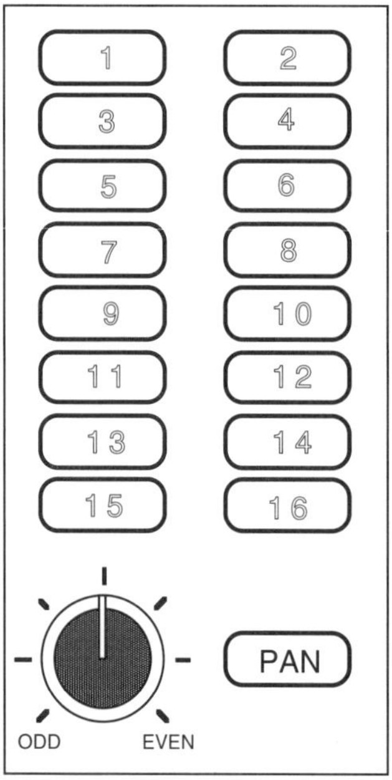

Abb. 10.16 Spuranwahl

Das Quellsignal für den Monitor-Mix ist umschaltbar. Im Group-Monitor-Status werden diejenigen Signale abgehört, die auf die einzelnen Spuren geroutet sind. Im Tape-Monitor-Status dagegen sind es die Signale, die von den Spuren zurück ins Pult geführt sind. Diese Umschaltung kann entweder für alle Spuren gemeinsam oder separat für jeden einzelnen Abhörkanal vorgenommen werden.
Betrachten wir einige typische Aufnahmesituationen, dann wird der Sinn dieser Umschaltung klar. Im ersten Arbeitsgang nimmt man die sogenannten Basic-Tracks eines Stücks auf. Dabei ist noch nichts auf dem Band. Abgehört wird also im Group-Monitor-Status. Wird die Aufnahme anschließend kontrolliert, so schaltet man in den Tape-Monitor-Status. Bei den weiteren Aufnahmen, den Overdubs, arbeitet man dann mit beiden Abhör-Modi: Bereits aufgenommene Spuren bleiben im Tape-Monitor-Status, Spuren, die gerade bespielt werden, werden in den Group-Monitor-Status geschaltet.
Normalerweise verfügen moderne Mehrspurmaschinen über eine automatische Umschaltung für den Monitor-Status. Grundsätzlich liefert die Maschine am Ausgang das Tape-Signal. Wird für eine Spur die Aufnahme angewählt, so

schaltet die Maschine das Eingangssignal direkt zum Ausgang weiter (Input-Monitor). Am Pult kann man daher normalerweise im Tape-Monitor-Status arbeiten (siehe auch Abschnitt 13.1.6).
Für die Playback-Aufnahmetechnik (Overdubs) ist es natürlich notwendig, daß die Mehrspurmaschine über einen Sync-Ausgang verfügt, also der Aufnahmekopf auch als Wiedergabekopf geschaltet werden kann. Nur so ist die Synchronität zwischen Group- und Tape-Signalen erreichbar.
Für den Monitor-Mix ist eigentlich ein zweites Mischpult notwendig, will man für jede Spur wenigstens über einen Regler, ein Pan-Pot und einige Abzweige für Kopfhörereinspielungen und Effektgeräte verfügen. Dieses „zweite" Mischpult wird auf unterschiedliche Weise in das Gesamtsystem integriert. Man unterscheidet im wesentlichen zwischen der Split- und der InLine-Technik, die unten ausführlich beschrieben werden.

10.3.2 Abmischung

Die Abmischung einer Mehrspuraufnahme entspricht in ihrem Arbeitsablauf wieder einer Stereoaufnahme - mit dem Unterschied, daß statt der Mikrofonsignale jetzt die Bandspuren gemischt werden. Demnach sind die Anforderungen an das Mischpult zur Abmischung weitgehend identisch. Die Eingangskanäle müssen lediglich auf Studio-Arbeitspegel umgeschaltet werden können bzw. über separate Line-Eingänge verfügen.
Nun ist es wenig praktikabel, für Mehrspur-Aufnahmen und -Mischungen verschiedene Mischpulte einzusetzen. Vielmehr muß ein Mischpult so konzipiert sein, daß es beiden Aufgabenbereichen gerecht werden kann. Solche Mischpulte lassen sich deshalb über eine zentrale Umschaltung entweder für die Mehrspuraufnahme oder die Mischung konfigurieren.
Grundsätzlich unterscheidet man dabei also zwischen zwei Konzeptionen, der Split-Technik und der InLine-Technik. Beide werden im folgenden genauer beschrieben. In den letzten Jahren wurden aber auch Konzeptionen entwickelt, die Elemente aus den beiden ursprünglichen Techniken enthalten und die besonders für die moderne MIDI-Produktionsweise geeignet sind.

10.3.3 Mischpult in Split-Technik

Diese Technik stellte den ersten Versuch dar, ein mehrspurfähiges Mischpult zu entwickeln, und von daher ist es auch zu verstehen, daß Split-Pulte schon äußerlich wie „zwei Mischpulte in einem" anmuten. Split-Pulte besitzen zwei Sektionen:
- die Eingangssektion, die in der Regel die linke Hälfte des Mischpults belegt,
- die Monitorsektion, die entsprechend auf der rechten Hälfte angesiedelt ist.

Die Eingangsmodule sind bis auf die Spuranwahl zu den Modulen eines normalen Stereopults identisch aufgebaut. Zusätzlich verfügt das Mischpult pro Spur auf der Mehrspurmaschine über ein separates Group-/Monitormodul. Dieses Modul erfüllt zwei Aufgaben: Zum einen können Signale, die in den Eingangskanälen auf eine bestimmte Spur geschaltet sind, hier noch einmal über einen Group-Regler im Pegel verändert werden. Erst dann werden sie zur Mehrspurmaschine weitergeführt. Dieses Konzept entspricht im Grunde der Signalführung in einem Stereopult. Der Unterschied liegt darin, daß es jetzt ebenso viele „Mono-Summen“ wie Spuren gibt.

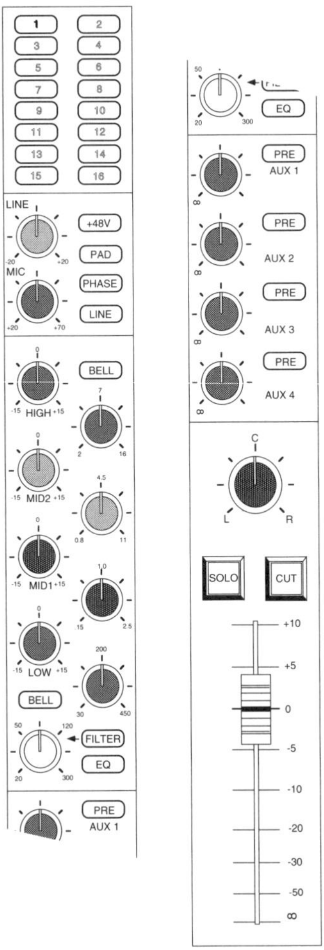

Abb. 10.17 Inputmodul eines Split-Pults

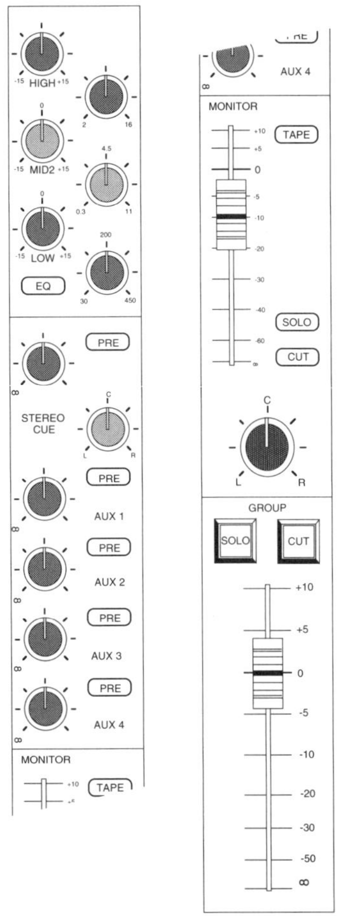

Abb. 10.18 Group/Monitor-Modul eines Split-Pults

Zum zweiten ist das Abhörmischfeld ebenfalls in den Group/Monitor-Modulen untergebracht. Hier können mit dem Monitor-Regler die Lautstärke und mit dem Monitor-Pan-Pot die Stereoposition eingestellt werden. Außerdem sind verschiedene, vor oder hinter den Monitor-Regler schaltbare Abzweige vorhanden. Sie dienen einerseits der Ansteuerung von Hall- oder anderen Effektgeräten, andererseits einer separaten Kopfhörermischung für die Musiker im Aufnahmeraum. Insbesondere größere Mischpulte verfügen noch über einen Entzerrer für jeden Monitor-Kanal, so daß auch abhörseitig erforderliche Klangkorrekturen möglich sind.
Das Summensignal des Abhörfeldes wird in das Stereo-Summenmodul geführt, von wo es auf die Stereo-Bandmaschinen und das Abhörmodul weiterverteilt wird. Ein Monitor-Mix kann also jederzeit als sogenannter Rough-Mix auf ein Stereoband aufgenommen werden.

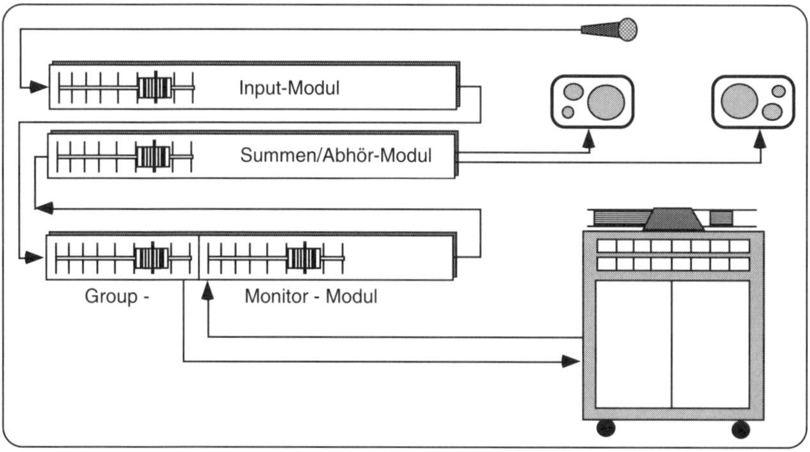

Abb. 10.19 Signalverlauf bei der Aufnahme in einem Split-Pult

Bei der Abmischung wird das Pult so konfiguriert, daß die Ausgänge der Mehrspur-Bandmaschine auf die jeweiligen Eingangsmodule geschaltet werden. Sie ersetzen also die Mikrofonsignale. Das Mischpult muß demnach auch über wenigstens ebenso viele Eingangsmodule verfügen, wie Spuren auf der Mehrspur-Bandmaschine vorhanden sind.
In der Praxis benötigt man jedoch einige zusätzliche Kanäle für Effektgeräte. Gleichzeitig werden die Kanalregler direkt auf die Stereo-Summe geschaltet. Die Spuranwahl und die gesamte Monitor-Sektion sind also aus dem Signalverlauf herausgenommen.

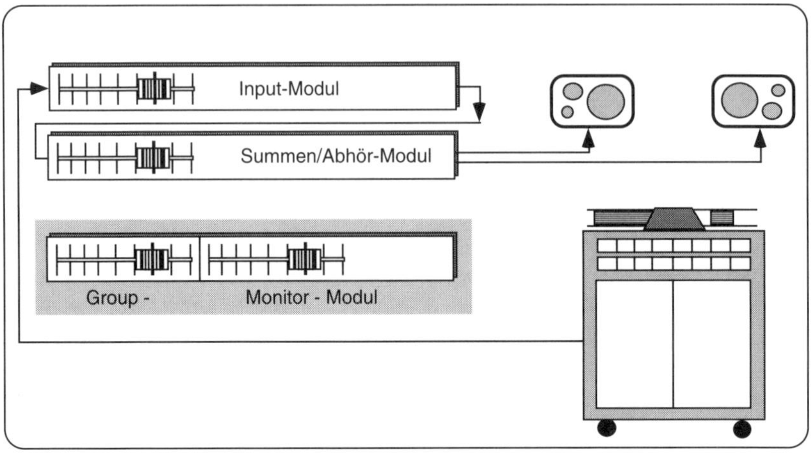

Abb. 10.20 Signalverlauf beim Abmischen in einem Split-Pult

Die Umschaltung zwischen dem Aufnahmestatus und dem Mischstatus in einem Split-Pult muß also folgende Signalwege verändern:

	Aufnahme	Mischung
Eingangsmodule:		
Eingangsstufe	Mikrofon	Ausgang Mehrspur
Kanal-Regler	zur Spuranwahl	zur Stereo-Summe
Spuranwahl	zu den Group-Reglern	ohne Funktion
Monitormodule:		
Eingangssignal	Group oder Tape	ohne Funktion
Group-Regler	zur Mehrspur	ohne Funktion
Monitorregler	zur Stereo-Summe	ohne Funktion

Diese Aufstellung verdeutlicht auch schon einige der Nachteile des Split-Konzeptes. Zunächst ist im Abmisch-Status die gesamte Monitor-Sektion außer Funktion. In moderneren Split-Pulten ist es daher möglich, die Monitor-Kanäle bei der Abmischung als zusätzliche Eingangskanäle für Effektgeräte oder andere Quellen zu verwenden. Die Zahl der möglichen Kanäle für die Abmischung wird also um die Kanäle der Monitor-Sektion erhöht. Die Monitor-Module verfügen aber nicht immer über eine Klangregelung und schon gar nicht über eine ähnlich aufwendige wie die Eingangsmodule. Das schränkt ihren Einsatz bei der Abmischung ein.

Die Abzweigwege in den Eingangs- und Monitor-Modulen sind außerdem nicht

getrennt, man kann also sowohl ein Signal aus einem Eingangskanal wie auch das eines Monitor-Moduls auf denselben Abzweig einmischen. Damit ist zwar größte Flexibilität in der Handhabung der Abzweige gewährleistet, allerdings besteht die Gefahr ungewollter Fehlschaltungen.
Will man beispielsweise eine Gitarre mit einem Delay-Effekt aufnehmen, und steuert man das Delay über einen Abzweig aus dem Eingangsmodul an, muß man sicherstellen, daß die entsprechenden Abzweig-Regler in den Monitor-Modulen auf Minimum gedreht sind. Ansonsten besteht die Gefahr, daß auch andere Quellen das Delay ansteuern und damit ebenfalls auf der Gitarrenspur aufgezeichnet werden.
Da Split-Pulte über getrennte Eingangs- und Monitor-Module verfügen, können schon die Abmessungen eines solchen Mischpults Schwierigkeiten mit sich bringen. Ein Mischpult für den 24-Spur-Betrieb mit 32 Eingangsmodulen besitzt dann insgesamt 56 Module, nimmt also schnell eine Breite von einigen Metern ein. Das schafft unter Umständen Platzprobleme und erschwert zudem die gleichzeitige Bedienung beider Sektionen durch einen Toningenieur.
Die Trennung von Eingangs- und Monitorsektion hat andererseits den Vorteil, daß die Signalführung vor allem während der Aufnahme innerhalb des Mischpultes aufgrund der klaren Trennung von Mikrofon- und Monitor-Wegen sehr übersichtlich ist (vergleiche dagegen InLine-Technik). Außerdem bietet sich die Möglichkeit, ein solches Mischpult bequem zu zweit zu bedienen, was besonders bei aufwendigen Produktionen der Fall sein kann. So kann sich ein Toningenieur um die korrekte Aussteuerung der einzelnen Spuren kümmern, während ein zweiter Ingenieur oder auch der Produzent den Monitor-Mix einstellt.

10.3.4 Mischpult in InLine-Technik

Dieses Konzept vereinigt Aufnahme- und Monitor-Sektion in einem Modul. Kanal 1 ist also Eingangsmodul für den Mikrofonweg 1 und gleichzeitig Monitormodul für die Spur 1 der Mehrspur-Bandmaschine. Ohne eine gewisse Routine bei der Arbeit an solchen Mischpulten erscheint dieses Konzept anfangs etwas unübersichtlich. Dagegen überwiegen aber die Vorteile, was die Flexibilität und den schnellen Übergang von Aufnahme zu Mischung angeht.
Wie im Split-Pult verfügt jedes Modul eines InLine-Pults über eine Schaltermatrix zur Verteilung der Eingangssignale auf die einzelnen Spuren. Das InLine-Konzept verzichtet jedoch auf ein separates Group-Monitor-Modul pro Spur. Die Signale aus der Spuranwahl werden im entsprechenden Kanalmodul summiert (Group 1 in Kanal 1 usw.) und direkt zur Mehrspur-Bandmaschine geführt. In einigen Pulten ist ein zusätzliches Potentiometer für den Aufnahmepegel vorgesehen.

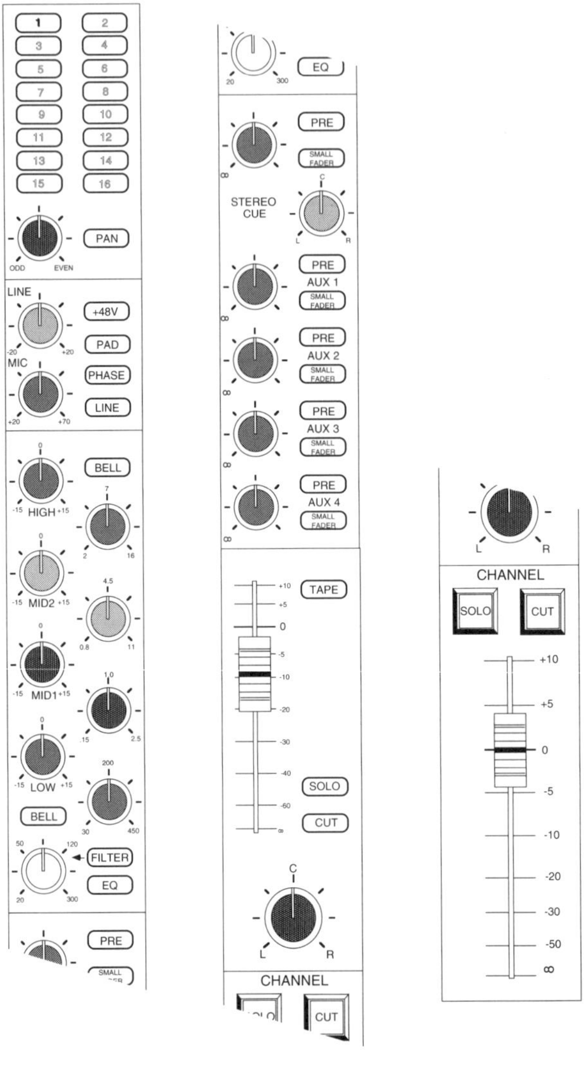

Abb. 10.21 InLine-Modul

Für den Monitor-Mix während der Aufnahme wird in jedem Kanal eine Monitor-Sektion auf die Signale der einzelnen Spuren geschaltet und direkt auf die Stereosumme geführt. Auch im InLine-Pult ist zwar die Monitor-Sektion jedes Kanals während der Abmischung außer Funktion, nicht aber wie beim Split-Pult ein ganzer Teil des Mischpults. Im einzelnen sind folgende Umschaltungen für den Übergang von Aufnahme zur Mischung notwendig:

	Aufnahme	Mischung
Eingangsstufe	Mikrofon	Ausgang Mehrspur
Kanal-Regler	zur Spuranwahl	zur Stereosumme
Spuranwahl	zu den Group-Reglern	ohne Funktion
Monitor-Regler	zur Stereosumme	ohne Funktion

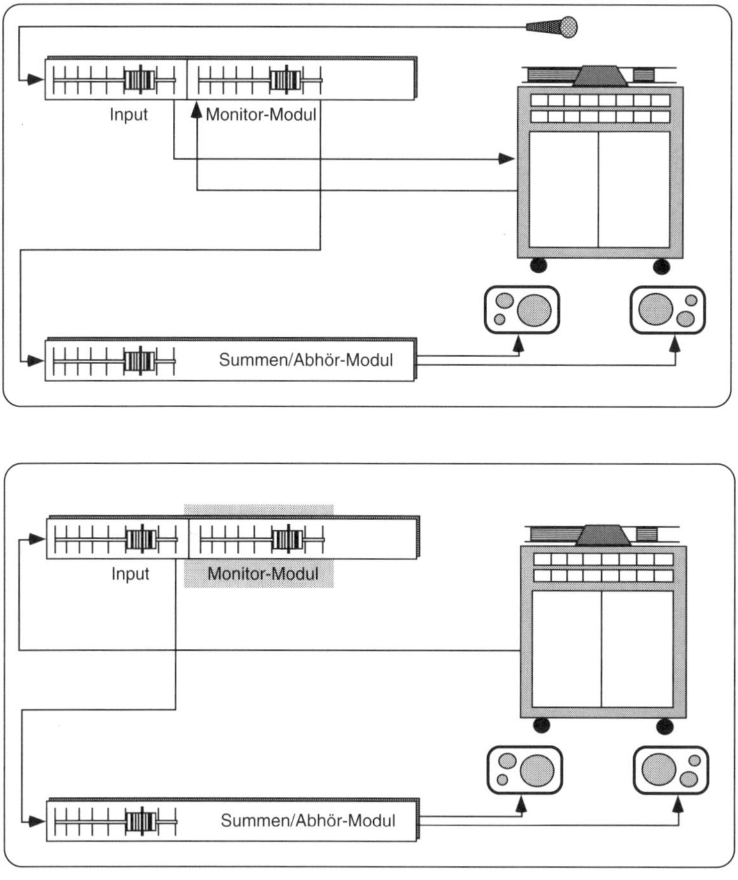

Abb. 10.22 Signalverlauf bei der Abmischung in einem InLine-Pult

Die Abzweige werden je nach Status des Mischpults den Monitor-Wegen oder den Eingangskanälen zugeordnet. Während der Aufnahme sind sie in den Monitor-Weg geschaltet, denn die Ansteuerung der Effektgeräte wie Nachhall, Delay etc. und die Kopfhörermischung erfolgen normalerweise aus dieser Sektion. Für spezielle Anwendungen lassen sich die Abzweige aber auch im

Aufnahme-Status den Eingangskanälen zuordnen. Im Abmisch-Status sind sie fest in die Eingangskanäle geschaltet. Dieses Konzept der Zuordnung entspricht dem normalen Anwendungsfall. Fehlschaltungen, wie sie im Split-Pult leicht vorkommen können, werden weitgehend vermieden.
Ein ähnliches Zuordnungskonzept wird bei den Entzerrern verwirklicht. Sie sind zunächst grundsätzlich der Eingangssektion zugeordnet, d.h. während der Aufnahme den Mikrofonsignalen, während der Mischung dagegen den Signalen der einzelnen Spuren. Bei Bedarf kann der Entzerrer aber auch in die Monitor-Sektion geschaltet werden. Er läßt sich dann natürlich nicht mehr in der Eingangssektion verwenden.

Abb. 10.23 Neve VR Legend InLine-Pult

Ebenfalls umschaltbar ist häufig die Funktion des Eingangs- und des Monitor-Reglers (Fader-Reverse). Diese Umschaltung vertauscht lediglich die Funktion der beiden Regler, der Monitor-Regler wird also Kanal-Regler und umgekehrt. Der Monitor-Mix wird nun mit denselben Reglern eingestellt wie die eigentliche Abmischung. Zusammen mit der Möglichkeit, auch die Entzerrer in den Monitor-Weg zu schalten, kann man in einem Stadium der Aufnahme, in dem nur noch einzelne Instrumente als Overdub aufgenommen werden, schon annähernd die endgültige Mischung einstellen. Der Übergang zur eigentlichen Abmischung ist damit natürlich auch relativ einfach.

Umgekehrt muß auch im Falle eines Overdubs während der Mischung nicht das gesamte Pult neu konfiguriert und ein neuer Monitor-Mix in der Monitor-Sektion eingestellt werden.
InLine-Pulte können sehr viel kompakter gebaut werden als Split-Pulte. Besonders Pulte für den Betrieb mit einer 32-Spur- oder gar 48-Spur-Maschine sind in Split-Technik allein aufgrund der Abmessungen fast gar nicht mehr zu bauen. Ganz zu schweigen von deren Bedienbarkeit. Das InLine-Konzept hat sich daher für diesen Bereich weitgehend durchgesetzt.
Die Anzahl der Module in InLine-Pulten übersteigt die der Spuren auf der Mehrspur-Bandmaschine in der Regel um acht. Über diese zusätzlichen Module werden Effektgeräte zugemischt. Aber auch die Monitor-Wege lassen sich meistens als zusätzliche Eingänge für Effektgeräte während der Mischung verwenden, so daß doppelt so viele Kanäle wie Eingangsmodule zur Verfügung stehen.

10.3.5 Kombinierte Konzeptionen

Die MIDI-Technik ist heute ein fester Bestandteil bei der Produktion von der Pop- und Rockmusik. Ohne Sequenzer, Synthesizer und Sampler wäre der aktuelle Sound dieser Musik kaum denkbar.
Das hat allerdings auch zu einer wesentlichen Änderung der Produktionsweise geführt. Immer häufiger werden MIDI-gesteuerte Instrumente eingesetzt, die nicht mehr mit der Mehrspurmaschine aufgenommen, sondern direkt vom Sequenzer gesteuert werden. Nur noch für akustische Instrumente und Vocals ist eine Bandmaschine erforderlich. Das führt dazu, daß man weit weniger Spuren benötigt, als bei der herkömmlichen Mehrspurproduktionsweise. So werden bisweilen nur noch acht Spuren und die entsprechenden Aufnahme- und Monitorkanäle im Mischpult gebraucht, dafür jedoch weitaus mehr Kanäle für MIDI-Instrumente.
Für diesen Fall bietet sich weder das Split-Pult noch das InLine-Pult als die ideale Lösung an. Das InLine-Pult besitzt so viele Monitorwege wie Kanäle, demnach bleibt ein erheblicher Teil des Pults ungenutzt. Ein Split-Pult könnte man mit entsprechend weniger Group/Monitor-Modulen bestücken, es ist jedoch relativ unflexibel in Bezug auf den Übergang von Aufnahme zur Mischung.
Das sogenannte „Splint"-Konzept bietet für diesen Fall eine optimale Lösung. Zwar wird die Split-Konzeption im wesentlichen beibehalten, der Group-Regler aber entfällt und stattdessen wird ein Monitormodul eingesetzt. Dieses ist wie ein Eingangsmodul bestückt, verfügt jedoch nicht über einen Mikrofoneingang. Während der Aufnahme wird dieses Modul als Monitormodul für die Bandspuren benutzt, bei der Mischung als Eingangsmodul für diese Spuren.

Abb. 10.24 Soundcraft 3200

10.4 Mischpulte für die Filmtonproduktion

Auch die Tonproduktion für Film und Video verläuft in zwei Abschnitten, der Aufnahme und der Mischung. Allerdings werden Aufnahme und Mischung in verschiedenen Studios vorgenommen. Entsprechend kommen unterschiedliche Mischpulte für den Aufnahme- und Mischungsprozess zum Einsatz.

10.4.1 Filmtonaufnahme

Manche einfache Filmtonaufnahmen lassen sich ohne Mischpult mit lediglich einem Mikrofon realisieren. Dazu gehören Dialogaufnahmen am Drehort. Studioaufnahmen dagegen, z. B. nachsynchronisierte Dialoge und Geräusche, erfordern meistens eine Mehrspurproduktionsweise, also auch ein entsprechendes Mischpult (siehe Abschnitt 10.3).

10.4.2 Filmtonmischung

Der Ton zu Spielfilmen oder Videoproduktionen wird im allgemeinen in mehreren Durchgängen gemischt: zuerst Dialoge, dann Geräusch und Atmosphären, schließlich die Musik. Insofern kann man auch hier von einer Mehrspurarbeitsweise sprechen. Als Quellen liegen die synchron angelegten Aufnahmen auf einzelnen Bändern oder digitalen Trägern vor, die zum Bild synchron laufen (siehe Kapitel 15). Aufgenommen wird jedoch in der Regel nicht auf ein Mehrspurband, sondern auf verschiedenen Perfobandmaschinen, die ihrerseits jedoch über bis zu acht Spuren verfügen (siehe Kapitel 13). Abhängig von der Anzahl der insgesamt vorhandenen Einzelbänder - bei großen Produktion können das weit über 50 sein - können mehrere Vormischungen erforderlich werden, die unter Umständen noch einmal zu einer weiteren Vormischung zusammengefaßt werden müssen.

Als Beispiel soll der Ablauf einer Dialogmischung dienen. Es liegen also Bänder mit Aufnahmen vor, die am Drehort gemacht wurden, aber auch solche mit nachsynchronisierten Passagen und Aufnahmen von Hintergrundstimmen. Zunächst werden die Aufnahmen vom Drehort auf ein Band vorgemischt. Danach werden die nachsynchronisierten Teile auf ein zweites, separates Band aufgenommen. Um die nachsynchronisierten Passagen an den Originalton anpassen zu können, muß die Vormischung während dieses zweiten Arbeitsgangs als Referenz vorliegen (sie wird nicht aufgenommen!). Genauso müssen alle Dialogvormischungen im Monitor anliegen, während man Geräusche oder Atmosphären mischt. Für die einzelnen Spuren der Vormischungen gibt es jedoch keine Monitor-Fader. Es handelt sich ja um „vorgemischte" Signale, die ohne Pegelveränderung zu den Lautsprechern gelangen. Für alle Kanäle ist nur ein Lautstärkeregler vorhanden.

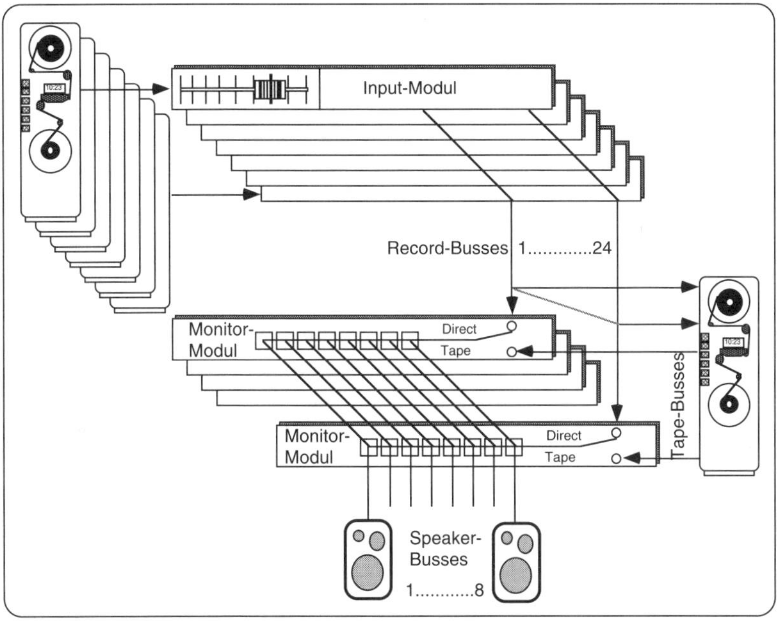

Abb. 10.25 Vereinfachter Signalverlauf Filmpult

Kanalmodul

Im allgemeinen sind Filmmischpulte achtkanalig aufgebaut, so daß alle gängi-

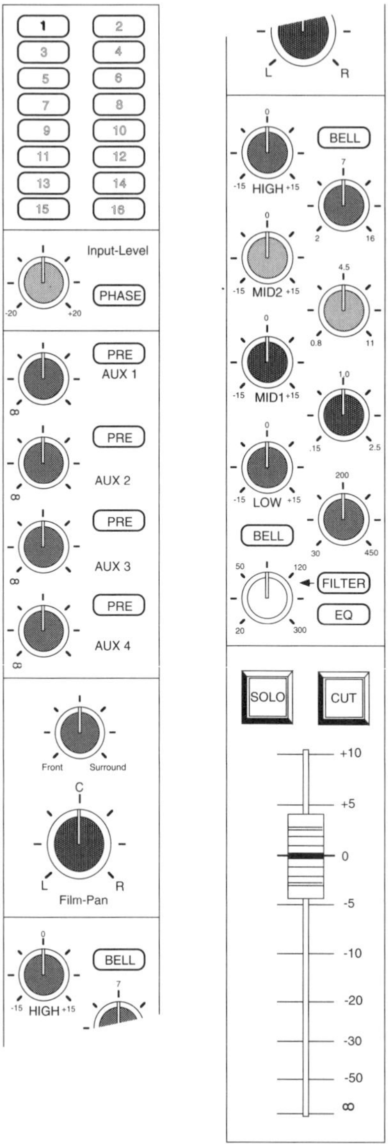

Abb. 10.26 Inputmodul eines Filmmischpultes

gen Filmtonformate bearbeitet werden können (siehe Kapitel 16). Der Aufbau eines Kanalmoduls ist am ehesten mit einem Input-Modul eines Split-Pultes zu vergleichen. Es fehlt jedoch ein Mikrofonverstärker, da ja Signale von Zuspielbändern gemischt werden. Der Entzerrer ist im allgemeinen direkt über dem Fader angebracht, da die Entzerrung die Hauptaufgabe bei einer Filmmischung ist. Darüber sind Pan-Sektion und Aux-Wege angeordnet. Schließlich finden wir Anwahltasten für die Aufnahmekanäle der Aufnahmemaschinen. Eine gängige Konfiguration sind drei Aufnahmemaschinen mit je acht Spuren. Jeweils eine Spur einer Aufnahmemaschine ist abhörseitig jeweils einem Lautsprecherkanal zugeordnet. Diese Zuordnung erfolgt in der Abhörsektion.

Der auffälligste Unterschied zu Stereopulten besteht also bei den Panorama-Potis eines Filmpults. Da man bis zu drei vordere Kanäle benutzt (links-Mitte-rechts), sind die Frontpanorama-Potis dreikanalig aufgebaut. Zusätzlich gibt es ein Front-Back-Pan, mit dem ein Signal zwischen den Frontkanälen und dem sogenannten Surround-Kanal geregelt werden kann. Abhängig vom Tonformat kann der Surround-Kanal auch stereo ausgelegt sein, so daß dafür auch ein Pan-Pot vorgesehen werden muß. Am flexibelsten lassen sich Signale allerdings mit einem sogenannten Joystick regeln.

Abhörsektion

Wie schon erläutert, muß ein Filmmischpult eine Abhörsektion haben, die es erlaubt, sowohl die gerade laufende Mischung als auch schon vorhandene Mischungen gleichzeitig zu hören. Diese Sektion ist im allgemeinen achtkanalig aufgebaut, so daß die Mischung über bis zu acht Lautsprecher wiedergegeben werden kann (siehe Kapitel 16).

Die Aufgabe der Abhörsektion ist zum einen die Anwahl des Aufnahmesignals, die Vor-Hinterband-Umschaltung. So läßt sich wählen, ob man das Signal zur oder das Signal von der jeweiligen Bandmaschine hören möchte. Zum anderen erfolgt hier die Zuordnung der Spuren der Aufnahmemaschine zu den einzelnen Lautsprechern. Es wird also festgelegt, welche Spur über welchen Lautsprecherweg abhört wird. Auf je einer Spur werden also nur Signale für einen Lautsprecherkanal aufgenommen. Beim heute üblichen vierkanaligen Tonformat für Kinofilme benutzt man dementsprechend vierkanalige Bandmaschinen, z. B. Spur 1 - links, Spur 2 - Mitte, Spur 3 - rechts, Spur 4 - Surround.

Auch die schon vorhandenen Vormischungen werden über die Abhörsektion zugeordnet. Natürlich hört man hier nur in der Hinter-Band-Stellung. In einigen Pulten sind die Abhörsektionen mit Mute- und Solo-Funktionen ausgestattet.

10.5 Entzerrung

Die Entzerrung, also die Veränderung der Klangfarbe eines Instruments, gehört zu den Hauptaufgaben eines Toningenieurs während Aufnahme und Mischung. Beurteilt werden diese Veränderungen natürlich in erster Linie durch das Gehör, und letztlich muß der Geschmack des Toningenieurs oder des Produzenten über eine Einstellung entscheiden. Trotzdem gibt es einige Gesichtspunkte, die helfen können, eine gewünschte Entzerrereinstellung leichter zu finden.

Das Frequenzspektrum läßt sich in vier Bereiche einteilen: Tiefen (20...200 Hz), untere Mitten (200...1.000 Hz), obere Mitten (1.000...5.000 Hz) und Höhen (5.000...20.000 Hz). Eine Veränderung im Tiefenbereich betrifft den Grundtonbereich und die unteren Harmonischen von tiefen Instrumenten wie Baß, Bassdrum etc. Dieser Bereich ist nicht nur hör-, sondern auch „fühlbar“. Eine Tiefenanhebung bewirkt mehr Druck oder Power, umgekehrt können zu wenig Tiefen den Sound kraftlos machen.

Die Grundtöne der meisten Instrumente liegen im Bereich der unteren Mitten. Eine Entzerrung in diesem Bereich führt daher zu einer sehr drastischen Änderung des Klangeindrucks. Hier einige Beispiele: Ein Baß klingt durch eine Anhebung im Bereich von 200 Hz wärmer, ohne unklar zu werden.

Eine Anhebung im Bereich von 500...1000 Hz dagegen führt bei den meisten Instrumenten zu einem „hornähnlichen“, nasalen Klang. Ein zu starker Anteil der unteren Mitten in einer Mischung läßt das Ohr auch schneller ermüden.

Eine Anhebung im oberen Mittenbereich bringt mehr Klarheit, Durchsichtigkeit und Brillanz in ein Klangbild. Ein zu hoher Anteil bei 1000...2000 Hz kann aber auch zu einem dünnen Sound führen. Die Sprachverständlichkeit läßt sich durch eine Anhebung von 2000...4000 Hz erhöhen.
Der Höhenbereich schließlich besteht nur noch aus den Obertönen und den Geräuschanteilen der Instrumente. Durch die Anhebung der Höhen verstärkt man beispielsweise die Streichgeräusche von Streichinstrumenten oder das Anblasen bei Blasinstrumenten. Bei Schlagzeug oder Percussion kann der Klang aggressiver gestaltet werden. Bei Stimmen läuft man leicht Gefahr, die Zischlaute („s", „sch", „f" etc.) überzubetonen.
Um eine bestimmte Frequenz für die Anhebung/Absenkung einzugrenzen, empfiehlt sich folgende Vorgehensweise: Man stellt eine maximale Anhebung bzw. Absenkung ein und verändert die Einstellung der Frequenz solange, bis die gewünschte Veränderung erreicht ist. Dann kann die Anhebung bzw. Absenkung auf das gewünschte Maß reduziert werden.
Verschiedene Meinungen gibt es zu der Frage, ob eine Mehrspuraufnahme mit oder ohne aufnahmeseitige Entzerrung zum besseren Ergebnis führt. Einige Toningenieure schwören auf die Aufnahme des unverfälschten Mikrofonsignals und entzerren während der Aufnahme nur abhörseitig. Erst bei der Mischung könne entschieden werden, welche Korrekturen mit dem Entzerrer wirklich notwendig sind. Allerdings muß man bedenken, daß beispielsweise durch eine Höhenanhebung bei der Mischung auch das Bandrauschen mit angehoben wird. Werden außerdem mehrere Mikrofone auf einer oder zwei Spuren zusammengefaßt, beispielsweise vier TomToms stereo auf zwei Spuren, so können die einzelnen TomToms beim Abmischen nicht mehr getrennt entzerrt werden, sondern nur noch als Gesamtsignal. Meistens wird man also bereits entzerrte Signale aufzeichnen. Oft ist von vornherein klar, welche Korrekturen notwendig sind. Auch die Erfahrung hilft bei der richtigen Entzerrung der Aufnahmesignale. Für Korrekturen am Klang ist übrigens nicht nur der Entzerrer zuständig, vielmehr kann auch ein anderes Mikrofon oder eine geänderte Aufstellung ein Problem beseitigen. Extreme Veränderungen sollte man aber nur dann während der Aufnahme vornehmen, wenn man sich völlig sicher ist. Der Versuch, solche Einstellungen nachträglich rückgängig zu machen, ist aussichtslos.
Die folgenden Abbildungen zeigen einige typische Entzerrer-Einstellungen für verschiedene Instrumente. Natürlich können sie nur Anhaltspunkte sein. Nicht alle Frequenzen müssen beeinflußt werden, die jeweils angegeben sind. Auch wenn eine Anhebung vorgeschlagen ist, soll damit eine Absenkung des gleichen Bereichs nicht grundsätzlich ausgeschlossen sein. Wie bei den Tips zu den Mikrofonaufstellungen schon einmal gesagt: Sehen Sie in diesen Abbildungen eher den Ausgangspunkt für Ihre eigenen Experimente mit dem Entzerrer und nicht ein sicheres Rezept für einen in jeder Situation optimalen Sound.

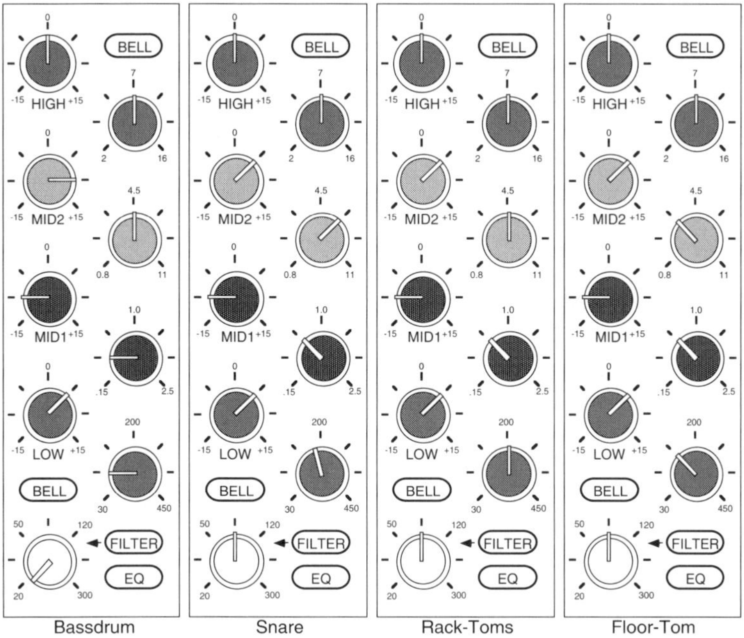

Abb. 10.27 Einige typische Entzerrer-Einstellungen für Drums

Bassdrum
Eine Anhebung von 60...80 Hz erhöht den Druck der Bassdrum, eine Absenkung von 250...350 Hz beseitigt einen holzigen Klang. 2...4 kHz bringen mehr Kick.

Snare
Die Anhebung des Bereiches von 140...260 Hz läßt eine Snare fetter erscheinen, eine Absenkung von 300...500 Hz weicher. Den typischen Snare-Sound erzielt man mit einer Anhebung bei 5...6 kHz.

Rack-Toms
200...300 Hz verstärken den vollen Ton der Toms, mehr Anschlag bringt eine Anhebung von 4...6 kHz. Weicher und runder wird der Klang durch eine Absenkung von 400...600 Hz.

Floor-Tom
Den vollen Ton bringt eine Anhebung von 80...120 Hz, eine Absenkung von 300...500 Hz macht den Ton weicher. Den Anschlag bringt eine Anhebung von 4...6 kHz.

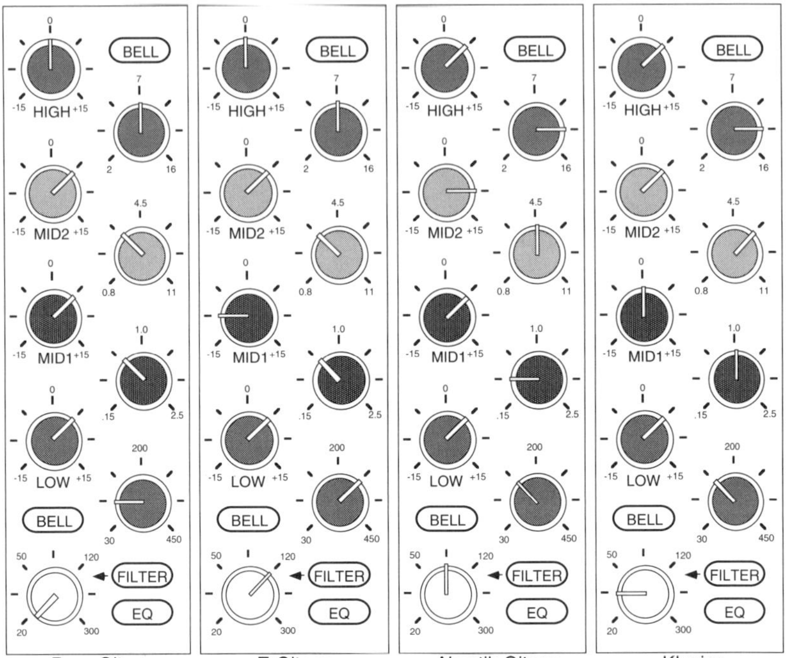

Abb. 10.28 Einstellungen für weitere Instrumente

Baß-Gitarre
Eine Anhebung von 60...80 Hz verleiht dem Baß Fülle, klarer und deutlicher wird er durch eine Anhebung von 500...800 Hz. Die Saitengeräusche (Slap) bringen 2...3 kHz.

E-Gitarre
Ein vollerer Ton wird durch eine Anhebung von 200...300 Hz erreicht. Mehr Biß bringen 2...3 kHz. Ist der Klang zu schrill, wird dieser Bereich eher abgesenkt.

Akustik-Gitarre
80...120 Hz verstärken die tiefen Saiten, 200...300 Hz lassen die Gitarre insgesamt voller klingen. 2...6 kHz bringen Brillanz und Anschlagsgeräusche.

Klavier und Flügel
Satte Tiefen im Bereich von 80...160 Hz, Brillanz und Anschlag bei 2...7 kHz. Eine schmalbandige Anhebung bei ca. 2,5 kHz bringt den typischen „Honky Tonk"-Sound.

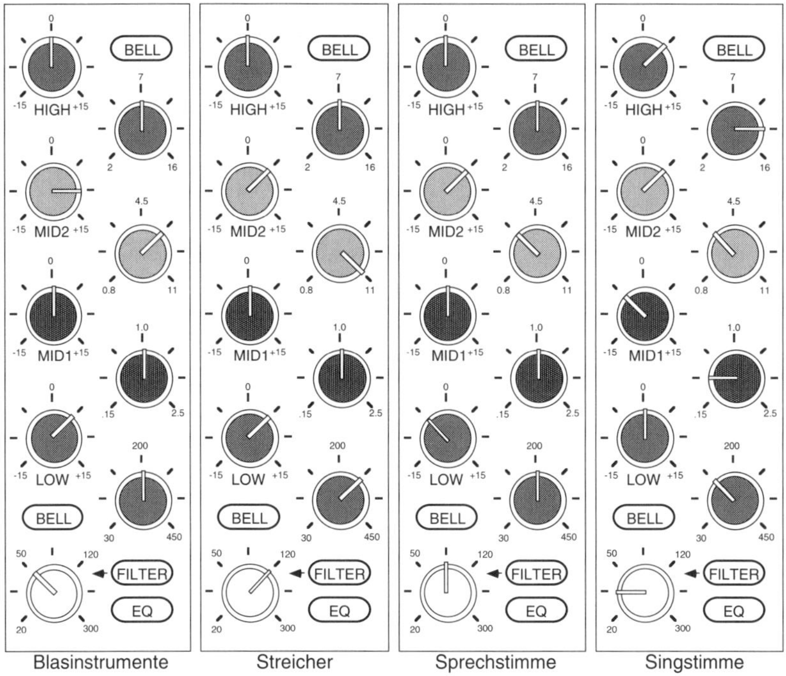

Abb. 10.29 Einstellungen für weitere Instrumente, Sprech- und Singstimme

Blasinstrumente
Eine Anhebung von 100...300 Hz läßt den Klang voller wirken, die Schärfe bringen 4...8 kHz.

Streicher
Den vollen Streicherklang erzielt man durch Anhebung von 200...300 Hz, Anstrich und Brillanz bei 7...11 kHz.

Sprechstimme
Schlanker wird eine Stimme durch eine Absenkung bei 180...300 Hz, mehr Sprachverständlichkeit erreicht man durch eine Anhebung bei 2...4 kHz.

Singstimme
Einen volleren Sound bringen 100...140 Hz, eine Absenkung bei 200...400 Hz erzeugt mehr Klarheit. Deutlicher wird die Stimme durch eine Anhebung bei 4...5 kHz, die Zischlaute liegen bei 7...11 kHz.

Der Entzerrer kann nie eine ungünstige Mikrofonaufstellung oder einen mäßigen Klang eines Instruments wettmachen. Er sollte nur der Korrektur des Klanges und der Anpassung eines Instruments an das gesamte Klangbild dienen.

10.6 Mischen

10.6.1 Mischen als kreative Tätigkeit

Ihre Qualitäten, Ihr Talent als Toningenieur zeigt sich besonders bei der Mischung, egal ob es sich dabei um die Abmischung einer Mehrspur-Produktion, eine Filmmischung oder um eine Beschallung handelt. Jetzt ist Ihre Kreativität im Umgang mit der Technik gefragt.
Die Mischung eines Songs, aufgenommen mit einer 24-Spur-Maschine, dauert nicht selten zehn bis zwölf Stunden, in denen von Ihnen und dem Produzenten höchste Konzentration verlangt wird. Die Lautstärken aller Spuren müssen aufeinander abgestimmt werden, jede Spur benötigt ihre eigene Klangregelung, ihre Position im Stereo-Panorama, einen bestimmten Hallanteil oder anderen Effekt, eine Bearbeitung mit Limiter oder Kompressor. Damit ist Ihnen die Möglichkeit gegeben, einen Song mit einem ganz bestimmten Klangbild, einem Sound zu versehen, und Sie haben damit entscheidenden Einfluß auf die Wirkung des Songs beim Zuhörer. Gerade in der Pop- und Rockmusik kommt dem Sound eines Songs oder einer Band eine immer stärkere Bedeutung zu. Man kann sich kaum vorstellen, daß eine Hard-Rock-Band ebenso klingen könnte wie ein Liedermacher. Diesen spezifischen Sound zu erreichen ist die künstlerische Aufgabe eines Toningenieurs, Ihr Job also. Natürlich beginnt diese Arbeit nicht erst beim Mischen, sondern schon mit der Aufnahme der Basic-Tracks. Die Mischung aber läßt Ihnen den größten Raum für eigene Ideen, sie ist Ihre „Perfomance“ bei einem Song.
Kreativität, wie sie bei einem Mix gefragt ist, läßt sich kaum in einem Buch vermitteln, wohl aber einige Tips über die Arbeitsweise bei einer Mischung. Ein Mix erfordert eine hohe Konzentrationsfähigkeit über mehrere Stunden. Der Wichtigkeit dieser Arbeit entsprechend sollten Sie also ausgeruht und „mit frischen Ohren“ ans Werk gehen. Das Mischpult sollte „aufgeräumt“ sein, also alle Regler und Potis auf 0-Stellung. Die Beschriftung der einzelnen Kanäle macht die Arbeit übersichtlicher (wohl dem, der einen Assistenten hat). Dann beginnen Sie mit der Einstellung der ungefähren Laustärkebalance und einer ersten Einordnung der Kanäle ins Panorama.
Arbeiten Sie zunächst einmal ohne Entzerrung oder andere Effekte. Diesen Rough-Mix sollten Sie sich in Ruhe mehrmals anhören und überlegen, welche Änderungen im Klangbild notwendig sind, wo Raum, Hall, Chorus usw., wo mehr Druck durch einen Kompressor. Sehr wichtig ist in diesem Zusammenhang die Abhörlautstärke. Hier kann man fast eine Regel formulieren: Je lauter man

abhört, desto unausgewogener wird der Mix werden. Das hat verschiedene Gründe. Zum einen ermüdet das Gehör bei lauterem Hören sehr viel schneller, es wird insbesondere unempfindlicher gegenüber mittleren bis hohen Frequenzen. Hornlautsprecher, wie sie als Mittel- oder Hochtonlautsprecher in vielen Studio-Lautsprechern zu finden sind, beschleunigen die Ermüdung zusätzlich. Wundern Sie sich dann also nicht, wenn der Mix zu schrill oder scharf wird. Zum anderen „betrügt“ man sich gewissermaßen selbst, denn bei großer Lautstärke läßt man sich auch von einem weniger guten Klang beeindrucken und gibt sich schon mit „Mittelmaß“ zufrieden. Eine gute Methode besteht darin, bei mittlerer Lautstärke zu arbeiten, am besten mit kleineren Lautsprechern, mit deren Klang man vertraut ist. Wenn Sie den Produzenten anschreien müssen, um sich mit ihm zu verständigen, ist es ganz sicher zu laut. Auch ein häufiger Wechsel der Lautstärke hilft, denn nur so kann man beurteilen, wie sich die Balance bei unterschiedlicher Lautstärke verändert. Daß sie sich verändern muß, wird klar, wenn man die Kurven gleicher Lautstärke heranzieht (siehe Abbildung 4.3).

Nach und nach arbeitet man jetzt an der Entzerrung, fügt Hall oder andere Effekte hinzu, komprimiert usw. Diese Arbeit erfordert eine ständige Kommunikation zwischen Produzenten und Musikern einerseits, die ihre Vorstellungen vom Sound eines Songs realisiert wissen möchten, und Ihnen, dem Toningenieur andererseits, der versuchen muß, diese Vorstellungen umzusetzen. So wird vieles probiert und gegeneinander abgewogen, bis eine perfekte Balance und die richtigen Sounds für alle Spuren gefunden sind.

Ähnliches gilt für die Arbeit an einer Filmmischung. Hier kommt es besonders darauf an, bei jedem Arbeitsschritt die Gesamtwirkung einer Szene im Auge, besser im Ohr zu behalten. Man achtet bei einem Film primär auf das Bild, der Mensch ist eben eine optisch geprägte Kreatur. Erst in zweiter Linie nimmt man Ton wahr. Andererseits kann Ton aber im Unterbewußtsein eine sehr starke Wirkung erzielen. Manch spannende Szene würde ohne die richtige Mischung von Musik und den entsprechenden Geräuschen ihren Effekt völlig verfehlen. Filmmischungen können sehr komplex und vielschichtig, vor allem aber zeitaufwendig sein, so daß Sie von Anfang an eine klare Klangvorstellung vom Endprodukt mitbringen sollten. Genauso wie ein Kameramann eine Bildersprache entwickeln kann, so können Sie als Toningenieur eine Tonsprache realisieren. Naturgemäß steht bei einer Filmmischung der Dialog an erster Stelle, was aber noch nicht heißt, daß er auch im Klangbild dominieren muß. Ein ganz wesentlicher Gesichtspunkt dieser Art von Mischung ist die Übereinstimmung von Bild und Ton. Aufgrund unserer Hörerfahrung erwarten wir in einer bestimmten Umgebung einen ganz bestimmten Klang, besonders der Sprache. Durch Entzerrung, zusätzliche Raumanteile oder andere Effekte kann man auch in einer Filmmischung einen entsprechenden Eindruck erzielen und den Zuschauer gewissermaßen akustisch durch das Bild führen.

Auch die Wirkung von Geräuschen und Spezialeffekten hängt hauptsächlich von einer gelungenen Mischung ab. Hier kann der Toningenieur der eigenen Phantasie freien Lauf lassen und seine Kreativität unter Beweis stellen.

10.6.2 Computerunterstützte Mischung

Eine Mischung ist selten damit erledigt, alle Regler auf einen bestimmten Wert fest einzustellen. Vielmehr sind im Laufe der Arbeit viele Änderungen an der Lautstärke (mehr Gitarre im Chorus, weniger Drums im Vers), an den Hallanteilen oder anderen Effekten notwendig, um einen wirklich guten Mix zu erstellen. Will man diese Veränderungen per Hand vornehmen, so muß man einen Mix regelrecht proben, bis man alle Regelvorgänge gelernt und miteinander koordiniert hat. Nicht selten ist der Toningenieur gar nicht mehr in der Lage, alles allein abzuwickeln, er braucht Unterstützung vom Produzenten und dem Assistenten. Schließlich benötigt man dann einige Versuche, bis der Mix schließlich gelingt und kein Regelvorgang vergessen wurde.
Was liegt also näher, als eine Automatisationsmöglichkeit für die verschiedenen Regelvorgänge zu schaffen? Systeme für diesen Zweck sind unter der Bezeichnung „Mixdown-Automation" bekannt. Dieser Name ist etwas irreführend, denn man kann keineswegs erwarten, daß ein Mix „automatisch" abläuft. Es wird nur etwas Vorprogrammiertes reproduziert.
Die Daten für die Mischpult-Automation, die Informationen über sämtliche Regelvorgänge also, werden auf Diskette oder Festplatte gespeichert. Die Steuerung einer Automation wird über spezielle Computerprogramme realisiert, die entweder auf einem PC oder auf einem eigens dafür entwickelten Rechner laufen. Diese Systeme arbeiten sehr schnell und präzise, sind aber auch relativ teuer in der Anschaffung. Alternativ können Faderautomationen auch mit MIDI-Technik betrieben werden (siehe dort).
Damit die Daten auch zeitgenau wieder abgerufen werden können, muß auf einer Spur der Mehrspur-Bandmaschine ein Timecode (siehe Kapitel 15) aufgezeichnet werden, der vom Computer-System eingelesen wird. Mit diesem System lassen sich fast beliebig viele Mischungen ein und desselben Stücks speichern. Darüber hinaus können Daten verglichen, kombiniert oder auf andere Weise manipuliert werden.

a) VCA-Regler-Automation

Diese Automation erlaubt die Programmierung von Regelvorgängen mit den Kanalfadern. Dazu muß ein Kanalregler so aufgebaut sein, daß er gewissermaßen ferngesteuert werden kann. So läßt sich eine einmal abgespeicherte Regelung später wieder nachvollziehen. Für diesen Zweck wurden zwei Systeme entwickelt, das VCA-Fader-System und das Motorfader-System.
Beim VCA-System steuert der Regler nicht mehr direkt das Audiosignal,

sondern regelt die Steuerspannung für einen Voltage Controlled Amplifier (VCA), also einen spannungsgesteuerten Verstärker, der die Lautstärke des jeweiligen Kanals bestimmt. Diese Steuerspannung kann digitalisiert und gespeichert werden. Einmal programmierte Regelvorgänge lassen sich so wieder reproduzieren. Der Regler ist dann ohne Einfluß auf das Audiosignal, seine Stellung entspricht also nicht der tatsächlichen Lautstärke des Kanals.
Eine VCA-Mischpultautomation kennt drei Zustände: Write, Update und Read. Jeder Regler läßt sich je nach Anforderung in den gewünschten Status schalten.

Write
Im Write-Modus werden alle Reglerbewegungen aufgezeichnet und abgespeichert. Ist ein erster Rough-Mix vorhanden, so beginnt man mit der Programmierung der einzelnen Regler. Dazu wird zunächst das gesamte Mischpult in den Write-Modus geschaltet und die Reglerbewegungen gespeichert.
So könnten Sie vorgehen: Im ersten Write-Durchgang programmiert man die Lautstärken der Rhythmus-Tracks, also Schlagzeug, Baß, Gitarre und rhythmische Keyboards. Alle Automationssysteme bieten die Möglichkeit, nach einem Fehler neu anzusetzen. Ist also der Übergang von der Bridge in den Chorus nicht gelungen, so kann man in der Bridge in den Mix „einsteigen" und die Programmierung fortsetzen. Selbstverständlich lassen sich einzelne Regler auch nachträglich noch ganz oder teilweise korrigieren (siehe auch Update). In weiteren Schritten fügt man dann die übrigen Kanäle mit Synthesizern, Brass-Section, Solo, Vocals usw. in den Mix ein. Bereits programmierte Kanäle befinden sich dabei im Read-Modus (siehe unten).
Einige Automationssysteme erlauben die separate Programmierung von Mutes, also das Ein- und Ausschalten von Kanälen im Write-Mutes-Modus.

Read
Im Read-Modus wird der Kanalregler von der Automation gesteuert, die aktuelle Stellung des Regler ist dabei ohne Bedeutung, eine Reglerbewegung hat keine Auswirkung auf die Lautstärke des Kanals. In diesem Modus kann ein Mix abgehört werden, ohne daß man sich auf Regelvorgänge konzentrieren muß. Sind Änderungen notwendig, so können einzelne Kanäle wieder in den Write-Modus geschaltet und auch in kurzen Abschnitten neu programmiert werden. Um Pegelsprünge beim Übergang vom Read- in den Write-Modus und umgekehrt zu vermeiden, muß die tatsächliche Reglerstellung der durch die Automation vorgegebenen entsprechen. Dazu muß der Regler von Hand nachgeführt werden. Dabei helfen in vielen Fällen zwei Leuchtdioden, die anzeigen, in welche Richtung der Regler bewegt werden muß (Null-LED). Pegelsprünge können aber auch erwünscht sein, sie lassen sich dann einfach durch Umschalten von Write nach Read oder umgekehrt erzeugen.

Update
Der Update-Modus erlaubt die relative Änderung von Daten. Dieser Modus ist besonders dann sinnvoll, wenn für eine Spur schon viele komplizierte Regelvorgänge gespeichert sind, die Spur aber insgesamt zu laut oder zu leise ist. Die Ausgangsstellung des Reglers für ein Update ist im allgemeinen beliebig, die jeweilige Stellung beim Übergang vom Read-Status in den Update-Status wird als „0" angenommen. Alle weiteren Änderungen erfolgen dann relativ zu dieser Stellung.
Sehr häufig ist ein Update bei einer Vocal-Spur notwendig. In einem ersten Arbeitsschritt werden verschieden laute Passagen im Write-Modus einander angeglichen. Ist anschließend noch eine Änderung der Lautstärke insgesamt notwendig, so bleiben bei einem Update die Regelvorgänge des ersten Write-Durchgangs erhalten.
Auch umgekehrt kann man vorgehen: Im Write-Modus legt man die Lautstärken einer Spur zunächst nur ungefähr fest. Davon ausgehend können dann einzelne Passagen im Update-Modus exakt programmiert werden.

b) Motorfader-Automation
Im Gegensatz zum VCA-Regler verändert ein Motorfader das Audiosignal unmittelbar, erzeugt aber gleichzeitig eine Steuerspannung, die ebenfalls digitalisiert und gespeichert werden kann. Mit dieser Steuerspannung wird bei der Reproduktion von Regelvorgängen ein kleiner Motor im Fadermodul angetrieben, der den Fader immer zur richtigen Stelle bewegt. Dessen Stellung entspricht also immer genau der jeweiligen Lautstärke.
Auch die Motorfader-Automation kennt die beiden Zustände Write und Read. Ihre Funktion entspricht der bei einer VCA-Automation (siehe oben). Die Regler einer Motorfader-Automation sind jedoch berührungsempfindlich („touch-sensitive"), und das erlaubt eine wesentlich einfachere und unkompliziertere Bedienung. In der Regel ist ein Regler immer dann im Write-Modus, wenn er berührt wird, ansonsten befindet er sich im Read-Modus. Pegelsprünge beim Übergang von Read nach Write sind nicht zu befürchten, denn der Regler befindet sich ja zu jeder Zeit an der richtigen Position.
In der Praxis allerdings verfügen auch Motorfader-Systeme über mehrere Zustände, die die Bedienung vereinfachen und vor allem den Übergang von Write nach Read erleichtern. Diese sollen nun kurz beschrieben werden:
Write ist der Modus für die Aufzeichnung von Faderbewegungen. Die Funktionsweise entspricht dem Write-Modus der VCA-Automation.
Im *Read* -Modus reagiert ein Regler nicht auf Berührungen. Dadurch läßt sich verhindern, daß ein Regler in den Write-Modus schaltet, sollte er versehentlich berührt werden.
Touch Write ist ein Read-Modus, der anhält, solange ein Fader nicht berührt

wird. Bewegt man einen Fader allerdings, so schaltet er in den Write-Mode und bleibt in diesem Modus, auch wenn man den Fader wieder losläßt.
Auch im *Leave Write*-Modus befindet sich der Regler zunächst in Read und kann durch Berühren in Write geschaltet werden. Bewegt man den Fader jedoch über die Stellung hinweg zurück, die im Read-Modus gelesen würde, so schaltet der Regler in den Read-Modus. Damit kann man den Write-Modus ohne Pegelsprung verlassen. Zwei Leuchtdioden zeigen die Richtung, in die der Regler bewegt werden muß, um zur programmierten Stellung zurückzukehren.
Der *Touch Update*-Modus verhält sich wie der Touch Write-Modus. Allerdings kehrt der Fader automatisch zur programmierten Stellung zurück, sobald man ihn losläßt.
Ein *Update*-Modus, der wie im VCA-System relative Änderungen erlaubt, ist im Grunde mit einem Motorregler nicht möglich, da der Regler ja unmittelbar auf das Audiosignal wirkt. Einige Systeme erlauben aber auch diese Variante der Datenänderung.
Schließlich soll noch erwähnt sein, daß der Hersteller Solid State Logic (SSL) eine Faderautomation unter dem Namen Ultimation anbietet, die wahlweise im VCA- und Motorfader-Modus betrieben werden kann.

Abb. 10.30 Solid State Logic-Pult mit Ultimation-Automation

c) Total Recall

Unter Total Recall versteht man eine Speichermöglichkeit für sämtliche Regler- und Schalterstellungen im Mischpult. Zum ersten Mal wurde ein solches System unter diesem Namen von Solid State Logic (SSL) realisiert. Andere Hersteller bieten mittlerweile vergleichbare Systeme an. Dabei handelt es sich nicht um eine Automation ähnlich der Regler-Automation, die kontinuierliche Änderungen aller Einstellungen speichern kann, also dynamisch arbeitet. Total Recall speichert lediglich eine komplette Pulteinstellung als Snapshot, ist also ein statisches System. Das ist in vielen Fällen durchaus ausreichend, da Entzerrereinstellungen, Hallanteile etc. während der gesamten Mischung oft gleich bleiben. Aber auch bei der Aufnahmesession kann Total Recall nützlich sein, um Entzerrereinstellungen, Monitor-Mix etc. zu speichern und jederzeit wieder exakt abrufen zu können.

Die gespeicherten Einstellungen müssen bei diesem System manuell auf das Mischpult zurückübertragen werden. Auf einem Bildschirm werden dazu gespeicherte und tatsächliche Regler- bzw. Schalterstellungen angezeigt, die dann in Übereinstimmung gebracht werden müssen.

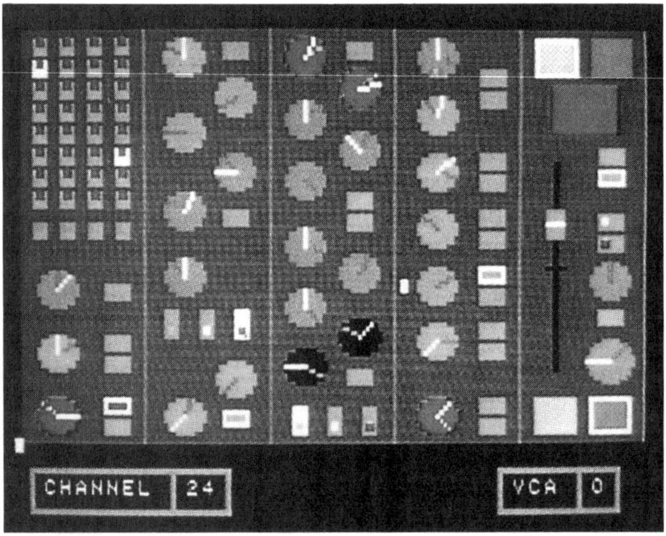

Abb. 10.31 Darstellung eines Kanals auf dem Total-Recall-Bildschirm

d) Digital gesteuerte Mischpult-Automation

Auch die Speicherung der übrigen Regel- oder Schaltvorgänge im Mischpult ist heute möglich. Dafür muß ein analoges Mischpult mit einer digitalen Steuerung

aller Parameter ausgestattet sein, oder das Mischpult muß völlig digital arbeiten (siehe Abschnitt 10.1).
Im Grunde gleicht die Bedienung eines solchen Systems der einer herkömmlichen VCA-Regler-Automation mit Write-, Read- und Update-Modus. Der Vorteil, daß nun sämtliche Funktionen speicherbar sind, kommt aber nicht nur bei der Mischung zum Tragen. Vielmehr kann das Mischpult in wenigen Sekunden wieder exakt so konfiguriert werden, wie man es verlassen hat. Unterbrechungen einer Aufnahmesession oder die Arbeit an einer anderen Produktion sind so problemlos möglich. Entzerrereinstellungen, Monitor-Mix oder Kopfhörer-Mix lassen sich später auf Knopfdruck wieder genau rekonstruieren.

e) MIDI-steuerbare Mischpulte

Nach der Einführung des MIDI-Standards (MIDI = Musical Instrument Digital Interface) kam dieses System auch für die Steuerung von Mischpulten zur Anwendung. Die geringen Kosten und die vergleichsweise einfache Hardware haben dem MIDI-Standard auch hier zum Durchbruch verholfen.
In der MIDI-Spezifikation sind sogenannte Controller vorgesehen, die eine kontinuierliche Steuerung frei definierbarer Parameter über MIDI ermöglichen. Über diese Controller können beispielsweise auch Mischpultregler mit einer Auflösung von 128 Schritten gesteuert werden.
MIDI-gesteuerte Mute-Systeme lassen sich einfach und vor allem sehr kostengünstig in ein Mischpult integrieren. So gibt es Pulte mit Mute-Automation, die zur Steuerung lediglich einen MIDI-Sequenzer benötigen. Ohne zusätzliche Kosten lassen sich so die Mute-Tasten aller Kanäle über MIDI steuern. Das Mischpult wird wie ein normales Masterkeyboard bzw. ein Expander mit dem Sequenzer verbunden.
Eine Variante dieser Technik ist die sogenannte Snapshot-Speicherung, mit der bestimmte Konfigurationen im Mischpult gespeichert werden können, beispielsweise die Routing-Sektion aller Kanäle. In der Regel sind so lediglich die Zustände von Schaltern speicherbar.
Regler-Automationen lassen sich über MIDI relativ preiswert realisieren, da die notwendige Steuersoftware auf Personal-Computern laufen kann. Hier hat sich in Deutschland weitgehend der Atari ST durchgesetzt, da er standardmäßig mit einer MIDI-Schnittstelle ausgerüstet ist.
Das Mischpult muß, wie bei jeder Automation, mit VCA-Reglern ausgestattet sein bzw. nachgerüstet werden. Weitere Änderungen am Mischpult, beispielsweise zusätzliche Tasten für die Anwahl der Arbeitsmodi Write, Read oder Update, sind nicht notwendig. Diese Anwahl erfolgt direkt am Bildschirm des Steuercomputers. Die Speicherung und Wiedergabe der VCA-Einstellungen wird dann über die MIDI-Controller abgewickelt.

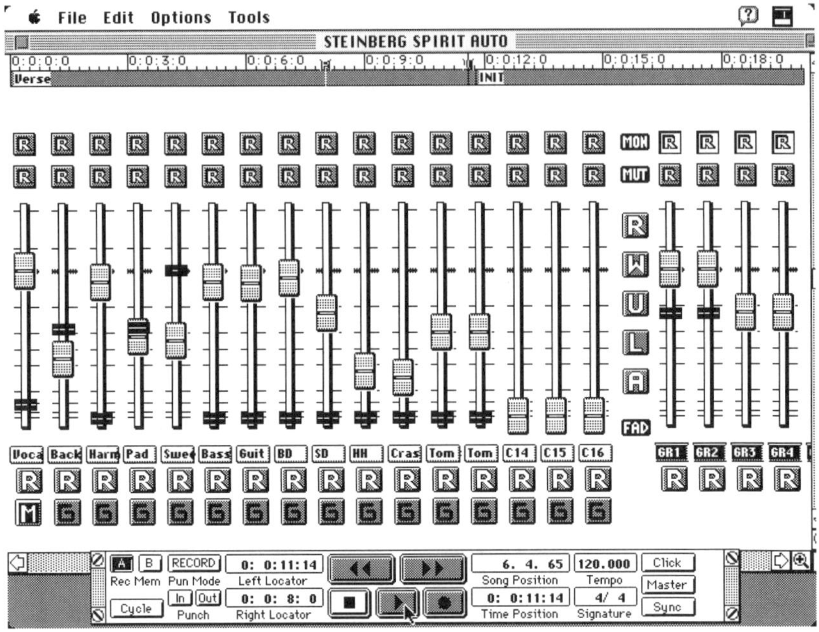

Abb. 10.32 Bildschirm einer Automation-Software (Spirit von Steinberg)

Es gibt jedoch einige Einschränkungen für eine MIDI-Mischpult-Automation, besonders wenn man an größere Systeme mit mehr als ca. 32 Kanälen denkt. Maximal könnten 64 Regler mit den vorhandenen Controllern gesteuert werden. Das Problem ist dabei nicht die Steuerung von VCAs durch MIDI-Controller selbst, sondern die Übertragung der manchmal doch ganz erheblichen Datenmengen über ein Standard-MIDI-Kabel. Die Übermittlung einer Controller-Nachricht, also einer einzigen Reglereinstellung, dauert mindestens rund 0,6 ms (bei Übermittlung nur eines Datenbytes). Die Daten über eine gerade vorgenommene Änderung treffen also auch erst mit dieser Verzögerung im Rechner ein. Bei nur einer Nachricht ließe sich das ohne weiteres durch entsprechende Software kompensieren. Werden aber gleichzeitig mehrere Regler bewegt, was ja bei einer Mischung oft der Fall ist, so können doch nicht unerhebliche Verzögerungen auftreten, die zudem von der gerade übertragenen Datenmenge abhängen.

Ein Beispiel verdeutlicht die Problematik: Bei zehn Reglern beispielsweise beträgt die Verzögerung bei der Übertragung von jeweils nur einer neuen Reglerstellung zum Rechner schon über 6 ms. Die gleiche Verzögerung tritt noch einmal auf, wenn die Daten wieder zum Mischpult zurückgesendet werden.

Insgesamt beträgt die Übertragungszeit also schon über 12 ms. Werden die Regler gar kontinuierlich bewegt, so können wesentlich größere Datenmengen auftreten.
Aber schon in unserem einfachen Beispiel ist die Verzögerung auf der Datenleitung in vielen Fällen nicht mehr akzeptabel, beispielsweise dann, wenn es um exaktes Ein- oder Ausschalten von Schlagzeugspuren oder das präzise Ausgleichen von Lautstärkesprüngen geht. Diese Aufgaben sind von einer MIDI-gesteuerten Automation kaum zu bewältigen. Verschärft wird dieses Problem zusätzlich dadurch, daß die Verzögerung bei der Übermittlung von Regler-Daten eben nicht konstant ist, sondern davon abhängt, wie viele Regler gerade bewegt werden. Aus diesem Grund kommt der Einsatz solcher Automationssysteme im professionellen Bereich wohl weniger in Frage. Vor allem in semiprofessionellen Studios haben sich MIDI-Automationen wegen ihres günstigen Anschaffungspreises durchgesetzt. Die Kosten betragen nur rund 25% eines vergleichbaren professionellen Systems. Berücksichtigt man die genannten Einschränkungen, so lassen sich in der Praxis die meisten Automationsaufgaben trotzdem zufriedenstellend erledigen.

Kapitel 11 Kontroll-instrumente

Für die Kontrolle oder Beurteilung von Signalen im Studio ist zunächst einmal das Gehör des Toningenieurs zuständig, Ihr „gutes Ohr“ also. Aussteuerungsinstrumente hingegen dienen in erster Linie dazu, die elektrischen Pegel innerhalb des Studios zu überwachen und zu messen, sie sind gewissermaßen Ihr „drittes“, unbestechliches Ohr. Besonders der Pegel, der auf eine analoge oder digitale Bandmaschine aufgezeichnet wird, darf einen gewissen Wert nicht übersteigen, um nicht-lineare Verzerrungen zu vermeiden. Eine Kontrolle durch das Gehör allein ist in diesem Fall nicht zuverlässig genug.

11.1 Aussteuerungsinstrumente

Aussteuerungsinstrumente haben die Aufgabe, den elektrischen Pegel eines Audiosignals zu messen. Sie zeigen grundsätzlich den relativen Pegel an, bei Vollaussteuerung also 0 dB. Je nach Arbeitspegel im Studio kann die relative Pegelanzeige 0 dB einem unterschiedlichen absoluten Leitungspegel entsprechen. Gängige Leitungspegel sind +4 dBm (=1,23 V) oder +6 dBm (=1,55 V) im professionellen Bereich. Im semiprofessionellen Bereich liegt der Pegel rund 10 dB niedriger. Für die praktische Arbeit im Studio hat der absolute Leitungspegel eigentlich keine Bedeutung. Es muß nur sichergestellt sein, daß alle relativen Pegel den gleichen Bezugswert haben, nämlich den Studio-Leitungspegel. Bei Pegel über 0 dB spricht man vom Übersteuerungsbereich. Das bedeutet aber keineswegs, daß das Mischpult oder das Band sofort hörbar verzerren. Ein Mischpult hat im allgemeinen eine sogenannte Übersteuerungsreserve von 15...20 dB, Tonband etwa 5...8 dB. Erst darüber sind hörbare Verzerrungen zu erwarten.

Gemessen wird im allgemeinen immer die Aussteuerung des Signals, das auch abgehört wird. Schaltet man also die Lautsprecher von Pultausgang auf Hinterband, so folgen auch die Aussteuerungsinstrumente dieser Umschaltung. In Pulten für Mehrspuraufnahmen gibt es zusätzlich für jede Spur ein Aussteuerungsinstrument. Je nach Status der Monitor-Sektion wird das Group- oder Tape-Signal gemessen. Die Aussteuerung innerhalb eines Eingangskanals wird durch die Solo-Funktion überwacht. Sie schaltet das angewählte Signal gleichzeitig auf die Lautsprecher und das Aussteuerungsinstrument.

11.1.1 Peak-Meter

Die Charakteristik eines Peak-Meters ist auf die genaue Anzeige auch sehr kurzer Signalspitzen ausgelegt. Der Ausschlag des Instruments korreliert daher nicht unbedingt mit der empfundenen Lautstärke. Moderne Peak-Meter besitzen eine Leuchtdioden-Kette oder eine Plasma-Anzeige.

Ein Peak-Meter sollte nach DIN 45406 einen Anzeigebereich von -50...+5 dB besitzen. Die Anzeigeskala ist nicht linear, sondern im Bereich um 0 dB gedehnt. In diesem Bereich ist die Anzeige daher sehr genau. Impulse von 10 ms Dauer zeigt ein Peak-Meter mit einer Abweichung von nur -1 dB an, verglichen mit einem Dauersignal bei gleichem Pegel. Man spricht von einer Ansprech- oder Integrationszeit von 10 ms. Diese Zeit wurde gewählt, weil das Ohr nicht in der Lage ist, Übersteuerungen von kürzerer Dauer zu erfassen.

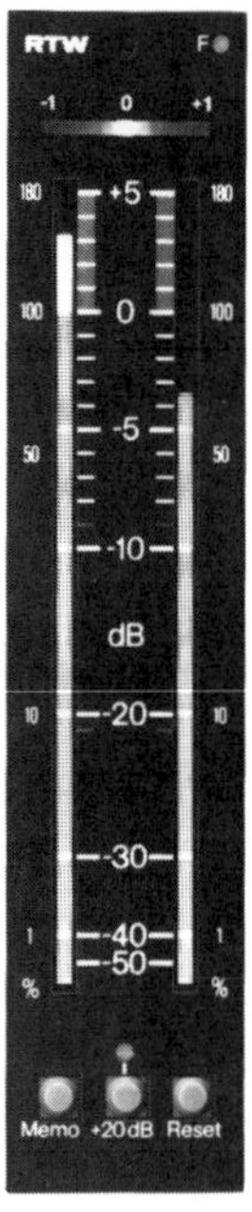

Abb. 11.1 Peak-Meter mit integriertem Korrelationsgradmesser

Die Rücklaufzeit der Anzeige beträgt ca. 1,5 sec pro 20 dB Anzeigebereich. Insgesamt ergibt sich damit eine relativ ruhige Anzeige.

11.1.2 VU-Meter

Die Anzeigecharakteristik des VU-Meters ist der Lautstärkeempfindung des Gehörs angenähert. Das soll auch schon der Name Volume-Unit ausdrücken. Dementsprechend ist die Ansprechzeit eines VU-Meters mit ca. 300 ms wesent-

lich langsamer. Erst ein Impuls von dieser Länge wird also exakt angezeigt. Besonders Spitzen von Percussionsinstrumenten kann ein VU-Meter nicht mehr erkennen. VU-Meter werden aus diesem Grund mit einem Vorlauf versehen. Sie zeigen also bei Dauersignalen, beispielsweise bei langen Baßtönen oder flächigen Synthesizer-Sounds, einen zu hohen Pegel an. Dieser Vorlauf beträgt zwischen 4 und 8 dB.
Zusammen mit der relativ großen Ansprechzeit ergibt sich damit wieder eine auch in elektrischer Hinsicht brauchbare Anzeige, wenngleich eine wirklich präzise Pegelüberwachung mit einem VU-Meter kaum möglich ist. Außerdem ist in vielen Fällen der Vorlauf dem Anwender nicht bekannt.
Der Anzeigebereich eines VU-Meters beträgt -20...+3 dB und ist damit wesentlich enger als der eines Peak-Meters. Der Bereich um 0 dB ist ebenfalls gedehnt. Bei Programmen mit großer Dynamik, beispielsweise klassischer Musik, ist auf einem VU-Meter bei leisen Passagen kein Ausschlag mehr erkennbar. Bei Rock- oder Popmusik dagegen kann man mit VU-Metern mit einem Vorlauf von 4 dB sehr gut arbeiten.

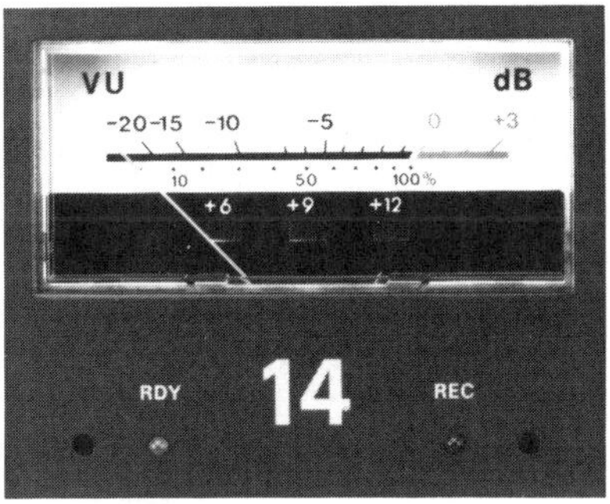

Abb. 11.2 VU-Meter

VU-Meter waren lange Zeit wesentlich billiger in der Herstellung als Peak-Meter, als ausschließlich Zeigerinstrumente zur Anzeige benutzt wurden. Sie sind daher noch immer in Mischpulten und Bandmaschinen zu finden. Die Verwendung von Leuchtdioden-Anzeigen hat aber die Peak-Meter wesentlich verbilligt, so daß man heute häufig sogar Aussteuerungsinstrumente findet, deren Anzeigecharakteristik zwischen Peak und VU umschaltbar ist.
Die folgende Abbildung 11.3 stellt die unterschiedliche Anzeige von Peak- und VU-Meter für verschiedene Signale gegenüber. Mit einer gewissen Erfahrung werden Sie jedoch mit beiden Anzeigeinstrumenten problemlos arbeiten können.

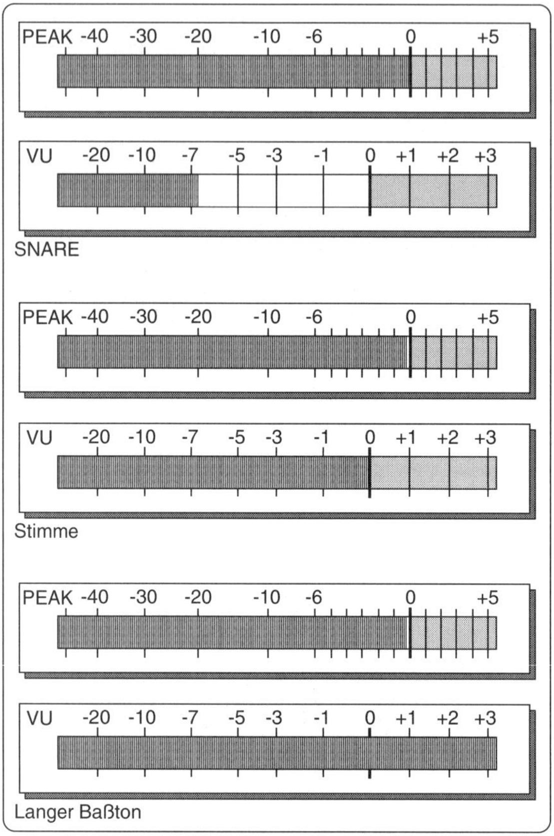

Abb. 11.3 Vergleich der Ausschläge bei verschiedenen Quellen zwischen Peak-Meter und VU-Meter mit 4 dB Vorlauf

11.1.3 Aussteuerungsinstrumente für digitale Audiosignale

Die Aussteuerung digitaler Signale erfordert Instrumente, die den Pegel des digitalen Audiosignals messen können. Sie arbeiten folglich in der digitalen Ebene.

Im Gegensatz zur analogen Technik gibt es in der digitalen Audiotechnik einen exakt definierten Pegel, bei dem sofort erhebliche Verzerrungen einsetzen. Dieser Pegel ist dann erreicht, wenn das analoge Eingangssignal eines A/D-Wandlers den Pegel überschreitet, den der Wandler gerade noch erfassen kann. Dieser Wert entspricht der Vollaussteuerung 0 dB. Er darf nicht überschritten werden, auch nicht für kurze Zeit. Die Ansprechzeit digitaler Aussteuerungsinstrumente liegt daher bei einem Wert von ca. 1 ms.

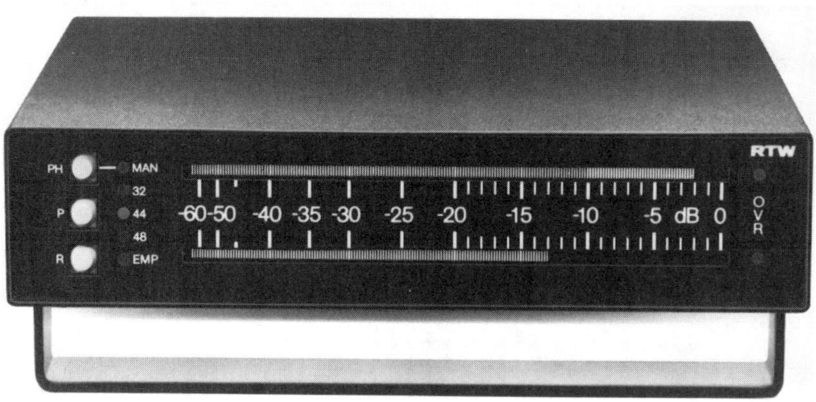

Abb. 11.4 Digitales Meter (RTW)

Natürlich benötigt man auch für die digitale Aussteuerung eine Übersteuerungsreserve, d.h. einen Bereich über der Vollaussteuerung eines analogen Mischpults und der Aussteuerungsgrenze eines digitalen Bandes. Diesen Bereich nennt man Headroom.
Der Headroom ist nicht genormt, häufig werden dafür 10 dB, manchmal auch 12 dB angesetzt. Das bedeutet dann, daß ein relativer analoger Ausgangspegel von 0 dB im Mischpult einem Aussteuerungspegel von -10 dB bzw. -12 dB der digitalen Aufnahme entspricht.

11.2 Spektrum-Analyser

Peak-Meter oder VU-Meter messen im gesamten hörbaren Frequenzbereich. Der Ausschlag dieser Aussteuerungsinstrumente sagt demnach nichts über den Anteil verschiedener Frequenzbereiche aus.
Der Spektrum-Analyser dagegen mißt die Pegel in einzelnen Frequenzbereichen und zeigt sie gleichzeitig mit LED-Ketten an. Die Breite der Frequenzbereiche entspricht immer einer Terz, die Mittenfrequenzen sind genormt:

		20	25	31,5	40	50	63	80	100	Hz
125	160	200	250	315	400	500	630	800	1000	Hz
1,25	1,6	2	2,5	3,15	4	5	6,3	8	10	kHz
12,5	16	20								kHz

Abb. 11.5 Genormte Mittenfrequenzen für Analyser

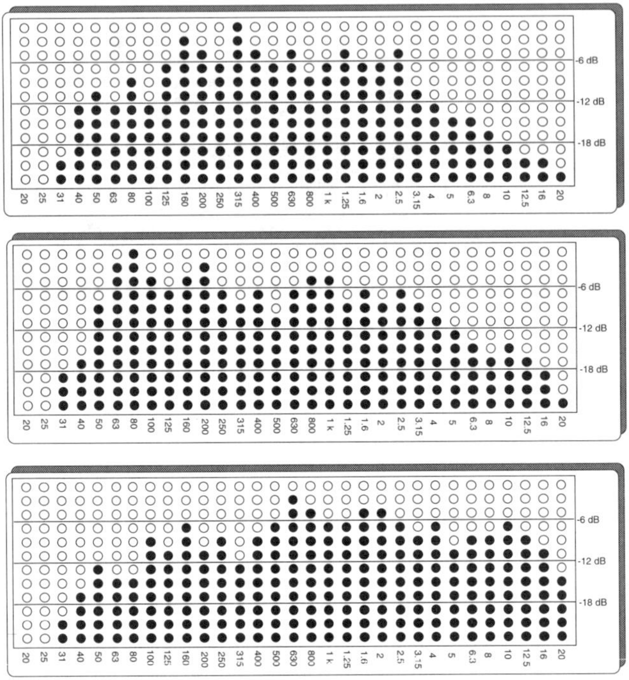

Ausgeglichenes Klangbild

Tiefenbetontes Klangbild

Höhenbetontes Klangbild

Abb. 11.6 Analyseranzeige bei verschiedenen Klangbildern

Ein Analyser stellt also ein Klangbild optisch dar. Man kann erkennen, ob bestimmte Frequenzbereiche fehlen, unter- oder überbetont sind.
Stellt man eine Mischung auf einem Analyser dar, so kann man sie auch optisch mit anderen Aufnahmen vergleichen. Diese Darstellung kann den Vergleich bzw. die Beurteilung durch das Ohr immer nur unterstützen, niemals jedoch ersetzen.
Eine weitere wichtige Anwendung für den Analyser ist die Frequenzgangkontrolle von Lautsprechern in einem Regieraum. Ein Meßmikrofon (Druckempfänger) mit einem linearen Frequenzgang wird am Hörplatz des Toningenieurs aufgestellt, auf die Lautsprecher wird ein Rosa Rauschen gegeben. Rosa Rauschen direkt auf dem Analyser dargestellt, ergibt gleiche Ausschläge in allen Frequenzbereichen.
Mißt man nun das Rauschen am Hörplatz, so kann man erkennen, in welchen Bereichen die Wiedergabe vom linearen Frequenzgang abweicht. Die Ursache können die Lautsprecher selbst oder Einflüsse des Raums (Resonanzen, stehende Wellen) sein.

11.3 Korrelationsgradmesser

Mit dem Korrelationsgradmesser werden die Phasenunterschiede (Korrelation) zwischen den beiden Stereokanälen gemessen. Phasenunterschiede sind nichts anderes als Laufzeitunterschiede, wie sie beispielsweise bei der A-B-Stereoaufnahmetechnik ausgenutzt werden. Ein Korrelationsgradmesser hat einen Anzeigebereich von +1...-1, was einer Phasenlage von 0°... 360° entspricht.

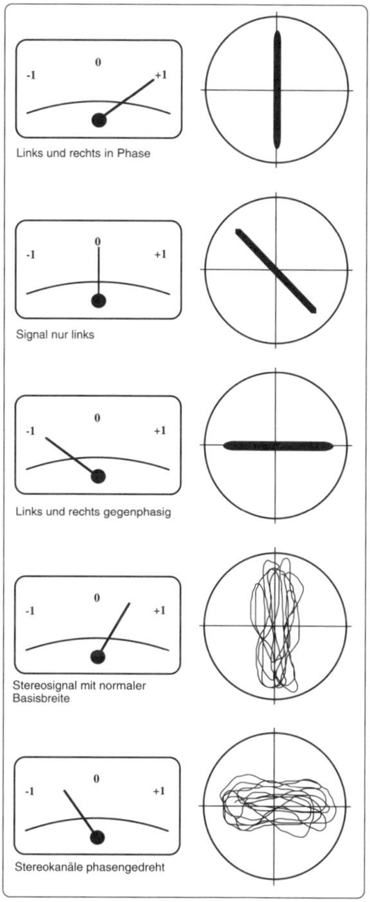

Abb. 11.7 Anzeige des Korrelationsgrads auf einem Korrelationsgradmesser und einem Stereosichtgerät

Eine andere Bauform eines Korrelationsgradmessers ist das sogenannte Stereosichtgerät. Als Anzeige wird in diesem Gerät eine Mattscheibe eingesetzt. Die Abbildung 11.7 zeigt an einigen Beispielen den Zusammenhang zwischen Korrelationsgrad und Anzeige auf dem Stereosichtgerät. Eine durchschnittliche Stereoaufnahme hat einen Korrelationsgrad von 0,4...0,7. In Abhängigkeit des jeweiligen Programms schwankt der Korrelationsgrad natürlich. Die Kenntnis des Korrelationsgrads ist in zweierlei Hinsicht wichtig.

Zum einen gibt er einen Anhaltspunkt über die Monokompatibilität einer Stereoaufnahme. Je größer die Korrelation ist, desto weniger Einbußen sind bei der Monowiedergabe einer Aufnahme zu erwarten. Bei jedem Korrelationsgrad kleiner als 1 treten bei der Zusammenführung der beiden Stereokanäle zu einem Monosignal Auslöschungen auf, die mit kleiner werdendem Korrelationsgrad zunehmen. Diese Auslöschungen beeinträchtigen das Klangbild bei der monophonen Wiedergabe. Bei einem Korrelationsgrad von -1, also gegenphasigen Signalen, gibt es aufgrund vollständiger Auslöschung kein Monosignal mehr. Bei der Produktion von Master-Bändern für die analoge Schallplattenherstellung muß der Korrelationsgrad ebenfalls beachtet werden. Eine geringe Korrelation führt zu einem erhöhten Anteil der Tiefenschrift, was besonders bei tiefen Frequenzen zu Problemen führen kann (siehe dazu Kapitel 13).

Kapitel 12 Signalbearbeitung

Die Signalbearbeitung, also der Einsatz von Effektgeräten bei der Aufnahme oder Mischung, hat in den vergangenen Jahren eine immer stärkere Bedeutung in der Studioarbeit gewonnen. Denken Sie einmal vielleicht 15 Jahre zurück, so bleiben als „Effektgeräte" die Nachhallplatte und das Bandecho - aus heutiger Sicht fast schon Museumsstücke. Heutezutage hingegen finden wir unzählige Geräte in den Effektracks, Geräte, die im Zuge der Entwicklung vor allem der digitalen Audiotechnik immer vielseitiger und komplexer werden, die nicht nur einen, sondern mehrere Effekte - oft gleichzeitig - erzeugen können.
Die Entwicklung von sogenannten DSP-Chips (Digital Sound Processing) wird diesen Trend sicher noch weiter verstärken. Fast ist man geneigt zu sagen, DSP-Chips sind digitale Alleskönner, die, mit ein wenig Software versehen, jede nur erdenkliche Funktion übernehmen können. Ob Sie einen digitalen Entzerrer, Limiter oder ein beliebiges anderes, digitales Effektgerät einsetzen, immer arbeitet ein DSP-Chip im Hintergrund.
Im Umgang mit diesen Geräten können Sie als Toningenieur Ihre Kreativität in besonderem Maße unter Beweis stellen. Voraussetzung dafür ist aber eine genaue Kenntnis der einzelnen Effekte und Geräte. Diese Grundlagen sollen in diesem Kapitel gelegt und damit gleichzeitig ein Anstoß zum phantasievollen Einsatz dieser Geräte gegeben werden.

12.1 Entzerrer

Jeder Kanal eines Mischpults verfügt in der Regel über einen Entzerrer (siehe Kapitel 10). Diese Entzerrer sind so ausgelegt, daß sie eher den künstlerischen Anforderungen bei einer Aufnahme oder Mischung gerecht werden. Sie dienen der Korrektur bzw. Änderung von Klängen und Sounds nach den Vorstellungen des Toningenieurs oder Produzenten.
Daneben ist die Qualität eines Entzerrers natürlich immer vom Gesamtpreis des Mischpults abhängig. Wer einmal einen Blick in die Schaltpläne von Misch-

pulten verschiedener Preisklassen wirft, kann bereits an der Menge der verwendeten Bauteile erkennen, wie unterschiedlich der Schaltungsaufwand für ein und dieselbe Funktion sein kann. Qualität ist aber nicht nur eine Frage der einstellbaren Parameter, sondern auch der klanglichen Ergebnisse. Kurz: Auch Entzerrer haben ihren eigenen Sound. Aufwendiger konzipierte Entzerrer als Zusatzgerät sind eine hilfreiche Ergänzung zum Mischpult-Entzerrer, besonders bei Mischpulten, die nicht über eine vollparametrische Klangregelung verfügen.
Darüber hinaus gibt es einige spezielle Anwendungen für Entzerrer wie z. B. das Ausfiltern von Störgeräuschen (Netzbrummen etc.), besondere Effekte wie „Telefon-Sound" oder die Korrektur des Frequenzgangs von Lautsprechern in unterschiedlichen Räumen. Für diese Zwecke sind Mischpult-Entzerrer normalerweise nicht geeignet, man muß zu zusätzlichen Entzerrern greifen.

12.1.1 Hoch-, Tief- und Bandpaß-Filter

Diese Filter lassen - wie der Name schon sagt - bestimmte Frequenzen unbeeinflußt passieren, während andere abgeschwächt werden. Mit einem Hochpaßfilter läßt sich beispielsweise ein tieffrequentes Rumpeln ausfiltern, mit einem Tiefpaßfilter dagegen hochfrequentes Rauschen. Man sagt, daß Frequenzen, die um weniger als 3 dB gedämpft werden, innerhalb des Filterbereichs liegen, die übrigen dagegen außerhalb. Die Übergangsfrequenz zwischen den beiden Bereichen ist demnach die Frequenz, bei der eine Dämpfung um exakt 3 dB vorliegt. Diese Übergangsfrequenz ist normalerweise regelbar.

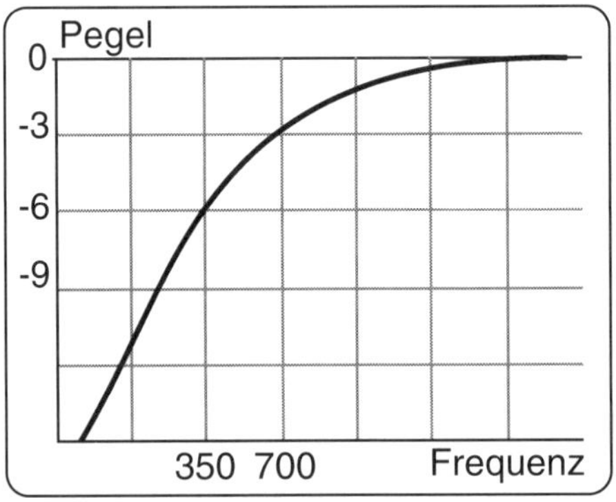

Abb. 12.1 700-Hz-Hochpaßfilter mit 6 dB Flankensteilheit

Die Dämpfung der Frequenzen außerhalb des Filterbereichs sollte idealerweise unendlich groß sein. Das ist praktisch allerdings nicht zu erreichen. Die Dämpfung nimmt vielmehr mit der Differenz zwischen der jeweiligen Frequenz und der Übergangsfrequenz zu. Diese Differenz nennt man Flankensteilheit. Im einfachsten Fall beträgt die Flankensteilheit 6 dB/Oktave. Für ein Hochpaßfilter mit einer Übergangsfrequenz von 700 Hz bedeutet das z. B., daß 350 Hz um 9 dB gedämpft werden (siehe Abbildung 12.1). In der Praxis findet man Werte für die Flankensteilheit von 12 dB, 18 dB, manchmal sogar 24 dB/Oktave. Häufig ist die Flankensteilheit umschaltbar. Filter in Mischpulten haben in der Regel eine feste Flankensteilheit von 12 dB/Oktave. Schaltet man ein Hoch- und ein Tiefpaßfilter hintereinander, so erhält man ein Bandpaßfilter.

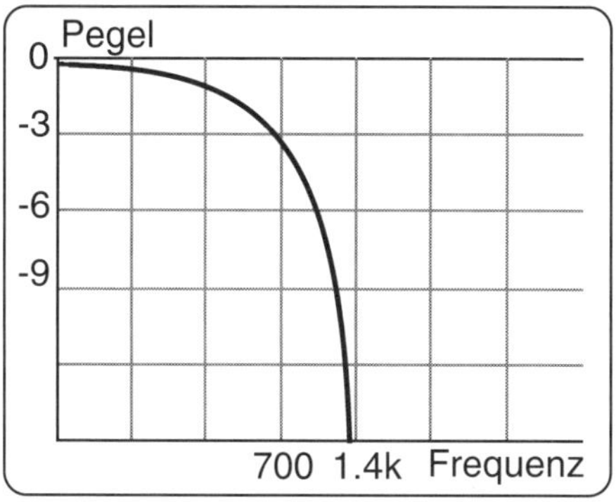

Abb. 12.2 700-Hz-Tiefpaßfilter mit 12 dB Flankensteilheit

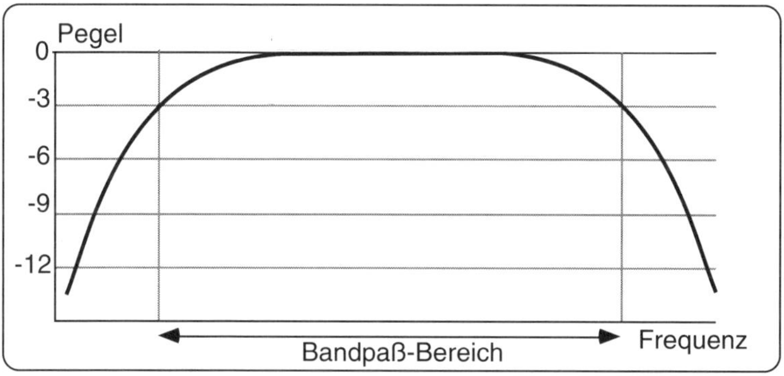

Abb. 12.3 Bandpaßfilter als Kombination eines Hoch- und Tiefpaßfilters

12.1.2 Shelving-Entzerrer

Ein Shelving-Entzerrer verstärkt oder dämpft ab der Übergangsfrequenz um einen bestimmten Betrag bis zum unteren bzw. oberen Ende des Übertragungsbereichs. Man bezeichnet diese Entzerrer deshalb einfach als Höhen- bzw.

Tiefenregler, wobei die Frequenz 1 kHz die beiden Bereiche gegeneinander abgrenzt. Die Übergangsfrequenz eines Tiefenreglers kann also 1 kHz oder niedriger, die eines Höhenreglers 1 kHz oder höher sein.
In der Praxis sind die Übergangsfrequenzen in einem Bereich von 30...500 Hz bzw. 2...20 kHz wählbar. Die Verstärkung bzw. Dämpfung ist in einem Bereich von ca. +/-15 dB regelbar. Auch ein Shelving-Entzerrer hat natürlich eine gewisse Flankensteilheit. Bei einem Höhenregler werden demnach auch Frequenzen unterhalb der eingestellten Übergangsfrequenz beeinflußt. Die Flankensteilheit bei der maximalen Verstärkung bzw. Dämpfung beträgt etwa 12 dB/Oktave.

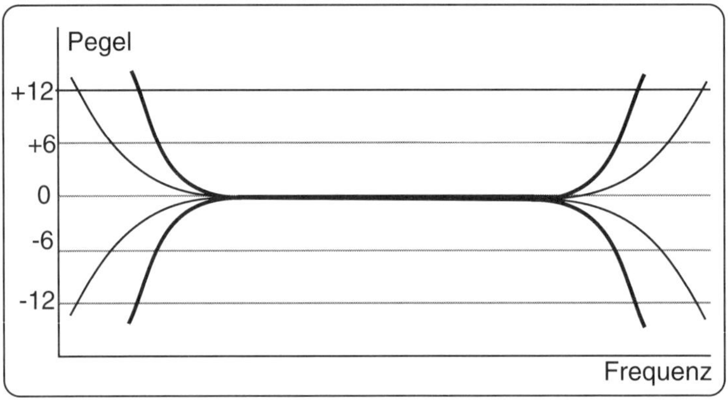

Abb. 12.4 Shelving-Filter

12.1.3 Peak- oder Bell-Entzerrer

Mit einem Peak- oder Bell-Entzerrer kann ein bestimmbarer Frequenzbereich verstärkt oder gedämpft werden. Beide Parameter, also Mittenfrequenz und Verstärkung bzw. Dämpfung, charakterisieren einen Peak-Entzerrer. Der dritte Parameter ist die Bandbreite des Entzerrers. Sie wird bestimmt durch die Differenz zwischen den beiden Frequenzen, an denen die Verstärkung bzw. Dämpfung um 3 dB geringer ist als an der Mittenfrequenz. Man gibt die Bandbreite jedoch nicht in Hertz, sondern in Bruchteilen von Oktaven, also relativ, an. Häufiger noch wird der Q-Faktor angegeben. Zur Berechnung des Q-Faktors wird die Mittenfrequenz durch die Bandbreite in Hertz dividiert. Ein typischer Peak-Entzerrer mit einer Mittenfrequenz von 1 kHz hat eine Bandbreite von 1/3-Oktave. Die Frequenzen, bei denen die Verstärkung bzw. Dämpfung noch 3 dB beträgt, sind damit also 891 Hz bzw. 1 123 Hz, das Filter hat demnach eine Bandbreite von 1 123 Hz...891 Hz = 232 Hz. Der Q-Faktor beträgt in diesem Fall 1000 Hz/232 Hz = 4,31.

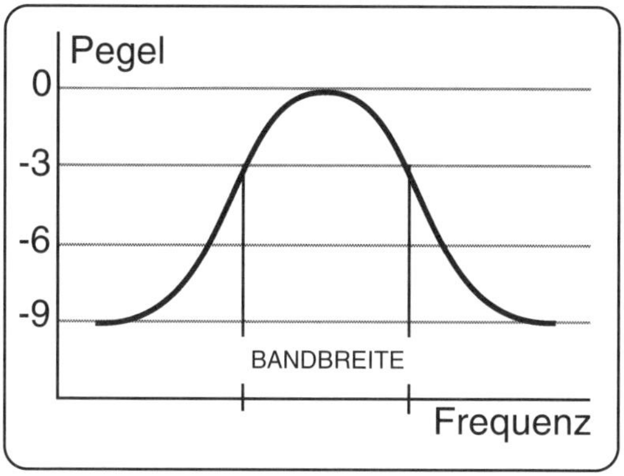

Abb. 12.5 Bandbreite bei einem Peak-Entzerrer

Peak-Filter (sie können ein bestimmtes Frequenzband nur dämpfen, nicht aber verstärken) mit einem Q-Faktor in der Größenordnung von zehn nennt man auch Notch-Filter (engl. Notch = Kerbe). Sie werden zum Ausfiltern von Störungen wie Netzbrummen verwendet.

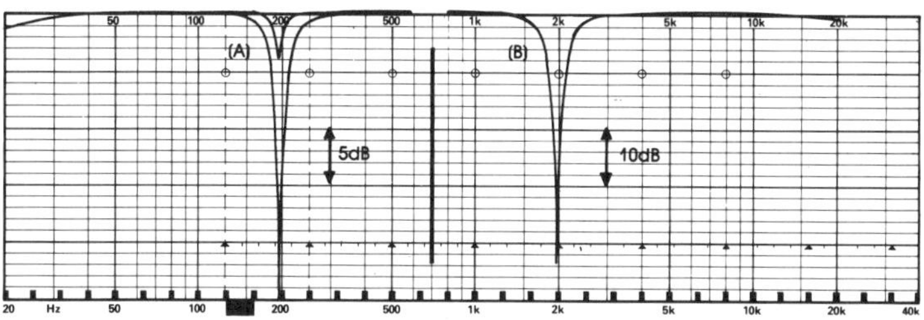

Abb. 12.6 Notch-Filter-Kurve (Klark Teknik)

12.1.4 Parametrische Entzerrer

In Mischpulten, aber auch allgemein versteht man unter einem parametrischen Equalizer einen Entzerrer, dessen Parameter sich beliebig verändern lassen. Dieser Entzerrer ist damit für viele Anwendungen einsetzbar. Ein parametrischer Entzerrer als Zusatzgerät verfügt über mehrere, einander überlappende Frequenzbereiche, das obere bzw. untere Band ist zwischen Shelving- und Peak-Charakteristik umschaltbar. Meistens sind die Bänder einzeln zuschaltbar. Der Q-Faktor ist häufig so hoch einstellbar, daß der Entzerrer auch als Notch-Filter verwendet werden kann. Darüber hinaus sind Hoch- und Tiefpaßfilter vorhanden.

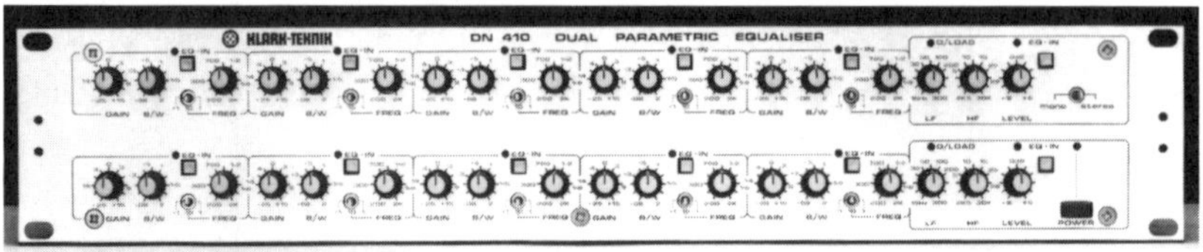

Abb. 12.7 Parametrischer Entzerrer von Klark Teknik

12.1.5 Graphische Entzerrer

Mit einem graphischen Entzerrer können mehrere festgelegte Frequenzbereiche einzeln angehoben oder abgesenkt werden. Diese Entzerrer werden als „graphisch“ bezeichnet, weil die Regler zur Beeinflussung der einzelnen Frequenzbereiche als senkrecht nebeneinander angeordnete Schieberegler ausgeführt sind. Die Stellung der einzelnen Regler gibt so auch ein optisches Bild der eingestellten Entzerrung.

Die Mittenfrequenzen der Bereiche sind nicht veränderbar, sondern haben Abstände, die gleichbleibenden musikalischen Intervallen entsprechen. Man spricht demnach von graphischen Oktavband- oder Terzband-Entzerrern. Die Bandbreite der einzelnen Frequenzbereiche ist so gewählt, daß eine Anhebung bzw. Absenkung um den gleichen Betrag in allen Frequenzbereichen wieder einen insgesamt linearen Frequenzgang ergibt.

20	40	80	160	320	640	1,25 k	2,5 k	5 k	10 k	20 kHz

Tabelle 12.8 Mittenfrequenzen eines graphischen Oktavband-Entzerrers

		20	25	31,5	40	50	63	80	100	Hz
125	160	200	250	315	400	500	630	800	1000	Hz
1,25	1,6	2	2,5	3,15	4	5	6,3	8	10	kHz
12,5	16	20								kHz

Tabelle 12.9 Mittenfrequenzen eines graphischen Terzband-Entzerrers

Graphische Entzerrer werden häufig zur Korrektur nicht-linearer Frequenzverläufe verwendet, wie sie beispielsweise bei der Lautsprecherwiedergabe in Räumen auftreten. Die Abweichungen vom linearen Frequenzgang können einerseits im Verstärker oder Lautsprecher selbst auftreten, die Einflüsse des

Raums auf den Frequenzverlauf an einem bestimmten Platz sind aber andererseits meist größer. Gibt man Rosa Rauschen über die Lautsprecher wieder, können die Abweichungen vom linearen Frequenzgang mit Hilfe eines Meßmikrofons und eines Terzband-Analysers gemessen werden. An einem graphischen Terzband-Entzerrer lassen sich dann die Abweichungen vor dem Verstärker kompensieren. Terzband-Analyser und Terzband-Entzerrer ergänzen sich hierbei sehr gut, da die Mittenfrequenzen der Terzbänder übereinstimmen.

Abb. 12.10 Graphischer Entzerrer

12.1.6 Programmierbare Entzerrer

Ein programmierbarer Entzerrer hat die gleiche Funktion wie ein herkömmlicher, parametrischer Entzerrer. Er erlaubt jedoch, Einstellungen abzuspeichern und wieder aufzurufen.
Wie bei Speichersystemen in Mischpulten unterscheidet man dabei die Speicherung von Snapshots oder die kontinuierliche Protokollierung aller Veränderungen in Bezug auf einen Timecode. Verfügt der Entzerrer über eine MIDI-Schnittstelle, so lassen sich gespeicherte Einstellungen über Programm-Change-Befehle abrufen.
Auch die einzelnen Parameter sind über MIDI-Controller kontinuierlich veränderbar. Ein programmierbarer Entzerrer kann so in eine computergesteuerte Abmischung einbezogen werden.
Ähnlich wie Mischpulte mit digitaler Steuerung sind in programmierbaren Entzerrern nicht mehr unbedingt alle Kontrollregler separat vorhanden, sondern nur noch wenige Regler, denen die einzelnen Funktionen wie Frequenz, Anhebung usw. nun zugeordnet werden können.
Intern können programmierbare Entzerrer nach zwei Prinzipien arbeiten:

- Analoge Signalverarbeitung mit Spannungs- oder digitaler Steuerung aller Parameter. Dieses Prinzip ist relativ aufwendig und damit auch sehr teuer.
- Vollständig digitale Signalverarbeitung und -steuerung. Dieses Prinzip hat sich weitgehend durchgesetzt. Der Entzerrer verfügt über Analog/Digital-Wandler bzw. Digital/Analog-Wandler, kann also wie jedes analoge Zusatzgerät eingeschleift werden. Über eine geeignete digitale Schnittstelle (z. B. AES/EBU) lassen sich die Wandler natürlich auch umgehen.

12.2 Regelverstärker

Unter dem Begriff „Regelverstärker" faßt man Geräte zusammen, deren Verstärkungsgrad durch eine Steuerspannung beeinflußbar ist. Je nach Funktion unterscheidet man hauptsächlich zwischen Limiter, Kompressor, Expander und Noise-Gate.

Ein Regelverstärker ist mit einem VCA (Voltage Controlled Amplifier) aufgebaut, wie er auch in den Reglern computergesteuerter Mischpulte eingesetzt wird. Die Verstärkung eines VCA kann über eine Gleichspannung gesteuert werden. Die Steuerspannung für den VCA wird in den meisten Anwendungsfällen aus dem Eingangssignal des Verstärkers selbst abgeleitet. Das Signal, das bearbeitet werden soll, liefert - gleichgerichtet - also auch die Steuerspannung.

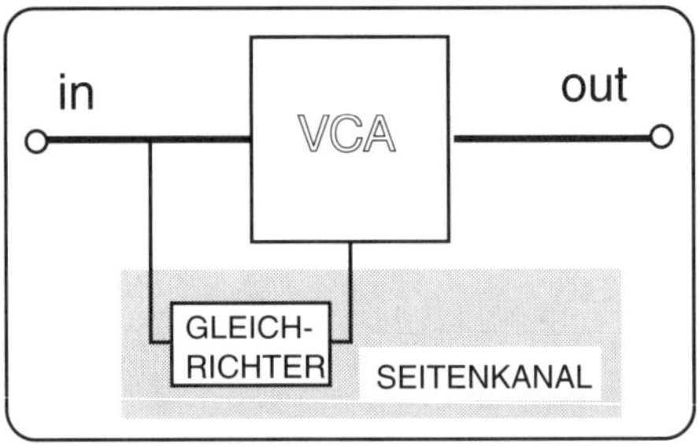

Abb. 12.11 Blockschaltbild eines Regelverstärkers

12.2.1 Dynamik

Regelverstärker ändern die Dynamik eines Signals. Unter der Dynamik versteht man den Pegelunterschied zwischen geringstem und höchstem möglichen Pegel. Das Ohr ist in der Lage, einen Dynamikbereich von 120...130 dB zu erfassen, was sich aus dem Unterschied zwischen Hörschwelle und Schmerzgrenze ergibt. Den gleichen Dynamikumfang können natürliche und künstliche Geräusche überstreichen.

Betrachtet man die mögliche Dynamik von Musik unabhängig von der Stilrichtung, so stellt man fest, daß auch Musik diesen enormen Dynamikbereich umfassen könnte. In der Praxis wird das wohl nur selten erreicht werden können und ist auch gar nicht wünschenswert. Dem stehen schon von vornherein gewisse Grenzen entgegen: Die Umgebungsgeräusche selbst in sehr ruhigen Räumen haben einen Pegel von etwa 20...30 dB, allzu häufiges Erreichen der Schmerzgrenze verbietet schon die Vorsorge vor Gehörschädigungen. Die Dynamik von Musikdarbietungen ist also schon durch „natürliche" Beschränkungen auf einen Wert von etwa 90 dB eingeengt.

Bei der elektroakustischen Übertragung von Musik sind weitere Einschränkungen der möglichen Dynamik zu berücksichtigen. Zum einen erreichen nicht alle Übertragungsglieder, insbesondere Tonbandmaschinen und Rundfunksender, den Dynamikumfang von 90 dB. Eine analoge Aufzeichnung erreicht eine Dynamik in der Größenordnung von 60 dB, mit zusätzlicher Rauschverminderung kann sie auf etwa 80...90 dB erhöht werden. Die analoge Schallplatte bietet ebenfalls nur 60 dB, UKW-Radio immerhin rund 65 dB Dynamik. Lediglich mit digitaler 16-Bit-Aufzeichnungs- und Wiedergabetechnik ist eine Dynamik von rund 90 dB möglich.
Auch die Wiedergabebedingungen selbst schränken in aller Regel die erwünscht Dynamik erheblich ein. Beispielsweise wäre eine Dynamik von 90 dB oder gar mehr in durchschnittlichen Wohnräumen kaum zufriedenstellend wiederzugeben. Hier ist mit Umgebungsgeräuschen mit einem Pegel in der Größenordnung von rund 35...45 dB, häufig sogar noch mit höherem Geräuschpegel zu rechnen. Hochwertige HiFi-Anlagen könnten 120...130 dB Schalldruck vielleicht noch erzeugen, ob die Reaktionen der Mitbewohner darauf allerdings positiv ausfallen werden, darf bezweifelt werden. Noch ungünstiger werden die Verhältnisse bei der Wiedergabe über durchschnittliche Geräte oder beispielsweise im Auto. Bestenfalls kann man also von einer möglichen Wiedergabedynamik in der Größenordnung von 50...60 dB ausgehen. Eine weitaus höhere Dynmik dagegen läßt sich beispielsweise bei der Tonwiedergabe in Kinos reproduzieren; hier erreicht man durchaus Werte von über 90 dB.
Die natürliche Dynamik muß also in geeigneter Weise reduziert werden, um damit den Beschränkungen durch die Übertragungswege Rechnung zu tragen und gleichzeitig die Wiedergabe bei einer angenehmen Lautstärke zu ermöglichen. Diese Dynamikverminderung kann sowohl manuell erfolgen, indem der Toningenieur entsprechende Pegelkorrekturen vornimmt, als auch automatisch durch den Einsatz von Kompressoren oder Limitern. Bei dieser Regelung sollte man sich aber keineswegs nur auf das Gesamtsignal beschränken. Gerade in der Rock- und Popmusik ist es notwendig, Instrumente mit großer Eigendynamik (Klavier, Streicher oder auch Stimme) an die im allgemeinen geringe Dynamik der übrigen Instrumente wie E-Gitarren, Synthesizer usw. anzugleichen. Dies kann sowohl durch Regelung oder Kompression als auch durch eine entsprechende Spielweise geschehen.
Eine Verminderung der natürlichen Dynamik kann aber auch aus rein künstlerischen oder geschmacklichen Erwägungen erfolgen. Ein Aspekt dabei ist, die subjektive Lautstärke zu erhöhen, ohne gleichzeitig den maximalen Pegel zu verändern. Dies soll beispielsweise die besondere Aufmerksamkeit der Hörer hervorrufen. Da das Ohr die Lautstärke von Musik oder Sprache aufgrund des durchschnittlichen Pegels bewertet, führt eine Kompression zu einer höheren subjektiven Lautstärke.

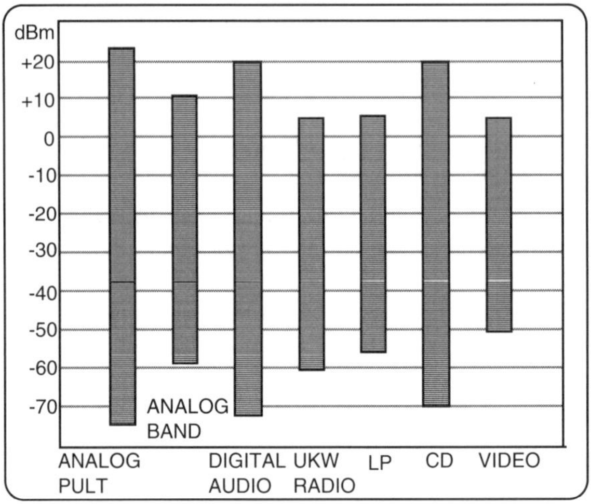

Abb. 12.12 Dynamikbereiche verschiedener Audio-Geräte

12.2.2 Kompressor

a) Threshold und Ratio

Ein Kompressor ist eine Art „automatischer" Regler: Übersteigt das Eingangssignal einen bestimmten Wert (Threshold), wird die Verstärkung des Kompressors verringert, das Ausgangssignal also gedämpft. Die Threshold eines Kompressors liegt normalerweise einige Dezibel unter dem erlaubten maximalen Pegel. Der Anstieg des Eingangssignals, der ein um 1 dB höheres Ausgangssignal zur Folge hat, wird Compression Ratio genannt. Hierzu zwei Beispiele:

- Eine Ratio von 4:1 bedeutet, daß eine Erhöhung des Eingangssignals um 4 dB zu einer Erhöhung von nur 1 dB am Ausgang führt. Dies ist nur für Signale über der Threshold gültig. Unterhalb der Threshold besitzt ein Kompressor eine Ratio von 1:1, arbeitet also mit der Verstärkung 0 dB.
- Lag der maximale Pegel vor der Kompression bei Vollaussteuerung, 0 dB also, dann liegt der maximale Pegel nach der Kompression mit einer Threshold von -20 dB und einer Ratio von 2:1 nur noch bei -10 dB. Um diesen Betrag kann nun die Gesamtverstärkung erhöht werden. Der minimale Pegel ohne Kompression wird damit ebenfalls um 10 dB angehoben, was insgesamt einer Dynamikverminderung um 10 dB gleichkommt. Die durchschnittliche subjektive Lautstärke eines Signals erhöht sich durch eine Kompression natürlich ebenfalls.

Der Verlauf der Verstärkung eines Kompressors wird anhand einer Kennlinie dargestellt, die den Pegel des Ausgangssignals in Abhängigkeit vom Pegel des Eingangssignals angibt.

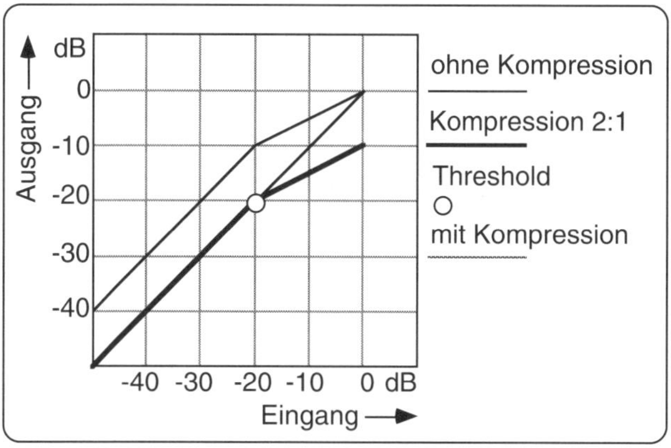

Abb. 12.13 Verstärkungskennlinie eines Kompressors

Abb. 12.14 Drawmer Compressor 1960

Die Threshold eines Kompressors kann in einem weiten Bereich geregelt werden. Für diese Regelung gibt es zwei Konzepte: Die einfachste Methode ist, die Verstärkung der Eingangsstufe zu verändern. Damit ändert sich auch die Steuerspannung für den VCA. Je höher die Verstärkung eingestellt wird, desto niedriger liegt die Threshold des Kompressors. Vorteil dieser Technik ist, daß sich der maximale Pegel am Ausgang kaum verändert, da der Kompressor einer Erhöhung des Ausgangspegels entgegenwirkt. Dies gilt vor allem bei größeren Werten für die Ratio. Allerdings kann eine zu große Verstärkung die Eingangsstufe übersteuern.
Regelt man die Threshold dagegen direkt am VCA, so werden zwar Übersteuerungen der Eingangsstufe verhindert, allerdings führt jede Änderung der Threshold gleich zu Pegeländerungen des Ausgangssignals. Dies erschwert unter Umständen die Hörkontrolle der eingestellten Kompression erheblich. Mit einem Regler für das Ausgangssignal können die Pegeländerungen wieder ausgeglichen werden. Die Ratio eines Kompressors kann im Bereich von 1,5:1 bis 8:1 liegen. Bei höheren Werten spricht man von einem Limiter.

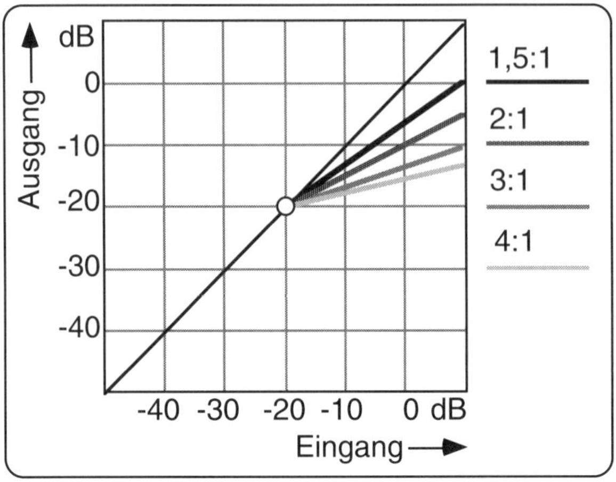

Abb. 12.15 Verschiedene Werte für eine Kompressions-Ratio

b) Gain-Reduction

Threshold und Ratio eines Kompressors bestimmen die Verstärkungsverminderung (Gain-Reduction). Sie gibt an, um welchen Betrag das Eingangssignal gerade gedämpft wird. Die Gain-Reduction wird entweder an einem VU-Meter oder einer LED-Kette angezeigt. Man hat so auch einen optischen Anhaltspunkt für die Wirksamkeit eines Kompressors. Gleichzeitig kann kontrolliert werden, ob die Threshold nicht zu niedrig angesetzt wurde. Ist dies der Fall, dann erreicht die Gain-Reduction auch bei sehr niedrigen Eingangspegeln nicht mehr den Wert 0. Das würde in Modulationspausen Rauschen und andere Hintergrundgeräusche unnötig anheben.

c) Attack- und Release-Time

Zwei weitere wichtige Parameter eines Kompressors sind die Attack-Time (Anstiegszeit) und die Release-Time (Abfallszeit). Sie bestimmen, mit welcher Verzögerung der Kompressor auf das Über- bzw. Unterschreiten der Threshold reagieren soll. Unter der Attack-Time versteht man diejenige Zeit, die bis zum Erreichen von zweidrittel der endgültigen Gain-Reduction verstreicht, nachdem das Eingangssignal die Threshold überschritten hat. Umgekehrt gibt die Release-Time die Zeit an, die nach dem Unterschreiten der Threshold vergeht, bis die Gain-Reduction zweidrittel ihres ursprünglichen Werts wieder erreicht hat. Führt ein Signal also schließlich zu einer Gain-Reduction von 6 dB, so ist die Attack-Time die Zeit bis zum Erreichen von 4 dB Gain-Reduction. Umgekehrt gibt die Release-Time an, wann die Gain-Reduction wieder auf 2 dB zurückgegangen ist. Beide Zeitangaben sind also kürzer als die tatsächlichen Werte.

Die Attack-Time eines Kompressors darf nicht so kurz gewählt werden, daß jede kurze Programmspitze eine Kompression auslöst. Eine Verringerung der Dynamik wäre damit nicht zu erreichen, eine Erhöhung der subjektiven Lautstärke schon gar nicht. Im Gegenteil, der durchschnittliche Pegel würde sogar verringert, weil jede kurze Spitze den Gesamtpegel zurückregelt. Und da das Gehör die Lautstärke nicht aufgrund von Pegelspitzen, sondern des durchschnittlichen Pegels bewertet, wäre die subjektive Lautstärke sogar geringer.
Die Attack-Time muß also so eingestellt werden, daß sie wenigstens einige Perioden der Grundschwingung des Eingangssignals beträgt. Eine zu kurze Attack-Time führt unter Umständen sogar zu hörbarem Knacken beim Einsatz der Regelung. Sie muß also bei Instrumenten mit einem tiefen Grundtonbereich wie Baß etwa 50...100 ms betragen, bei Instrumenten mit höherem Grundtonbereich (beispielsweise Bläser oder auch bei Stimme) etwa 10...50 ms. Wie bei allen anderen Einstellungen auch, muß letztlich das Ohr bzw. der Geschmack über die jeweilige Einstellung entscheiden. Dieser Aspekt kann nicht oft genug betont werden.
Auch die Release-Time darf nicht zu kurz sein. Sie hängt ebenfalls vom jeweiligen Signal ab und beträgt im allgemeinen wenigstens 200 ms. Eine zu geringe Release-Time führt zu Pumpen oder Atmen des Instrumentennachklanges, der Hintergrundsignale oder des Rauschens, denn jede Verstärkungsverminderung würde sofort wieder zurückgeführt. Besonders bei mehreren Signalspitzen in kurzem Abstand ist das ein sehr unangenehmer Effekt. Eine zu kurze Attack-Time kann in Kombination mit einer extrem kurzen Release-Time sogar zu Verzerrungen führen, da jedes Maximum einer Welle zurückgeregelt wird und somit unerwünschte Harmonische erzeugt werden.
Die Release-Time läßt sich auch abhängig vom Programm automatisch regeln. Dabei wird die Dauer der Pegelspitzen und deren Häufigkeit zugrundegelegt. Spitzen von geringer Dauer und Häufigkeit führen zu einer kurzen, längere und dauernde Spitzen dagegen zu einer längeren Release-Time.

d) Typische Kompressor-Einstellungen

Um Ihnen den Einsatz von Kompressoren zunächst ein wenig zu erleichtern, möchte ich einige beispielhafte praktische Anwendungsfälle nennen. Aber wie bei allen Tips und Hinweisen darf auch hier der Rat nicht fehlen, auch einmal etwas völlig ungewöhnliches auszuprobieren. Vielfach sind es gerade „schräge" Einstellungen eines Kompressors, die einen besonderen Sound charakterisieren.

Stimme

Die Kompression der Stimme ist bei einer Rock- oder Pop-Produktion eigentlich immer notwendig. Von Natur aus hat die Stimme eine viel zu große Dynamik und kann sich so gegen eine Band kaum durchsetzen. Nimmt man die Stimme

schon mit Kompression auf, so kann der Sänger oder die Sängerin bereits während der Aufnahme den Kompressoreffekt hören, sich darauf einstellen und damit arbeiten. Sollten Sie mit weniger erfahrenen Sängern oder Sängerinnen arbeiten, so machen Sie sie auf die Wirkungsweise des Kompressors aufmerksam, „üben" Sie mit ihnen das Aufnehmen mit Kompressor ein wenig. Beiden Seiten wird diese Erfahrung zukünftig sicher nützlich sein.
Im allgemeinen komprimiert man mit einer Ratio von 2:1, maximal 4:1 und einer sehr niedrigen Threshold. Lediglich die leiseren Stellen sollen den Kompressor nicht ansprechen. Eine Gain-Reduction bis zu 20 dB kann dabei unter Umständen schon auftreten. Durchschnittlich wird sie aber maximal 8...12 dB betragen. Die Attack-Time liegt in der Größenordnung von 50 ms, sollte aber jeweils durch Probieren optimiert werden. Ist sie zu kurz, so klingt die Stimme gebremst oder gequetscht und besitzt scheinbar überhaupt keine Dynamik mehr. Ist sie zu lang, klingt es, als ob Sie nach jeder lauteren Stelle vor Schreck den Regler ein Stück zurücknähmen. Die Release-Zeit muß ebenfalls von Song und Sänger bzw. Sängerin abhängig sein. Viele neigen dazu, zum Ende einer Zeile leiser zu werden. Eine entsprechend lange Release-Zeit von vielleicht 1...2 sec kann diesem Effekt entgegenwirken. Treten zu starke Dynamikunterschiede aber eher zwischen den einzelnen Worten auf, so wählt man eine Release-Zeit in der Größenordnung von 200...500 ms.
Insgesamt erreicht man so eine weiche und ausgeglichene Kompression. Die Stimme behält ihre Explosivität, wirkt gleichzeitig aber präsenter und bekommt mehr Durchsetzungsvermögen.

Baß und Gitarre

Häufig sind die Saiten dieser Instrumente unterschiedlich laut. Eine Kompression mit einer Ratio von 2:1 wirkt diesem Effekt entgegen und sorgt für einen ausgewogenen Klang des Instruments. Lang ausgehaltene Töne oder Akkorde erhalten durch eine lange Release-Zeit mehr Sustain; eine Baßlinie aus langen Tönen klingt so wesentlich druckvoller.
Beim Baß muß die Attack-Time sorgfältig eingestellt werden. Ist sie zu kurz, klingt der Baß stumpf, weil auch schon das Anzupfen zurückgeregelt wird. Im Extremfall knackt der Kompressor sogar. Eine zu lange Attack-Time dagegen läßt den Kompressor erst arbeiten, nachdem sich der Ton schon entwickelt hat. Die Rückregelung ist dann deutlich zu hören. Wählt man niedrige Ratio- und Threshold-Werte, so tritt dieser Effekt nicht so stark auf, weil der Kompressor zwar ständig, aber gleichmäßig arbeitet. Setzt man die Threshold dagegen so hoch an, daß nur einzelne Baßtöne den Kompressor ansprechen und komprimiert mit einer Ratio von 4:1 oder gar 8:1, so ist der Einsatz des Kompressors viel deutlicher zu hören.
Durch eine extreme Einstellung kann man einen interessanten Gitarrensound für

ausklingende Akkorde erzielen: Eine sehr kurze Attack-Time bei einer niedrigen Threshold regelt schon den Anschlag des Akkords stark zurück. Die Release-Time und die Ratio stellt man so ein, daß sie den Pegelabfall beim Ausklang des Akkords gerade kompensieren. Auch eine sehr hart angeschlagene Gitarre klingt damit trotzdem weich und entwickelt ein extrem langes Sustain.

Drums
Bassdrum, Snare oder TomToms erhalten durch eine Kompression mehr Druck, mehr Klang und wirken dadurch präsenter und lauter. Als besonderer Effekt kann sogar ein gewisses „Pumpen“ oder „Atmen“ der Drums erwünscht sein. Allerdings wird der Einsatz in der Praxis durch das Übersprechen anderer Instrumente etwas eingeschränkt. Eine Gain-Reduction von mehr als 5 dB ist selten akzeptabel, weil um diesen Betrag ja auch das Übersprechen verstärkt wird. Auch bei der Wahl der Ratio muß dies bedacht werden. Eine gute Mikrofontechnik ist also eine wichtige Voraussetzung.
Die Attack-Time muß in jedem Fall so lang eingestellt werden, daß der Anschlag der Trommel nicht beeinflußt wird. Sie wird aber trotzdem relativ klein sein und in der Größenordnung von 20...30 ms liegen. Die Release-Time sollte ebenfalls sehr kurz eingestellt werden, da der Ausklang der meisten Trommeln kaum mehr als 0,5...1 sec dauert. Will man Drums komprimieren, kann auch der Einsatz von Expandern oder Noise-Gates sinnvoll sein. (Siehe Abschnitt 12.2.4 und 12.2.5.)

Summensignal
Viele Produzenten und Toningenieure wollen erreichen, daß ihre Mischung möglichst laut klingt, ohne aber einen bestimmte Spitzenpegel zu überschreiten. Sie argumentieren, ein Song erhalte dadurch mehr Aufmerksamkeit beim Radiohörer, weil er sich schon aufgrund der Lautstärke von anderen unterscheide. Lauter werde zudem vielfach mit besserem Sound gleichgesetzt.
Die Kompression eines Summensignals erfolgt nach den gleichen Prinzipien wie die Kompression einzelner Instrumente. Threshold, Ratio, Attack- und Release-Time werden so eingestellt, daß das erwünschte Maß an Kompression möglichst ohne störende Nebeneffekte erreicht wird. Auch hier ist eine weiche, gleichmäßige Kompression mit einer Ratio von 2:1 und relativ niedriger Threshold von etwa -5…-8 dB unter Vollaussteuerung weniger kritisch. Die Attack-Time hängt vom Programm ab und liegt in der Größenordnung von 50...80 ms. Für die Release-Time ist eine automatische Regelung in Abhängigkeit vom Programm am sinnvollsten.
Gerade für die Komprimierung von Summensignalen sind auch speziell dafür konzipierte Geräte auf dem Markt, die in mehreren Frequenzbändern mit unterschiedlicher Kompression arbeiten. Damit lassen sich die unerwünschten Effekte bei der Kompression wie Pumpen weitgehend beseitigen.

Die Komprimierung eines Stereosignals erfordert natürlich zwei identische Kompressoren. Sie müssen zudem intern miteinander verkoppelt sein, damit beide Kanäle immer gleich geregelt werden, auch wenn die Threshold nur in einem Kanal überschritten wird. Wäre dies nicht der Fall, so würde sich die Mitte des Stereo-Panoramas durch eine einseitige Kompression verschieben.

12.2.3 Limiter

a) Funktion und Parameter

Ein Limiter begrenzt ein Signal auf einen bestimmten Pegel und verhindert so die Übersteuerung nachfolgender Komponenten wie Tonbandmaschinen oder Rundfunkübertragungsleitungen. Ein Limiter arbeitet nach dem gleichen Prinzip wie ein Kompressor, er verfügt zudem über identische Bedienelemente und Anzeigeinstrumente. Allerdings beträgt seine Ratio mindestens 10:1, in der Regel 20:1. Einige Limiter erreichen sogar eine Ratio von bis zu 100:1, man spricht in diesem Fall auch von einem Clipper. Die Threshold eines Limiters wird in den Bereich des erlaubten Spitzenpegels gelegt.

Die Attack- und die Release-Time eines Limiters sind extrem kurz, so daß das Ohr die Regelvorgänge kaum oder gar nicht bemerkt. Die Release-Zeit kann vielfach auch programmabhängig automatisch gesteuert werden.

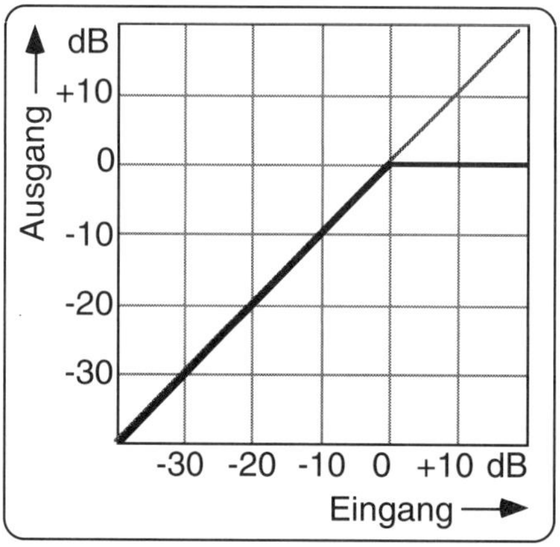

Abb. 12.16 Kennlinie eines Limiters

Anders als beim Kompressor hat der Einsatz eines Limiters eher übertragungstechnische als gestalterische oder künstlerische Gründe. Bei einer Ratio von 20:1 und einer Attack-Time, die eine Millisekunde wesentlich unterschreitet, wird die eingestellte Threshold vom Ausgangssignal praktisch nicht mehr überschritten und Übersteuerungen damit sicher verhindert. Limiter sollen nur gelegentliche

Pegelspitzen begrenzen. Setzt der Limiter zu oft und mit einer hohen Gain-Reduction ein, wird der Regelvorgang hörbar.
Ein Limiter soll die Dynamik eines Signals nicht wesentlich verändern. Das ist auch nicht der Fall, wenn nur einzelne Pegelspitzen zurückgeregelt werden. Diese Spitzen tragen kaum oder nur sehr gering zur empfundenen Dynamik eines Signals bei.
Die meßtechnische Dynamik wird jedoch immer verringert. Soll die Dynamik auch hörbar eingeengt werden, so ist dies mit einem Limiter nur sehr bedingt möglich, da er im allgemeinen sehr plötzlich und mit kurzen Regelzeiten einsetzt. Regelvorgänge sind dadurch wesentlich deutlicher hörbar als bei einer weicheren Kompression.

b) Typische Anwendungen eines Limiters
Stereo-Summensignal
Vielfach muß das Stereosignal, also eine Mischung, insgesamt im Pegel begrenzt werden. Dies kann viele Gründe haben: Das Masterband könnte in die Bandsättigung geraten, Verzerrungen wären die Folge. Beim Überspielen auf ein LP-Press-Master zerstört ein zu hoher Spitzenpegel unter Umständen sogar den Schneidestichel.
Lautsprecher von PA-Anlagen sind ebenfalls vor Beschädigungen zu schützen. In diesen Fällen ist ein zweikanaliger Limiter notwendig, der in beiden Kanälen identische Regelvorgänge ausführt, ähnlich der Kompression eines Stereosignals (siehe Abschnitt 12.2.1). Auch Limiter können wie Kompressoren mit verschiedenen Frequenzbändern arbeiten, um Pumpen oder ähnliche Effekte zu verhindern.

Sende-Limiter
Ein Sende-Limiter soll in erster Linie Übersteuerungen von Sendeanlagen verhindern. In einigen Radio- und Fernsehstationen, vornehmlich den amerikanischen, wird jedoch der Limiter immer so hoch angesteuert, daß er ständig arbeitet. Das Ergebnis ist, daß der Sender stets voll ausgesteuert ist, unabhängig von der Eigendynamik des Programms. Dahinter steht das Bestreben, ein als möglichst laut empfundenes Programm zu senden.

Kompressor und Limiter
Beide Geräte ergänzen sich in ihrer Funktion in vielen Fällen sehr gut. Der Kompressor verändert in gewünschter Weise die Dynamik, der Limiter verhindert Übersteuerungen durch gelegentliche Pegelspitzen. Bei Stimme, Drums, Klavier oder ähnlich impulshaltigem Programm ermöglicht ein Limiter - hinter den Kompressor geschaltet - eine um 2...3 dB höhere Aussteuerung, ohne daß die Dynamik darunter leidet.

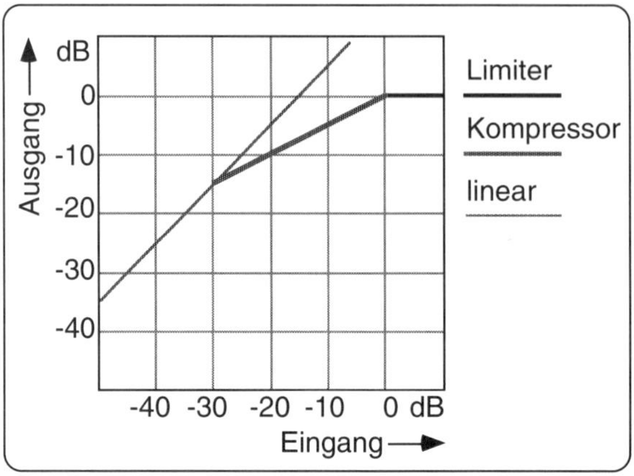

Abb. 12.17 Kennlinie einer Kompressor-Limiter-Kombination

12.2.4 Frequenzabhängige Limiter und Kompressoren

Frequenzabhängige Limiter oder Kompressoren sind unter der Bezeichnung Vocal Stresser, De-Esser oder Bandpaß-Limiter bekannt. Dabei handelt es sich um Limiter oder Kompressoren, die nicht auf alle Frequenzen gleichmäßig ansprechen, sondern bestimmte Frequenzbereiche stärker komprimieren als andere. Viele Geräte auf dem Markt bieten neben einer normalen Kompressorfunktion auch diesen Bearbeitungsmodus.

a) Vocal Stresser

Im Vocal Stresser kann das Steuersignal, das gleichgerichtet den VCA des Kompressors oder Limiters steuert, entzerrt werden. Das bedeutet, daß der Kompressor für bestimmte Frequenzbereiche empfindlicher, für andere dagegen weniger empfindlich eingestellt werden kann.
Der Vocal Stresser war ursprünglich - wie sein Name auch schon verrät - zur Kompression von Stimmen gedacht. Bei Stimmen werden durch eine lineare Kompression häufig die Zischlaute („s", „sch", „f") überbetont. Stimmen klingen dadurch unnatürlich scharf und können sogar zu Übersteuerungen im Höhenbereich führen. Hebt man im Steuersignal die Höhen etwas an, so wird dieser Bereich insgesamt stärker durch den Kompressor zurückgeregelt. Allerdings wird immer das gesamte Frequenzspektrum beeinflußt, was bei einer einzelnen Stimme jedoch keine Probleme bereitet, denn solange Zischlaute vorhanden sind, kann nicht gleichzeitig ein Vokal erzeugt werden. Die Release-Time eines Vocal Stressers muß aber entsprechend kurz sein, so daß wirklich nur der gewünschte Frequenzbereich stärker komprimiert wird. Die automatische Rückregelung ist hier sehr vorteilhaft.

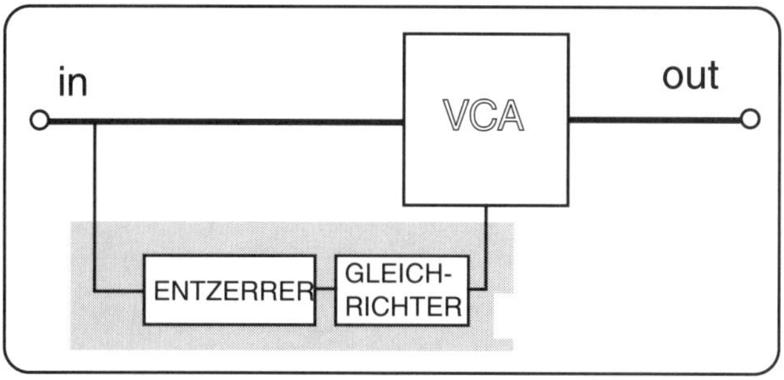

Abb. 12.18 Prinzip eines Vocal Stresser

b) De-Esser

Mit dem De-Esser soll der Frequenzbereich der Zischlaute begrenzt oder komprimiert werden. Die Wirkungsweise eines De-Esser unterscheidet sich aber grundlegend von der eines Vocal Stresser mit einer Höhenanhebung im Steuersignal. Im De-Esser ist dem Limiter ein Filter vorgeschaltet, das aus dem Frequenzspektrum den zu begrenzenden Bereich herausfiltert. Hier arbeitet ein Bandpaß-Filter mit regelbarer Mittenfrequenz oder einzeln einstellbaren Übergangsfrequenzen. Aus diesem Grunde werden De-Esser auch Bandpaß-Kompressoren genannt.

Die Bezeichnung De-Esser hat sich aber durchgesetzt, da ein Bandpaß-Kompressor in den meisten Fällen zur Begrenzung von Zischlauten eingesetzt wird. Das ausgefilterte Signal wird nun durch einen Limiter geführt, dessen Zeitkonstanten meist vorgegeben sind. Im allgemeinen arbeiten De-Esser mit sehr schnellen Attack- und Release-Zeiten. Der übrige Bereich des Spektrums wird in einem De-Esser nicht beeinflußt. Beide Bereiche ergeben addiert das Ausgangssignal.

Der Vorteil des De-Essers gegenüber dem Vocal Stresser besteht darin, daß wirklich nur in dem Frequenzbereich begrenzt wird, in dem es notwendig ist. Störende Nebeneffekte, wie sie beim Vocal Stresser durch die Regelung des Gesamtsignals auftreten können, sind nicht zu erwarten. Ein De-Esser kann zudem wirkungsvoll auch noch in ein Summensignal eingeschleift werden, wenn die Zischlaute, beispielsweise für die Überspielung auf eine analoge Schallplatte, zu stark sind. Mit einem Vocal Stresser ist das kaum möglich.

Die Wirkungsweise eines gut eingestellten De-Essers kann häufig akustisch gar nicht kontrolliert werden. Das Ohr ist nicht in der Lage, eine Herabsetzung des Pegels von Zischlauten selbst um einige dB zu erfassen. Wahrgenommen wird meist erst eine dermaßen starke Beeinflussung, daß die Zischlaute unsauber werden oder kaum noch hörbar sind. Ein Spektrum-Analyser kann die Einstellung des De-Essers wirksam unterstützen.

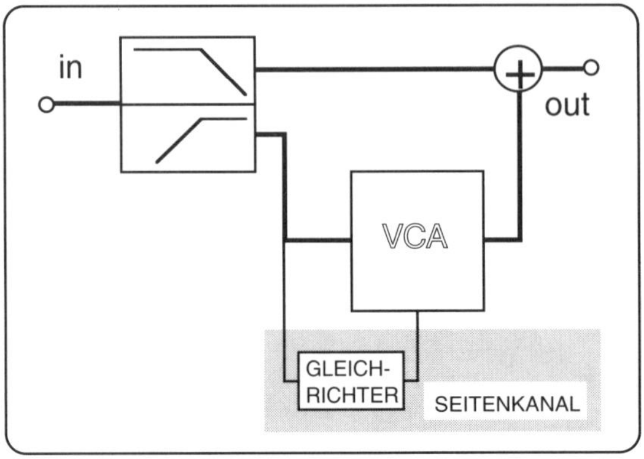

Abb. 12.19 Prinzip eines De-Esser

Abb. 12.20 BSS DPR402 De-Esser/Compressor/Limiter

12.2.5 Expander

Ein Expander hat die umgekehrte Funktion des Kompressors. Er vermindert seine Verstärkung, wenn das Eingangssignal unter die Treshold-Schwelle abfällt und expandiert damit dessen Dynamik. Signale unterhalb der Threshold werden also mehr oder weniger zurückgeregelt. Bei Pegeln über der Threshold arbeitet ein Expander mit einer linearen Verstärkung. Der Grad der Rückregelung des Signals wird wie beim Kompressor ebenfalls Ratio genannt. Sie beträgt beim Expander 1:2 bis 1:8. Auch ein Expander besitzt Zeitkonstanten. Unter der Release-Time versteht man die Zeit, die bis zum Erreichen von zweidrittel der endgültigen Rückregelung des Signals vergeht. Die Attack-Time gibt an, nach welcher Zeit zweidrittel der ursprünglich linearen Kennlinie wieder erreicht sind.

Expander werden in der Praxis zur Unterdrückung störender Hintergrundgeräusche oder Bandrauschen in Modulationspausen eingesetzt. Die Threshold wird dann so gewählt, daß die Störungen den Expander gerade nicht ansprechen. Man wählt außerdem eine extrem kurze Attack-Time in der Größenordnung von 0,5...1 ms, damit die Attack des Nutzsignals nicht „angeschnitten" wird. Noch kürzere Zeiten können zwar meist auch eingestellt werden, führen aber häufig zu Knackstörungen beim Aufregeln des Expanders. Die Release-Time muß ausreichend lang gewählt werden, damit ausklingende Signale nicht zu früh zurückgeregelt werden. Liegt die Threshold jedoch unterhalb des geringsten Pegels im Ausklang, so kann die Release-Time entsprechend kürzer gewählt werden. Release-Time und Threshold müssen also gut aufeinander abgestimmt werden. Sehr gut arbeiten Expander in Verbindung mit einem Kompressor.

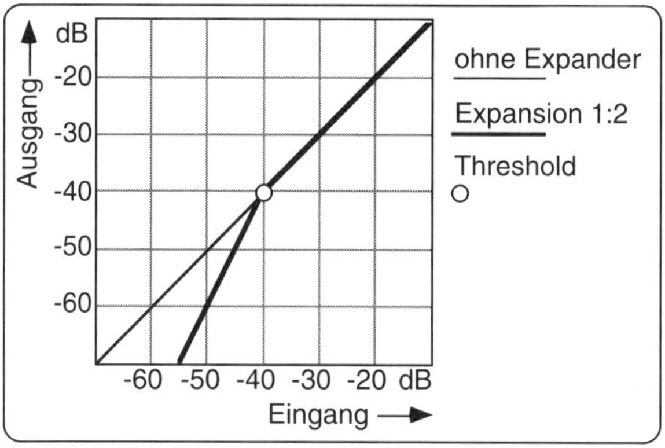

Abb. 12.21 Kennlinie eines Expanders

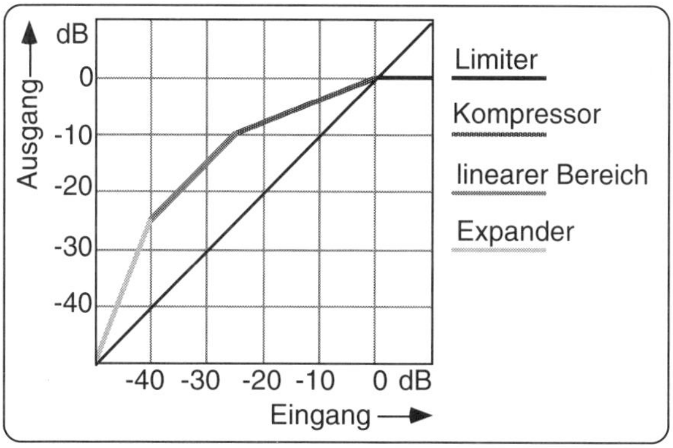

Abb. 12.22 Kennlinie einer Kompressor-Expander-Kombination

In dieser Konstellation wird der Expander hinter den Kompressor geschaltet und so eingestellt, daß er die durch den Kompressor in den Signalpausen verstärkte Hintergrundmodulation wieder zurückregelt. In diesem Fall muß die Release-Time ein wenig schneller sein als die des Kompressors, damit die Hintergrundmodulation nicht erst vom Kompressor aufgeregelt und dann vom Expander zurückgeregelt wird.

12.2.6 Noise-Gate

Ein Noise-Gate ist ein Expander mit einer Ratio von 1:10...1:20. In den meisten Noise-Gates sind auch weit höhere Werte möglich. Vielfach wird anstelle der Ratio die Range angegeben. Das ist die Verstärkungsminderung nach Unterschreiten der Threshold. Man findet Werte bis zu 80 dB. Praktisch schaltet damit ein Noise-Gate bei Unterschreiten der Threshold das Eingangssignal völlig ab. Signale über der Threshold passieren ein Noise-Gate unbeeinflußt.

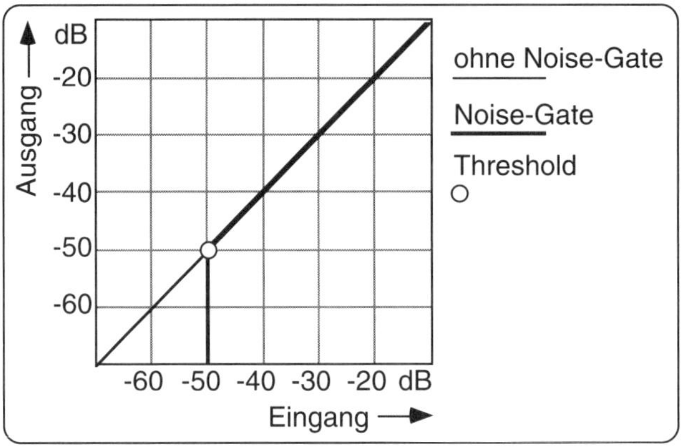

Abb. 12.23 Kennlinie eines Noise-Gate

Neben den normalen Zeitkonstanten Attack- und Release-Time findet man in vielen Noise-Gates eine Hold-Funktion. Das ist eine Verzögerung bis zum Einsatz der Release-Time. Durch entsprechende Kombination einer bestimmten Hold- und einer extrem kurzen Release-Time lassen sich Regelkurven erzeugen, die dem Einschalten eines Kanals für die durch die Hold-Time festgelegte Zeit entsprechen.

Noise-Gates werden zur völligen Unterdrückung von Hintergrundgeräuschen oder sonstigen Störungen eingesetzt. Sehr wirkungsvoll sind Noise-Gates bei der Abmischung einer Mehrspuraufnahme. Kanäle, von denen keine Modulation kommt, werden von einem Noise-Gate automatisch stummgeschaltet. Damit wird auch das Bandrauschen dieser Spuren unterdrückt.

Oft werden Noise-Gates auch bei der Aufnahme von Schlagzeug eingesetzt, um das meist sehr hohe Übersprechen zwischen den einzelnen Mikrofonkanälen zu vermindern. Häufig sind es aber auch die Klangvorstellungen des Toningenieurs, des Produzenten oder des Schlagzeugers, die den Einsatz von Noise-Gates erfordern. Durch eine extrem schnelle Release-Time in Kombination mit einer gewissen Hold-Time lassen sich Schlagzeug-Klänge auch nachträglich noch extrem kurz und trocken gestalten.

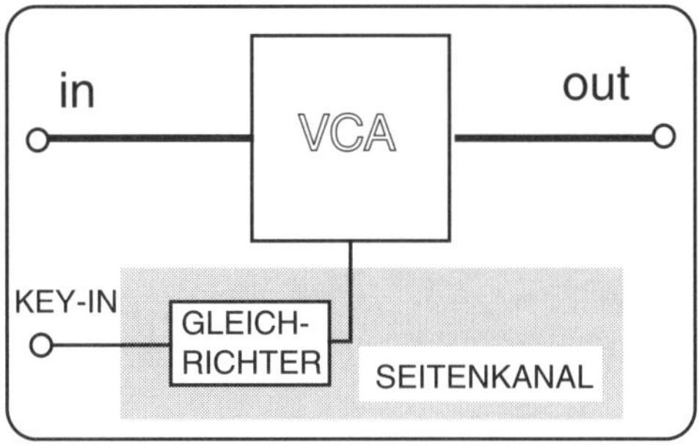

Abb. 12.24 Key-Eingang eines Noise-Gate

Über einen separaten Key-Eingang lassen sich Noise-Gates wahlweise von einer externen Signalquelle steuern. Auch für diese Funktion gibt es eine Reihe möglicher Anwendungen. Beispielsweise kann ein zusätzliches Raummikrofon bei einer Schlagzeugaufnahme nur für Snareschläge eingeschaltet werden, wenn man als Steuersignal für das Noise-Gate im Kanal des Raummikrofons den Snare-Kanal verwendet.

Abb. 12.25 Drawmer Noise-Gate

12.2.7 Frequenzabhänge Expander und Noise-Gates

Auch Expander oder Noise-Gates können frequenzabhängig arbeiten, wenn das Steuersignal für den VCA entsprechend entzerrt wird oder ein Expander nur in einem Frequenzbereich arbeitet. Anwendung findet diese Technik im sogenannten dynamischen Rauschfilter oder De-Noiser, das den Höhenbereich bei niedrigem Gesamtpegel allmählich zurückregelt. Bei höherem Pegel findet keinerlei Regelung statt.

Dem Prinzip dieses Filters liegen zwei Überlegungen zugrunde. Erstens reicht das durchschnittliche Spektrum bei leiser Spielweise von Instrumenten (piano - mezzoforte) nicht bis zum oberen Ende des Hörbereichs. Der Höhenbereich kann also während dieser Passagen zurückgeregelt werden, ohne daß eine wesentliche Änderung des Nutzsignals zu erwarten wäre. Gleichzeitig wird damit Rauschen der Mikrofone oder des Tonbands vermindert, das gerade in diesem Bereich als sehr störend empfunden wird. Zweitens aber können bei forte gespielten Passagen Harmonische mit sehr hoher Frequenz auftreten, eine Rückregelung der Höhen wäre also nicht vertretbar. Während lauter Passagen aber verdeckt das Nutzsignal das Rauschen, so daß auf eine Regelung ganz verzichtet werden kann. Sinnvoll ist ein dynamisches Rauschfilter beispielsweise bei der Aufnahme von Gitarren- oder Baßverstärkern. Störendes Rauschen ist mit einem dynamischen Filter wesentlich wirkungsvoller zu beseitigen als mit einem linearen Expander oder einem Noise-Gate, da ein solches Filter im allgemeinen viel unauffälliger arbeitet.

Abb. 12.26 Behringer De-Noiser

12.3 Exciter

Unter dieser Bezeichnung werden Effektgeräte zusammengefaßt, die das Spektrum eines Signals in Abhängigkeit vom Eingangssignal verändern. Dabei handelt es sich allerdings nicht um eine Entzerrung im herkömmlichen Sinn, der Entzerrer verändert das Spektrum ja unabhängig vom Eingangssignal.
Die Funktionsweise von Excitern beruht darauf, die im Eingangssignal vorhandenen Harmonischen (Obertöne) zu verstärken bzw. zusätzliche Harmonische zu erzeugen. Dieses Konzept wurde von der Firma Aphex entwickelt. Verstärkte oder gar zusätzliche Obertöne haben natürlich zur Folge, daß ein Signal präsenter klingt, so wie bei einer reinen Höhenanhebung. Diese Präsenz bleibt jedoch erhalten, auch wenn sich der Grundton des Signals ändert. Bei einer herkömmlichen Entzerrung dagegen kann der Präsenzbereich dann außerhalb des Anhebungsbereichs liegen. Daneben empfinden wir ein Signal als lauter, je größer der Anteil von Obertönen ist.

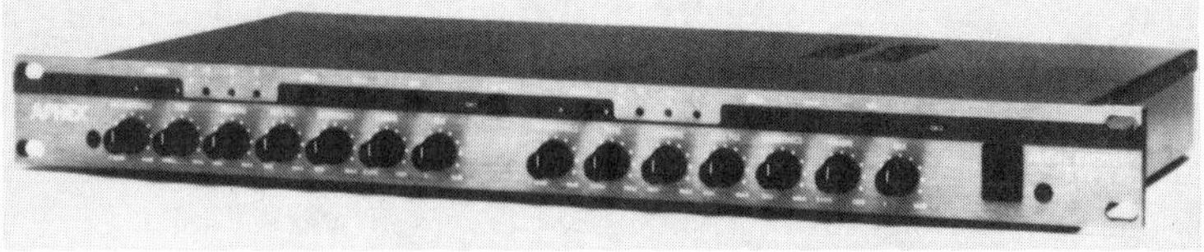

Abb. 12.27 Aphex Exciter

Eine andere Variante eines Exiters ist eine Entwicklung der Firma Dolby, die darauf beruht, Signale mit niedrigerem Pegel zu verstärken, während Signale mit höherem Pegel unbeeinflußt bleiben. Dieses Gerät arbeitet in drei Frequenzbereichen. Es werden jedoch keine zusätzlichen Signalkomponenten (Obertöne) erzeugt, sondern nur vorhandene Signalanteile bearbeitet.

Abb. 12.28 Dolby 740

Exciter können sowohl für einzelne Instrumente als auch für eine schon vorhandene Mischung eingesetzt werden. Einzelne, etwas zu dumpf geratene Spuren oder eine etwas stumpfe Mischung können mit einem Exciter - in gewissen Grenzen - aufgefrischt werden.

12.4 Audio-Restauration

Die Restauration besonders historischer Aufnahmen ist in den letzten Jahren zu einem bedeutenden Markt geworden. Die Plattenindustrie veröffentlicht regelmäßig solche Aufnahmen auf CD und erzielt damit enorme Umsätze. Natürlich sollte den Kunden bewußt sein, daß Aufnahmen aus den zwanziger oder dreißiger Jahren heutigen Ansprüchen an die Klangqualität kaum gerecht werden können, schon allein aufgrund der Tatsache, daß solche Aufnahmen in mono vorliegen. Andererseits sind die Erwartungen heute dermaßen gestiegen, daß eine CD, die „rauscht und knackt“, kaum Käufer findet.
Moderne, digitale Audiotechnik erlaubt heute die Restauration solcher Aufnahmen in einem Maße, das vor wenigen Jahren noch als völlig undenkbar erschien. Zunächst werden die Aufnahmen auf ein Harddisk-Recordingsystem überspielt. Danach kann mit der Bearbeitung begonnen werden. Dabei stehen zwei Aspekte im Vordergrund, nämlich einmal die Beseitigung technischer Mängel wie Rauschen, Rumpeln, Knistern und Knacken. Dies wird im allgemeinen als De-Clicking bezeichnet. Zum anderen ist es aber auch möglich, fehlende Passagen (Drop-Outs) einer Aufnahme wiederherzustellen. Man spricht dann von Restauration.

12.4.1 De-Clicking

Das Entfernen von Störungen ist der erste Schritt bei der Restauration von Audiosignalen. Die einfachste Methode, eine Störung zu entfernen, besteht

darin, sie einfach herauszuschneiden. Das ist in vielen Fällen selbst mit einem Magnetband möglich. Damit das Herausschneiden für den Hörer jedoch unbemerkt bleibt, muß die Störung extrem kurz sein.
Restaurationssysteme dagegen analysieren das Audiosignal zunächst auf Nutzsignal- und Störsignalkomponenten. Dabei kann der Anwender durch die Vorgabe bestimmter Parameter die Unterscheidungskriterien variieren. Die Qualität des De-Clicking wird natürlich von dieser Analyse des Audiosignals bestimmt. Ein besonderes Problem ist dabei, die unterschiedlichen Störungen wie Knistern, Knacken oder Rauschen so zu definieren, daß einerseits deren Entfernen optimal gelingt, andererseits aber das Nutzsignal möglichst nicht beeinträchtigt wird. Neben einer entsprechenden Programmierung der Systeme ist dabei auch der geschickte Umgang des Anwenders mit den veränderbaren Parametern ein wesentlicher Gesichtspunkt.

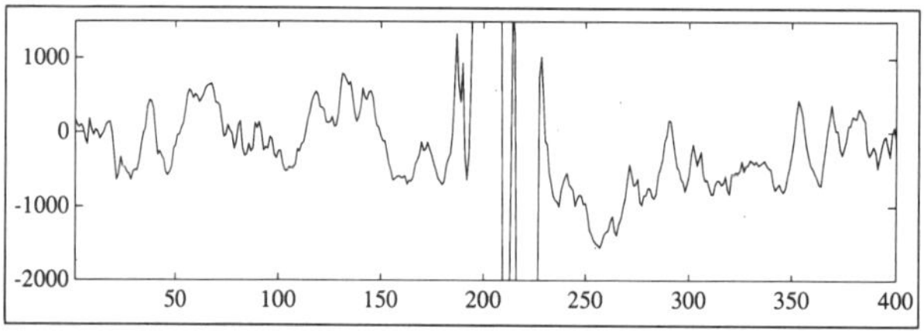

Original

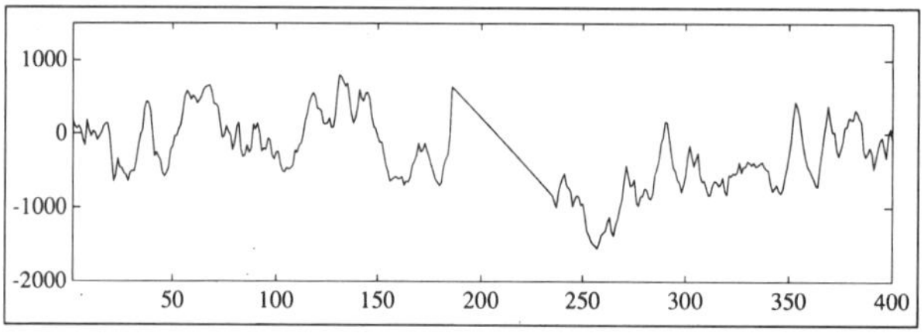

Example 2

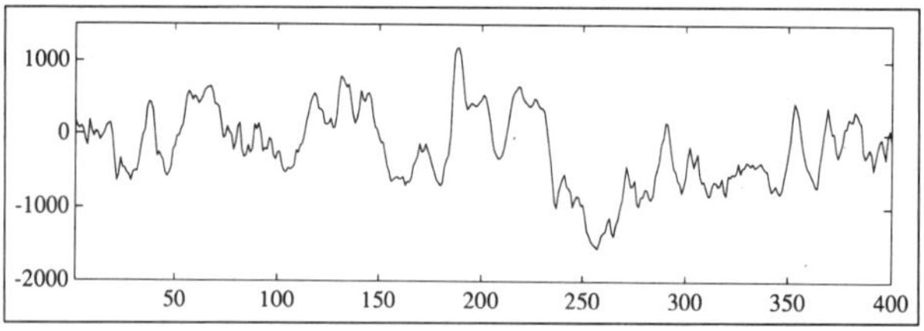

Example 4

Abb.12.29 Restaurierung eines Signals mit einer Knackstörung (oben), durch einfache Interpolation (Mitte) und De-Clicking (unten)

Das Entfernen der Störkomponenten nach erfolgter Analyse kann entweder durch Neuberechnung in Echtzeit (Realtime) oder in Non-Realtime erfolgen. Echtzeitberechnungen erfordern naturgemäß sehr schnelle Prozessoren und schränken die Variationsmöglichkeiten für die einzelnen Parameter ein. Trotzdem sind leistungsfähige Echtzeitsysteme auf dem Markt.
Beim Entfernen in Non-Realtime dagegen müssen keine Zugeständnisse an die Qualität gemacht werden, die in der Rechnergeschwindigkeit begründet sind. Außerdem kann man verschiedene Möglichkeiten ausprobieren, bis man ein optimales Ergebnis erreicht. Allerdings kann De-Clicking dann auch sehr zeitaufwendig werden.

12.4.2 Restauration

Auch die Restauration von Audiosignalen basiert im wesentlichen auf den gleichen Rechenverfahren wie das De-Clicking. Der Unterschied allerdings ist, daß an einer zu restaurierenden Stelle überhaupt kein Nutzsignal mehr vorhanden ist. Damit ist diese Aufgabe ungleich komplexer und natürlich sehr zeitintensiv.
Im wesentlichen wird bei einer Restauration versucht, das Audiomaterial in der Umgebung der Störung zu analysieren und in die fehlende Stelle einzusetzen. Das kann jedoch nur in gewissen Grenzen gelingen, am ehesten noch dann, wenn bei einer stereophonen Aufnahme nur ein Kanal fehlt. Eine Restauration in Echtzeit ist nicht möglich.
De-Clicking und die eigentliche Restauration basieren auf derselben Technologie, und oft ist der Unterschied zwischen beiden Verfahren kaum noch genau zu definieren. Folglich sind auch entsprechende Geräte für beide Anwendungsbereiche ausgelegt.

12.5 Verzögerungsgeräte

Sound-Effekte sind aus Rock- oder Pop-Produktionen nicht mehr wegzudenken. Begriffe wie Delay, Echo, Phasing, Flanging oder Harmonizing sind heute Selbstverständlichkeiten. Vielfach wissen allerdings diejenigen, die täglich damit umgehen, nicht so ganz genau, worum es sich handelt. Andererseits herrscht wohl auf keinem Gebiet der Tonstudiotechnik eine dermaßen große Begriffsverwirrung wie gerade bei diesen Effekten. Verlieren Sie dabei hin und wieder den Überblick, befinden Sie sich in bester Gesellschaft. Wer kann sich schon unter allen überaus phantasievollen Bezeichnungen vieler Werks-Presets, mit denen manche Effektgeräte bestückt sind, noch etwas vorstellen. Dieser Abschnitt soll etwas Licht in die Materie bringen.
Alle genannten Effekte beruhen auf zeitlicher Verzögerung eines Signals. Diese

Verzögerung wurde früher mit speziellen Tonbandgeräten erzeugt, die mit einem oder mehreren Tonköpfen ausgestattet waren. Ein Signal wurde aufgenommen und gleich wieder abgespielt. Die Verzögerung zwischen Aufnahme und Wiedergabe errechnete sich als Quotient aus dem Abstand des Aufnahmekopfes vom Wiedergabekopf und der Bandgeschwindigkeit. Durch Ändern der Bandgeschwindigkeit konnte die Verzögerungszeit variiert werden. Mit mehreren Wiedergabeköpfen oder wiederholtem Aufnehmen desselben Signals ließen sich Mehrfachechos erzeugen. Allgemein waren diese Geräte unter dem Namen Bandecho bekannt. Sämtliche heute von der digitalen Technik gebotenen Effekte waren damit natürlich nicht zu erzielen.

12.5.1 Delay und Echo

Heute findet man im Studio fast nur noch digitale Verzögerungsgeräte. Das analoge Eingangssignal wird hier von einem Analog/Digital-Wandler in digitale Informationen umgeformt, die in einem RAM-Speicher (RAM = Random Access Memory) für eine gewisse Zeit gespeichert werden können. Diese Zeit bestimmt die Verzögerung des Eingangssignals. Anschließend wird das Signal über einen Digital/Analog-Wandler wieder ausgegeben. Die maximal mögliche Verzögerung hängt von der Größe des verfügbaren RAM-Speichers ab. Mehrfachechos können durch Rückkopplung des Ausgangssignals auf den Eingang (Feedback, Regeneration) erzeugt werden.

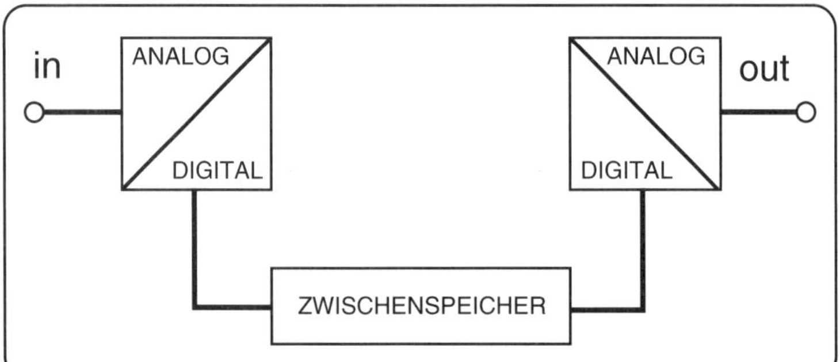

Abb. 12.30 Prinzip eines digitalen Verzögerungsgeräts

(Zur Analog/Digital- und Digital/Analog-Wandlung siehe auch Kapitel 6.)
Ein beliebter Delay-Effekt ist das sogenannte Double-Tracking. Dem Originalsignal werden ein oder mehrere kurze Delays zugemischt. Der Klang wird damit voller, und man gewinnt den Eindruck, daß mehrere Instrumente im Spiel seien. Für Gitarren-Soli ist ein langes Delay fast schon ein „Standardeffekt“, meistens mit einem großen Feedback, also mit vielen Wiederholungen.

12.5.2 Phasing und Flanging

Phasing beschreibt einen Effekt, der mehrere „Löcher", sogenannte Notches, in den Frequenzgang einfügt, und zwar so, daß sich die Frequenz der Notches kontinuierlich verschiebt. Vor der Einführung digitaler Geräte wurde der Phasingeffekt mit mehreren in Reihe geschalteten sogenannten Allpaß-Netzwerken realisiert, die nur Phasenverschiebungen erzeugten. Ursprünglich gab diese Technik dem Effekt seinen Namen.
Einen ähnlichen Effekt erreicht man heute durch eine sehr kurze Verzögerung des Originalklangs in der Größenordnung von 1 ms mit einem Digital-Delay. Dadurch treten ebenfalls Phasenverschiebungen auf. Zur Unterscheidung nennt man den so erzeugten „Phasingeffekt" auch Flanging.
Obwohl Phasing und Flanging auf einer Phasenverschiebung beruhen, unterscheiden sie sich doch in ihrem klanglichen Ergebnis. Allerdings läßt sich eine Grenze zwischen beiden Effekten kaum eindeutig festlegen, sie ist eher fließend. Werden Originalklang und phasenverschobenes Signal dann zusammengeführt, werden bestimmte Frequenzen aufgrund der unterschiedlichen Phasenlage ausgelöscht. Bei einer Verzögerung von 1 ms wird beispielsweise ein Ton von 500 Hz ausgelöscht. Man nennt diesen Effekt auch Kammfiltereffekt.

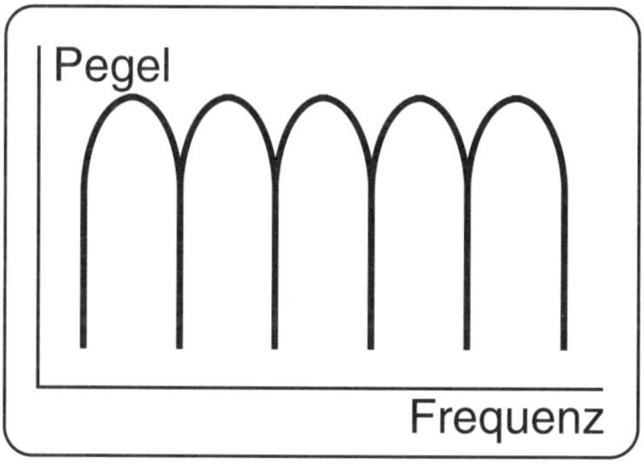

Abb. 12.31 Kammfiltereffekt durch Phasenverschiebung

Ein Phasingeffekt wird durch drei Parameter charakterisiert: Das Delay legt den Mittelwert der Verzögerung fest. Die Modulation-Frequency oder -Speed gibt an, mit welcher Geschwindigkeit die Verzögerung um diesen Mittelwert herum beeinflußt wird. Im allgemeinen arbeitet man mit Werten von 1...20 Hz. Den Grad der Änderung des Delays bestimmt die Modulation-Depth oder -Intensity. Mit Phasing bzw. Flanging kann ein Stereoeffekt erzielt werden, wenn das direkte Signal auf den einen, das Signal des Phasers auf den anderen Lautsprecher geführt wird. Da dieser Effekt aber auf der Phasenverschiebung beruht, können bei der Monowiedergabe Auslöschungen auftreten, die bei der Stereo-wiedergabe nicht vorhanden sind. Deshalb sollte im Einzelfall überprüft werden, ob die Monowiedergabe noch akzeptabel ist.

12.5.3 Chorus

Ein Chorus-Effekt bildet elektronisch nach, was beim Zusammenspiel mehrerer Musiker, beispielsweise einer Streichergruppe, auch auftritt, nämlich eine gewisse „unpräzise" Spielweise. Zwischen den Musikern bestehen immer minimale Zeitunterschiede beim Einsatz und geringste Tonhöhenunterschiede. Mit einem oder mehreren kurzen Delays und leichten Tonhöhenverschiebungen, die dauernd moduliert werden, läßt sich dieser Effekt elektronisch nachbilden. Wird der Effekt mit mehreren Verzögerungen erzeugt, spricht man auch vom Ensemble-Effekt. Auch mit einem Chorus läßt sich ein Stereoeffekt erzielen, viele Geräte sind heute sogar zweikanalig aufgebaut. Auch hier muß die Monokompatibilität kontrolliert werden.

12.5.4 Harmonizer

Ein Harmonizer oder Pitch-Changer verändert die Tonhöhe eines Signals, ohne die musikalische Dauer zu beeinflussen, wie das der Fall wäre, wenn man ein Tonband schneller oder langsamer abspielen würde. Dabei ändern sich Tonhöhe und Dauer gleichermaßen.
Die Tonhöhenveränderung ist technisch gesehen ein relativ schwieriger Prozeß. Dabei ist es nicht das Funktionsprinzip selbst, das Schwierigkeiten macht, sondern die praktische Umsetzung in der Form, daß möglichst keine Störgeräusche, sogenannte Glitches, auftreten. Die Funktion des Harmonizers beruht auf dem Doppler-Effekt, der besagt, daß die Tonhöhe einer Schallquelle bei Annäherung an den Hörer ansteigt, bzw. daß sie bei Entfernung vom Hörer absinkt. Jeder kennt diesen Effekt von einem mit heulender Sirene vorbeifahrenden Polizeiauto.
Die Annäherung zum Hörer könnte man genauso beschreiben als eine Verzögerung eines Signals, die kontinuierlich geringer wird und schließlich den Wert 0 erreicht. Das ist das Prinzip eines Harmonizers: Die Delayzeit wird kontinuierlich von einem Höchstwert, beispielsweise 40 ms, auf den Wert 0 zurückmoduliert. Ist 0 erreicht, wiederholt sich die Modulation. Die Delayzeit wird also entsprechend dem Verlauf eines Sägezahns moduliert. Dadurch erhöht sich die Tonhöhe des Signals. Moduliert man nun die Tonhöhe umgekehrt zwischen 0 und 40 ms, so sinkt die Tonhöhe. Das Maß der Tonhöhenverschiebung wird durch die Frequenz der modulierenden Sägezahnspannung festgelegt.
Die Glitches treten immer dann auf, wenn die Delayzeit am Ende einer Modulationsphase praktisch von 0 auf den Maximalwert umgeschaltet wird. Für das Ausgangssignal eines Harmonizers bedeutet das, daß im Vergleich zum Eingangssignal ein bestimmter Teil zweimal vorkommt bzw. ganz fehlt. Das

Umschalten der Verzögerungszeit bewirkt einen Sprung in diesem Signal. Diese Sprünge sind natürlich auch hörbar. Wie stark, das hängt allerdings davon ab, wie die beiden „Schnittstellen“ aneinanderpassen. Die Abbildung 12.32 verdeutlicht dies. Hörbare Glitches können weitgehend vermieden werden, wenn die Delayzeit nicht zwischen zwei festen Werten moduliert, sondern laufend verändert wird. Dazu wird die Struktur des Eingangssignals ausgewertet und zur Steuerung der Delayzeiten herangezogen.

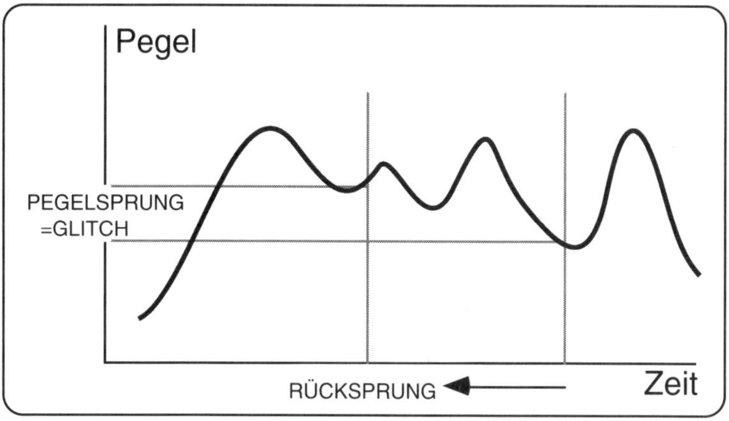

Abb. 12.32 Glitching beim Harmonizing

12.6 Künstlicher Nachhall

Nachhall ist ein wichtiges Gestaltungsmittel bei einer Aufnahme. Bei der klassischen Aufnahmetechnik versucht man schon durch die Mikrofonaufstellung ein angenehmes Verhältnis zwischen Direktsignal und Nachhall zu erreichen. Dazu ist natürlich ein geeignetes Aufnahmestudio notwendig.
Die Rock- und Popmusik dagegen wird in Studios produziert, die nur einen bedingt brauchbaren, natürlichen Nachhall liefern. Außerdem werden die Instrumente im Playback-Verfahren hintereinander aufgenommen, so daß es beinahe unmöglich ist, von vornherein das richtige Verhältnis zwischen Direktsignal und Nachhall für jedes Instrument festzulegen. Deshalb nimmt man die einzelnen Spuren zunächst „trocken“ auf und fügt bei der Mischung den gewünschten und künstlich erzeugten Nachhall hinzu.
Diese Arbeitsweise erlaubt es dem Toningenieur, fast beliebige räumliche Wirkungen zu erzielen, die allein mit natürlichem Nachhall in den meisten Fällen nicht realisierbar sind. Dem Hörer vermittelt der Nachhall eine gewisse Distanz oder räumliche Ausdehnung eines Instruments. Er empfindet durch den

Nachhall den Raum, in dem ein Instrument scheinbar erklingt. Man denke nur an die unterschiedlichen Nachhallzeiten in einer Kirche und einem normalen Wohnraum.

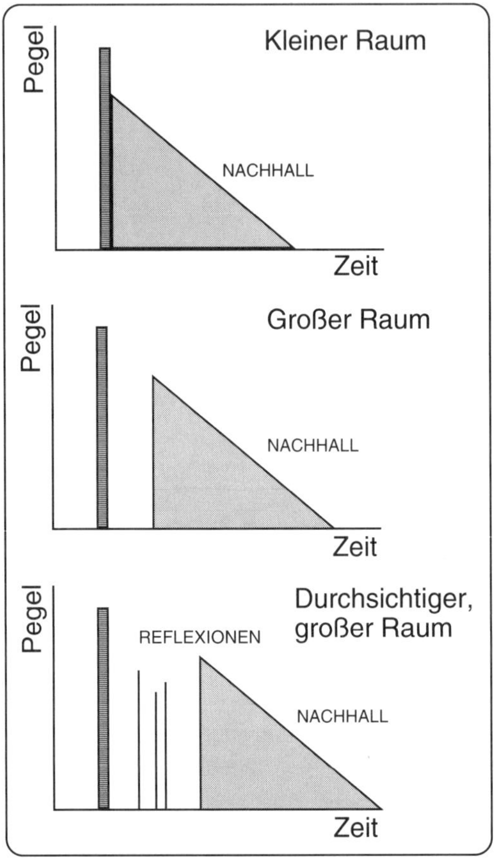

Abb. 12.33 Muster von Nachhallverläufen

Ein natürlich oder künstlich verhalltes Signal kann in drei zeitliche Abschnitte unterteilt werden: Direktsignal, erste Reflexionen und Nachhall (vergleiche hierzu Abschnitt 3.7). Das Direktsignal vermittelt dem Hörer zunächst die Richtung einer Schallquelle. Aus dem Verhältnis zwischen Direktsignal und ersten Reflexionen bzw. Nachhall kann außerdem auf die Entfernung der Schallquelle geschlossen werden. Die ersten Reflexionen und der Nachhall geben einen Eindruck von der Raumgröße. Die entscheidenden Parameter sind hier Verzögerung und Pegel der ersten Reflexionen sowie die Nachhallzeit.

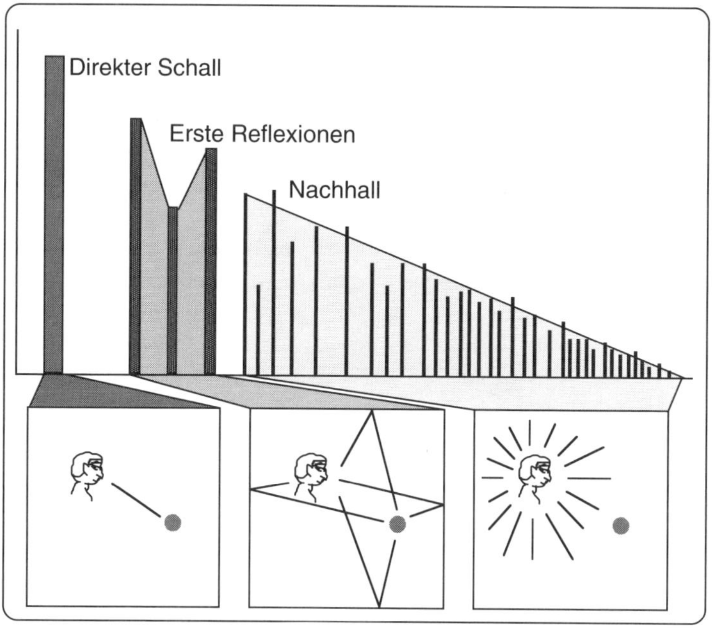

Abb. 12.34 Die drei Komponenten des Nachhalls

Neben dem natürlichen Nachhall im Aufnahmeraum gibt es vier weitere Möglichkeiten, Nachhall künstlich zu erzeugen: Hallraum, Hallfeder, Hallplatte und digitale Hallgeräte.

12.6.1 Hallraum

Ein Hallraum ist ein speziell konstruierter Raum mit sehr stark reflektierenden Wänden, Decke und Fußboden sowie zusätzlichen Zwischenwänden. Über einen Lautsprecher wird das Signal in den Raum eingespielt und über ein oder zwei Mikrofone wieder aufgenommen.

Die Nachhallzeit kann mit den Zwischenwänden in gewissen Grenzen variiert werden. Der Charakter oder der Frequenzverlauf des Nachhalls läßt sich kaum verändern.

Aber nicht nur die vergleichsweise geringen Variationsmöglichkeiten für den Nachhall aus dem Hallraum sind dafür verantwortlich, daß diese Technik der Hallerzeugung heute nicht mehr angewendet wird. Der Bau eines Hallraums verursacht erhebliche Kosten. Ein Hallraum sollte wenigstens ein Volumen von 80...100 m^3 haben. Außerdem muß er gut gegen störenden Schall von außen abgeschirmt sein, was oft eine Haus-in-Haus-Konstruktion mit einer federnden Lagerung erfordert.

12.6.2 Nachhallfeder

Mit einer Hallfeder werden die Reflexionen in einem Raum auf der Feder simuliert. Mit einer Schwingspule wird die Feder an einem Ende durch das Eingangssignal zum Schwingen angeregt, die Schwingung setzt sich als Welle entlang der Feder fort. Am anderen Ende wird die Schwingung mit einer weiteren Schwingspule als verhalltes Signal wieder abgegriffen. Gleichzeitig wird die Welle aber teilweise auch wieder reflektiert und läuft so in der Feder hin und her, bis sie durch Luftreibung völlig absorbiert wird. Die Reflexionen in den drei Dimensionen eines natürlichen Raums werden damit freilich in nur einer Dimension nachgebildet.

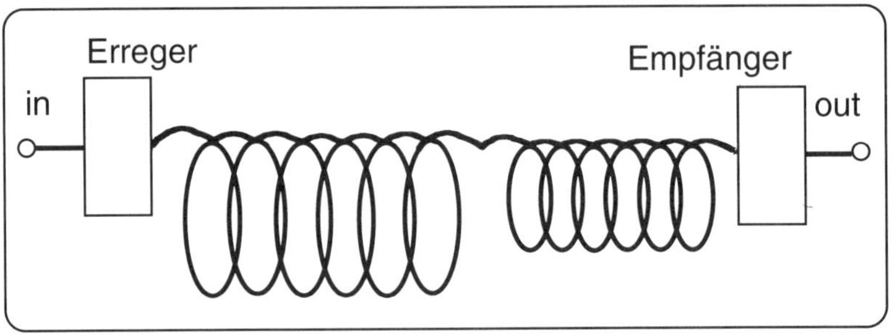

Abb. 12.35 Prinzip der Nachhallfeder

In der Praxis ist ein Federhall-System aus mehreren Einzelfedern aufgebaut, die verschieden gedreht und aus unterschiedlichen Materialien gefertigt sind. Auf diese Weise läßt sich ein annähernd natürlich klingender Nachhall erzeugen. Die Nachhallzeit kann dadurch verändert werden, daß man absorbierende Flächen in die Nähe der Federn bringt und so die Schwingung der Federn verschieden stark bedämpft. Man erreicht so Nachhallzeiten von 2,5...4,5 sec. Durch getrennte Federsysteme ist auch ein Stereohall möglich.
Selbst durch eine sehr aufwendige Konstruktion und zusätzliche Entzerrer und Dämpfungsverstärker verlieren Federhall-Systeme ihren metallischen, dünnen Klang nicht völlig. Man scheint gleichsam zu „hören“, wie diese Geräte konstruiert sind. Sie waren dennoch lange Zeit die einzigen transportablen Nachhallgeräte. Man findet sie heute kaum noch im Studio, ihre Produktion ist weitgehend eingestellt.

12.6.3 Nachhallplatte

Auch mit der Nachhallplatte wird der Nachhall auf mechanischem Wege erzeugt. Eine Blechplatte mit einer Größe von 1 x 2 m bzw. eine kleinere, goldbedampfte Folie ist in einem Rahmen eingespannt und wird über einen

Erreger vom Eingangssignal in Schwingung versetzt. Diese Schwingungen breiten sich auf der Platte als Wellen aus und werden an den Kanten der Platte reflektiert. Die so reflektierten Schwingungen können mit piezoelektrischen Empfängern als verhalltes Signal wieder abgenommen werden. Ein Stereoeffekt wird einfach mit zwei Empfängern erzeugt. Auf der Hallplatte sind also die ursprünglich dreidimensionalen Vorgänge im Raum auf zwei Dimensionen reduziert.

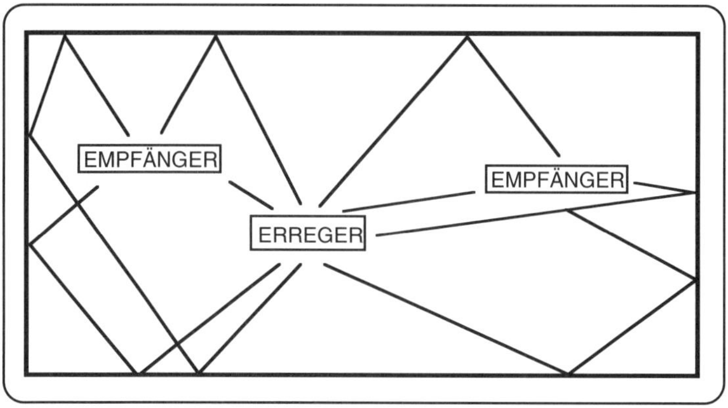

Abb. 12.36 Prinzip der Nachhallplatte

Die Nachhallzeit wird mit einer Dämmplatte an einer Seite der Hallplatte variiert. Es sind Nachhallzeiten zwischen 1...4 sec möglich. Obwohl auch Nachhallplatten heute nicht mehr gebaut werden und weitgehend von digitalen Geräten abgelöst sind, findet man sie aufgrund ihres eigenen Klangcharakters in vielen Studios immer noch.

12.6.4 Digitale Hallgeräte

Digitale Hallgeräte haben sich heute im professionellen wie semiprofessionellen Studiobereich durchgesetzt. Sie sind wesentlich kleiner als mechanische Geräte, sehr viel flexibler und letztlich auch qualitativ besser. Auch in digitalen Geräten werden die Reflexionen und der Nachhall natürlicher Räume nachgebildet, jedoch auf elektronisch simuliertem Weg.
Wie beim digitalen Verzögerungsgerät durchläuft das Eingangssignal zunächst einen Analog/Digital-Wandler, der es in eine digitale Information konvertiert. Im Prinzip wird der Nachhall dann durch die Kombination verschiedener Verzögerungsglieder erzeugt, die unterschiedlich stark rückgekoppelt werden. Kontrolliert wird dieses System von einem Rechner, der je nach eingestelltem Hallprogramm die beteiligten Verzögerungsglieder steuert. Ein Hallprogramm

ist also lediglich eine Rechenanweisung, ein sogenannter Algorithmus für den Prozessor, der über bestimmte Parameter der Benutzeroberfläche vom Anwender modifiziert werden kann. Über einen Digital/Analog-Wandler wird das verhallte Signal schließlich in eine analoge Spannung gewandelt und ausgegeben.

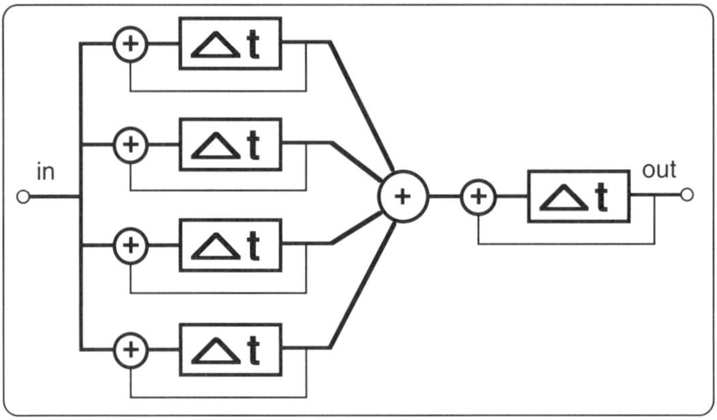

Abb. 12.37 Prinzip eines digitalen Hallgeräts

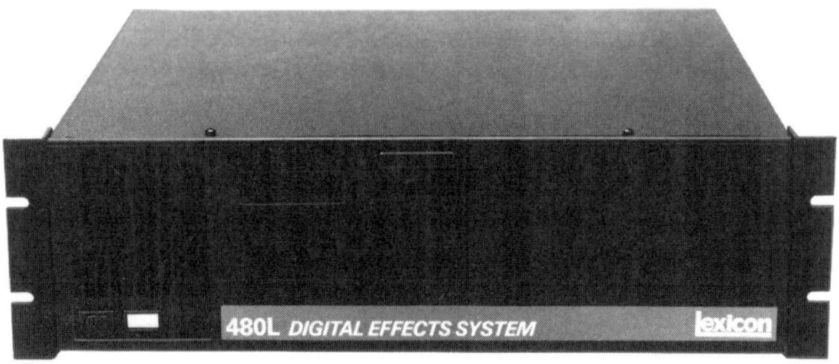

Abb. 12.38 Lexicon 480L

Von den komplizierten Rechenvorgängen und Programmstrukturen innerhalb eines digitalen Hallgerätes bemerkt der Anwender nichts. Er hat zunächst nur ein bestimmtes Programm anzuwählen, das schon durch seinen Namen charakterisiert ist. Neben den „natürlichen" Räumen wie Concert Hall oder Church lassen sich auch beliebige andere „Räume" erzeugen, beispielsweise Infinite Room oder Gated Chamber. Diese Programme können dann vom Anwender modifiziert werden.
Die Bezeichnung der einzelnen Parameter vermittelt ebenfalls einen Bezug zu

natürlichen Räumen. So findet man neben der Nachhallzeit auch Parameter wie Erste Reflexionen, Raumgröße, Raumtiefe, Frequenzverlauf des Nachhalls usw. Viele dieser Parameter wirken sich auch auf andere aus. Eine Veränderung der Raumgröße beispielsweise bedingt auch eine Änderung der Nachhallzeit. Alle Änderungen an einem Programm lassen sich natürlich auch abspeichern und jederzeit wieder aufrufen. Die Werksprogramme (Factory Presets) bleiben aber trotzdem in unveränderter Form vorhanden.

Abb. 12.39 Yamaha Digital Reberberator REV1

12.7 Multi-Effekt-Geräte

Mit Hilfe digitaler Signalverarbeitung und Computersteuerung lassen sich heute fast alle Effekte als Software für einen Audioprozessor realisieren. Die Möglichkeiten reichen dabei vom einfachen Delay über Harmonizer und Nachhall bis zu Kompressoren, Limitern und Entzerrern. Gleichzeitig lassen sich die Effekte miteinander kombinieren.

Abb. 12.40 Der Multi-Effect Processor SPX1000 von Yamaha

Ein Ende der Entwicklung auf diesem Sektor ist im Moment noch nicht abzusehen. Derzeit besteht noch die Einschränkung, daß sich mit einem Gerät nicht oder nur sehr eingeschränkt mehrere Effekte gleichzeitig erzeugen lassen. Es ist dennoch zu erwarten, daß in Kürze Geräte auf den Markt kommen werden, die mehrkanalig aufgebaut sind und die Kombination beliebiger Effekte erlauben.

Die Bedieneroberflächen solcher Geräte (Bedienelemente, Software) werden dabei allerdings zunehmend komplexer und schwieriger. Besonders der Überblick über sämtliche Parameter ist bei den immer kleiner werdenden Geräten kaum noch möglich, da der Platz für großflächige Anzeigen fehlt. Die Entwicklung geht hier in Richtung einer bildschirmgestützten Bedienung. Die ersten Programme für Personal-Computer sind bereits für einige Effektgeräte, so das Yamaha REV5, das Lexicon PCM-70 und den Quantec QRS/XL, auf dem Markt. Als Schnittstelle zwischen Effektgerät und Personal-Computer wird zur Zeit noch der MIDI-Standard benutzt.

12.8 Automatische Steuerung von Effektgeräten

Die meisten Effektgeräte lassen sich auch in eine computergestützte Mischung (siehe Abschnitt 10.6) integrieren, vorausgesetzt, sie sind über MIDI steuerbar. Die notwendigen Befehle werden dabei entweder von dem Rechner verwaltet, der auch das Mischpult steuert, oder von einem separaten MIDI-Sequenzerprogramm.

Es lassen sich einmal vorher erstellte und im internen Speicher des Gerätes abgelegte Programme über einen Program-Change-Befehl abrufen. Viele Mischpultautomationen können diese Befehle über eine zusätzliche MIDI-Schnittstelle ausgeben.

Aber auch die Parameter eines Effekt-Programms, sei es nun Delay, Chorus-Depth oder Early-Reflexions, lassen sich häufig über MIDI steuern. Dazu werden einzelne Effektparameter einem der 64 kontinuierlichen MIDI-Controller zugeordnet oder über herstellerspezifische MIDI-systemexklusive Nachrichten angesprochen. Diese Parameter können aber in der Regel nicht von einer Mischpultautomation verarbeitet werden, derzeit auch noch nicht von Systemen, die die Reglersteuerung ebenfalls über MIDI abwickeln. Man benötigt also einen separaten MIDI-Sequenzer.

Einige professionelle MIDI-Sequenzersysteme für den Atari ST, beispielsweise Notator Logic von Emagic oder Cubase von Steinberg, bieten sehr komfortable Bedienmöglichkeiten für beliebige Effektgeräte, so daß sich der Programmieraufwand in Grenzen halten läßt. Eine verstärkte Nutzung von Multitasking-Betriebssystemen dürfte auf diesem Gebiet in der Zukunft einige interessante Möglichkeiten mit sich bringen.

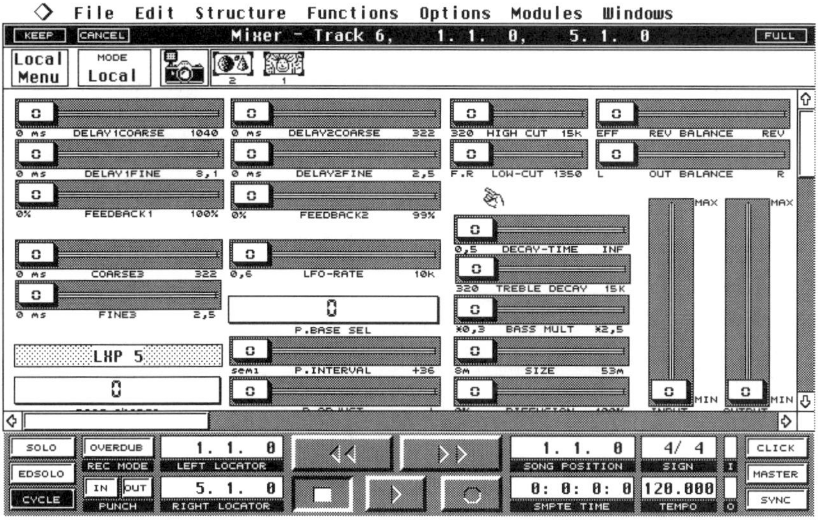

Abb. 12.42 Effektautomation mit dem Cubase-Sequenzer von Steinberg

Die Veränderung von Parametern verursacht in den meisten Geräten oft erhebliche Störgeräusche. Viele Geräte schalten daher bei einer Änderung zunächst den Ausgang ab, um diese Störungen zu unterdrücken. Reagiert ein Gerät auf diese Weise, so muß man bei der Programmierung von Änderungen darauf achten, daß nicht im selben Moment ein Eingangssignal anliegt. Andernfalls läßt sich Abhilfe durch Abschalten des Mischpult-Returns im Moment der Umstellung schaffen. Dies kann, einmal programmiert, natürlich auch die Fader-Automation übernehmen.

Kapitel 13 Analoge Schallspeicherung

Schallsignale als eine Form, mechanische Energie in elektrische Energie zu wandeln, dann zu bearbeiten und schließlich zu speichern, war bis vor einigen Jahren praktisch nur mit analoger Technik möglich. „Analog" heißt diese Technik deshalb, weil alle beteiligten Formen von Energie einander ähnliche oder vergleichbare zeitliche Verläufe haben. Der Verlauf beispielsweise, den die Auslenkung der Luftmoleküle innerhalb einer Schallwelle aufweist, spiegelt sich im Amplitudenverlauf der elektrischen Spannung am Ausgang eines Mikrofons wider. Oder: Der magnetische Fluß eines Tonbands folgt dem Verlauf der Spannung, mit dem es magnetisiert wurde.
Ganz allgemein beruht die analoge Schallspeicherung auf dem Prinzip, daß elektrische Energie in Form einer anderen, analogen Energieform gespeichert wird. Man unterscheidet drei Verfahren, die in den folgenden Abschnitten beschrieben werden sollen:

- Magnettonverfahren,
- Nadeltonverfahren,
- Lichttonverfahren.

13.1 Magnettonverfahren

Grundlage des Magnettonverfahrens ist das Induktionsgesetz. Es besagt, daß ein stromdurchflossener Leiter in seiner Umgebung ein magnetisches Feld erzeugt. Bringt man einen magnetisierbaren Stoff in die Nähe dieses Leiters, so richten sich die Moleküle dieses Stoffes entsprechend den magnetischen Feldlinien aus, er wird ebenfalls magnetisiert. Diese Magnetisierung bleibt auch nach dem Abschalten des Stroms, der das magnetische Feld erzeugt hat, teilweise vorhanden und kann umgekehrt in einem Leiter wieder eine elektrische Spannung induzieren.

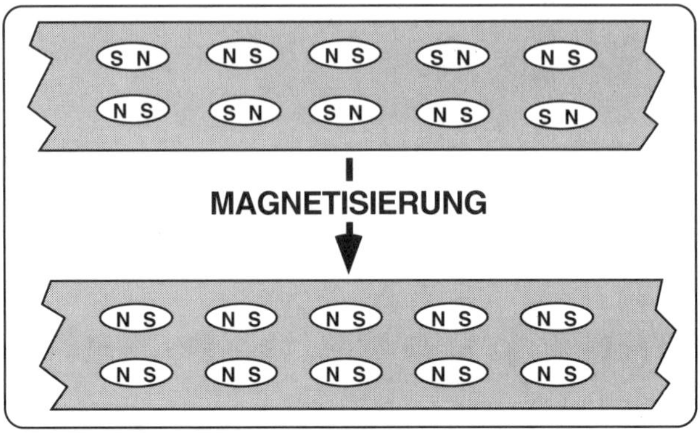

Abb. 13.1 Prinzip der magnetischen Schallspeicherung

13.1.1 Grundlagen des Magnetismus

Zum besseren Verständnis der genauen Vorgänge bei der magnetischen Aufzeichnung bzw. Wiedergabe und vor allem bei der Einstellung der verschiedenen Betriebsparameter ist zumindest die Kenntnis der grundlegenden Begriffe des Magnetismus erforderlich. Diese Grundlagen möchte ich im folgenden Abschnitt erläutern. Dabei soll auch hier der unmittelbare Bezug zur täglichen Praxis Vorrang vor den gerade auf diesem Gebiet komplizierten mathematischen Zusammenhängen haben.

a) Magnetisches Feld

Ein stromdurchflossener elektrischer Leiter wird von einem Magnetfeld umgeben. Die Feldlinien dieses Magnetfeldes verlaufen in konzentrischen Kreisen um den Leiter. Wickelt man den Leiter zu einer Spule auf, so verlaufen die Feldlinien wie bei einem Stabmagneten. Wird diese Spule schließlich zu einem Ring gebogen, so verlaufen die Feldlinien nur noch im Innern der Spule.

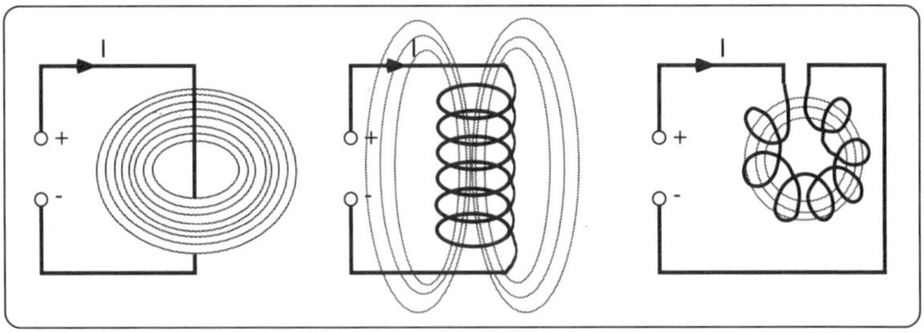

Abb. 13.2 Magnetische Feldlinien

Auch Aufnahme- und Wiedergabeköpfe von Magnetbandgeräten sind als Ringkernspulen aufgebaut. Eine geschlossene Ringkernspule allerdings könnte ein Magnetband nicht magnetisieren, da die magnetischen Feldlinien ja nur im Innern der Spule verlaufen. Versieht man eine Ringkernspule allerdings mit einem kleinen Spalt, so entsteht in diesem Spalt gerade eine besonders hohe magnetische Feldstärke. Diesen Effekt macht man sich auch bei Tonköpfen zunutze und führt das Magnetband genau an diesem sogenannten Kopfspalt vorbei. Damit erreicht man eine ausreichend starke Magnetisierung des Tonbands.

Die Stärke eines Magnetfeldes (Feldstärke) ist proportional zum Strom in der Spule, die das Magnetfeld aufbaut. Die Einheit der Feldstärke ist A/m. Die Stärke der Magnetisierung eines Stoffes jedoch, der in dieses Feld gebracht wird, ist zudem auch materialabhängig. Ausgedrückt wird diese Abhängigkeit als Permeabilität mit der Einheit Vs/Am (Volt-Sekunden/Ampere-Meter). Das Produkt aus der Feldstärke und der Permeabilität nennt man magnetische Flußdichte mit der Einheit Vs/m2 oder Tesla (T). Der gesamte magnetische Fluß im Innern einer Spule schließlich ergibt sich als Produkt der magnetischen Flußdichte und dem Querschnitt des Kerns der Spule; er hat die Einheit Vs oder Weber (Wb).

Bei Studiobändern beispielsweise beträgt der magnetische Fluß bei Vollaussteuerung 514 nWb (Nano-Weber).

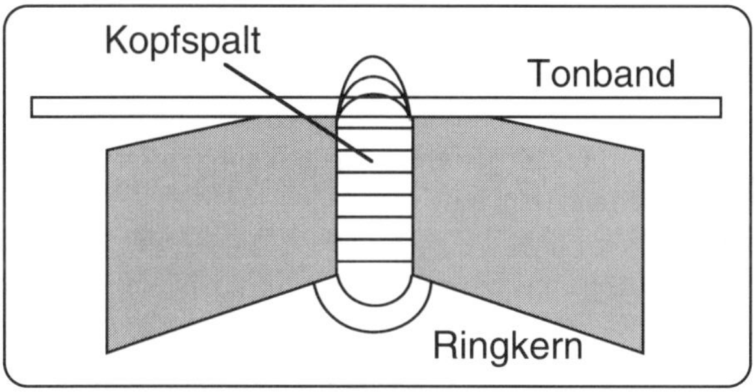

Abb. 13.3 Magnetisches Feld im Spalt

b) Hysteresis

Der Zusammenhang zwischen magnetischer Feldstärke und magnetischem Fluß ist nicht linear. Erhöht man die magnetische Feldstärke, so folgt der magnetische Fluß dieser Änderung nicht proportional. Damit folgt die Magnetisierung eines Tonbands nicht exakt dem Verlauf des Stroms, der das Magnetfeld bewirkt, und damit auch nicht den elektrischen Schwingungen, die aufgezeichnet werden sollen. Der Zusammenhang zwischen Strom und Magnetisierung ist äußerst kompliziert. Den genauen Verlauf der Magnetisierung gibt die Abbildung 13.4 an.

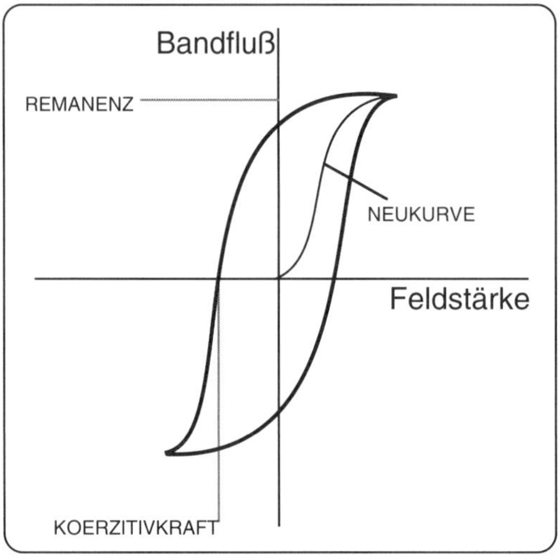

Abb. 13.4 Hysteresisschleife

Ein zunächst unmagnetisiertes Material wird bei Erhöhung des Stroms und damit auch der Feldstärke entsprechend der sogenannten Neukurve magnetisiert. Bei genügend hoher Stromstärke erreicht die Magnetisierung ein Maximum, das nicht mehr überschritten wird, die sogenannte Sättigung. Wird die Stromstärke nun wieder vermindert und der Strom dann umgepolt, folgt die Magnetisierung der sogenannten Hysteresisschleife.
Die Hysteresisschleife zeigt zwei Besonderheiten: Auch bei abgeschaltetem Strom bzw. bei einer Stromstärke von 0 Ampere bleibt eine Magnetisierung im Material zurück, die Remanenz. Nur diese remanente Magnetisierung kann für eine Aufzeichnung ausgenutzt werden. Um sie wieder aufzuheben, ist ein Strom entgegengesetzter Polarität notwendig. Die Feldstärke, die die Remanenz schließlich beseitigt, nennt man Koerzitivkraft.

c) Remanenz

Auch die Remanenz ihrerseits steht zur magnetisierenden Kraft nicht in proportionalem Verhältnis. Würde man daher ein Band direkt mit einer Modulationsspannung magnetisieren, ergäbe sich das in Abbildung 13.5 dargestellte Ergebnis. Im Bereich geringer Amplitude des Eingangssignals (in der Abbildung zwischen den Punkten B und C) verläuft die Remanenzkurve mit einer anderen Steigung als im Bereich mittlerer Amplituden, also zwischen den

Punkten A - B bzw. C - D. Würde man ein Tonband auf diese Weise direkt magnetisieren, wäre das Ausgangssignal erheblich verzerrt.

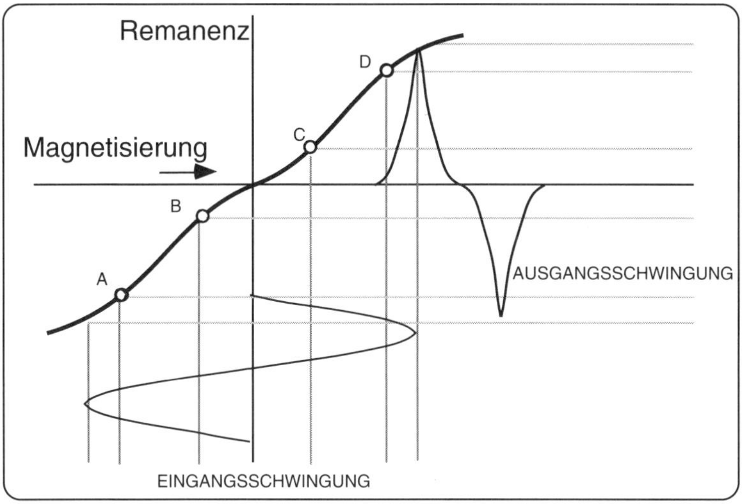

Abb. 13.5 Remanenzkurve und direkte Magnetisierung

13.1.2 Aufzeichnungsvorgang

a) Hochfrequenz-Vormagnetisierung

Eine direkte Magnetisierung eines Tonbands mit einer Modulationsspannung kommt nach den Betrachtungen in Abschnitt 13.1.1 nicht in Frage. Vielmehr muß die Aufzeichnung in den linearen Bereich der Remanenzkurve verlegt werden. Dies ist beispielsweise mit einer konstanten Magnetisierung des Tonbands möglich, bei der die Magnetisierung durch die Modulationsspannung überlagert wird, und die den Arbeitspunkt so in die Mitte des linearen Bereichs der Remanenzkurve verschiebt. Dieses Verfahren wird Gleichstrom-Vormagnetisierung genannt und fand in den Anfängen der Magnetbandtechnik Anwendung. Trotz Gleichstromvormagnetisierung allerdings sind die nicht-linearen Verzerrungen ganz erheblich. Außerdem beträgt der Geräuschspannungsabstand lediglich etwa 40 dB. Dieses Verfahren wird deshalb nicht mehr angewandt.

Anstelle einer Gleichspannung kann man der Modulationsspannung auch eine hochfrequente Spannung überlagern. Eine vollständige theoretische Beschreibung dieser Technik ist bis heute nicht gelungen, trotzdem kann dieses Verfahren in der Praxis gut beherrscht werden. Als Vormagnetisierungsspannung wird eine Sinusspannung mit einer Frequenz von 80...150 kHz verwendet. Diese

Spannung steuert das Magnetband praktisch bis in die Sättigung aus. Die Modulationsspannung wird dieser Spannung überlagert und die Aufzeichnung damit in die beiden linearen Bereiche der Remanenzkurve verschoben. Sie bleibt dadurch unverzerrt. Die HF-Spannung dagegen wird verzerrt.

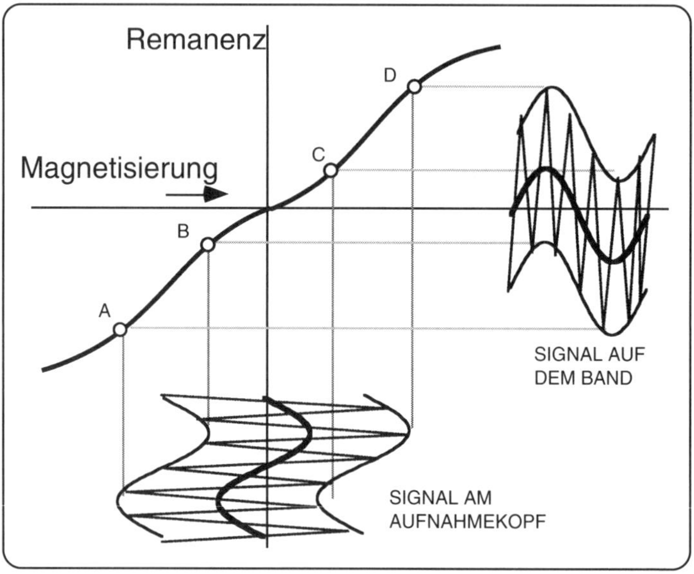

Abb. 13.6 HF-Vormagnetisierung

Vom Wiedergabekopf kann die HF-Vormagnetisierungsspannung aufgrund der Spaltverluste (siehe Abschnitt 13.1.3) praktisch nicht mehr abgetastet werden. Man erhält somit nur die Modulationsspannung als Wiedergabesignal.
Die Qualität einer Aufzeichnung hängt in erster Linie vom korrekten Vormagnetisierungsstrom ab. In den Datenblättern von Magnetbändern werden daher sämtliche Angaben in Bezug auf die Vormagnetisierung gemacht.
Die Abbildung 13.7 zeigt ein Datenblatt für das AGFA-Band PEM 469. Der vom Hersteller empfohlene Vormagnetisierungsstrom (Bias) ist auf der horizontalen Achse aufgetragen und als relativer Wert in dB angegeben. Insbesondere die Kurven für die maximale Aussteuerbarkeit des Bands bei 16 kHz (im Diagramm SOL16kH_z) und des Klirrfaktors (D_{H3}) verdienen Beachtung. Würde man den Vormagnetisierungsstrom erhöhen, sänke zwar der Klirrfaktor weiter ab, gleichzeitig aber auch die maximale Aussteuerbarkeit bei 16 kHz. Im umgekehrten Fall stiege zwar die Aussteuerbarkeit, aber auch der Klirrfaktor. Der empfohlene Vormagnetisierungsstrom kann also immer nur ein Kompromiß sein, um insgesamt möglichst optimale Werte zu erreichen.

No.	Technische Daten		Einheit Unit Unité	C
1.	**Meßbedingungen**			**IEC 1**
1.1	Bandgeschwindigkeit	v	cm/s ips	**38.1** 15.0
1.2	Spurbreite		mm	2.7
1.3	Bandfluß für Bezugspegel	∅	nWb/m	320
1.4	Spaltbreiten: Wiedergabekopf Aufnahmekopf		 µm µm	 3.0 **7.0**
1.5	Aufnahmestrom-Anhebung		dB	0
1.6	Wiedergabe-Entzerrung	τ	µs	**35**
2.	**Elektroakustische Daten**			
2.1	Empfohlener Arbeitspunkt		dB	0.0
2.2	Empfindlichkeitsabnahme für den empf. Arbeitspunkt	$\Delta S_{10\,kHz}$	dB	3.5
2.3	Klirrfaktor	D_{H3}	%	0.12
2.4	Tiefenaussteuerbarkeit, D_{H3} = 3%	$MOL_{1\,kHz/3\%}$	dB	+ 12.5
	Tiefenaussteuerbarkeit, D_{H3} = 1%	$MOL_{1\,kHz/1\%}$	dB	+ 10.0
2.5	Rel. Empfindlichkeit b. 1 kHz	$S_{1\,kHz}$	dB	+ 1.0
2.6	Rel. Empfindlichkeit b. 10 kHz	$S_{10\,kHz}$	dB	+ 1.5
	Rel. Empfindlichkeit b. 12.5 kHz	$S_{12.5\,kHz}$	dB	–
	Rel. Empfindlichkeit b. 16 kHz	$S_{16\,kHz}$	dB	+ 2.5
2.7	Höhenaussteuerbarkeit bei 10 kHz	$SOL_{10\,kHz}$	dB	+ 9.5
	Höhenaussteuerbarkeit bei 16 kHz	$SOL_{16\,kHz}$	dB	+ 6.5
2.8	Bewertete Störspannung bezogen auf Bezugspegel (320 nWb/m)	BN/RL (CCIR) BN/RL (IEC)	dB dB	– 51.0 – 63.0
2.9	Bewertete Störspannung bezogen auf Tiefenaussteuerbarkeit ($MOL_{1\,kHz/3\%}$)	BN/MOL (CCIR) BN/MOL (IEC)	dB dB	– 63.5 – 75.5
2.10	Gleichfeldrauschen rel. zum Bezugspegel	DCN	dB	– 54.0
2.11	Differenztondämpfung	a_{d3}	dB	49.0
2.12	Löschdämpfung		dB	≧70
2.13	Kopierdämpfung		dB	53
2.14	Empfindlichkeitsabweichungen bei 1 kHz a) innerhalb eines Bandes b) von Band zu Band	 max. max.	 dB dB	 ±0.25 ±0.5
3.	**Magnetische und elektrische Daten**			
3.1	Koerzitivkraft	$_{I}H_c$	$\frac{kA}{m}$ (Oe)	27/340
3.2	Sättigungsremanenz	B_{RS}	mT (G)	135/1350
3.3	Remanenter Sättigungsbandfluß	$\emptyset_{RS}$	nWb/m	2092
3.4	Oberflächenwiderstand a) Magnetschicht b) Rückseitenmattierung		 Ω/□ Ω/□	 $\leqq 10^{10}$ $\leqq 10^{5}$
4.	**Mechanische Daten**			
4.1	Trägermaterial	Polyester, vorgereckt / tensilized / préétiré		
4.2	Nenndicken: Träger Schicht Rückseitenmattierung Total		 µm µm µm µm	 33.0 15.5 1.5 50.0
4.3	Thermischer Dehnungskoeffizient (ΔL/L)/°C			$2 \cdot 10^{-5}$
4.4	Feuchtlängungskoeffizient (ΔL/L)/%RF			$1 \cdot 10^{-5}$
4.5	Last für 3% Dehnung, F_3	6,3 mm	N	≧20
4.6	Reißlast	6,3 mm	N	≧40
4.7	Plastische Dehnung		%	≦0.05
4.8	Breiten Toleranzen		mm mm	50.8/25.4/12.7/6.3 + 0 / – 0.06

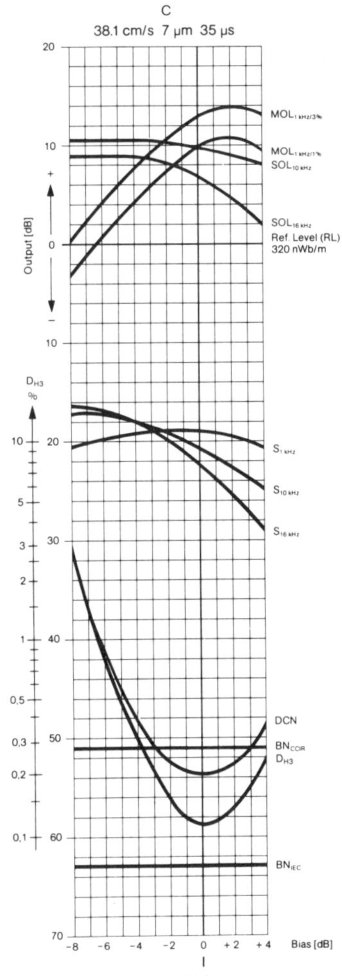

Abb. 13.7 Datenblatt PEM 469

b) Aufnahme-Entzerrung

Eine Magnetisierung mit einer für alle Frequenzen konstanten Modulationsspannung magnetisiert ein Tonband nicht gleichmäßig. Vielmehr nimmt der tatsächliche Bandfluß mit der Frequenz ab. Dieser Abfall hängt vom verwendeten Bandmaterial ab. Um zu einer gleichmäßigen Magnetisierung zu kommen, muß die Aufnahmespannung vorentzerrt werden, der Höhenbereich muß also verstärkt werden. Allerdings sind dieser Vorentzerrung Grenzen gesetzt, da dadurch das Tonband bis in die Sättigung ausgesteuert würde und damit starke Verzerrungen auftreten könnten. Ein Teil dieser Verluste muß also auch durch Wiedergabeentzerrung ausgeglichen werden.

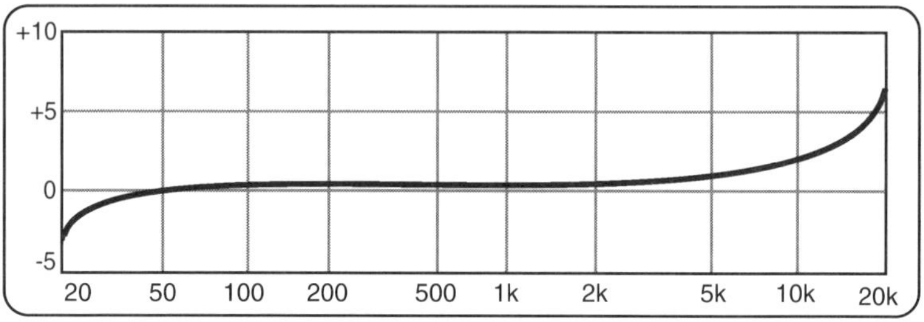

Abb. 13.8 Aufnahme-Entzerrung nach DIN

Nach der Aufnahme eines entsprechend der in Abbildung 13.8 dargestellten Kurve entzerrten Signals soll der tatsächliche Bandfluß einen Verlauf haben, wie er in der DIN-Norm 45513 festgelegt ist. Durch die Normung des tatsächlichen Bandflusses wird sichergestellt, daß jede Aufnahme, die nach dieser Norm aufnahmeseitig entzerrt wurde, auf jeder anderen Maschine auch wieder korrekt abgespielt werden kann. Das sichert einen problemlosen Austausch von Bändern. Mit einem Bezugsband, das exakt den genormten Bandfluß aufweist, kann die Wiedergabeentzerrung jeder Maschine so eingestellt werden, daß insgesamt ein linearer Aufnahme/Wiedergabe-Frequenzgang erreicht wird.

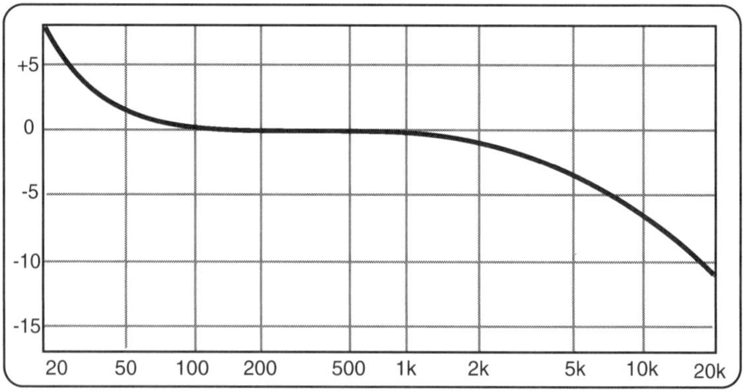

Abb. 13.9 Bandfluß nach DIN 45 513

13.1.3 Wiedergabevorgang

a) Spaltverluste

Auch bei der Abtastung einer magnetischen Aufzeichnung über den Spalt des Wiedergabekopfes treten Verluste auf. Sie sind dadurch bedingt, daß der im Spalt wirksame magnetische Fluß mit der Frequenz zunächst bis zu einem Maximum ansteigt, danach aber wieder abfällt. Ist die Wellenlänge der Aufzeichnung gleich der Spaltbreite, so ist der wirksame Fluß im Spalt gleich Null. Praktisch ist nur eine Aufzeichnung unterhalb dieser Wellenlänge möglich.

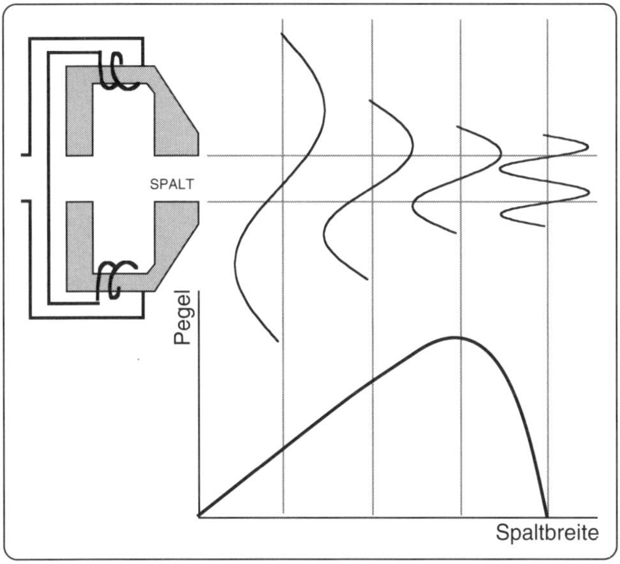

Abb. 13.10 Einfluß der Spaltbreite auf den Wiedergabepegel

Ausschlaggebend für den Verlauf des Wiedergabepegels in Abbildung 13.10 ist nicht die tatsächliche, sondern die effektive Spaltbreite. Beide Werte sind nur dann identisch, wenn der Spalt genau senkrecht zum Tonband und somit auch senkrecht zur Richtung des Bandflusses steht. Jede Abweichung von dieser Senkrechten kommt einer effektiven Verbreiterung des Spalts gleich. Das hat einen Höhenabfall bei der Wiedergabe zur Folge.

Im Grunde ist nur entscheidend, daß Aufnahme- und Wiedergabekopf den gleichen Winkel zum Band aufweisen. Damit ist die Forderung nach der minimalen effektiven Spaltbreite erfüllt. In der Praxis wird jedoch eine exakt rechtwinklige Position des Spalts zum Tonband eingestellt. Dadurch ist auch sichergestellt, daß die Phasenlage der beiden Spuren eines Stereobands bei der Wiedergabe gleich der bei der Aufnahme ist. Bei unterschiedlicher Spaltlage würde eine Spur zeitlich minimal früher abgetastet werden. Das wiederum könnte zu einer Verfälschung des ursprünglichen Stereopanoramas führen.

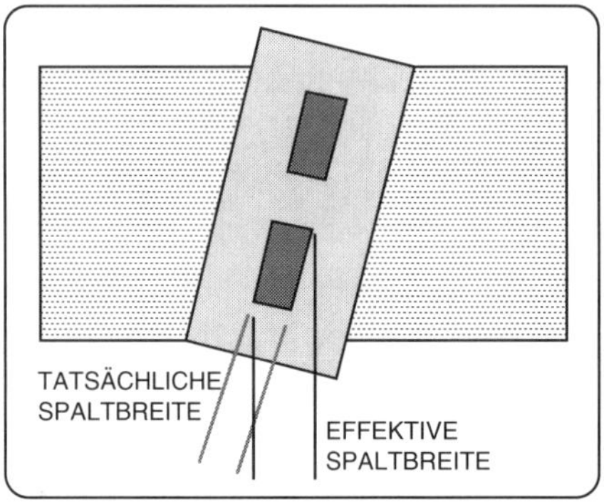

Abb. 13.11 Tatsächliche und effektive Spaltbreite

Bei einer Mehrspurmaschine kann sich ein nicht exakt senkrecht justierter Kopf noch stärker auswirken, besonders dann, wenn Stereospuren nicht auf benachbarte Spuren aufgezeichnet werden. Würde man im Extremfall den linken Kanal auf Spur 1, den rechten auf Spur 24 aufnehmen, so verursachen schon geringe Abweichungen der Spaltlage relativ große Phasenunterschiede.

b) Wiedergabe-Entzerrung

Um zu einer linearen Ausgangsspannung bei der Wiedergabe zu kommen, müssen die Spaltverluste, aber auch die nicht vollständig kompensierten Aufnahmeverluste ausgeglichen werden. Dazu ist eine entsprechende Wiedergabeentzerrung notwendig. Mit dem Frequenzgangteil auf dem Bezugsband wird diese Entzerrung auf einen linearen Wiedergabefrequenzgang eingestellt.

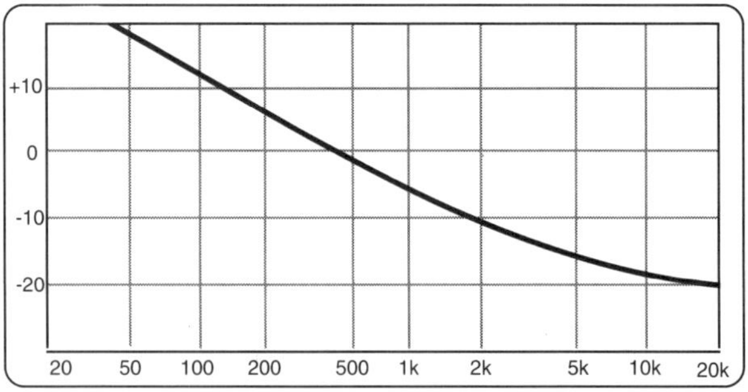

Abb. 13.12 Wiedergabe-Entzerrung nach DIN

13.1.4 Löschvorgang

Vor jeder Aufnahme wird jedes Band - auch völlig neues - gelöscht. Der Löschkopf steuert das Tonband mit einem hochfrequenten Magnetfeld bis in die Sättigung aus. Dieses Magnetfeld klingt ab, wenn sich das Band wieder vom Löschkopf entfernt. Dadurch verkleinert sich die Hysteresisschleife immer weiter, bis sie schließlich völlig in den Nullpunkt zusammenfällt.

13.1.5 Magnetband

Für das Magnettonverfahren benutzt man ein Magnetband, das kontinuierlich am Spalt des Aufnahmekopfs vorbeigeführt und dabei magnetisiert wird (zum Aufbau eines Tonkopfes siehe auch Abschnitt 13.1.1). Die zeitliche Änderung der Magnetisierungsspannung führt damit längs des Magnetbands zu einer unterschiedlichen Magnetisierung, dem Bandfluß. Am Spalt des Wiedergabekopfes vorbeigeführt, induziert das Magnetband dann eine Spannung mit dem ursprünglichen zeitlichen Verlauf.

a) Schichten eines Magnetbands

Modernes Magnetband oder Tonband besteht aus vier Schichten. Als Trägermaterial verwendet man Polyester oder Polyvinylchlorid (PVC). Dieses Material wird vor dem Beschichten gedehnt, man sagt auch „vorgereckt". Das verhindert eine spätere Verformung durch unsachgemäße Handhabung oder zu hohen Bandzug.

Auf diesen Träger werden feinste Partikel aus Eisenoxid oder Chromdioxid als Magnetschicht aufgebracht. Diese Partikel kann man sich wie kleine Stabmagnete mit magnetischem Süd- und Nordpol vorstellen, die zunächst aber noch zufällig in beliebige Richtungen ausgerichtet sind. Damit besitzt das Magnetband keine Magnetisierung, der Bandfluß ist Null.

Durch das magnetische Feld des Aufnahmekopfes werden die feinen Oxidpartikel ausgerichtet, das Magnetband wird magnetisiert (siehe Abbildung 13.1). Je mehr Oxidpartikel ausgerichtet werden, desto stärker ist der Bandfluß. Die Stärke der Magnetisierung oder des Bandflusses längs des Magnetbands verläuft also analog zur Stärke des Magnetfelds am Aufnahmekopf und damit auch analog zur Modulationsspannung, die im Aufnahmekopf das Magnetfeld erzeugt.

Über der Magnetschicht eines Tonbands liegt eine dünne, sehr glatte Oberflächenschicht, die für einen guten Kontakt zwischen Magnetband und Tonköpfen sorgt. Die Rückseite des Trägers erhält eine antistatische Beschichtung, die in erster Linie die Wickeleigenschaften des Tonbands verbessert. Ohne diese Rückseitenbeschichtung wären freitragende Wickel (ohne Spulen), wie sie im Studio üblich sind, unmöglich.

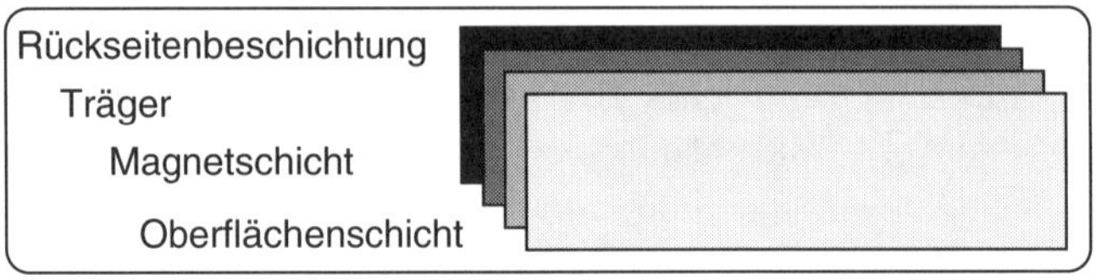

Abb. 13.13 Die Schichten eines Magnetbands

b) Breite und Dicke von Magnetbändern
Für die verschiedenen Anwendungen werden unterschiedlich breite Magnetbänder hergestellt, die in einer oder mehreren Längsspuren bespielt werden können. Die Bandbreite wird in Zoll oder Millimeter angegeben.

	mm	Zoll
Compact-Cassette	3,81	
Mono-Vollspur-Band	6,3	1/4
Stereo-Band 1/4"	6,3,	1/4
Stereo-Band 1/2"	12,7	1/2
4-Spur-Band, semiprofessionell	6,3	1/4
4-Spur-Band, professionell	12,7	1/2
8-Spur-Band, semiprofessionell	12,7	1/2
8-Spur-Band, professionell	25,4	1
16-Spur-Band, semiprofessionell	25,4	1
16/24-Spur-Band, professionell	50,8	2
Perfoband	16	
Perfoband	17,5	
Perfoband	35	

Tabelle 13.14 Breite von Bändern für verschiedene Geräte

Neben einer unterschiedlichen Breite weisen Magnetbänder auch eine unterschiedliche Stärke auf. Dickes Band ist naturgemäß viel robuster als dünneres, bietet aber eine geringere Aufnahmezeit bei gleichem Spulendurchmesser. Dünneres Band ist dagegen flexibler, ein guter Kontakt zwischen Magnetband und Tonkopf ist damit auch ohne aufwendige Bandzugregelung zu erreichen.

Studio-Magnetband (1/4" - 2")	ca. 50 µm
HiFi-Band	ca. 30 µm
Cassettenbänder	ca. 15 µm
Perfobänder	ca. 80 µm

Tabelle 13.15 Stärke verschiedener Magnetbänder

c) Spurlage
Im Studiobereich werden Magnetbänder nur in einer Richtung bespielt. Würde man sie in beiden Richtungen bespielen, so wäre beispielsweise eine Bearbeitung von Aufnahmen durch Schnitt überhaupt nicht möglich. Bei Compact-Cassetten oder HiFi-Bändern werden die Bänder mit Verzicht auf die Schneidemöglichkeit in beiden Richtungen benutzt.
Einen Überblick über die Spurlagen der verschiedenen Bänder geben die nachfolgenden Abbildungen.

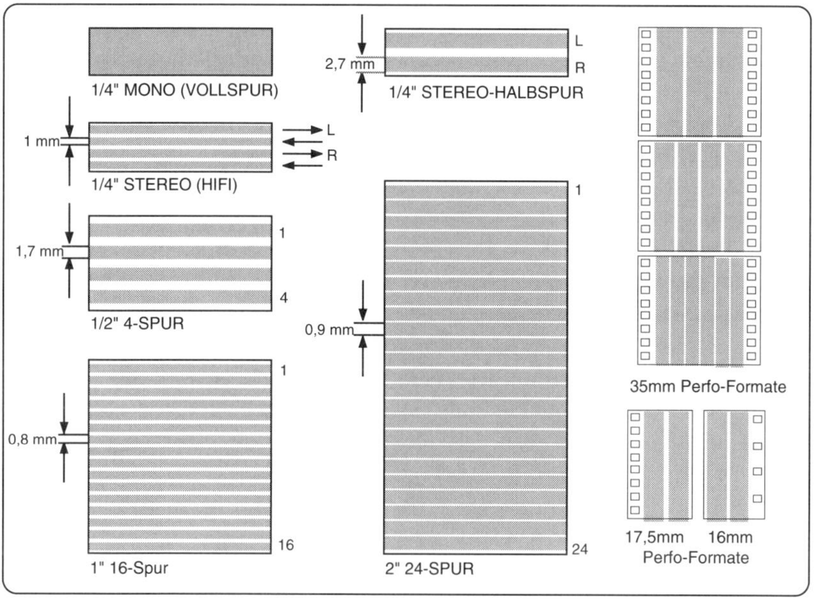

Abb. 13.16 Spurlagen bei verschiedenen Bandformaten

d) Eigenschaften von Magnetbändern
Ein Tonband kann niemals vollständig entmagnetisiert werden. Der tatsächliche Bandfluß eines gelöschten Bands ist daher nie exakt Null, sondern als Bandrauschen zu hören. Dieses Rauschen bezeichnet man als Ruherauschen und gibt als Ruhegeräuschspannungsabstand die Differenz zwischen dem Bezugspegel (Bandfluß 320 nW/m) und dem bewertet gemessenen Ruherauschen an (siehe auch Kapitel 18).
Bei zu hoher Aussteuerung eines Tonbands treten hauptsächlich Verzerrungen 3. Ordnung (k3) auf, bei einem 1-kHz-Ton also die Harmonische mit der Frequenz 3 kHz (siehe auch Kapitel 4). Läßt man einen Klirrfaktor k3 von 3%

zu, so liegt die maximale Aussteuerbarkeit bei 1 kHz für hochwertige Masterbänder etwa 10 dB über dem Bezugspegel von 320 nW/m. Das entspricht einem Bandfluß von rund 1000 nW/m. In der Praxis arbeitet man daher heute mit einem um 4 dB höheren Bezugspegel von 514 nW/m (siehe dazu auch Abschnitt 13.1.7).

Auf einem Bandwickel ist jede Windung dem Magnetfeld der Nachbarwindung ausgesetzt. Diese Magnetisierung überträgt sich teilweise auch auf die Windung und ist unter Umständen als Vor- oder Nachecho zu hören, besonders zu Beginn einer Aufnahme.

Diese Erscheinung wird allgemein als Kopiereffekt bezeichnet. Durch eine längere Lagerung kann der Kopiereffekt verstärkt auftreten. Aufgrund des Schichtaufbaus von Magnetbändern sind Vor- und Nachechos unterschiedlich stark. Spult man ein Band zum Anfang zurück und lagert es eine gewisse Zeit, so sind die Vorechos stärker als die Nachechos, was außerordentlich störend sein kann. Lagert man Bänder aber „tailed out", also zum Ende gespult, sind die Vorechos schwächer, und die stärkeren Nachechos werden meist von der Nutzmodulation verdeckt.

Damit Bänder nicht tailed-out gelagert werden müssen, arbeiten die deutschen Rundfunkanstalten mit Bändern, deren Magnetschicht auf dem Wickel nach außen zeigt. Damit sind die Verhältnisse genau umgekehrt wie bei der international üblichen Schichtlage (Magnetschicht innen), und die Bänder können auf Anfang gespult gelagert werden. Für den Rundfunkbetrieb bringt das den Vorteil, daß Bänder unmittelbar abspielbar sind und nicht erst zurückgespult werden müssen.

13.1.6 Tonbandmaschinen

a) Stereo-Mastermaschinen

Stereoaufnahmen und Stereoabmischungen von Mehrspuraufnahmen werden auf 1/4", teilweise auch 1/2"-Stereo-Masterbandmaschinen aufgenommen. Die Technik und Handhabung dieser Maschinen ist im allgemeinen relativ einfach und übersichtlich.

Sie besitzen drei Tonköpfe: den Löschkopf, den Aufnahmekopf und den Wiedergabekopf. Zur Verstärkung und Aufbereitung der Aufzeichnungssignale benötigt man Aufnahme- und Wiedergabeverstärker, daneben einen Oszillator, der die Löschspannung erzeugt.

Bei Stereo-Mastermaschinen werden grundsätzlich beide Spuren gleichzeitig gelöscht, aufgenommen und abgespielt, man unterscheidet daher nur die zwei Betriebsarten Aufnahme und Wiedergabe. Für das Schneiden gibt es außerdem einen Edit-Status, in dem das Band manuell am Kopf hin- und herbewegt werden kann, um so den exakten Schnittpunkt zu finden.

Abb. 13.17 Studer A807 Stereo-Mastermaschine

b) Mehrspurmaschinen

Im Gegensatz zur Stereomaschine verfügen analoge Mehrspurmaschinen über 4...32 Spuren, die zusammen oder einzeln aufgenommen werden können. Das gängige professionelle Format sind 24 Spuren auf einem 2"-Band. Die Anordnung der Tonköpfe und die Verstärker sind im Grunde identisch mit denen einer Stereomaschine.

Der Unterschied besteht in der Anwahl des Aufnahmestatus. Bei einer Stereomaschine drückt man lediglich die Aufnahme- zusammen mit der Wiedergabetaste, und beide Spuren werden aufgenommen. Bei einer Mehr-spurmaschine muß es aber möglich sein, jede Spur einzeln in den Aufnahmestatus zu schalten. Dafür gibt es pro Spur einen Safe/Ready-Schalter, der die Aufnahme für eine Spur freigibt. Tatsächlich erfolgt die Aufnahme der so freige-gebenen Spuren aber erst, wenn wieder die Aufnahme- und Wiedergabetaste gemeinsam betätigt werden.

Eine Spur läßt sich auch in den Aufnahmemodus schalten, während das Band läuft. Dazu wird die Spur zunächst zur Aufnahme freigegeben. Hält man nun die Wiedergabetaste gedrückt und betätigt gleichzeitig die Aufnahmetaste, so wird diese Spur in Aufnahme geschaltet. Die Betätigung der Wiedergabetaste beendet die Aufnahme wieder, ohne daß das Band angehalten werden muß.
Bei einigen Maschinen genügt übrigens schon das Drücken der Aufnahmetaste allein, um die Aufnahme auszulösen.

Abb. 13.18 Otari MTR90 III 24-Spur-Maschine mit Spuranwahl

Neben dem Aufnahme- und Wiedergabestatus gibt es bei Mehrspurmaschinen den Sync-Status, der beim Playbackverfahren notwendig ist. Dabei hört ein Musiker während der Aufnahme seines Instruments die bereits bespielten Spuren der Mehrspurmaschine. Würden diese Spuren aber über den Wiedergabekopf abgespielt, wären die neue Aufnahme und die vorhandenen Spuren nicht synchron, da zwischen Aufnahme- und Wiedergabekopf ein gewisser Abstand besteht. Für Playback-Aufnahmen wird aus diesem Grund im Sync-Status der

Aufnahmekopf als Wiedergabekopf geschaltet, Aufnahme und Wiedergabe sind damit synchron.

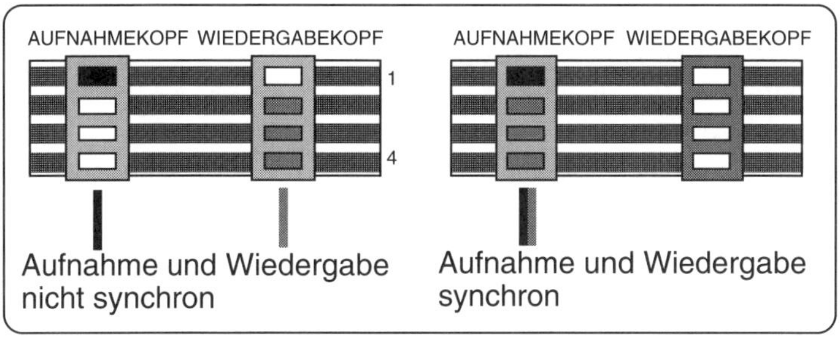

Abb. 13.19 Sync-Status

Im Sync-Status verfügen die meisten Maschinen außerdem über eine automatische Monitorumschaltung. Je nach Status einer Spur und der jeweiligen Laufwerkfunktion erscheint am Ausgang der Maschine für jede Spur das Signal, das normalerweise Quelle für den Monitor-Mix im Mischpult ist. Für Spuren, die nicht für die Aufnahme angewählt sind, ist dies grundsätzlich das Signal vom Band (wiedergegeben über den Aufnahmekopf). Steht das Band oder wird gespult, ist von dieser Spur dann natürlich auch nichts zu hören. Bei Spuren, die in Aufnahme geschaltet sind, hört man nur dann das Signal vom Band, wenn die Maschine in Wiedergabe läuft. Ansonsten ist am Ausgang der Maschine das Eingangssignal zu hören (Input-Monitor). Während der Aufnahme und auch bei Stop und Umspulen hört man damit immer das Eingangssignal. Bei einem Drop-In, also dem Umschalten von Wiedergabe in Aufnahme, schaltet sich auch das Ausgangssignal automatisch um. Der Abhörstatus des Mischpults kann daher ständig Tape-Monitor bleiben.

Spur:	Safe	Ready
Stop	—	Input
Play	Tape	Tape
Record	Tape	Input
Fast Rewind/Forward	—	Input

Tabelle 13.20 Ausgangssignale im Sync-Status einer Mehrspurmaschine

In vielen semiprofessionellen Maschinen wird auf einen separaten Wiedergabekopf sogar ganz verzichtet und ein kombinierter Aufnahme/Wiedergabekopf verwendet. Im professionellen Bereich jedoch findet man ausschließlich getrennte Köpfe, da diese für die jeweilige Funktion optimal konstruiert werden können. Ein kombinierter Kopf kann immer nur als Kompromiß betrachtet werden.

c) Perfomaschinen (Magnetfilmläufer)
Bei der Vertonung von Filmen und Videoproduktionen wird als analoges Aufzeichnungsmedium in großem Maße perforiertes Magnetband, sogenannter Magnetfilm verwendet. Wie ein Film weist dieses Band eine seitliche Perforation auf, in die eine Zahnrolle des Antriebssystems der Perfomaschine eingreift und den Magnetfilm durch das Laufwerk zieht. Auf diese einfache Weise werden Bild und Ton seit den Anfangstagen der Filmindustrie synchronisiert. Erforderlich ist nur eine starre Verbindung der Antriebssysteme von Filmabtaster und Perfomaschine.
Moderne Perfomaschinen arbeiten heute auch mit elektronischer Steuerung, und zur Synchronisation wird ein sogenanntes Zwei-Phasen-Signal verwendet (siehe Kapitel 15). Mit diesem Signal werden die Antriebssysteme von Bildabtastern und Perfomaschinen auf elektronischem Weg verkoppelt. Die Perforation des Magnetfilms dient bei modernen Maschinen nur noch als zeitliche Referenz für die Synchronisation, der eigentliche Antrieb wird elektronisch gesteuert. Über die Zahnrolle wird die Bandgeschwindigkeit und damit die Synchronität ständig kontrolliert und nachgeregelt.
Obwohl heute die Synchronisation mehrerer Maschinen im allgemeinen über einen Timecode abgewickelt wird (siehe Kapitel 15), ist die Filmindustrie bei ihrem herkömmlichen System der Verkopplung geblieben. Der wesentliche Grund dafür ist, daß perforiertes Magnetband wie Film geschnitten werden kann und so Bild- und Tonschnitt an einem Schneidetisch erfolgen können. Würde die Synchronisation über eine Timecode-Spur erfolgen, würde jeder Schnitt den Timecode unterbrechen, und die Synchronität könnte nicht erhalten bleiben. Bei diesem System bleibt die Synchronität der Maschinen jedoch jederzeit bestehen. Auch im Rückwärtslauf oder beim Umspulen.

d) Videorecorder
Auch die Tonspuren von Videorecordern werden häufig für Aufnahmen im professionellen Bereich verwendet, besonders für die aktuelle Berichterstattung im Fernsehen, aber auch für anspruchvollere Produktionen. Je nach Format stehen auf Videorecordern bis zu vier Tonspuren unterschiedlicher Qualität zur Verfügung.
Die Tabelle 13.23 zeigt die verschiedenen Formate und ihre technischen Daten. Vorteil eines gemeinsamen Mediums ist natürlich, daß Bild und Ton auf elektronischem Weg in einem Arbeitsgang geschnitten werden können und so die Nachbearbeitung schnell und kostengünstig ausgeführt werden kann.

	Audio	Timecode	FM-Audio	Digital
U-matic	2	-	-	-
Betacam	2	1	-	-
Betacam/U-matic SP	2	1	2	-
Betacam digital	1	1	2	2 Spuren je 48 kHz, 16 Bit 44,1 kHz

Tab. 13.21 Tonformate verschiedener Videoformate

13.1.7 Laufwerke

Voraussetzung für eine brauchbare Aufnahme und Wiedergabe mit Magnetbändern ist eine sehr konstante Bandgeschwindigkeit und ein gleichmäßiger Bandzug. Mit moderner elektronischer Steuertechnik kann diese Forderung heute mühelos eingehalten werden. Bandgeschwindigkeit und Bandzug werden ständig überprüft und nachgeregelt. Gleichlaufschwankungen oder ungleichmäßiger Bandzug sind heute so gering, daß sie meßtechnisch zwar gerade noch erfaßt werden können, in keinem Fall aber zu einer hörbaren Beeinträchtigung der Aufnahme- und Wiedergabequalität führen.
Auch die Betriebssicherheit von Tonbandgeräten kann als ausgereift angesehen werden. Beschädigungen an der Maschine selbst oder am Magnetband, beispielsweise durch unmittelbares Umschalten aus schnellem Vorlauf in Wiedergabe, werden durch die elektronische Steuerung sicher verhindert.

a) Capstan

Der Capstan ist die Achse eines Motors, der unmittelbar die Bandgeschwindigkeit bestimmt. Als Antrieb wird heute fast ausschließlich ein sogenannter DC-Servo-Motor verwendet. Die Soll-Geschwindigkeit dieses Motors wird mit einer Tachoscheibe laufend gemessen und an eine elektronische Steuerung weitergegeben. Diese Steuerung regelt Abweichungen von der Sollgeschwindigkeit sofort aus. In modernen Maschinen übernimmt ein Mikroprozessor diese Aufgabe. Für die Umsetzung der Capstandrehung in eine konstante Bandgeschwindigkeit gibt es drei Konzepte.

Open-Loop-System

Am häufigsten wird das Open-Loop-System verwendet. Das Tonband wird hier mit einer Gummirolle, der sogenannten Andruckrolle, gegen den Capstan gepreßt und dadurch mit konstanter Geschwindigkeit an den Tonköpfen vorbeigezogen. Die linke, abwickelnde Spule muß dabei dauernd leicht abgebremst werden, damit ein konstanter Bandzug und somit ein guter Kontakt zwischen Tonband und Tonköpfen gewährleistet ist. Die rechte Spule wickelt das Band auf. Die Zugkraft beider Spulen darf nicht zu groß sein, da sonst das Tonband zwischen Capstan und Andruckrolle durchrutscht. Diese Erscheinung nennt man Schlupf. Ist der Bandzug zu gering, wird das Tonband nur lose aufgewickelt, freitragende Wickel können dann auseinanderfallen.

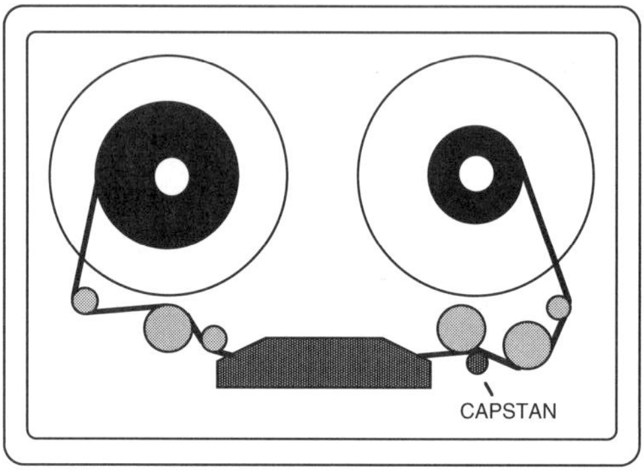

Abb. 13.22 Open-Loop-Bandtransport

Closed-Loop-System
Dieses Bandtransportsystem entkoppelt das Tonband im Bereich der Tonköpfe mechanisch vom übrigen Bandtransport. Dies wird mit zwei Andruckrollen erreicht, die das Band gegen denselben Capstan drücken. Das Band wird so in einer Schleife an den Tonköpfen vorbeigeführt. Die Wickelmotoren arbeiten in der gleichen Weise wie im Open-Loop-System.

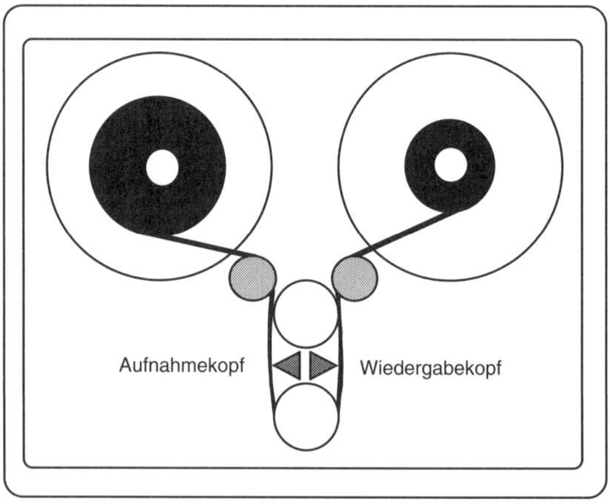

Abb. 13.23 Closed-Loop-Bandtransport

Zero-Loop-System
Das Zero-Loop-System verzichtet auf den Capstan. Die Bandgeschwindigkeit wird stattdessen über zwei Rollen, die links und rechts von den Tonköpfen angebracht sind, laufend abgetastet und an einen Mikroprozessor weitergegeben. Dieser Mikroprozessor steuert dann die beiden Wickelmotoren so, daß gewünschte Bandgeschwindigkeit und Bandzug eingehalten werden.

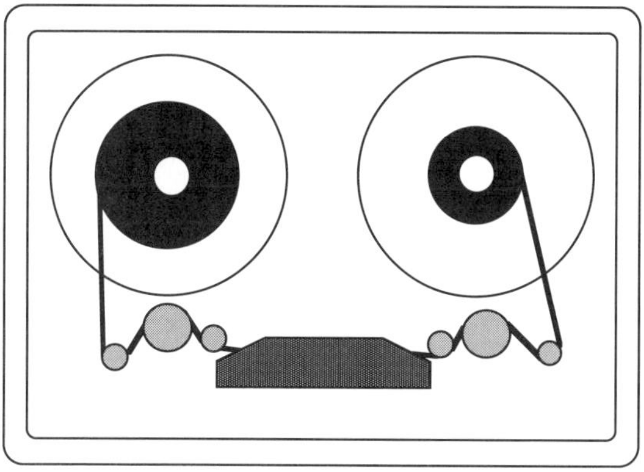

Abb. 13.24 Zero-Loop-Bandtransport

Auch moderne Magnetfilmmaschinen arbeiten nach diesem Prinzip, allerdings mit dem Unterschied, daß die Abtastung der Laufgeschwindigkeit über eine Zahnrolle erfolgt, die in die Perforation des Bands eingreift. Damit kann zwischen Band und Zahnrolle kein Schlupf mehr auftreten, und die Abtastung auch über nur eine Rolle ist sehr genau.

b) Bandgeschwindigkeit
Die obere Grenzfrequenz einer magnetischen Aufzeichnung ist unter anderem auch von der Bandgeschwindigkeit abhängig. Je nach Qualitätsanforderungen arbeitet man daher mit verschiedenen Bandgeschwindigkeiten, die sich bei Studio-Tonbandgeräten umschalten lassen.

Audio-Recorder:			
Cassettenrecorder	4,76		
HiFi-Tonbandgeräte	9,53	19,05	
Semiprofessionelle Tonbandgeräte	19,05	38,1	
Professionelle Tonbandgeräte	19,05	38,1	76,2

Video-Recorder, Audio-Längsspur:	
1"-B-Standard	24,3
U-matic	9,53
Betacam	10,151
VHS	2,339

Perfo-Maschinen:	
16 mm, 25 Bilder/s	19,05
17 mm, 25 B/ilders	47,5
35 mm, 25 Bilder/s	47,5

Tabelle 13.25 Bandgeschwindigkeit in cm/s bei verschiedenen Anwendungen

c) Fernbedienung und Autolocator

Vor allem bei Mehrspur-Bandmaschinen gehört neben einer normalen Fernbedienung für die üblichen Laufwerkfunktionen (Play, Stop, Vor- und Zurückspulen) der Autolocator zu den nützlichen Hilfen für den Toningenieur. In einem Autolocator können verschiedene Bandpositionen anhand ihrer Zählwerk-Zeiten gespeichert werden.

Abb. 13.26 Autolocator und Spuranwahl einer Mehrspurmaschine

Dazu verfügt der Autolocator über eine zweite Zeitanzeige, in die die gewünschten Zeiten über eine Tastatur eingegeben und in mehreren Speicherplätzen festgehalten werden können. Ebenso besteht die Möglichkeit, Zeiten aus dem Zählwerk in den Speicher zu übernehmen, während das Band läuft. So läßt sich beispielsweise eine Stelle markieren, die man später noch einmal abhören möchte. Das Tonband kann mit einer Such-Funktion (Search) jederzeit wieder exakt auf eine gespeicherte Bandstelle positioniert werden. Die Shuttle-Funktion erlaubt die Wiederholung einer Passage zwischen zwei Bandpositionen.
Auch die Spuranwahl arbeitet in vielen Fernbedienungen mit zusätzlichen Funktionen, die über eine reine Anwahl für Aufnahme oder Wiedergabe einzelner Spuren hinausgeht. So können unter anderem alle Spuren vor versehentlichem Löschen geschützt werden, oder der Status aller Spuren läßt sich in Speichern ablegen. Damit kann man z. B. eine bestimmte Kombination von Spuren mit nur einer Taste gemeinsam in den Aufnahmestatus schalten.

13.1.8 Wartung und Einmessen von Tonbandmaschinen

Die Spaltlage, der Vormagnetisierungsstrom, die Aufnahme- und die Wiedergabe-entzerrung müssen in regelmäßigen Abständen überprüft werden. Eine tägliche Kontrolle dieser Einstellungen halte ich keineswegs für übertrieben. Änderungen oder Abweichungen treten durch den mechanischen Abrieb an den Köpfen und durch Toleranzen in den Bauteilen der Verstärker auf. Unbedingt notwendig ist eine Einmessung beim Wechsel der Bandsorte und sogar der Band-Charge. Selbst innerhalb eines Produkttyps können durch Fertigungsstreuungen Abweichungen von den Solldaten auftreten. Beachten Sie deshalb die Kennzeichnung der einzelnen Produktionsreihen von Tonbändern, die Chargen-Nummer. Nehmen Sie sich Zeit für die Einmessung Ihrer Maschinen und lassen Sie sich anfangs vielleicht von einem erfahrenen Meßtechniker unterstützen. Wer mitten in einer Mix-Session, kurz bevor der Final-Mix auf's Master überspielt werden soll, eben mal die Master-Maschine einmessen will, provoziert geradezu Flüchtigkeitsfehler und damit eine nicht optimale Aufnahmequalität. Die Spalteinstellung ist bei modernen Maschinen heute so stabil, daß hier auf eine tägliche Kontrolle verzichtet werden kann.
Durch die dauernde Magnetisierung mit Wechselfeldern bleibt in den Tonköpfen und Bandführungen eine gewisse dauerhafte Magnetisierung zurück. Diese Magnetisierung kann wie eine Gleichstromvormagnetisierung wirken und zu erhöhten Verzerrungen führen. Tonköpfe und Bandführungen müssen daher ebenfalls regelmäßig entmagnetisiert werden, am besten vor dem Einmessen. Dazu führen Sie eine Entmagnetisierdrossel, die ein starkes magnetisches Wechselfeld mit der Netzfrequenz erzeugt, langsam zu den Bandführungen und Tonköpfen hin, daran entlang und wieder weg. Das Wechselfeld klingt durch die Entfernung der Drossel langsam ab und entmagnetisiert dadurch

Tonköpfe und Bandführungen. Achten Sie darauf, die Drossel nur in einem Abstand von wenigstens 1 m ein- und wieder auszuschalten. Die Tonbandmaschine muß während der Entmagnetisierung unbedingt ausgeschaltet sein. Vor jeder weiteren Kalibrierung sollten Sie Tonköpfe und Bandführungen reinigen, am besten mit gereinigtem Alkohol sowie einem Wattestäbchen oder fusselfreiem Tuch. Diese Reinigung kann mehrmals täglich erforderlich sein.

a) Bezugsbänder

Bezugsbänder gibt es für alle gängigen Bandgeschwindigkeiten und Bandbreiten. Sie sind grundsätzlich vollspurig bespielt, d.h. das Band ist in seiner gesamten Breite magnetisiert. Einzelne Spuren oder Zwischenräume zwischen den Spuren (vergleiche Abbildung 13.16) gibt es nicht. Anhand des 1/4"-Bezugsbands nach DIN 45513-2 bzw. IEC 94-2 für die Bandgeschwindigkeit 38 cm/s möchte ich den Gebrauch des Bezugsbands kurz erläutern. Am Beginn des Bezugsbands ist ein Ton mit einer Frequenz von 1 kHz und dem Bezugspegel von 320 nW/m aufgezeichnet. Es folgen weißes Rauschen, 10 kHz und 18 kHz zur Spaltjustage. Den Abschluß bildet der Frequenzgangteil mit Testfrequenzen im Terzabstand und einem Pegel von -20 dB zum Bezugspegel.

b) Wiedergabe-Kalibrierung

Die Einmessung einer Tonbandmaschine beginnen Sie grundsätzlich mit der Einstellung der Wiedergabe anhand eines Bezugsbands. Zunächst stellen Sie mit dem Potentiometer für den Wiedergabepegel den Ausgangspegel bei Bezugspegel auf 0 dB ein. Ein Bandfluß von 320 nW/m entspricht damit einem Ausgangspegel von +6 dBm. Da Magnetbänder heute wesentlich höher ausgesteuert werden können als zum Zeitpunkt der Normung des Bezugspegels, wird heute allgemein der Bandfluß bei Vollaussteuerung, also bei einem Pegel von 0 dB, auf 514 nWb/m erhöht. Aus diesem Grund muß bei einem Bandfluß von 320 nWb/m (dem Bandfluß auf dem Bezugsband) mit einem Peak-Meter ein Ausgangspegel von -4 dB eingestellt werden. Arbeitet man mit VU-Metern als Aussteuerungsmesser, so ist ein Vorlauf von 4 dB zu empfehlen. Dann nämlich zeigt ein VU-Meter bei Bezugspegel 320 nWb/m genau 0 dB an (siehe Abbildung 13.29).
Danach wird der Spalt des Wiedergabekopfes exakt senkrecht zum Band justiert. Die Spaltneigung kann mit einer Schraube neben dem Kopf verändert werden. Werfen Sie aber sicherheitshalber erst einmal einen Blick in die Unterlagen Ihrer Maschine. Diese Arbeit erfordert Erfahrung, und Sie sollten sie zunächst einmal unter Anleitung ausführen. Zur Kontrolle der Spaltneigung wird ein Korrelationsgradmesser oder ein spezieller Oszillograph, ein sogenanntes Stereosichtgerät, benötigt. Zur Einstellung wird der „10-kHz-Ton zur Spalteinstellung“ vom Bezugsband abgespielt.

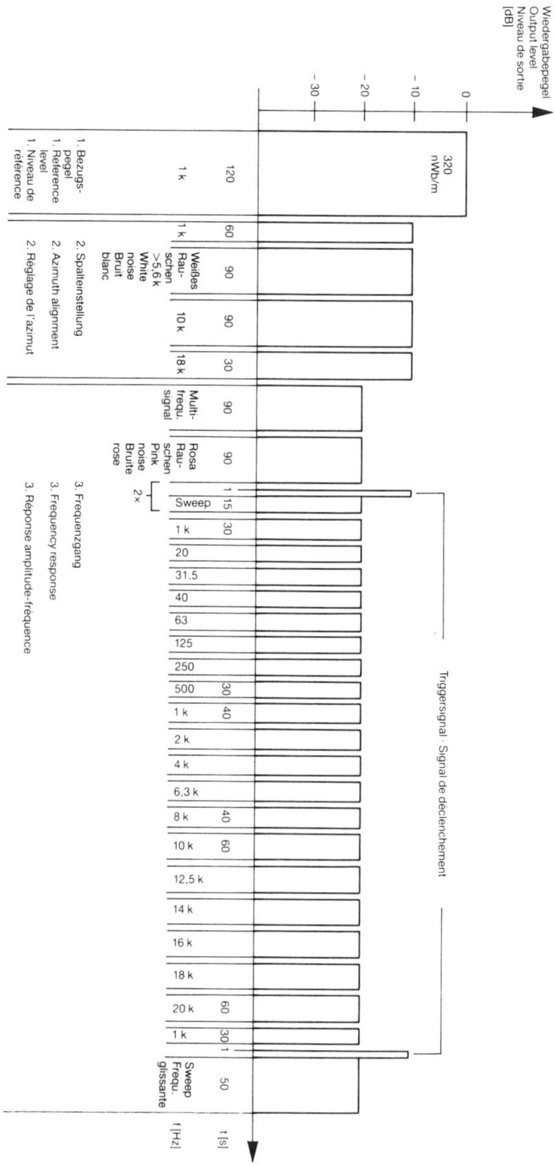

Abb. 13.27 Testsignale auf einem Bezugsband nach DIN 45513-2, Bandgeschwindigkeit 38 m/s

Die beiden Stereokanäle (oder zwei Spuren einer Mehrkanal-Maschine) werden nun an den Korrelationsgradmesser bzw. das Stereosichtgerät angeschlossen. Steht der Spalt genau senkrecht, so muß die Korrelation zwischen beiden Kanälen 1 betragen bzw. auf dem Stereosichtgerät eine senkrechte Linie erscheinen. Erscheint ein Kreis, so sind beide Kanäle um 90° in der Phase verschoben, die Korrelation beträgt dann 0. Verläuft die Linie waagerecht, beträgt die Phasenverschiebung 180°, die Korrelation -1.

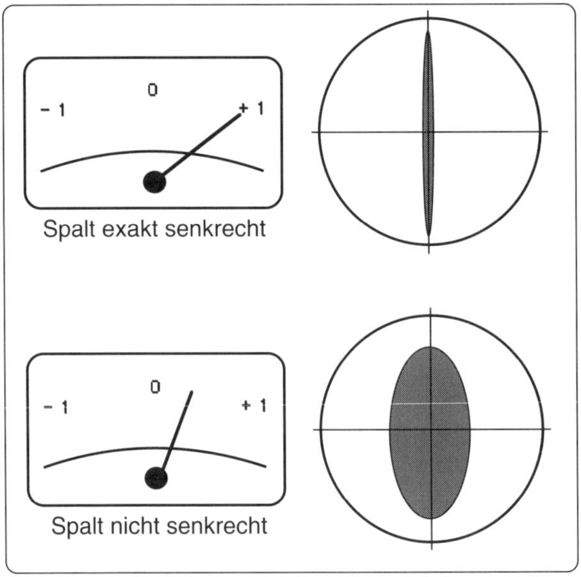

Abb. 13.28 Spalteinstellung mit Stereosichtgerät

Die Veränderung der Spaltneigung müssen Sie sehr langsam vornehmen, denn auch eine zu starke Neigung kann zu einer Korrelation von 1 führen. Dies ist dann der Fall, wenn die Phasenverschiebung genau eine Wellenlänge oder 360° beträgt, man sich also im sogenannten Nebenmaximum befindet. Diese Fehleinstellung ist vermeidbar, wenn Sie darauf achten, daß bei einer Korrelation von 1 gleichzeitig auch ein maximaler Ausgangspegel erreicht wird. Anschließend sollten Sie noch einmal den Bezugspegel überprüfen und gegebenenfalls nachstellen.

Letzter Schritt ist die Einstellung des Wiedergabefrequenzgangs. Der Frequenzgangteil auf dem Bezugsband ist mit einem Pegel von -20 dB aufgezeichnet. Damit auch dieser Pegel noch exakt abgelesen werden kann, sollte es möglich sein, Aussteuerungsinstrumente um diesen Betrag empfindlicher zu schalten (20-dB-Taste).

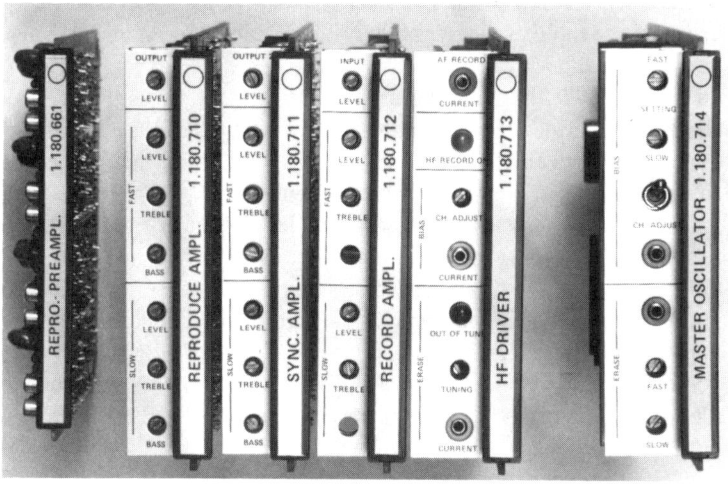

Abb. 13.29 Wiedergabe-Aufnahmekarten mit Potis

Mit einem Bezugsband mit Vollspuraufzeichnung kann aber nur die Höhenentzerrung des Wiedergabeverstärkers eingestellt werden. Bei Frequenzen unterhalb von 1 kHz streut die Aufzeichnung aus dem Bereich der eigentlichen Trennspuren so stark in den Wiedergabekopf ein, daß die Messung erheblich verfälscht wird. Überschlägig können Sie die Tiefenentzerrung bei einer Frequenz von 250 Hz auf einen Ausgangspegel von -20 dB einstellen. Den Höhenregler korrigieren Sie so, daß die durchschnittliche Abweichung vom linearen Frequenzgang möglichst klein ist. Im allgemeinen können Sie 10 kHz auf einen Ausgangspegel von -20 dB einstellen und erhalten so einen optimalen Frequenzgang.

c) Aufnahme-Kalibrierung

Jeder Einstellung der Aufnahme muß die Einstellung der Wiedergabe vorausgehen! Nicht vergessen: Nehmen Sie das Bezugsband von der Maschine!

Zuerst wird ein 1-kHz-Ton mit Bezugspegel auf ein Leerband aufgezeichnet (320 nW/m oder 514 nW/m). Den Aufnahmepegel regeln Sie so, daß der Wiedergabepegel exakt dem Eingangspegel entspricht. Das Leerband muß von derselben Charge sein, die anschließend ebenfalls für die Aufnahme verwendet wird.

Danach wird der Spalt des Aufnahmekopfs justiert. Dazu zeichnen Sie zunächst einen 10-kHz-Ton (Pegel ca. -10 dB) auf und kontrollieren mit den gleichen Instrumenten wie bei der Spalteinstellung des Wiedergabekopfs. Da der Wiedergabekopf schon justiert ist, nehmen Sie notwendige Korrekturen nun am

Aufnahmekopf vor, mit sinngemäß derselben Vorgehensweise wie beim Wiedergabekopf. Ein exakt eingestellter Wiedergabekopf ist also Voraussetzung für eine genaue Messung.
Anschließend erfolgt die Kalibrierung der Vormagnetisierung. Zur exakten Einstellung des Vormagnetisierungsstroms wird ein Sinuston mit einer Frequenz von 10 kHz bei einem Pegel von ca. -20 dB aufgezeichnet. Dabei regeln Sie den Vormagnetisierungsstrom zunächst ganz zurück. Erhöhen Sie ihn nun langsam wieder, so zeigt die Ausgangsspannung einen Verlauf, wie er im Datenblatt in der Kurve S_{10kHz} dargestellt ist.
Der Vormagnetisierungsstrom wird nun solange erhöht, bis die Ausgangsspannung zuerst ihr Maximum erreicht, danach wieder um einen bestimmten Betrag abfällt. Dieser Pegelabfall beträgt im Falle des PEM 469 bei einer Bandgeschwindigkeit von 38 cm/s 3,5 dB. Den exakten Wert können Sie entweder dem Verlauf der Kurve entnehmen, oder er ist in den Datenblättern selbst angegeben (siehe Abbildung 13.7).
Anschließend wird der Aufnahmepegel bei einer Frequenz von 1 kHz und Bezugspegel noch einmal überprüft und nötigenfalls korrigiert.
Nun stellen Sie mit einem 10-kHz-Ton und einem Pegel von -20 dB die Höhenentzerrung des Aufnahmeverstärkers so ein, daß der Ausgangspegel ebenfalls -20 dB beträgt. Diese Einstellung können Sie bei weiteren Frequenzen (zum Beispiel 8 kHz, 12 kHz, 16 kHz) zusätzlich überprüfen und gegebenenfalls nachstellen.
Ein Regler für die Tiefenentzerrung ist im Aufnahmeverstärker in der Regel nicht vorgesehen. Die Korrektur des Frequenzgangs im Tiefenbereich können Sie daher ausschließlich am Wiedergabeverstärker vornehmen. Man spricht von einer „Über-Band-Einstellung".
Zeichnen Sie dazu einen 100-Hz-Ton mit einem Pegel von -20 dB auf, und stellen Sie ihn auf -20 dB Wiedergabepegel mit dem Tiefenregler des Wiedergabeverstärkers ein.

d) Kurzanleitung zum Einmessen

1. Tonköpfe und Bandführungen reinigen und entmagnetisieren.
2. Wiedergabe:
   a) Bezugspegel 320 nW/m vom Bezugsband auf -4 dB-Peak bzw. O dB-VU einstellen.
   b) Spalteinstellung kontrollieren und gegebenenfalls korrigieren.
   c) Punkt 2a. wiederholen.
   d) 10-kHz-Ton aus Frequenzgangteil mit Höhenregler des Wiedergabeverstärkers auf -20 dB unter Vollaussteuerung einstellen. Einstellung eventuell bei weiteren Frequenzen überprüfen.
   e) Tiefenentzerrung nicht einstellen.

3. Aufnahme:

a) 1 kHz bei 0 dB aufnehmen und Aufnahmepegel auf 0 dB Wiedergabepegel einstellen.

b) Spalteinstellung kontrollieren und gegebenenfalls korrigieren.

c) Vormagnetisierung bei 10 kHz und -10 dB auf empfohlenen Pegelabfall einstellen.

d) Punkt 3a. wiederholen.

e) 10-kHz-Ton bei -20 dB aufnehmen und mit dem Höhenregler des Aufnahmeverstärkers auf -20 dB Ausgangspegel einstellen.

f) 100-Hz-Ton bei -20 dB aufnehmen und mit dem Tiefenregler des Wiedergabeverstärkers auf -20 dB Ausgangspegel einstellen („Über-Band-Einstellung“).

e) Pegeltöne

Obwohl der Bandfluß durch die Bezugsbänder international genormt ist, müssen Sie mit - wenn auch geringen - Abweichungen von der Norm rechnen. Besonders wenn Sie Bänder aus anderen Studios zur Verwendung bekommen, sollten Sie das bedenken. Deshalb zeichnet man am Beginn jedes Bands Pegeltöne auf. Werden die Aufnahmen dieses Bands mit einer Rauschverminderung aufgezeichnet, so ist der entsprechende Kennton ebenfalls aufzunehmen, beispielsweise der Dolby-Ton für Dolby-A. Die Pegeltöne für die Einstellung der Wiedergabeverstärker werden aber grundsätzlich ohne Rauschverminderung aufgezeichnet. Damit können nun Abweichungen in der Aufnahmeentzerrung der Aufnahmemaschine und gegebenenfalls der Rauschverminderung bei der Wiedergabe kompensiert werden. Folgende Töne sind aufzuzeichnen:

- 1 kHz bei Bezugspegel 0 dB = 320 nW/m (oder 514 nWb/m),
- 1 kHz, 100 Hz, 10 kHz bei einem Pegel von -10 dB, oder
- Rosa Rauschen („Pink Noise“) bei einem Pegel von ca. -10 dB.

Auf dem Bandkarton ist in jedem Fall der Bandfluß bei Bezugspegel zu vermerken, also entweder 320 nW/m oder 514 nW/m.

Arbeiten Sie mit einem solchen Band, fertigen Sie beispielsweise ein Kopie an, so korrigieren Sie die Einstellungen der Wiedergabemaschine - bei ausgeschalteter Rauschverminderung - mit diesen Pegeltönen: den Wiedergabepegel bei 1 kHz, den Wiedergabe-Kopfspalt bei 10 kHz, die Tiefenentzerrung bei 100 Hz und die Höhenentzerrung bei 10 kHz. Insbesondere in der Filmindustrie wird als Testsignal für Spalteinstellung und Frequenzgang kohärentes (gleichphasiges) Rosa Rauschen auf allen Spuen verwendet. Gegenüber einzelnen Testfrequenzen hat Rosa Rauschen den Vorteil, daß man bei der Spalteinstellung nicht versehentlich auf ein Nebenmaximum einstellt. Der Frequenzgang kann mit einem Spektrum-Analyser überprüft werden, so daß man den gesamten Frequenzbereich auf einmal kontrollieren kann.

Die notwendigen Korrekturen können unter Umständen von den Einstellungen abweichen, die Sie mit dem Bezugsband vorgenommen haben. Insbesondere könnte die Spaltneigung abweichen.
Zuletzt wird gegebenenfalls die Rauschverminderung eingestellt.

f) Automatische Kalibrierung
Einige moderne Bandmaschinen verfügen über ein computergesteuertes Einmeßsystem, das alle Einstellungen an den Verstärkern automatisch vornimmt. Besonders die Wartung von Mehrspurmaschinen wird damit erheblich erleichtert. Die manuelle Einstellung aller Parameter bei einer 24-Spur-Maschine dauert rund eine Stunde. Diese Einstellung sollte täglich erfolgen. Mit einem automatischen System beträgt der Zeitaufwand nur noch rund zehn Minuten.

13.1.9 Rauschverminderung

Der Geräuschspannungsabstand magnetischer Aufzeichnung ist der schlechteste in der gesamten Kette der Studiogeräte. Besonders bei Mehrspuraufnahmen kann das Bandrauschen bei leisen Passagen so hoch sein, daß es deutlich hörbar und störend ist. Mit Kompandersystemen läßt sich das Bandrauschen durch Komprimierung des Aufnahmesignals vor der Aufzeichnung scheinbar verringern. Passagen mit einem niedrigen Pegel werden durch die Kompression angehoben und mit höherem Pegel aufgezeichnet. Höhere Pegel werden weniger stark komprimiert. Bei der Wiedergabe wird die ursprüngliche Dynamik des aufgenommenen Signals mit einer exakt umgekehrten Expansion wiederhergestellt. Der Pegel der leisen Passagen wird also wieder entsprechend abgesenkt, gleichzeitig auch das Bandrauschen, das ja gerade in diesen Passagen als besonders störend empfunden wird. Im Bereich höherer Pegel verdeckt die Nutzmodulation das Rauschen. Die Kompression bzw. Expansion muß daher nicht so stark sein. Die Wirkung eines Kompandersystems zeigt die Abbildung 13.32.

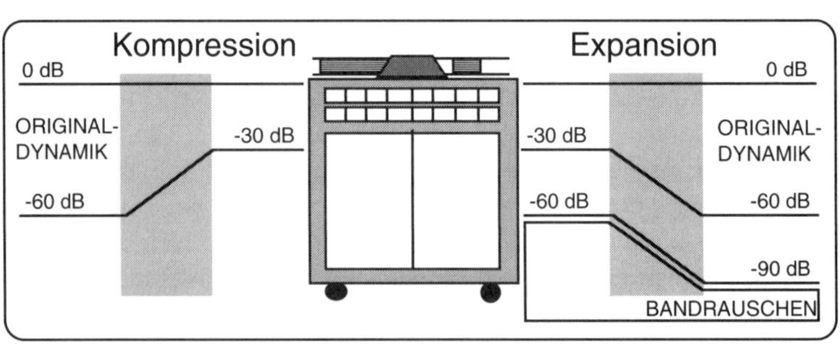

Abb. 13.30 Wirkungsweise eines Kompandersystems

Geht man von einer nutzbaren Dynamik des Magnetbands von 60 dB aus und will ein Signal mit der gleichen Dynamik aufnehmen, so sind die leisesten Passagen „genauso laut“ wie das Bandrauschen. Das Bandrauschen ist dann natürlich sehr störend. Komprimiert man die Dynamik des Eingangssignals in einer Ratio von 2:1 auf nur noch 30 dB, so liegen die leisesten Passagen des so aufgenommenen Signals immer noch 30 dB über dem Bandrauschen. Durch eine Expansion in einer Ratio von 1:2 bei der Wiedergabe wird die Originaldynamik des Aufnahmesignals wiederhergestellt, gleichzeitig aber das Bandrauschen in den leisen Passagen um bis zu 30 dB abgesenkt. Allgemein spricht man beim Komprimierungsprozeß auch von einer Encodierung, entsprechend von einer Decodierung bei der Expansion.

a) Dolby-Rauschverminderung

Die Firma Dolby ist bei den Rauschverminderungsverfahren heute führend. Von Dolby gibt es eine Reihe von Verfahren für den professionellen und den semiprofessionellen Bereich, die im Unterschied zu anderen Verfahren nach dem additiven Prinzip arbeiten. Das bedeutet, daß das Aufnahmesignal nicht im eigentlichen Sinne komprimiert und bei der Wiedergabe wieder expandiert wird, sondern daß niedrigen Aufnahmepegeln eine Komponente hinzugefügt wird, die bei der Wiedergabe zusammen mit den störenden Rauschanteilen wieder entfernt wird. Das ursprüngliche Signal selbst wird also nicht verändert.

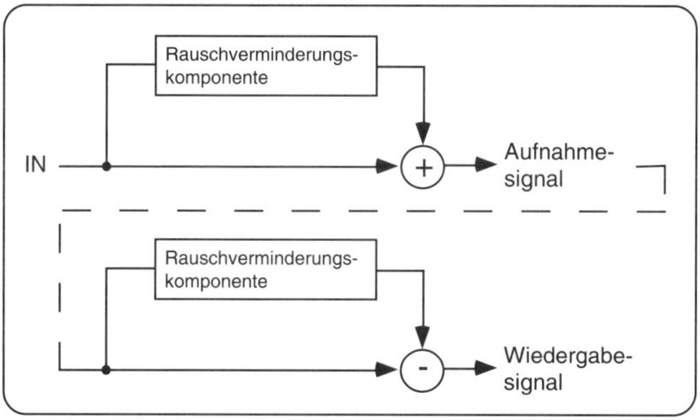

Abb. 13.31 Additives Verfahren der Dolby Rauschverminderung

Die zusätzliche Komponente führt - wie eine Kompression - zu einem höheren Aufnahmepegel bei niedrigen Signalpegeln, das Bandrauschen wird dadurch verdeckt. Wie bei einer Kompression wird die zusätzliche Komponente aufgrund des zeitlichen Signalverlaufs erzeugt. Daher spricht man auch von Zeitkonstanten und Ratio, wie bei einer Kompression bzw. Expansion.

Dolby-A

Die Dolby-A-Rauschverminderung erzeugt die zusätzliche Komponente in vier verschiedenen Frequenzbändern. Die Zeitkonstanten und die Ratio der einzelnen Frequenzbänder sind jeweils so dimensioniert, daß Regelvorgänge nicht oder kaum zu hören sind. Außerdem arbeiten die einzelnen Bänder unabhängig, im Höhenbereich kann also auch dann eine zusätzliche Komponente vorhanden sein, wenn der Tiefenbereich unbeeinflußt bleibt. Auf diese Weise läßt sich eine optimale Wirkung der Rauschverminderung bei gleichzeitig geringster Bearbeitung des Gesamtsignals erreichen. Störende Erscheinungen wie Pumpen werden so nahezu ausgeschlossen.

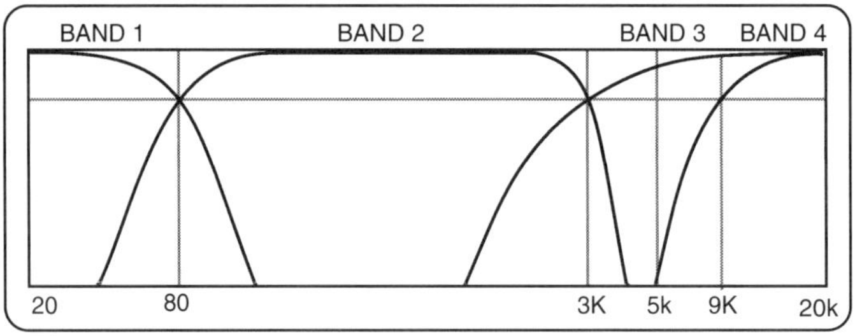

Abb. 13.32 Frequenzbänder des Dolby-A-Systems

Die Kennlinie des Dolby-A-Systems zeigt insgesamt einen Verlauf, wie er in Abbildung 13.35 dargestellt ist. In der Praxis ergibt sich mit dem Dolby-A-System eine Rauschverminderung um rund 10 dB unterhalb einer Frequenz von 5 kHz. Darüber steigt die Rauschverminderung bis auf ca. 15 dB bei 15 kHz.

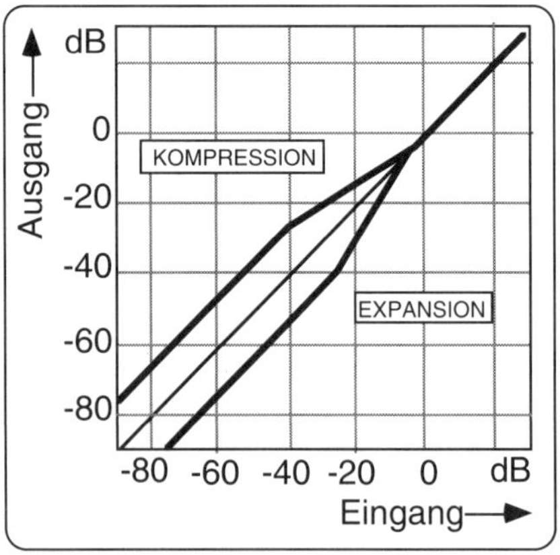

Abb. 13.33 Kennlinie des Dolby-A-Systems

Für eine exakt umgekehrte Bearbeitung bei der Wiedergabe muß der Arbeitspegel bei Aufnahme und Wiedergabe genau gleich sein. Außerdem muß der Frequenzgang der Aufnahmemaschine möglichst linear verlaufen. Vor jeder Einstellung an der Dolby-Wiedergabeeinheit muß daher die Bandmaschine wiedergabeseitig eingemessen werden. Zur richtigen Einstellung des Dolby-Arbeitspunktes bei der Wiedergabe und zur Kennzeichnung von Dolby-A-Aufnahmen wird am Beginn des Bands der sogenannte Dolby-Ton aufgenommen. Dieser Ton wird vom Aufnahme-Dolby erzeugt. Der Pegel dieses Tons muß an der Dolby-Einheit für die Wiedergabe genau bei der Dolby-Markierung liegen. Dann arbeitet die Expansion korrekt.
Über den Pegel des Dolby-A-Tons und damit auch über den Dolby-A-Arbeitspunkt gibt es keine verbindliche Norm. Ursprünglich empfahl Dolby einen Bandfluß von 185 nWb/m für den Dolby-Ton. Das entspricht einem relativen Pegel von -4,7 dB bezüglich eines Bezugspegels von 320 nWb/m. Mittlerweile jedoch arbeitet man allgemein mit einem Bezugspegel von 514 nWb/m, also mit einem um 4 dB höheren Bandfluß bei Vollaussteuerung. Für die Einstellung des Dolby-A-Arbeitspegels gibt es nun verschiedene Möglichkeiten: Man kann erstens den Bandfluß des Dolby-Tons bei 185 nWb/m belassen, also mit einem Arbeitspunkt von -8,7 dB bezüglich des neuen Bezugspegels arbeiten. Zweitens kann der Dolby-Arbeitspegel um ebenfalls 4 dB angehoben werden, der Bandfluß des Dolby-Tons beträgt damit 320 nWb/m. Dieser Arbeitspegel wird auch „Elevated Dolby-Level" genannt. Darüber hinaus kann der Dolby-A-Arbeitspegel drittens prinzipiell auf jeden Pegel eingestellt werden. Naturgemäß führen solch unübersichtliche Verhältnisse zu häufigen Fehleinstellungen und damit zu einer fehlerhaften Einstellung der Wiedergabe-Dolby. Schon allein deshalb sollten Sie am Anfang jedes „dolbysierten" Bands den Dolby-Ton aufzeichnen. Pegeln Sie diesen Ton am Wiedergabe-Dolby auf die Dolby-Marke ein, arbeitet die Decodierung - einen linearen Wiedergabe-Frequenzgang vorausgesetzt - korrekt.

Dolby SR

Eine weitere Verbesserung ist mit dem Dolby SR-System (Spectral Recording) erreicht worden, das ebenfalls nach dem additiven Verfahren arbeitet. Es verfügt über eine Reihe von Frequenzbereichen mit einer Kombination von festen und variablen Filtern, die abhängig vom Pegel des Eingangssignals aktiv werden. Es erfolgt so eine Aufteilung in drei Pegelbereiche innerhalb derer die Bearbeitung in verschiedenen Frequenzbändern erfolgt (siehe Abbildung 13.36). Die erreichbare Rauschverminderung beträgt bei Dolby SR rund 24 dB.
Gleichzeitig werden besonders hohe Pegel im Tiefen- und Höhenbereich vor der Aufnahme abgesenkt, um Übersteuerungen des Bands zu verhindern. Gerade an der oberen und unteren Grenzfrequenz erreicht das Band schneller die Sättigung

als im mittleren Bereich. Auch diese Bearbeitung wird natürlich bei der Wiedergabe wieder rückgängig gemacht. Dieses sogenannte „Spektral Skewing“ verbessert die ereichbare Dynamik weiter und ermöglicht in der Praxis eine mit digitaler 16-Bit-Technik vergleichbare Aufnahmequalität.
Gegenüber dem Dolby-A-System ist außerdem das dynamische Verhalten verbessert worden, so daß auch sehr kritisches Material wie beispielsweise Klavier mit Rauschverminderung aufgenommen werden kann, ohne daß Regelvorgänge des Kompanders zu hören wären.

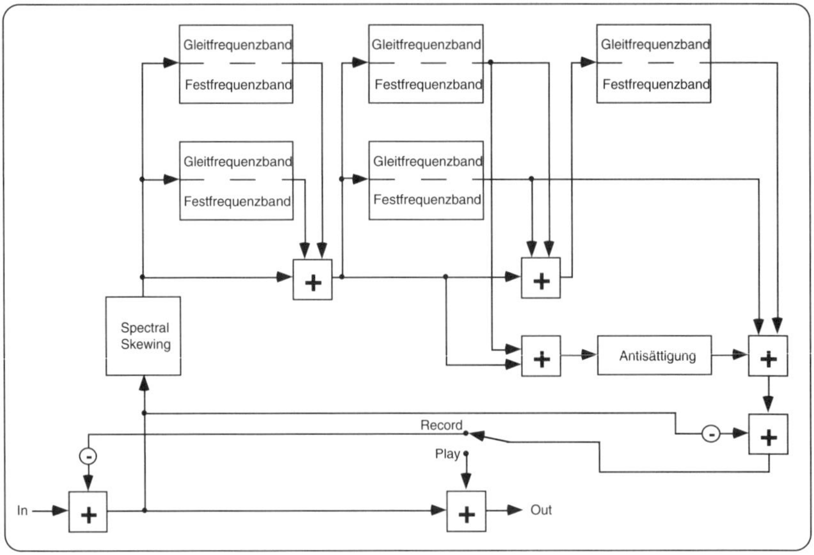

Abb. 13.34 Blockschaltbild Dolby SR

Zur Einstellung der Dolby SR-Wiedergabeeinheit und zur Kennzeichnung von SR-Bändern wird ein Rosa-Rauschsignal (Dolby SR-Noise) verwendet, das wie der Dolby-Ton des A-Systems bei der Wiedergabe auf die Dolby-Markierung eingestellt werden muß. Der Pegel des Dolby-Rauschens liegt 15 dB unter dem des Dolby-A-Tons. Aus diesem Grund werden beim Betätigen der Dolby-Ton-Taste die Aussteuerungsinstrumente der mit Dolby SR bestückten Einheiten um 15 dB empfindlicher geschaltet und so auch die Kontrolle des Dolby SR-Rauschens möglich. Mit dem Dolby-Rauschen und einem Terzband-Analyser kann auch der Frequenzgang der Wiedergabemaschine überprüft werden.
Die Dolby SR-Rauschverminderung hat besonders bei Mehrspur-Bandmaschinen sehr schnell Verbreitung gefunden. Begünstigt wurde diese Entwicklung sicher vom fehlenden Standard für die digitale Speichertechnik auf Magnetband, was

viele Studiobesitzer bisher davon abgehalten hat, digitale Bandmaschinen anzuschaffen. Und da mit Dolby SR eine nahezu gleiche Dynamik wie mit digitaler 16-Bit-Technik erreicht wird, stellt dieses System für viele Studiobesitzer nach wie vor eine Alternative dar.

Semiprofessionelle und Consumer-Formate
Die semiprofessionellen Systeme Dolby-B und Dolby-C arbeiten nur in einem Bereich oberhalb einer Frequenz von 300 Hz bzw. 100 Hz. Eine Aufteilung in verschiedene Bänder findet nicht statt. Außerdem verfügen beide Systeme, ähnlich Dolby SR, über eine „Spektral Skewing"-Schaltung, um Übersteuerungen zu vermindern.
Mit Dolby-B ist eine Rauschverminderung von rund 10 dB zu erreichen. Dolby-C arbeitet im Prinzip mit zwei hintereinander geschalteten Dolby-B-Schaltungen und erreicht einer Rauschverminderung von rund 15...20 dB.
Auch eine semiprofessionelle Version von Dolby SR, nämlich Dolby-S, ist mittlerweile entwickelt worden. Sie arbeitet nach dem gleichen Prinzip wie Dolby SR, allerdings mit verringertem Aufwand. So erfolgt die Bearbeitung in nur zwei Pegelbereichen und mit weniger Filtern (siehe Abbildung 13.37).

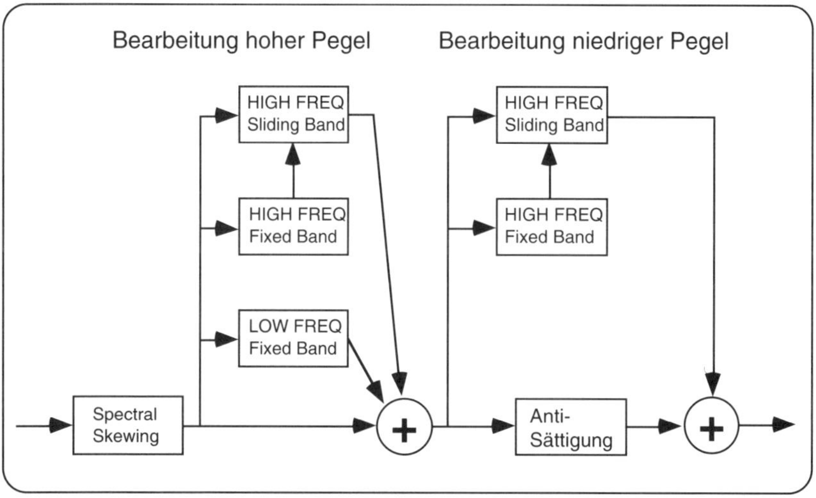

Abb. 13.35 Blockschaltbild Dolby-S

Viele Cassettenrecorder und semiprofessionelle Mehrspurmaschinen sind mit heute mit einer Dolby-S-Rauschverminderung ausgestattet.

b) dbx-Rauschverminderung

Das dbx-System arbeitet mit einer Kompression von 2:1 im gesamten Frequenzspektrum und zwischen Pegeln von -90 dBm...+25 dBm. Ein Pegel von +4 dBm wird nicht verändert, Pegel über 4 dBm werden durch die Kompression bei der Aufnahme abgesenkt, Pegel darunter angehoben. Die Kennlinie des dbx-Systems zeigt die Abbildung 13.38.

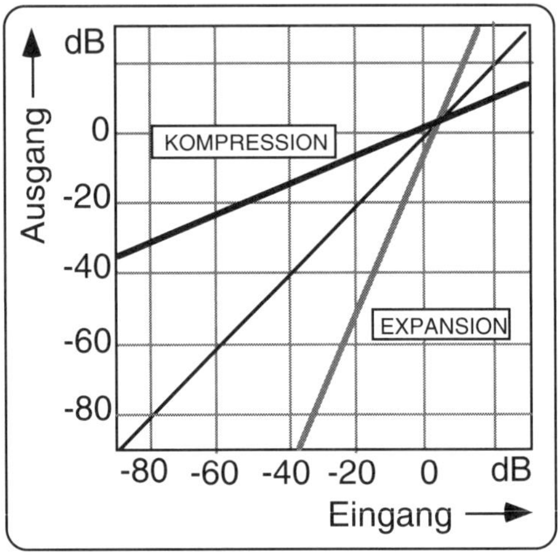

Abb. 13.36 Kennlinie des dbx-Kompanders

Theoretisch wäre mit einem dbx-Kompander eine nutzbare Dynamik von rund 110 dB zu erreichen, was einer Rauschverminderung in der Größenordnung von 50...60 dB entspräche. In der Praxis erreicht man aber nur einen Gewinn von 20...30 dB. Der Nachteil der gleichmäßigen Kompression bzw. Expansion des dbx-Kompanders liegt darin, daß das eher im oberen Frequenzbereich als besonders störend empfundene Bandrauschen dann nicht mehr völlig verdeckt wird, wenn die Nutzmodulation einen großen Tiefenanteil bei einem hohen Gesamtpegel besitzt. Der Kompander ist dann fast völlig wirkungslos. Diesen Nachteil versucht man durch eine Höhenanhebung bei der Aufnahme (Pre-Emphasis) und eine entgegengesetzte Absenkung bei der Wiedergabe (De-Emphasis) auszugleichen.

Ein weiterer Nachteil des dbx-Kompanders ist der, daß die Regelvorgänge des Kompressors bzw. Expanders sich bei manchen Signalen hörbar nachteilig auf den Klang einer Aufnahme auswirken. Grundsätzlich kann man davon ausgehen, daß ein Kompander bei tiefen Frequenzen längere Attack- und Release-Zeiten haben sollte als bei hohen, damit die Regelvorgänge möglichst unhörbar bleiben. Diese Forderung kann ein Kompander, der im gesamten Frequenzspektrum gleichmäßig arbeitet, natürlich nicht erfüllen. Man findet dbx-Kompander noch in einigen semiprofessionellen Mehrspurmaschinen, wo die Nachteile des Systems aufgrund der hohen Rauschverminderung in Kauf genommen werden können.

c) telcom-Rauschverminderung
Das telcom-System von AEG-Telefunken arbeitet wie Dolby-A in vier verschiedenen Frequenzbereichen, allerdings mit einer konstanten Kompression bzw. Expansion von 1,5:1. Mit diesem System ist eine Rauschverminderung um rund 30 dB zu erreichen. Telcom konnte sich im Studio-Bereich als zweites System neben Dolby jedoch kaum durchsetzen. Im Rundfunk wird es teilweise verwendet.

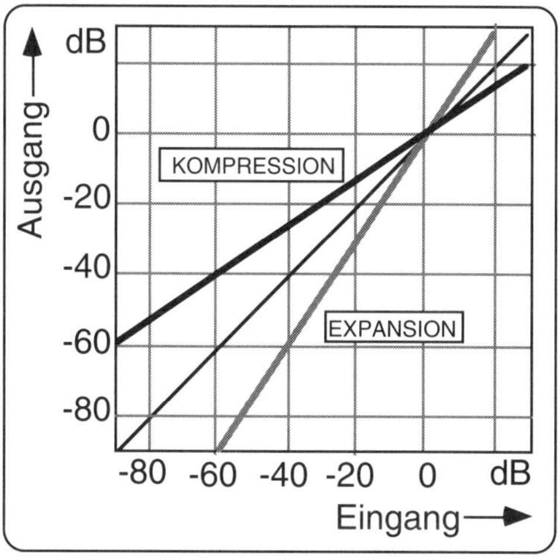

Abb. 13.37 Kennlinie des telcom-Kompanders

13.2 Nadeltonverfahren

Dieses Verfahren der mechanischen Schallspeicherung war vor der Entwicklung leistungsfähiger Tonbandgeräte die einzige Speichermöglichkeit für Schallschwingungen überhaupt. Anfangs noch in Walzen, später dann in Scheiben wurden Rillen geschnitten, die mit einer Abtastnadel und über einen Lautsprecher direkt wieder abgehört werden konnten.
Die Schallplatte hat bei der Massenproduktion von Tonträgern in den letzten Jahren erheblich an Bedeutung verloren. Sie wird wohl bald völlig von der CD ersetzt werden.

13.2.1 Schneidevorgang bei der Schallplatte

Sobald nach beendeter Produktion das Masterband vorliegt, kann mit der Herstellung der Schallplatten begonnen werden. Zunächst wird das Masterband auf eine Platte übertragen, die als Ausgangsprodukt für die Fertigung der endgültigen Schallplatten dient. Diesen Vorgang nennt man auch Schneiden oder Mastering.

Die Rillen einer Schallplatte verlaufen in einer Spirale von außen nach innen. Da sich eine Schallplatte mit einer konstanten Umdrehungsgeschwindigkeit dreht, wird die effektive Rillenlänge pro Zeiteinheit nach innen immer kleiner. Die Umdrehungsgeschwindigkeit einer Single beträgt bekanntermaßen 45 U/min, die einer LP 33 U/min.

Die Platte besteht aus einem Aluminiumkern, der mit einer Lackschicht überzogen ist. Beim Direct Metal Mastering (DMM) dagegen verwendet man als Ausgangsmaterial eine Kupferplatte. Man nennt diese Platte auch einfach nur Folie.

In diese Lackschicht schneidet der Schneidstichel die Rillen. Die Rillenwände bilden gegeneinander genau einen Winkel von 90°. In die nach außen gerichtete Rillenflanke wird der rechte Kanal geschnitten, in die nach innen gerichtete entsprechend der linke Kanal.

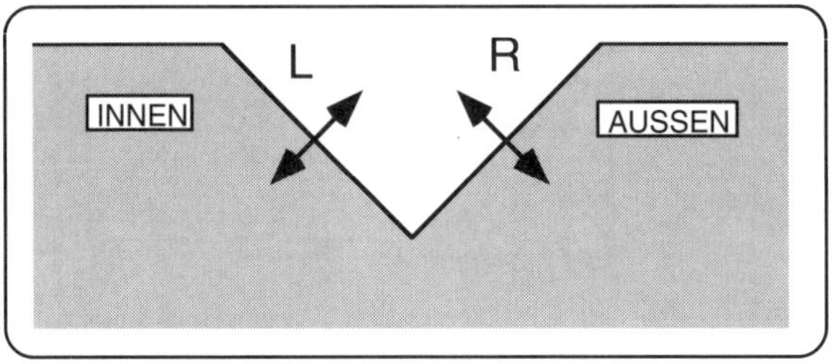

Abb. 13.38 Rille einer Stereoschallplatte

Die Signale beider Stereokanäle müssen vor dem Schneiden so umgeformt werden, daß sie eine Auslenkung des Schneidestichels in eine der beiden möglichen Bewegungsebenen bewirken. Der Schneidestichel kann sich entweder seitlich oder nach unten bewegen und damit Seitenschrift oder Tiefenschrift schneiden (siehe Abbildung 13.41).

Nun könnte man einen Kanal als Seitenschrift, den anderen als Tiefenschrift in die Schallplatte schneiden und hätte damit die gewünschte zweikanalige Schallplatte. Eine solche Schallplatte läßt sich aber mit einem Mono-Abtaster, der nur auf Seitenschrift reagiert, nicht wiedergeben. Es könnte nur ein Kanal abgetastet werden. Die Forderung der Monokompatibilität mußte aber bei der Einführung der Stereoschallplatte unbedingt eingehalten werden.

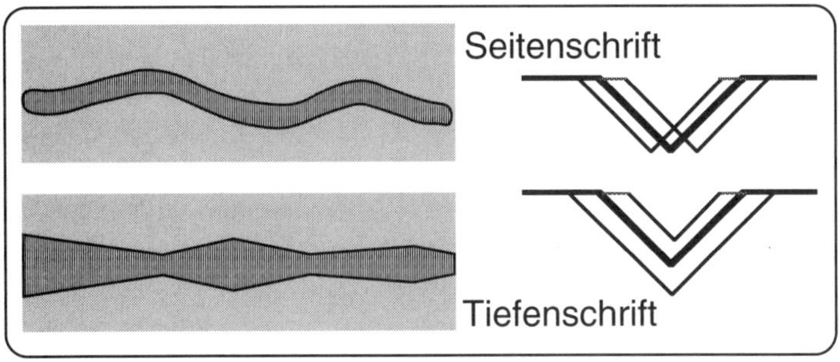

Abb. 13.39 Tiefenschrift und Seitenschrift

Man summiert daher die beiden Stereokanäle einmal gleichphasig und verwendet diese Summenspannung L+R als Seitenschriftspannung. Diese Summenspannung entspricht dem normalen Monosignal einer Stereoinformation, die ja ebenfalls durch einfache Summierung der beiden Stereokanäle gewonnen wird. Eine Monoabtastung einer Stereoschallplatte ist so uneingeschränkt möglich.
Dreht man die Phase eines Stereokanals und addiert die Kanäle ein weiteres Mal, erhält man aus dieser Differenzspannung L-R die Tiefenschriftspannung. Bei gleichphasigen Eingangssignalen gibt es damit nur Seitenschrift, bei gegenphasigen Eingangssignalen nur Tiefenschrift. Treten starke gegenphasige Komponenten im Tiefenbereich auf, so muß eine sehr tiefe Rille geschnitten werden. Der Tiefe der Rillen sind aber durch die Dicke der Folie und durch die Geometrie des Schneidestichels bzw. der Abtastnadel Grenzen gesetzt. Dies muß bei der Mischung von Masterbändern berücksichtigt werden.
Die Summen- und Differenzbildung wirkt praktisch wie die Neigung des Schneidstichels um 45°. Linker bzw. rechter Kanal werden damit in je eine Rillenflanke geschnitten.

13.2.2 Schneideanlage

Der Schneidevorgang ist ein relativ aufwendiges Verfahren. Er findet daher meistens in spezialisierten Schneidestudios, den Mastering-Studios, statt. Eine Schneideanlage besteht im wesentlichen aus einem Plattenteller, einem Schneidkopf, der kontinuierlich über den Plattenteller hinweggeführt werden kann, und einer relativ aufwendigen Computer-Steuerung.
Die Folie wird auf dem Plattenteller durch Unterdruck fixiert, der seinerseits durch Öffnungen im Plattenteller erzeugt wird. Der Schneidekopf wird auf einem Schlitten über die Folie bewegt und schneidet so eine endlose Rille in die Folie. Die entstehenden Späne werden abgesaugt. Durch die Geschwindigkeit, mit der der Schneidekopf über die Folie hinweggeführt wird, legt man den Abstand der Rillen zueinander fest. Dieser Abstand sollte mindestens 10 µm

betragen und muß eingehalten werden, da sich sonst die Modulation der Nachbarrillen in die Rille durchdrücken würde. Sie wäre dann unter Umständen als Vor- bzw. Nachecho hörbar. Den Zwischenraum zwischen den Rillen nennt man auch Land. Die Rillenbreite selbst beträgt etwa 40 µm.
Durch die Seitenschriftkomponente wird die Rille beim Schneiden seitlich in beiden Richtungen um jeweils bis zu 30 µm ausgelenkt. Der tatsächliche Platzbedarf einer Rille beträgt damit bis zu etwa 110 µm bei maximaler Auslenkung. Der Rillenabstand und damit die Spieldauer einer Schallplatte wird also vom maximalen Rillenabstand bzw. vom maximal aufgezeichneten Pegel bestimmt. Entscheidend ist dabei der maximale Pegel im Tiefenbereich. Will man die Spieldauer erhöhen, so könnte man den Rillenabstand verkleinern. Das würde aber zu verstärkten Vor- und Nachechos führen. Im schlimmsten Fall könnte eine Rille in die Nachbarrille durchbrechen. Der Abtaster könnte dann bei der Wiedergabe springen. Genauso könnte man den maximalen Pegel verringern, der aufgezeichnet wird. Das ist aber meistens auch nicht akzeptabel, da eine so überspielte Schallplatte im Vergleich mit anderen leiser klingen würde. Dies wird von den meisten Produzenten abgelehnt. Sie wollen eine möglichst laute Platte, denn der Konsument setzt „mehr Lautstärke“ gleich mit „präsenterem und kraftvollerem Sound“.
Man hat daher eine Steuerung eingeführt, die den Rillenabstand entsprechend der Modulation steuert. Dieses Verfahren nennt man Füllschrift.

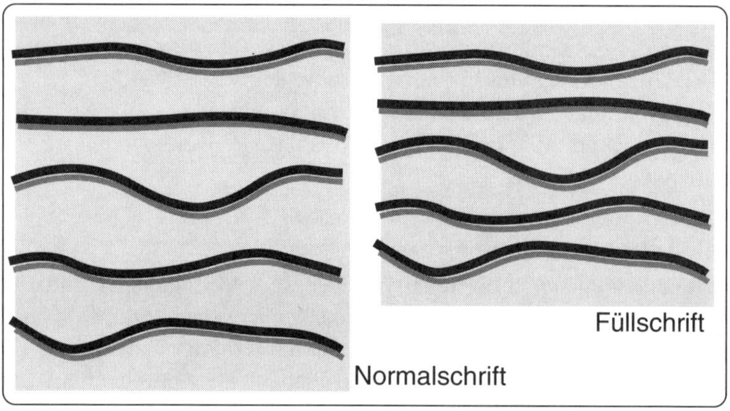

Abb. 13.40 Normalschrift und Füllschrift

Bei Passagen mit hohem Pegel wird der Rillenabstand vergrößert, bei niedrigem Pegel verkleinert. Der Steuerung muß dazu aber der zu erwartende Pegel vor dem tatsächlichen Schneidevorgang bekannt sein. Die Bandmaschine, von der das Masterband abgespielt wird, ist deshalb mit einem zweiten Wiedergabekopf,

dem sogenannten Vorhörkopf, ausgestattet, dessen Abstand zum eigentlichen Wiedergabekopf genau einer halben Umdrehung der Schallplatte entspricht. Der erforderliche Umweg für das Tonband wird mit entsprechend positionierten Umlenkrollen erreicht.
Der Gewinn an Spieldauer durch Füllschrift ist um den Faktor 1,5...2 höher als beim Schneiden mit konstantem Rillenabstand. Abhängig ist der tatsächliche Gewinn natürlich von der Modulation. Bei einer LP beträgt die maximale Spielzeit ca. 23...26 Minuten pro Seite.

13.2.3 Schneidefrequenzgang

Beim Schneiden wird die Stichelschnelle mit steigender Frequenz erhöht. Die Stichelschnelle ist diejenige Geschwindigkeit, mit der sich der Stichel bewegt. Würde die Schnelle im gesamten Frequenzbereich konstant gehalten, so hätte dies eine Verringerung der Rillenauslenkung mit steigender Frequenz zur Folge. Die maximale Rillenbreite wäre damit nicht mehr voll ausgenutzt. Eine kontinuierliche Anhebung der Schnelle nach der Schneidkennlinie in Abbildung 13.43 führt daher zu einer nahezu konstanten Rillenauslenkung im gesamten Frequenzbereich. Dadurch erhöht sich auch der Geräuschspannungsabstand der Schallplatte. Die Schneidkennlinie ist für alle Plattengrößen identisch.

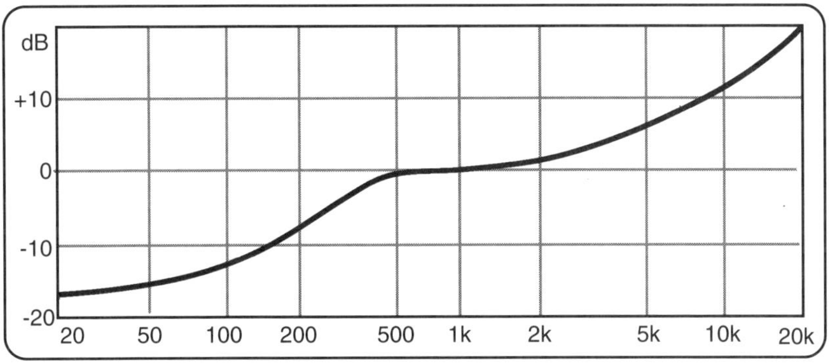

Abb. 13.41 Schneidkennlinie nach DIN 45536

Die Schneidkennlinie wirkt wie eine Höhenanhebung beim Schneiden einer Schallplatte. Diese Anhebung muß bei der Wiedergabe wieder rückgängig gemacht werden. Wiedergabeverstärker besitzen daher einen zur Schneidkennlinie inversen Frequenzgang.

13.2.4 Schallplatten-Mastering

Bei der Übertragung eines Masterbands werden häufig noch verschiedene

Änderungen vorgenommen. Eine lineare Überspielung eines Masterbands auf die Schallplatte ist nicht die Regel. Es kann beispielsweise notwendig sein, die Pegel oder die klangliche Balance der einzelnen Stücke einer LP-Seite einander anzugleichen, weil die Stücke in verschiedenen Sessions aufgenommen wurden. Häufig wünscht der Produzent auch eine nachträgliche Kompression oder ein Peak-Limiting, um noch etwas mehr Lautstärke zu erreichen. Außerdem wirkt eine Schallplatte erfahrungsgemäß meist etwas weniger durchsichtig als das Masterband. Diesem Effekt kann durch eine entsprechende Entzerrung entgegengewirkt werden.

Darüber hinaus sind einige technische Einschränkungen bei der Überspielung zu beachten. Die effektive Rillenlänge nimmt nach innen immer mehr ab. Das hat zur Folge, daß die Höhenaussteuerbarkeit ebenfalls abnimmt. Das letzte Stück auf einer LP klingt deshalb häufig etwas unsauber und verzerrt. Man nimmt daher oft den Pegel dieses Stücks etwas zurück und/oder begrenzt den Höhenbereich mit einem De-Esser. Diese Qualitätseinbuße kann man schon bei der Kopplung einer LP berücksichtigen und als letztes Stück einen Song auswählen, der einen geringeren Höhenanteil hat.

Ein hoher Anteil gegenphasiger Tiefen, beispielsweise ein Stereo-Synthiebaß, führt zu einem hohen Anteil an Tiefenschrift. Der Rillentiefe sind aber durch die Abmessungen des Stichels bzw. des Abtasters Grenzen gesetzt. Besteht die Gefahr einer zu hohen Tiefenschriftkomponente, so werden die beiden Stereokanäle vor dem Schneiden im Tiefenbereich zu einem Monosignal addiert und dann geschnitten. Bei der Wiedergabe ist das meistens akzeptabel, da das Ohr ohnehin kaum in der Lage ist, Tiefen genau zu orten.

Treten Frequenzen im oberen Bereich mit einem hohen Pegel auf, beispielsweise bei Zischlauten oder Beckenschlägen, kann die Schnelle des Schneidstichels zu hoch werden. Dabei wird der Stichel sehr stark erwärmt, und es besteht die Gefahr der Zerstörung. Die Stichelschnelle wird daher in der Schneidanlage begrenzt. Spricht dieser Begrenzer an, so hat das natürlich auch mehr oder weniger starken Einfluß auf das Signal vom Masterband. Will man dem Ansprechen dieses Begrenzers vorbeugen, so kann dies mit einem Höhen-Begrenzer bzw. De-Esser erreicht werden.

Das Schallplatten-Mastering erfordert also eine große Erfahrung. Gute Mastering-Ingenieure sind bei der Fertigung von Schallplatten sehr wichtig. Nicht selten muß mehrmals überspielt, müssen mehrere Musterschallplatten hergestellt werden, bis ein optimales Ergebnis erreicht ist.

13.2.5 Schallplattenfertigung

Die geschnittene Masterfolie kann mit einem Abtaster wie eine normale Schallplatte abgehört werden. Da die Folie jedoch relativ weich ist, werden die Rillen durch das Abtasten teilweise verformt. Eine Folie kann daher nur 8...10mal

abgetastet werden, bevor sie völlig unbrauchbar wird. Sie wird nur dann direkt abgehört, wenn man das klangliche Ergebnis des Schnitts vor der Herstellung von Musterschallplatten überprüfen möchte. Eine Masterfolie sollte möglichst unmittelbar weiterverarbeitet werden. Man kann sie nur wenige Tage ohne Verformung der Rillen lagern.
Von der Masterfolie wird auf galvanischem Weg die sogenannte Vaterplatte oder Vatermatrize hergestellt. Die Masterfolie wird dabei unbrauchbar. Bei eventueller Beschädigung der Vatermatrize bei der weiteren Verarbeitung muß also eine neue Masterfolie hergestellt werden. Mit der Vatermatrize könnten im Grunde schon handelsübliche Schallplatten gepreßt werden, allerdings nicht in genügend hoher Stückzahl. Man preßt deshalb zunächst rund 20 sogenannte Mutterplatten, von denen wiederum jeweils 20 sogenannte Pressmatrizen abgenommen werden, die sogenannten Söhne. Insgesamt erhält man also rund 400 Pressmatrizen. Mit diesen Pressmatrizen schließlich kann man etwa 400.000 Schallplatten herstellen.

13.3 Analoge Lichttonverfahren

Die Lichttontechnik - analog wie digital - ist noch immer das gängige Verfahren zur Tonaufnahme und -wiedergabe beim Kinofilm. Die Handhabung eines Tonfilms ist relativ einfach und erfordert bei der Vorführung keine besonders aufwendige Technik, Bild und Ton befinden sich ja auf demselben Medium. Auch die Entwicklung und Herstellung einer Tonfilmkopie kann im Grunde mit dem gleichen Verfahren erfolgen wie eine Filmkopie ohne Tonspur.
Die Qualität einer Lichttonspur erreicht mit der heute angewendeten Technik fast die einer Magnettonspur. Der Frequenzgang reicht bis ca. 15 kHz, die Verzerrungen liegen wesentlich unter 3% Gesamtklirrfaktor. Nur aufwendig produzierte Filme werden bisweilen auch mit mehreren Magnetspuren versehen (70 mm-Magnetton). Diese Spuren müssen jedoch auf jede Kopie in normaler Geschwindigkeit kopiert werden, ein sehr zeitraubender und kostspieliger Prozeß.

13.3.1 Lichtton-Formate

Obwohl nach wie vor Kinofilme mit einer Mono-Tonspur produziert werden, dürfte diese Technik wohl bald vom Markt verschwinden. Nicht allein aufgrund der Tatsache, daß nur einkanaliger Ton möglich ist, sondern weil die technische Qualität des Mono-Lichttons doch sehr niedrig ist. Das trifft insbesondere auf den Frequenzgang und den Geräuschsspannungsabstand zu. Letzerer liegt etwa in der Größenordnung von 60 dB, im Höhenbereich bei rund 45 dB. Bei häufig abgespielten Kopien verschlechtert er sich weiter. Durch das sogenannte

„Academy-Filter", das eine Höhenabsenkung bei der Wiedergabe bewirkt, werden die besonders störenden hochfrequenten Rauschanteile abgesenkt. Damit läßt sich ein um 5 dB besserer Geräuschspannungsabstand erzielen. Die Höhenabsenkung durch das Academy-Filter verändert aber auch das Frequenzspektrum der Wiedergabe, was jedoch in Kauf genommen wird.
Weltweit als das Tonformat für die Kinowiedergabe hat sich das Dolby-Stereo-Verfahren durchgesetzt und sich als Standard etabliert. Es benutzt zwei Tonspuren auf dem Film, auf die insgesamt vier Tonkanäle aufgezeichnet werden. Mit der Dolby Stereo-Matrix werden die vier Kanäle Links-Mitte-Rechts-Surround auf die beiden Lichttonkanäle Links-total (Lt) und Rechts-total (Rt) aufgezeichnet. Bei der Wiedergabe im Kino werden aus den beiden Tonspuren die vier Kanäle wieder dekodiert (siehe auch Kapitel 16).

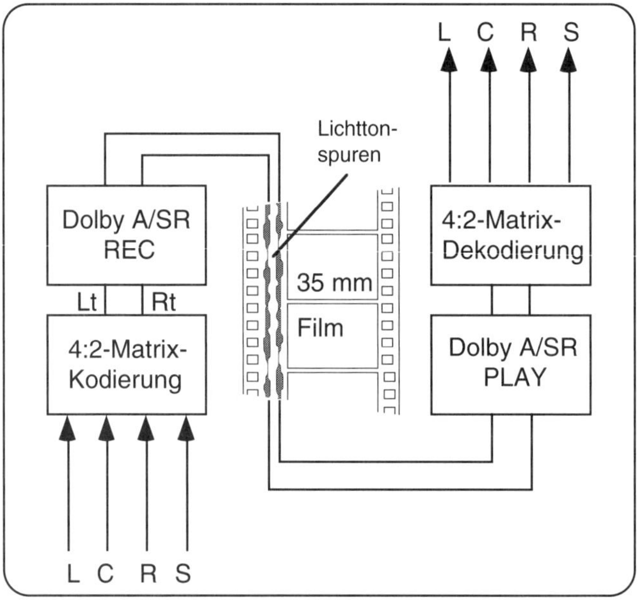

Abb. 13.42 Prinzip des Dolby Stereo-Lichttons

Diese sogenannte Matrix-Kodierung arbeitet auf der Basis von Phasenbeziehungen zwischen den Kanälen. Bei der Aufnahme werden der linke bzw. rechte Kanal auf die beiden Spuren Lt bzw. Rt mit unveränderter Phasenlage aufgezeichnet. Der mittlere Kanal wird auf beide Spuren mit gleicher, der Surround-Kanal mit entgegengesetzter Phase aufgenommen. Natürlich schränkt dieses Verfahren prinzipiell die mögliche Kanaltrennung und die Stabilität der Abbildung der einzelnen Kanäle ein. Bei der Dolby Stereo-Matrixdekodierung wird eine Verbesserung dieser Eigenschaften insbesondere dadurch erreicht, daß die momentan dominante Richtung analysiert und verstärkt wird. Bevorzugt wird dabei die Abbildung in der Mitte, da über diesen Kanal besonders der Dialog wiedergegeben wird und Verschiebungen in der Richtungsabbildung am ehesten bemerkt würden. Man erreicht so ein stabiles, gleichzeitig aber breites Klangbild.

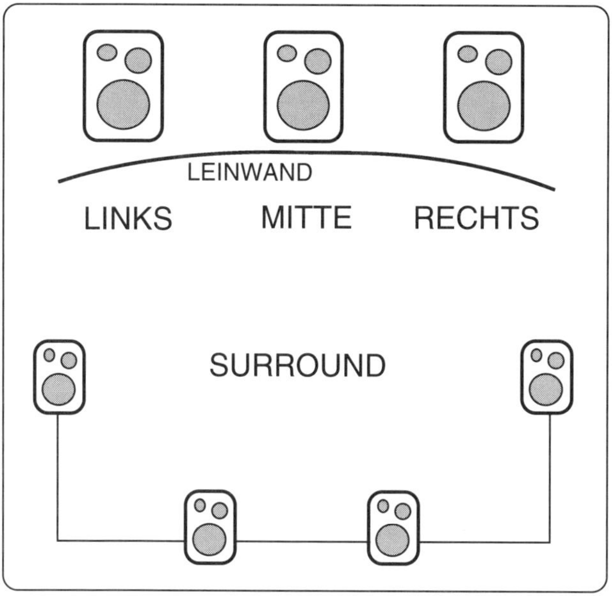

Abb. 13.43 Lautsprecheranordnung für Dolby-Stereo-Wiedergabe

Um die Auswirkung der Matrixkodierung auf das endgültige Klangbild beurteilen zu können, wird bei der Mischung von Dolby Stereo-Filmen die Matrixkodierung abhörseitig simuliert. Das versetzt den Toningenieur in die Lage, mögliche Nebeneffekte der Kodierung jederzeit beurteilen zu können. Erst bei der Herstellung des Masterbands für die Lichttonüberspielung (Printing Master) wird das Aufnahmesignal selbst matrixkodiert.
Zur Verbesserung des Geräuschspannungsabstands wird beim Dolby Stereo-Verfahren immer auch eine Rauschverminderung eingesetzt. Zunächst war das Dolby-A, später dann auch Dolby SR. Mit Dolby-A ist im gesamten Frequenzbereich eine Dynamik von über 70 dB möglich, mit Dolby SR konnte die Dynamik insbesonder im Höhen- und Tiefenbereich noch weiter verbessert werden. Der Dolby Stereo SR-Lichtton gilt heute als das Optimum analoger Lichttontechnik.

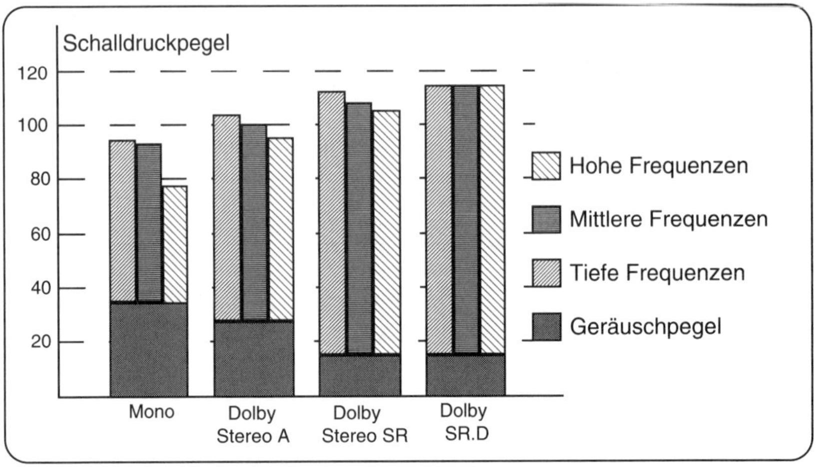

Abb. 13.44 Dynamikbereiche verschiedener Lichttonverfahren

Neben den Verbesserungen beim Frequenzgang und beim Geräuschspannungsabstand sind beim Dolby Stereo-Format auch die Wiedergabelautstärke und der Frequenzgang der Lautsprecheranlage im Kino standardisiert.

13.3.2 Lichtton-Aufnahme

Die Tonmischung eines Films wird zunächst auf ein perforiertes Tonband, den Magnetfilm, aufgenommen. Dieser Magnetfilm wird dann auf ein Lichtton-Negativ überspielt. Das Ton-Negativ wird dabei entsprechend der Modulation belichtet.
Die Belichtungssteuerung erfolgt über eine bewegliche Blende. Die heute gebräuchliche Belichtungstechnik führt zur Transversal- oder Zackenschrift. Eine Variante dieser Schrift ist die Mehrfach-Zackenschrift. Der Vorteil dieser Variante ist ein vergleichsweise hoher effektiver Belichtungsgrad bei einer sehr geringen Bewegung der Blende. Das belichtete Ton-Negativ wird entwickelt, fixiert und getrocknet. Danach wird ein Ton-Positiv für die Wiedergabe hergestellt.
Auf den Film kann die Tonspur nicht exakt bildsynchron aufgebracht werden. Da der Film am Bildfenster schrittweise vorbeigeführt wird, ist eine gleichzeitige Tonabtastung nicht möglich. Die Tonspur wird daher um 20 Bilder nach vorn versetzt auf den Film aufgebracht. Auf dieser Strecke kann der Film durch entsprechende Umlenk- und Dämpfungsrollen in dem Maße beruhigt werden, daß er sich mit gleichmäßiger Geschwindigkeit an der Lichttonlampe vorbeiführen läßt.

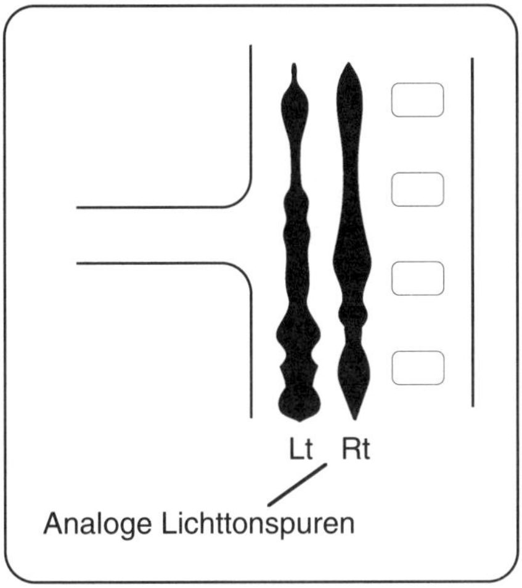

Abb. 13.45 Dolby Stereo-Lichtton

13.3.3 Lichtton-Wiedergabe

Die Abtastung einer Lichttonspur ist ein relativ einfacher Prozeß. Dazu richtet man eine Lichtquelle, die Tonlampe, auf die Lichttonspur und bringt hinter dem Film eine Fotozelle an. Durch die unterschiedliche Schwärzung der Tonspur fällt verschieden starkes Licht auf die Fotozelle. Ein Strom, der durch die Fotozelle fließt, bewirkt eine Spannungsänderung entsprechend des unterschiedlichen Lichteinfalls. Diese Spannung wird verstärkt und wiedergegeben.
Wie beim Magnetton-Verfahren treten auch beim Lichtton-Verfahren lineare Verzerrungen bei der Aufnahme und Wiedergabe auf, die durch eine entsprechende Entzerrung kompensiert werden müssen.

Kapitel 14 Digitale Schallspeicherung

In den letzten zehn Jahren haben digitale Speicherverfahren zunehmend an Bedeutung gewonnen und sind auf dem Weg, die analoge Speichertechnik auf Magnetband oder Schallplatte abzulösen. Das Ende des Speichermediums Magnetband ist zwar noch nicht in Sicht, doch werden magnetische und vor allem optische Plattensysteme, sogenannte Harddisk-Recording-Systeme, das Band wohl noch mehr zurückdrängen.

Völlig durchsetzen konnte sich die digitale Speichertechnik im professionellen Bereich jedoch immer noch nicht. Die Ursache liegt wohl zum Teil darin, daß es noch keinen international einheitlichen Standard für die digitale Aufzeichnung und die Tonträger gibt. Wenigstens konnten sich die Hersteller auf verschiedene Schnittstellen-Formate für den Datentransfer einigen.

Für die Mehrspuraufzeichnung gibt es zwei konkurrierende Formate, und zwar von den Firmen Sony und Studer einerseits und Mitsubishi und Otari andererseits, zwischen denen ein Bandaustausch, wie er bei den analogen 24-Spur-Maschinen problemlos möglich ist, nicht stattfinden kann. Und den gleichen Schwierigkeiten sieht man sich bei der Speicherung auf Festplatte oder optischen Platten gegenüber.

Für Stereomaster hat sich das DAT-Format (Digital Audio Tape), das ja ursprünglich einmal als Ersatz für die analoge Kompaktcassette für den HiFi-Bereich konzipiert war, mittlerweile auch im professionellen Bereich durchgesetzt - eine Entwicklung, die die Hersteller sicher mit gemischten Gefühlen verfolgt haben.

Lediglich auf dem Konsumenten-Sektor hat sich mit der Compact Disk ein Speichermedium durchgesetzt. In diesem Bereich ist sich die Industrie einig, daß mehrere inkompatible Formate vom Markt wohl kaum akzeptiert werden. Aber trotzdem gibt es bei den löschbaren Medien einen Konkurrenzkampf zwischen der Digitalen Kompaktcassette (DCC) von Philips und der Mini-Disk (MD) von Sony.

14.1 Digitale Aufnahme und Wiedergabe auf Magnetband

Digitale Informationen lassen sich nicht direkt auf ein Magnetband aufzeichnen und müssen vor der Aufzeichnung in geeigneter Weise aufbereitet und gegenüber Aufzeichnungsfehlern robust gemacht werden. Man spricht in diesem Zusammenhang auch von Kanal- und Fehlerkodierung. Dabei werden die Daten auch mit Synchroninformationen versehen, die eine exakte Aufbereitung der Signale bei der Wiedergabe ermöglichen.
Entscheidenden Einfluß auf die Qualität einer Aufzeichnung digitaler Daten auf Magnetband hat die Wirkungsweise der Fehlerkorrektur bei der Wiedergabe. Sowohl bei der Aufnahme als auch bei der Wiedergabe können durch schadhafte Bandstellen oder Schmutz einzelne Bereiche des Magnetbands unlesbar werden. Auf die Kanal- und Fehlerkodierung wird ausführlich im Kapitel 6 eingegangen. Grundsätzlich sind die Anforderungen an die Aufnahmequalität selbst in Bezug auf Geräuschspannungsabstand und Verzerrungen wesentlich geringer als bei analoger Technik. Es kommt ja lediglich darauf an, daß die beiden Zustände 0 und 1 sicher zu unterscheiden sind. Damit kann man die Spurbreite für digitale Aufzeichnungen sehr viel schmaler halten. Allerdings ist eine relativ hohe Informationsdichte zu verarbeiten.
Prinzipiell ergeben sich damit zwei Möglichkeiten, um diesen Anforderungen gerecht zu werden. Zum einen kann man mit einer relativ hohen Bandgeschwindigkeit und speziell entwickelten feststehenden Köpfen arbeiten, hat dann aber mit einem relativ hohen Bandverbrauch zu rechnen. Zum anderen läßt sich in Anlehnung an die Videoaufzeichnungstechnik mit rotierenden Köpfen die relative Bandgeschwindigkeit wesentlich erhöhen, gleichzeitig der Bandverbrauch gering halten. Beide Verfahren werden im folgenden besprochen.

14.1.1 Digital-Recorder mit festen Köpfen

Digital-Recorder mit festen Köpfen wurden zunächst für den Betrieb mit offenen Tonbandspulen konzipiert und sollten die analogen Zweikanal- und Mehrspurmaschinen im Studio ersetzen. Diese Formate erlauben - theoretisch - auch den mechanischen Schnitt der Bänder, also die Bearbeitung von Aufnahmen mit Rasierklinge und Klebeband, wie man sie von der analogen Bandtechnik her gewohnt ist. In der Praxis allerdings verläßt man sich heute lieber auf elektronische Schnittverfahren.
Neben den beiden Formaten mit offenen Tonbandspulen, nämlich DASH und Pro-Digi, ist mittlerweile ein 8-Spur-Format mit Cassettenband von Yamaha entwickelt worden. Ebenfalls mit festen Köpfen arbeitet das Consumer-Format DCC (Digital Compact Cassette), das als Nachfolger der analogen Kompaktcassette.

DASH-Format

Das Digital Audio Stationary Head (DASH) -Format ist eine Entwicklung der Firmen Sony, Studer und Matsushita. Es arbeitet mit zwei möglichen Sampling-Frequenzen, nämlich 44,1 kHz und 48 kHz. Als Bandgeschwindigkeit kann bei 48 kHz Sampling-Frequenz 19 cm/s, 38 cm/s oder 76 cm/s verwendet werden. Bei einer Sampling-Frequenz von 44,1 kHz ist die Geschwindigkeit entsprechend geringer (Tabelle 14.4). Die Breite der Bänder beträgt entweder 1/4" oder 1/2". Die Aufzeichnung auf das Band kann in normaler oder doppelter Dichte erfolgen. Damit ergeben sich eine Reihe möglicher Aufzeichnungsformate, die je nach geforderter Anzahl von Audiospuren verwendet werden.

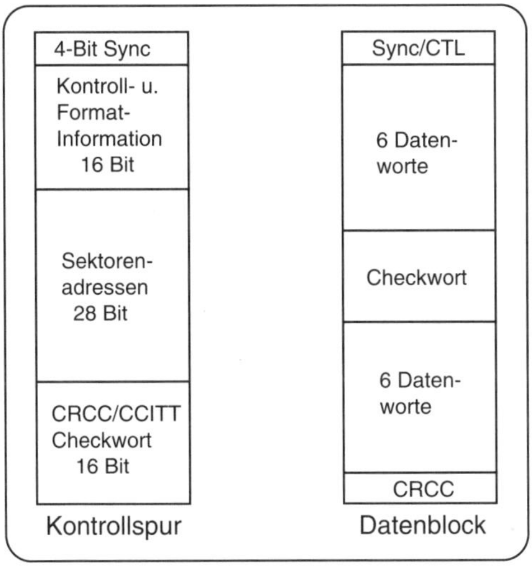

Abb. 14.1 DASH-Kontrollspur und Datenblock

Die digitalen Audiodaten werden im DASH-Format in einzelne Blöcke unterteilt aufgezeichnet. In einer separaten Kontrollspur werden die Blockadressen und Synchroninformationen untergebracht. In Abbildung 14.1 sind die Kontrollspur und die Struktur eines Datenblocks dargestellt.

	Bandgeschwindigkeit in cm/s		
Sampling-Frequenz	schnell	mittel	langsam
48 kHz	76	38	19
44,1 kHz	70	35	17,5

Tabelle 14.2 Sampling-Frequenz und Bandgeschwindigkeit beim DASH-Format

Bandbreite	1/4-Zoll		1/2-Zoll	
Aufzeichnungsdichte	normal	doppelt	normal	doppelt
Digitale Spuren	8	16	24	48
Kontrollspuren	4	4	4	4
Digitale Audiospuren bei den Bandgeschwindigkeiten:				
Langsam	8	16	24	48
Mittel	-	8	-	24
Schnell	2	4		

Tabelle 14.3 Übersicht der DASH-Formate

Abb. 14.4 Sony PCM-3324 -1/2"-Band im DASH-Format

Der DASH-Kontrollcode beginnt mit einem Sync-Wort gefolgt von einem 16 Bit langen Kontrollwort mit Informationen über Aufzeichnungsformat und Sampling-Frequenz. Danach folgt die eigentliche Adresse des Datenblocks und schließlich ein CRCC-Fehlerkorrekturcode.
Der DASH-Datenbock beginnt ebenfalls mit einem Sync-Wort und weiteren

Statusbits. Es folgen sechs Datenworte, danach Kontrollinformationen für die Fehlerkorrektur und weitere sechs Datenworte. Den Schluß bildet das Cyclic-Redundancy-Code-Wort für den kompletten Datenblock.
Zweikanal-DASH-Maschinen als Stereo-Mastermaschinen haben sich in den Studios bisher nicht auf breiter Front durchsetzen können. Ursache dafür ist zum einen sicher der relativ hohe Preis, zum anderen aber auch die Entwicklung von Harddisk-Systemen, die in Bezug auf die Nachbearbeitung wesentliche Vorteile gegenüber der Bandtechnik haben. In den Studios findet man daher heute fast ausschließlich Maschinen mit 24 oder 48 Spuren im DASH-Format.
Die erste Mehrkanalmaschine Im DASH-Format von Sony, die PCM-3324 verfügt über 24 Spuren auf einem 1/2"-Band und arbeitet mit einer Bandgeschwindigkeit von 76 cm/s. Mittlerweile ist auch eine 48-Spur-Maschine auf dem Markt, die PCM-3348, die ebenfalls mit 1/2"-Band arbeitet. Als Besonderheit kann man auf dieser Maschine auch 24-Spur-Bänder von der PCM-3324 abspielen. Auch die Aufnahme ist möglich, die Spurenzahl wird dann auf 48 erweitert. Die Spurlage bei 24 und 48 Spuren ist in Abbildung 14.6 dargestellt.
Ende 1989 hat auch Studer eine 48-Spur-Maschine im DASH-Format auf den Markt gebracht, die D820-48, die kompatibel mit den Sony-Maschinen ist.

Abb. 14.5 Studer 48-Spur DASH-Recorder

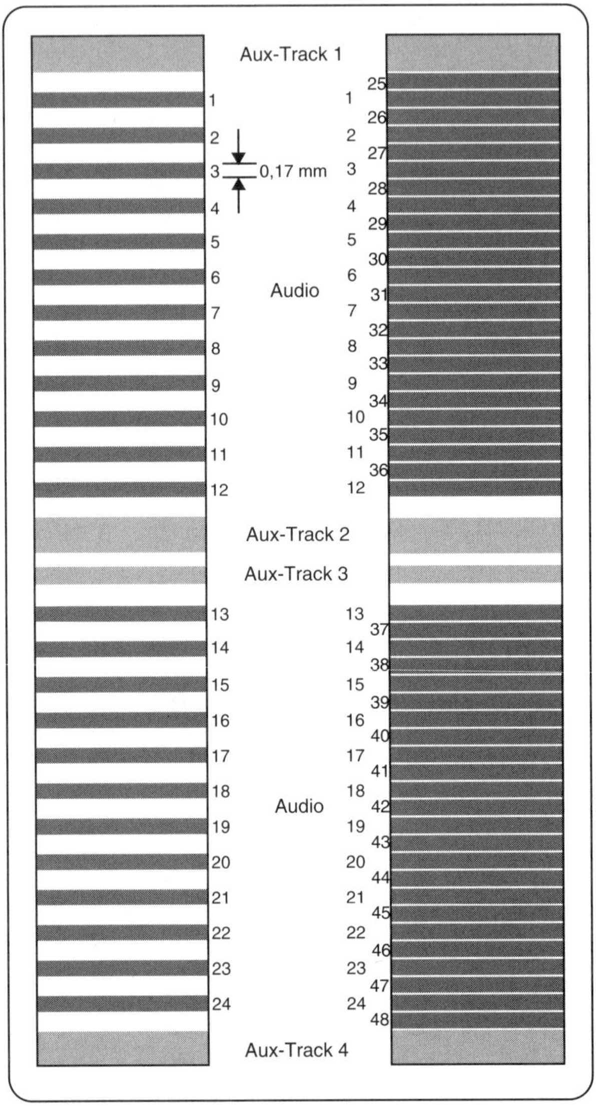

Abb. 14.6 Spurlage beim DASH-Format (24 bzw. 48 Spuren)

Pro-Digi-Format

Die Firma Mitsubishi hat ein eigenes Format mit dem Namen Pro Digi (PD) entwickelt. Das Besondere an diesem Mehrspur-Format ist - neben der Anzahl von 32 Spuren - die Tatsache, daß zur Aufzeichnung dieser 32 Spuren insgesamt

40 digitale Spuren notwendig sind. Auf diesen zusätzlichen Kanälen werden Informationen für die Fehlerkorrektur aufgezeichnet. Durch zwei weitere Cue- und zwei digitale Hilfsspuren sowie eine Timecode-Spur erhöht sich die Gesamtzahl der Kanäle auf 45. Aufgezeichnet wird auf ein 1"-Band. Die Abbildung 14.7 zeigt die Spurbelegung des Pro-Digi-32-Kanalformats.

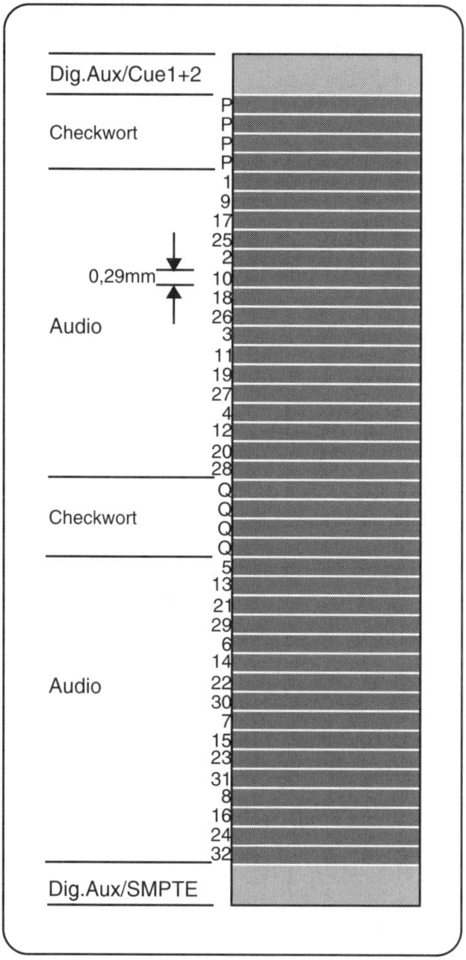

Abb. 14.7 Spurlage Pro Digi

Ein Pro Digi Zweikanal-Format wurde ebenfalls spezifiziert, doch konnten sich die Zweikanalmaschinen im Studiobereich - wie die DASH-Maschinen - nicht durchsetzen. Die 32-Spur-Maschine wird von Otari als DTR-900 angeboten.

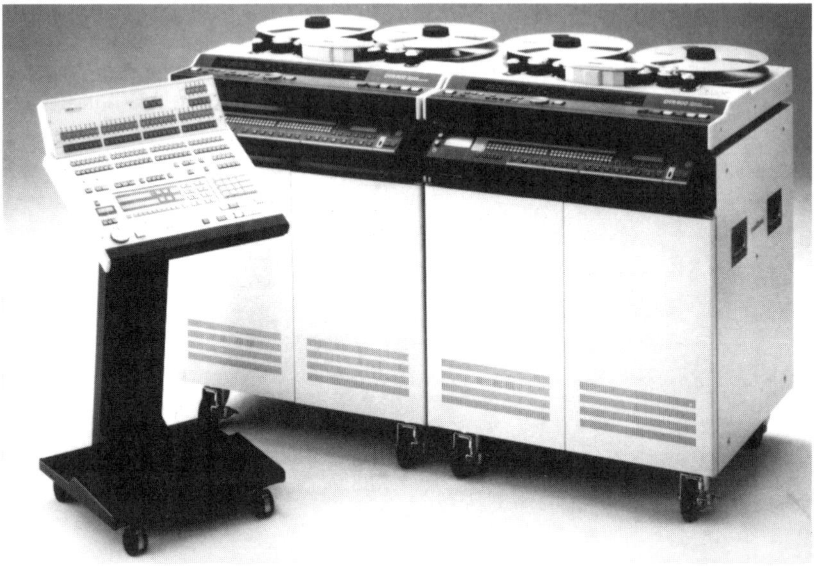

Abb. 14.8 Otari DTR-900II: 2 x 32 Spuren für 64-Spur Digitalaufnahme

Yamaha Achtspur
Ein vollkommen neues Aufzeichnungsformat hat Yamaha Ende 1989 mit dem DMR-8X vorgestellt. Dabei handelt es sich um einen 8-Spur-Recorder erweitert mit festen Köpfen und speziell entwickelten Cassetten, die etwa die Größe herkömmlicher Musik-Cassetten haben. Mit weiteren Recorder-Einheiten kann das System auf 24 Spuren ausgebaut werden.

Digital Compact Cassette (DCC)
Schließlich soll auch ein neues HiFi-Format nicht unerwähnt bleiben, daß 1993 von Philips in den Markt eingeführt wurde, das sogenannte DCC-Format. Die Besonderheit dieses Systems besteht darin, daß die Cassette exakt die gleichen Abmessungen hat, wie analoge Kompaktcassetten. Damit ist es möglich, auch analoge Cassetten mit einem DCC-Gerät abzuspielen. Als Tonkopf wird ein Kombikopf verwendet, der sich um 90^{0} drehen läßt (siehe Abbildung 4.7).
Aufgrund der geringen Bandgeschwindigkeit (4,76 cm/s) ist es nicht möglich, auf eine DCC digitale Audioinformationen mit demselben Format wie bei professionellen Geräten aufzuzeichnen. Dazu wäre ein Datenfluß von rund 2,5 MBit/s erforderlich, mit der DCC sind aber nur ca. 0,95 MBit/s möglich. Daher wird die Bitrate der digitalen Audioinformationen vor der Aufzeichnung redu-

ziert. Zum Einsatz kommt das sogenannte Precision Adaptive Sub-band Coding (PASC) von Philips, das den Datenfluß auf rund 25% der ursprünglichen Bitrate reduziert. Zur Datenreduktion siehe auch Kapitel 4 und 6.

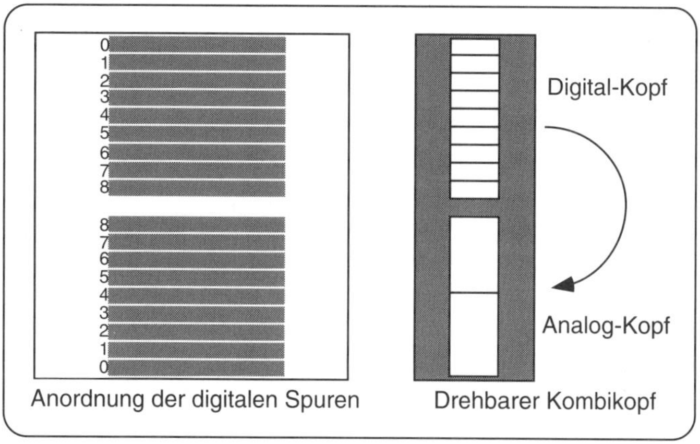

Abb. 4.9 DCC Spurbelegung, Kopf und Blockbild

Abb. 14.10 Philips DDC-Recorder

14.1.2 Digital-Recorder mit rotierenden Köpfen

Die ersten Digital-Aufnahmen wurden mit Hilfe von U-matic-Video-Recordern durchgeführt. In Video-Recordern wird das Band aus der Cassette herausgezogen und in einer schrägen Bahn um eine rotierende Kopftrommel herumgeführt, auf der ein oder mehrere Tonköpfe angeordnet sind. Dadurch erfolgt die Aufzeichnung auf dem Band nicht in Längsspuren, sondern in nebeneinander liegenden Schrägspuren. Die effektive Bandgeschwindigkeit, also die Geschwindigkeit, mit der sich das Band relativ zum Tonkopf bewegt, ist dadurch um ein Vielfaches höher als die einer Aufzeichnung mit stehendem Kopf. Daher läßt sich bei diesem Verfahren eine höhere Speicherdichte erreichen.

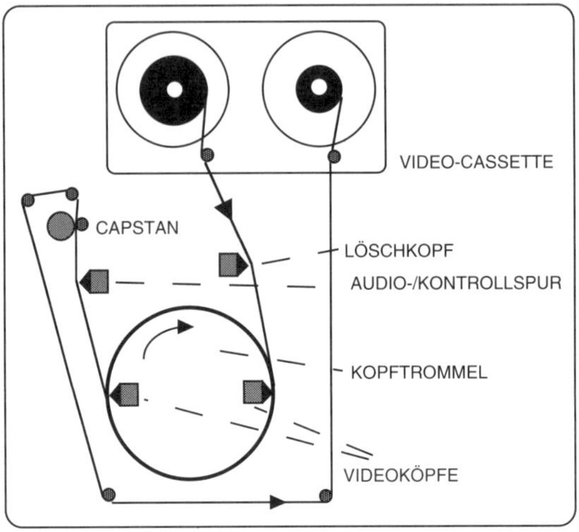

Abb. 14.11 Bandführung bei rotierender Kopftrommel

Sony PCM1630
Zur Aufzeichnung digitaler Audio-Informationen auf einem U-matic-Video-Recorder werden die Daten in einem separaten Prozessor zu einem Quasi-Videosignal aufbereitet. Diese werden dann anstelle der Bildinformationen auf das Videoband geschrieben. In diesem Prozessor findet auch die Analog/Digital- bzw. Digital/Analog-Wandlung statt. Sony hat hier mit dem PCM-1630-Prozessor und dessen Vorgängern den eigenen Standard weltweit durchgesetzt. In diesem Format werden auch Master für CD-Produktionen hergestellt.

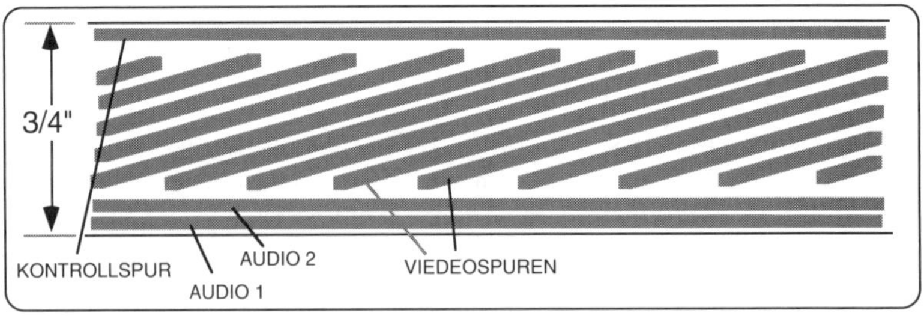

Abb. 14.12 Spurlage bei U-matic

Abb. 14.13 Sony PCM-1630-Prozessor

Digital Audio Tape (DAT)

Das Format R-DAT oder Rotary-Digital Audio Tape, meist einfach nur DAT-Format genannt, war ursprünglich als Medium für den HiFi-Markt konzipiert und sollte die Kompaktcassette ersetzen. Wohl aufgrund des relativ hohen Preises von DAT-Recordern im Vergleich zum analogen Cassettenrecorder konnte sich DAT im Konsumentenbereich nicht durchsetzen.

Dagegen sehen professionelle Studios im DAT-Format das ideale Mastering-Format. Für professionelle Verhältnisse niedrige Preise sowohl für Geräte wie Cassetten haben das 1/4"-Band aus Musikstudios fast völlig verdrängt. Mittlerweile gibt es auch professionell ausgestattete Geräte, die über Timecode synchronisierbar sind.

Die Kopftrommel eines DAT-Recorders ist mit zwei Köpfen ausgestattet. Das Band wird nur zu einem Viertel um die Kopftrommel herumgeführt, jeder Kopf hat damit nur während einer Viertel-Umdrehung der Kopftrommel Kontakt mit dem Band.

Daten können daher nicht kontinuierlich auf das Band aufgezeichnet bzw. wiedergegeben werden, sondern werden in einzelne Blöcke unterteilt. Es ist deshalb ein digitaler Zwischenspeicher (Buffer) notwendig, der ein kontinuierliches Eingangssignal verarbeiten bzw. ausgeben kann.

Dieses Verfahren hat zwei entscheidende Vorteile: Zum einen verhindert der relativ kurze Kontakt des Bands mit der Kopftrommel Beschädigungen am Band und erlaubt gleichzeitig eine hohe Umspulgeschwindigkeit (bis zu 300facher Normalgeschwindigkeit), ohne daß das Band vom Kopf abhebt. Somit können auch im Spulbetrieb Identifikationsdaten wie Titelanfänge gelesen werden. Zum anderen kann der Bandzug sehr gering sein. Das verlängert die Lebensdauer der Kopftrommel.

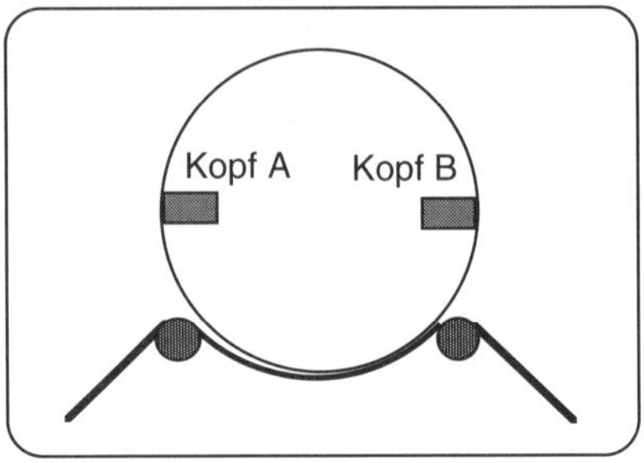

Abb. 14.14 Kopfumschlingung bei DAT

Als Sampling-Frequenzen beim DAT-Format sind 32 kHz, 44,1 kHz und 48 kHz vorgesehen. Die Quantisierung beträgt jeweils 16 Bit. Als Bandmaterial werden spezielle Cassetten mit einer maximalen Spielzeit von zwei Stunden verwendet. Die Bandgeschwindigkeit beträgt 8,15 mm pro Sekunde. Zusätzlich sind weitere Aufzeichnungsformate spezifiziert, die beide mit einer Quantisierung von 12 Bit und einer Sampling-Frequenz von 32 kHz arbeiten. Zum einen ist das ein Zweispurformat mit doppelter Spieldauer, zum zweiten ein Vierspurformat. Neben den reinen Audiodaten können im DAT-Format Subcodes und Identifikationsdaten (Titelanfang, Programmnummer) aufgezeichnet werden.
Die Spurbreite beim DAT-Format beträgt 13 µm. Die Spaltbreite der Köpfe ist allerdings etwas größer, so daß sich die Spuren gewissermaßen überlappen (siehe Abbildungen 14.15). Das reduziert zwar die mechanischen Anforderungen an die Herstellung der Kopftrommel, führt aber doch zu einem erheblichen Übersprechen an den Köpfen. Aus diesem Grund weisen die beiden Köpfe einen Versatz im Spaltwinkel von $\pm 20^{\circ}$ auf (Azimuthversatz).

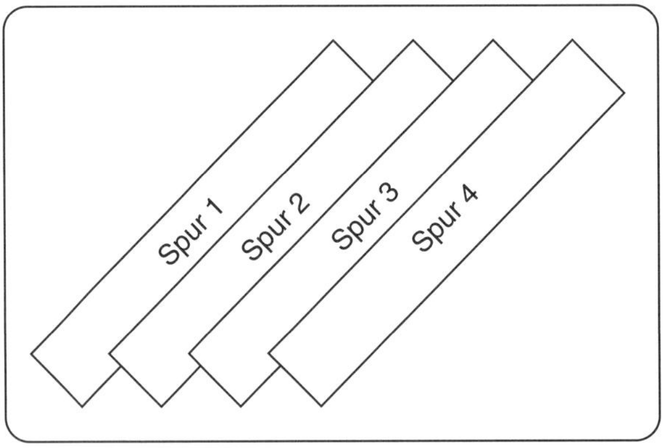

Abb. 14.15 Spurüberdeckung bei DAT

Das Übersprechen zwischen den Spuren wird aber auch genutzt, um die Köpfe exakt den Spuren nachzuführen. Dazu befinden sich auf den Spuren einzelne sogenannnte Automatic-Track-Finding-Blöcke (ATF). Abbildung 14.16 zeigt das Prinzip dieser ATF-Blöcke. Vom Kopf A werden auf den Spuren die ATF-Blöcke so versetzt aufgezeichnet, daß sie vom Kopf B bei exakter Spurlage mit gleicher Amplitude wiedergegeben werden. Ist das nicht der Fall, wird der Kopf entsprechend nachgesteuert.

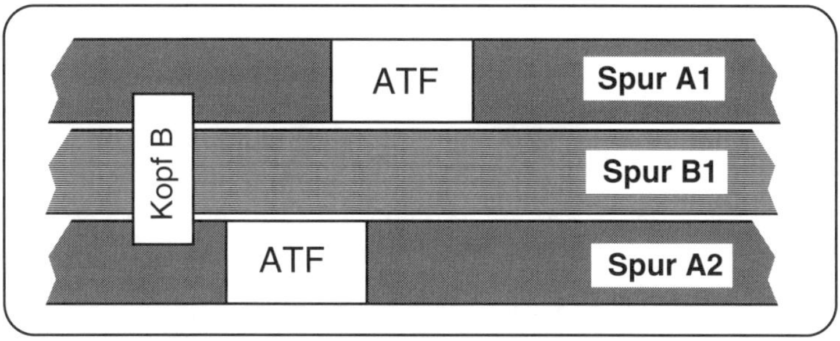

Abb. 14.16 Prinzip des Automatic Track Finding

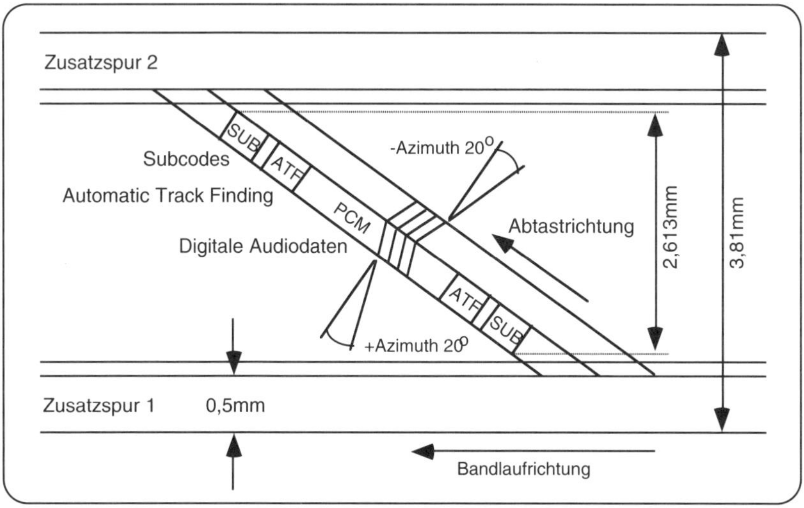

Abb. 14.17 Spurlage bei DAT

Als Fehlerkorrektursystem wird bei DAT der Reed Solomon Code (RSC) eingesetzt, und die einzelnen Datenblöcke werden auf zwei Spuren und gegeneinander versetzt aufgezeichnet (doppeltes Interlaving). Diese Fehlerkodierung wird auch als Cross Interleave Reed Solomon Code (CIRC) bezeichnet. Innerhalb des Subcode-Datenblocks kann auch ein SMPTE-Timecode aufgezeichnet werden (siehe Kapitel 15).

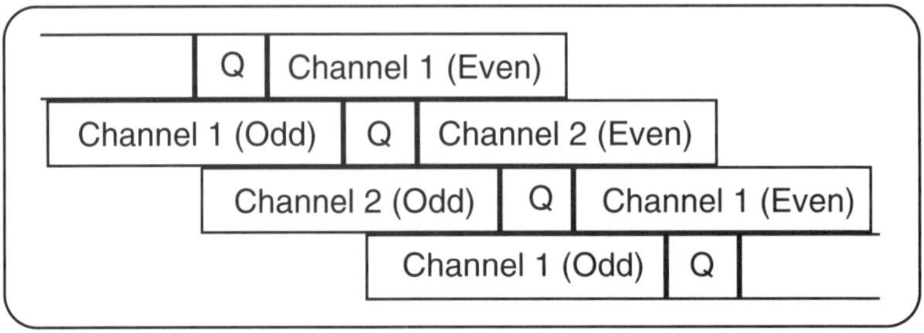

Abb.14.18 Interlaving

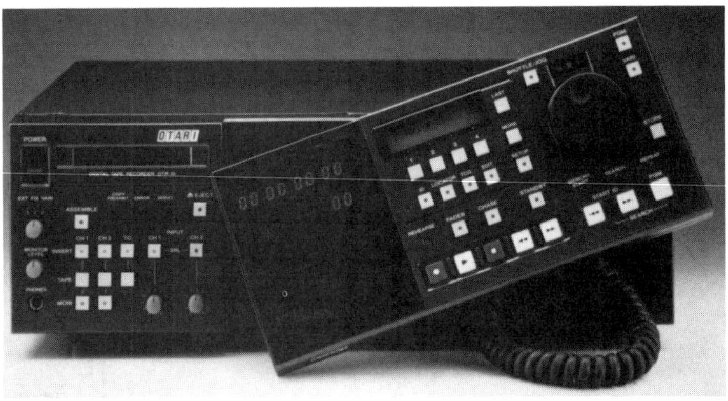

Abb. 14.19 Otari DAT-Recorder

Elektronischer Schnitt mit PCM1630 und DAT

Wie bei der Bildaufzeichnung können auch digitale Tonaufnahmen auf U-matic- oder DAT-Recordern elektronisch geschnitten werden. Dazu benötigt man eine oder zwei Wiedergabemaschinen und eine Aufnahmemaschine. Diese Maschinen werden von einer gemeinsamen Steuerung, dem sogenannten Schnittplatz, synchronisiert. Will man nun zwei verschiedene Takes einer Aufnahme durch Aneinanderschneiden kombinieren, so überspielt man die Passage bis zum Schnitt zunächst digital von der Wiedergabemaschine auf die Aufnahmemaschine. Dies bedeutet, daß lediglich die digitalisierten Audio-Informationen kopiert werden, es findet also keine Digital/Analog- bzw. Analog/Digital-Wandlung statt. Anschließend gilt es, auf der Aufnahmemaschine die Stelle festzulegen, an der der erste Take enden und der zweite beginnen soll, und diese in die Steuerung einzugeben. Hier dient der SMPTE-Timecode als Zeitreferenz (siehe auch Kapitel 15). Der Beginn des zweiten Take wird dann ebenfalls auf der Wiedergabemaschine festgelegt und eingegeben. Über die Steuerung werden dann beide Maschinen gestartet und synchronisiert. Am vorgewählten Schnittpunkt schaltet die Aufnahmemaschine dann von Wiedergabe in Aufnahme und zeichnet den zweiten Take auf. Dieses Verfahren nennt man elektronischen Schnitt. Es hat den Vorteil, daß sich das Ausgangsmaterial durch den Schnitt nicht verändert, da beim Schneiden ja nur kopiert wird.

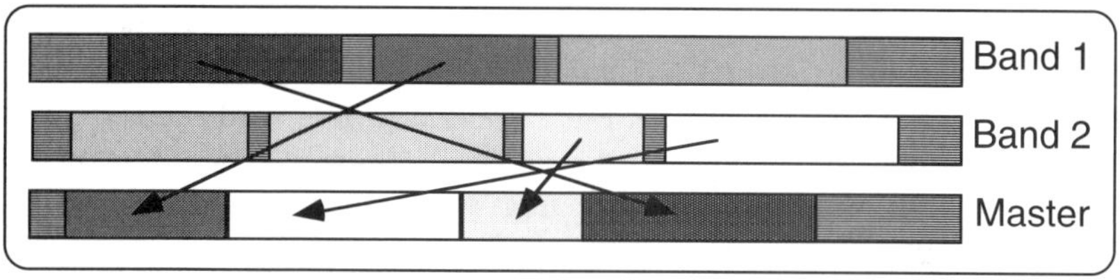

Abb. 14.20 Prinzip des elektronischen Schnitts

Mehrkanalaufzeichnung

Auch die Mehrkanal-Aufzeichnung ist mit der Technik rotierender Köpfe möglich. Der Akai DR1200 verwendet dazu normale 8mm-Videocassetten und zeichnet zwölf Spuren nach dem A-DAM-Format (= Akai Digital Audio Multitrack) auf. Die Sampling-Frequenz beträgt auch hier 44,1 kHz oder 48 kHz bei einer Quantisierung von 16 Bit. Pro Cassette ist eine Aufnahmezeit von etwas über 20 Minuten möglich. Insgesamt drei Aufnahmeeinheiten lassen sich miteinander synchronisieren, womit maximal 36 Spuren zur Verfügung stehen. Die Firma Alesis hat 1991 ein 8-Spur-System mit der Bezeichnung A-DAT vorgestellt, das als Aufzeichnungsmedium eine S-VHS-Cassette verwendet.

Abb. 14.21 A-DAT von Alesis

Auch die A-DAT-Geräte lassen sich untereinander verkoppeln, so daß sich die Gesamtzahl der Spuren erweitern läßt. Ein ähnliches System, basierend auf

8mm-Videocassetten (Hi-8) hat die Firma Tascam 1993 eingeführt. Auch dabei handelt es sich um einen 8-Kanal-Recorder, der standardmäßig mit einem internen SMPTE-Synchronizer ausgestattet werden kann.

Digitale Tonspuren bei Videorecordern
Auch auf Videorecordern kann digitaler Ton aufgezeichnet werden, unabhängig davon, ob auch die Bildinformation digitalisiert wird. Die Firma Sony hat für das Betacam-SP-Format - ein Videoformat mit analoger Bildaufzeichnung - ein digitales Tonformat (2kanalig) enztwickelt, bei dem die digitalen Audiodaten zusammen mit den Bildinformationen auf den Schrägspuren aufgezeichnet werden. Dabei verliert man allerdings eine der beiden analogen Längsspuren. Die Azfzeichnung erfolgt mit 16 Bit und 44,1 kHz Sampling-Frquenz.
Bei den digitsalen Videoformaten D1, D2 und D3 - hier wird auch die Bildinformation digital aufgenommen - stehen jeweils vier digitale Audiospuren zur Verfügung. Die Sampling-Frequenz beträgt 48 kHz, und es wird mit einer 20-Bit-Quantisierung abgetastet.

14.2 Disk-Recording

Digitale Audio-Daten sind für einen Computer ebenso Informationen wie Daten beispielsweise aus einer Adressdatei. Es liegt also nahe, auch zur Speicherung dieser Daten die in der Computer-Technik üblichen Massenspeicher zu verwenden. Hier wären Diskette, Festplatte, Winchester-Platte oder optische Platte zu nennen. Der Speicherbedarf für digitale Audiodaten ist jedoch sehr hoch. So müssen für eine halbe Stunde Musik in stereo, die mit 44,1 kHz Sampling-Frequenz und 16-Bit-Quantisierung aufgenommen wird, rund 320 MByte gespeichert werden. Die Floppy-Disk mit einer Kapazität von maximal 1,4 MByte kommt damit von vornherein nicht als Speichermedium in Frage.
Außerdem ist zu bedenken, daß Audiodaten zeitkritisch sind, das heißt, Speicherung und Abruf von Daten müssen in einer bestimmten Zeit abgewickelt werden können. Ruft man Adressdatei-Daten aus einem Massenspeicher ab, so ist die Zeit, bis sie auf dem Bildschirm erscheinen, relativ unerheblich. Es gehen keine Informationen verloren, nur weil der Zugriff auf die Daten eine gewisse Zeit in Anspruch nimmt. Bei Audiodaten ist dieser Zeitaufwand entscheidend: Es ist nicht akzeptabel, wenn die Wiedergabe nur unterbrochen wird, weil die Daten nicht rechtzeitig zur Verfügung stehen. Ein für die Speicherung von digitalen Audio-Daten geeignetes Speichermedium muß demnach über eine ausreichend schnelle Zugriffzeit verfügen. Auch die Übertragungungsgeschwindigkeit muß so hoch sein, daß die anfallende Datenmenge in Echtzeit gelesen bzw. gespeichert werden kann. Pro Kanal muß sie rund 1 MBit/sec betragen.
Die genannten Anforderungen werden heute sowohl von Festplatten oder

Winchester-Laufwerken wie auch von optischen Speichermedien erfüllt. Pro Platten-Laufwerk kann man zur Zeit nur auf vier Kanäle gleichzeitig zugreifen, für die Zukunft erwartet man acht Kanäle auf einer Platte. Werden darüber hinaus weitere Spuren benötigt, müssen entsprechende zusätzliche Laufwerke vorgesehen werden. Grundsätzlich arbeiten alle Harddisk-Recording-Systeme nach demselben Prinzip (siehe unten), unabhängig vom verwendeten Speichermedium. Vieles deutet darauf hin, daß sich die magneto-optische Disk (MOD) zu einem Standardmedium für die Audioaufzeichnung auf Platte etablieren wird. Als einzige wiederbeschreibbare Disk kann sie aus dem Laufwerk unmittelbar entfernt werden und ermöglicht so den schnellen Wechsel zwischen verschiedenen Tonträgern, so wie der Anwender es vom Band gewohnt ist.

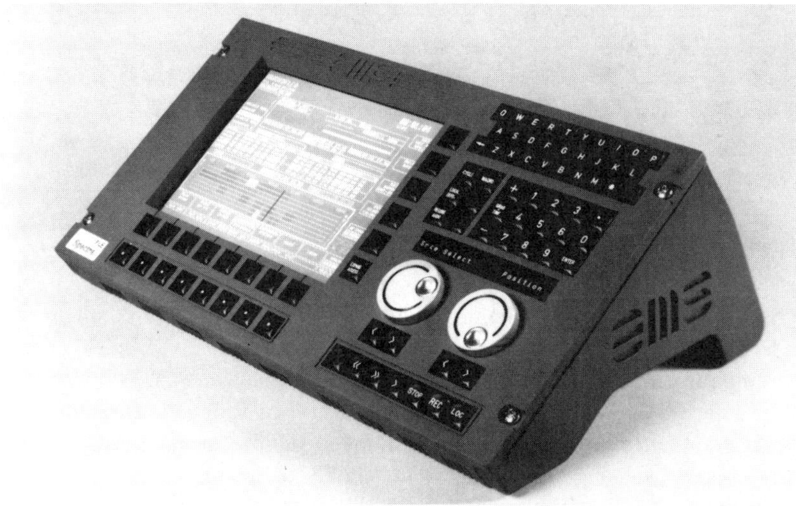

Abb. 14.22 Audio File Spectra HD-Recorder

Harddisk-Recording-Systeme (auch Direct-to-Disk-Recording-Systeme genannt) bestehen aus drei Komponenten: Analog/Digital- bzw. Digital/Analog-Wandler, Festplatte(n) und Steuerrechner. Der Steuerrechner ist häufig ein üblicher Personal-Computer. Alle Systeme, ganz gleich in welcher Konfiguration, arbeiten nach demselben Prinzip. Sie unterscheiden sich im Grunde lediglich in der Terminologie. Jede Aufnahme wird als separater Take betrachtet und - mit einer Zeitinformation versehen - auf der Festplatte als Soundfile gespeichert. Ein Take kann ebenso ein kompletter Song sein wie ein einzelner Ton. Bei der Wiedergabe wird jeder Take wieder abgerufen und abgespielt. In einer Tabelle (Cue-List) wird dazu für jeden Take der Zeitpunkt der Wiedergabe vermerkt. Diese Tabelle wird entweder automatisch bei der Aufnahme der Takes erstellt, oder sie wird vom Anwender eingegeben. Es ist auch möglich, einen Take mehrmals oder nur teilweise abzurufen. Jeder Take wiederum kann - entsprechend der jeweiligen Systemspezifikationen - im Pegel beeinflußt, entzerrt oder in der Tonhöhe verändert werden. Entscheidend dabei ist, daß die ursprüngliche Aufnahme bestehen bleibt, da nur Parameter eingegeben werden, die die Wiedergabe eines Take beeinflussen. Man spricht deshalb von „non-destructive Editing".

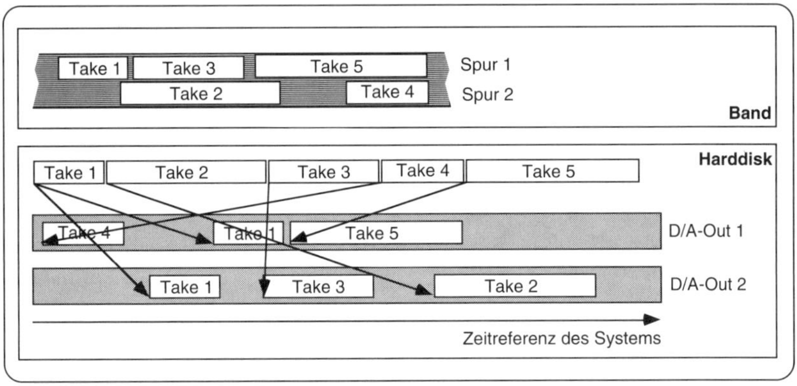

Abb. 14.23 Vergleich zwischen Band- und HD-Recording

Ein Vergleich mit einer herkömmlichen Mehrspurmaschine verdeutlicht auf andere Weise die Vorteile, die das Harddisk-Recording bietet. Die Mehrspurmaschine arbeitet immer mit einer vorgegebenen Anzahl von Spuren. Diese Zahl hängt von der Konstruktion der Tonköpfe ab. Wird während einer längeren Passage auf einer Spur nichts aufgenommen, bleibt ein gewisser Teil der Speicherkapazität ungenutzt. Auch ein Harddisk-Recording-System verfügt über eine maximale Zahl von Spuren, die von der möglichen Zugriffsgeschwindigkeit auf die Festplatte nach oben begrenzt wird. Die Anzahl der Spuren wird jedoch flexibel gehandhabt. Mit anderen Worten: Wenn auf einer Spur nichts aufgenommen wird, so existiert diese Spur auch nicht, es wird kein Speicherplatz verschwendet. Aus diesem Grund spricht man auch von virtuellen Spuren. Redet man bei einem Harddisk-Recording-System von Spuren, so ist darunter die Anzahl der Kanäle zu verstehen, die gleichzeitig aufgenommen bzw. wiedergegeben werden können.

Der entscheidende Unterschied zu herkömmlicher Band-Aufnahmetechnik ist die zeitlich variable Wiedergabe. Bei einer Aufnahme auf Mehrspurband wird der Zeitpunkt der Wiedergabe schon bei der Aufnahme dadurch festgelegt, daß auf eine bestimmte Bandpassage und in einer Zeitrelation zu anderen Spuren des Tonbands aufgenommen wird. Der Zeitpunkt der Wiedergabe einer Aufnahme oder einzelnen Spur kann nachträglich nur mit einigem Aufwand verändert

werden. Bei einem Harddisk-Recording-System jedoch hat man auf den Zeitpunkt der Wiedergabe uneingeschränkten Zugriff. Diese Systeme sind deshalb besonders geeignet für die Tonnachbearbeitung von Video- und Filmproduktionen. Verschiedene Dialog-, Geräusch- oder Musikaufnahmen lassen sich so einfach und schnell an das Bild anlegen. Dazu wird die gewünschte Aufnahme oder Teile daraus markiert und mit einer Zeitreferenz versehen in eine Abspielliste (Cue-List) eingetragen. Diese Cue-Liste wird dann beim Abspielen abgearbeitet.
Harddisk-Recording-Systeme werden oft als sogenannte Workstations konzipiert. Die gesamte Tonbearbeitung, also Aufnahme, Entzerrung, Mischung usw. kann hier in einem abgeschlossenen System und vollständig auf der digitalen Ebene stattfinden. Auch digitale Hallgeräte oder andere Effekte lassen sich über eine digitale Schnittstelle direkt einbinden.
Festplatten-Aufzeichnungssysteme erfordern keine aufwendige Fehlerkodierung, da schon bei der Formatierung einer Platte die fehlerhaften Blöcke aus dem Inhaltsverzeichnis gestrichen und daher erst gar nicht zur Aufzeichnung herangezogen werden.

Festplattensysteme

Noch immer arbeitet die überwiegende Zahl der Harddisk-Recorder auf Basis einer Festplatte bzw. Harddisk. Die Aufzeichnung erfolgt auf magnetischem Weg in einer Struktur von Spuren, Sektoren und Blöcken mit einem kombinierten Schreib/Lesekopf, der über die Platte geführt wird (siehe Abbildung 14.24).

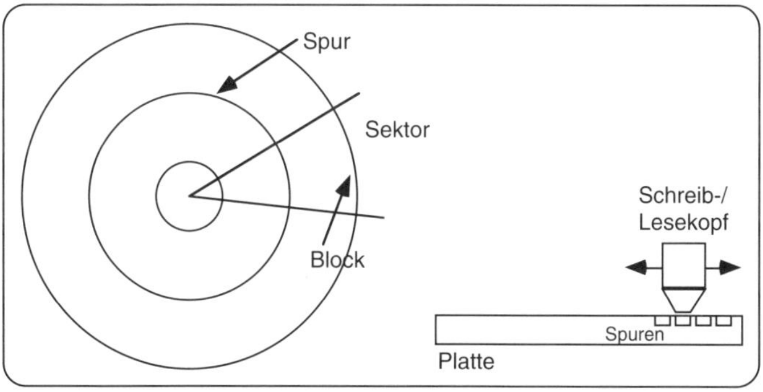

Abb. 14.24 Spuren, Sektoren und Blöcke und Kopf einer HD

Sogenannte Winchester-Drives verfügen über einen Stapel von mehreren Platten, die auf einer gemeinsamen Achse befestigt sind und jeweils über einen Kopf verfügen. Der Schreib/Lesekopf gleitet dabei auf einem durch die aerodynamische Bauweise des Kopfs selbst erzeugten Luftkissen von wenigen µm über die

Platte. Jede Berührung zwischen Kopf und Platte würden die Platte zerstören. Deshalb und aufgrund der hohen Aufzeichnungsdichte müssen enge mechanische Toleranzen eingehalten werden. Es ist daher erforderlich, daß die Festplatte selbst hermetisch abgeschlossen wird. Jede noch so kleine Verschmutzung z. B. durch Staub würde einzelne Blöcke oder gar die gesamte Platte zerstören.
Damit ist jedoch ausgeschlossen, daß Festplatten wie Tonbänder gewechselt werden können. Es sind zwar mittlerweile wechselbare Festplatten auf dem Markt, deren Speicherkapazität und Zugriffsgeschwindigkeit ist jedoch für eine Harddisk-Recording-Anwendung nicht ausreichend. Zum Zwecke des Austauschs und der Archivierung muß daher auf Backup-Systeme wie Tapestreamer zurückgegriffen werden, wie sie in der Datenverarbeitung üblich sind. Backups jedoch können relativ zeitaufwendig sein und den Aufnahmebetrieb unnötig lange aufhalten. Besonders fällt dieser Nachteil bei der Nachbearbeitung (Musikschnitt, Filmvertonung) ins Gewicht, wo innerhalb eines Systems häufig zwischen verschiedenen Projekten gewechselt werden muß. Man versucht, diesen Nachteil mit einem Backup-Verfahren auszugleichen, daß im Hintergrund arbeitet, ohne die eigentliche Arbeit zu stören. Auch sind Systeme auf dem Markt, bei denen die gesamte Festplatte (inklusive Elektronik und Kopf) gewechselt werden kann. Beide Varianten jedoch erscheinen langfristig nicht als die optimale Lösung.

Magneto-optische Disk (MOD)

Optische Plattenspeichersysteme werden schon seit längerer Zeit primär als Archiv-Medium genutzt. Die ersten optischen Platten waren sogenannte WORM-Platten (Write-Once-Read-Many), konnten also nur einmal beschrieben werden. Für eine Anwendung in einem Harddisk-Recorder kamen sie daher nicht in Frage. Allerdings sind alle optischen Speichermedien wechselbar, sie können also im Grunde wie ein Tonband gehandhabt werden.
Die magneto-optische Disk (MOD) scheint sich als Standardmedium auf dem Markt durchzusetzen. Sie ist beidseitig verwendbar und beliebig oft wieder beschreibbar. Sie bietet daher die gleichen Eigenschaften wie herkömmliche Festplatten. Auch die Struktur der Aufzeichnung in Sektoren, Spuren und Blöcken entspricht der bei Festplatten, es sind jedoch bereits Überlegungen im Gange, andere Strukturen zu verwenden, um auf der gesamten Platte gleich lange Spuren zu haben. Allerdings schränkte die relativ langsame Zugriffszeit die Anwendung der magneto-optischen Disk zunächst auf reine Stereoaufnahmen ein. Die erste Generation von MODs verfügte auch nur über eine Aufnahmekapazität von rund 30 Minuten pro Seite (16 Bit, 44,1 kHz). Mittlerweile konnte die Speicherkapazität verdoppelt und die Zugriffszeit erhöht werden. Damit dürften für die Zukunft wohl acht Spuren pro MOD realistisch sein.

Abb. 14.25 Akai DD1000i MOD-Recorder

Die magneto-optische Disk besitzt eine thermo-magnetische Kristallschicht, deren einzelne Kristalle mit einem Magnetfeld ausgerichtet werden können, wenn sie über die sogenannte Curie-Temparatur erhitzt werden. Man benutzt daher Laserlicht mit hoher Energie, um die Kristalle zu erhitzen, und ein Magnetfeld, um sie auszurichten. Allerdings kann das Magnetfeld in seiner Polarisation nicht so schnell umgeschaltet werden, um eine Spur in einem Durchgang zu beschreiben. Der Aufnahmevorgang erfordert daher zwei Durchgänge, jeweils einen für jede Polarisation. Somit benötigt man für die Aufzeichnung die doppelte Zeit der Wiedergabe. Je nach Ausrichtung eines Kristalls wird einfallendes Licht unterschiedlich polarisiert. Diese Erscheinung wird Kerr-Effekt genannt. Auch hier wird Laserlicht eingesetzt, allerdings mit wesentlich geringerer Energie als beim Aufzeichnen.
Auf einen MOD-Recorder sei jedoch an dieser Stelle besonders verwiesen, den PCM-9000 von Sony, der 1993 vorgestellt wurde. Dabei handelt es sich um einen Recorder, der speziell für die Herstellung von CD-Masters und damit als Nachfolger des PCM-1630 konzipiert ist. Die MOD ist dabei nur einseitig beschreibbar und bietet 80 Minuten Aufnahmezeit bei 20 Bit, 44,1 kHz.

Systemkonfigurationen

Über 50 Harddisk-Recording-Systeme befinden sich derzeit auf dem Markt, so daß es relativ schwer fällt, den Überblick zu behalten. Und beinahe täglich wird über Software-Updates und neue Hardware-Modifikationen berichtet. Erschwerend kommt hinzu, daß sich gerade dieser Marktbereich durch eine ständige Fluktuation der Hersteller auszeichnet. Aus diesem Grund erscheint es im Rahmen eines Buchs kaum angezeigt, auf bestimmte Geräte im besonderen

einzugehen, da man jederzeit befürchten muß, daß gerade dieses Gerät zum Erscheinungszeitpunkt bereits durch einen Nachfolger ersetzt wurde oder gar ganz vom Markt verschwunden ist. Es soll daher an dieser Stelle der Versuch unternommen werden, grundlegende Unterschiede in den Systemkonfigurationen aufzuzeigen, gleichzeitig aber deren Gemeinsamkeiten herauszuarbeiten.
Im wesentlichen können die auf dem Markt befindlichen Geräte - unabhängig vom verwendeten Speichermedium - in zwei Kategorien eingeteilt werden: Software- und Hardware-Lösungen. Die Software-Lösungen sind um einen handelsüblichen Personal-Computer herum aufgebaut. Die notwendige digitale Audio-Elektronik ist auf einer Karte untergebracht, die einen Steckplatz im PC belegt. Die gesamte Bedienung erfolgt dann über Bildschirm und Maus. Derzeit scheint der Markt von solchen Systemen dominiert zu werden.

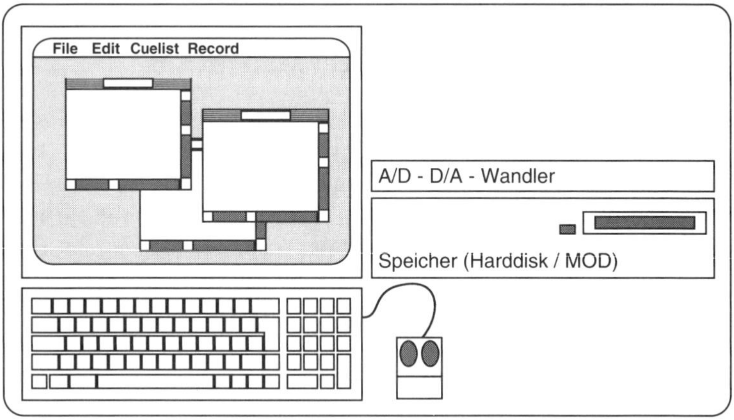

Abb. 14.26 Prinzip Software HD

Abb. 14.27 Studer Dyaxis II

Hardware-Lösungen zeichnen sich dadurch aus, daß sie über speziell entwickelte Bedienungsoberflächen verfügen. Diese können je nach vorgesehenem Anwendungsbereich sehr anwenderfreundlich gestaltet werden und erlauben eine sehr intuitive Arbeitsweise. Natürlich ist auch bei solchen Geräten ein Display bzw. ein Bildschirm erforderlich. Dieser ist jedoch nicht interaktiv, verfügt also nicht über Pull-down-Menüs usw. Viele Hardware-Lösungen lassen sich jedoch auch über einen Bildschirm und Maussteuerung bedienen.

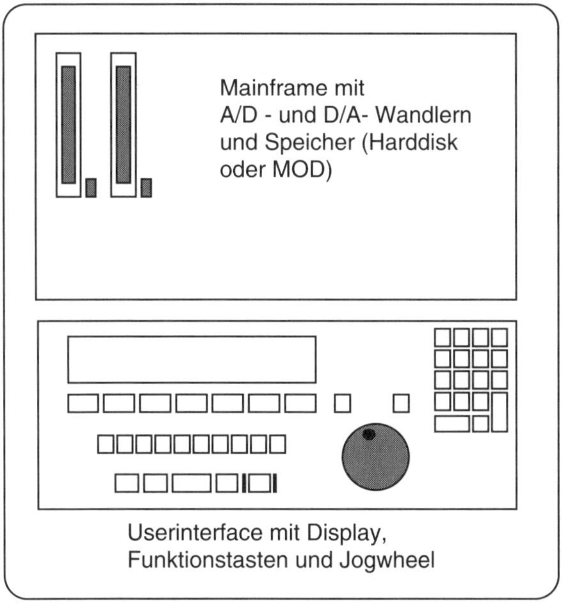

Abb. 14.28 Prinzip Hardware HD

Ein besonderes Problem bei Harddisk-Recordern allgemein ist die unterschiedliche Terminologie innerhalb der einzelnen Systeme. Sie finden Bezeichnungen wie Take, Cue, Segment, Soundfile usw. und müssen feststellen, daß damit immer dasselbe gemeint ist, nämlich die ursprüngliche Aufnahme. Die Abbildung 14.31 zeigt die Organisationsstruktur, wie sie allen Systemen zugrunde liegt, und stellt sie den jeweils dafür gebräuchlichen Bezeichnungen gegenüber. In der Abbildung sind folgende Begriffe systemübergreifend zu verstehen:

Take - unbearbeitetes Audiomaterial (Originalaufnahme),
Cut - markierter Abschnitt eines Take,
Cuelist - Abspielordnung für Cuts,
Track - systeminterne, virtuelle Spur und/oder Ausgangskanal.

Abb. 14.29 Augan 408 OMX

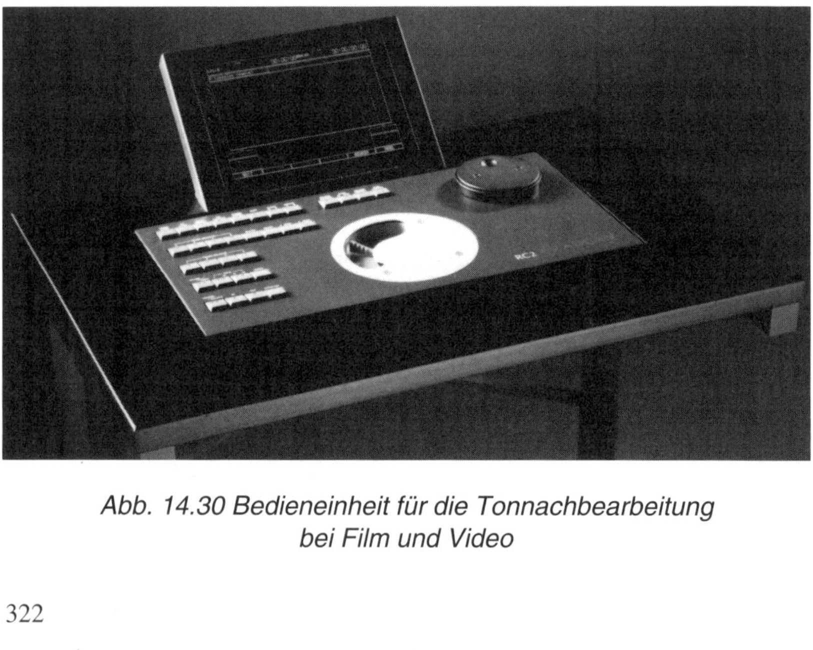

Abb. 14.30 Bedieneinheit für die Tonnachbearbeitung bei Film und Video

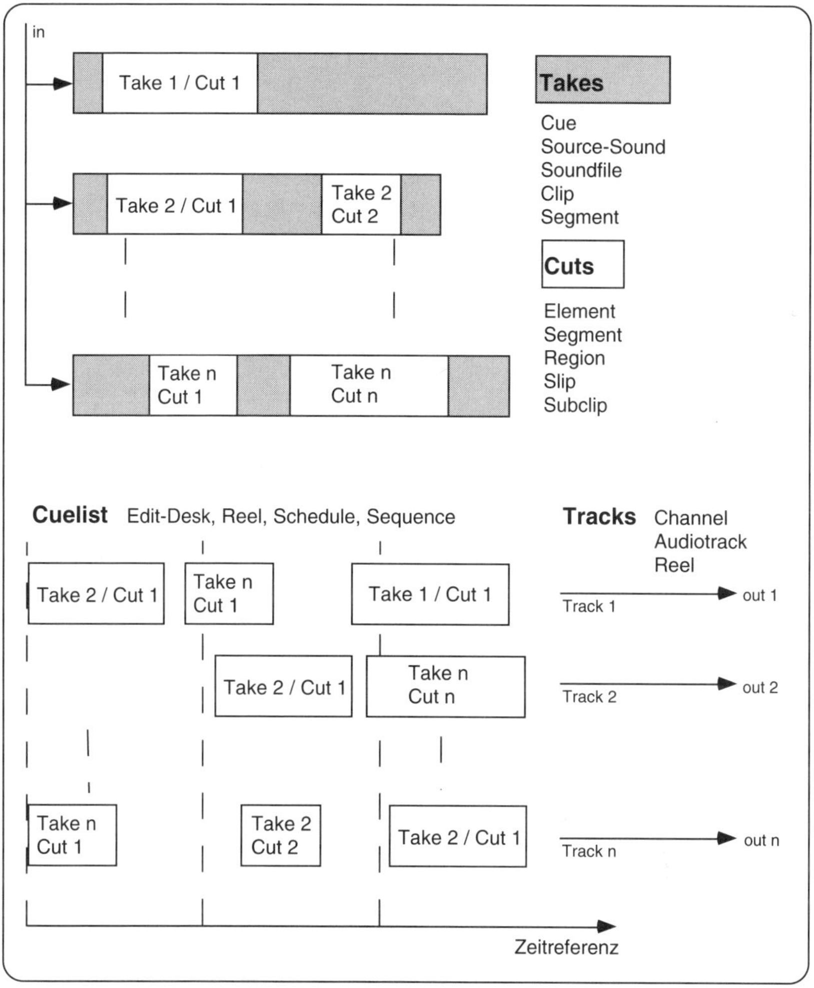

Abb. 14.31 Organisationsstruktur HDR

14.3 Consumer-Diskformate

Die Compact-Disk war lange das einzige Diskformat im Konsumentenbereich und hat dort die analoge LP zunehmend vom Markt verdrängt. Als weiteres Format wurde 1993 von der Firma Sony die Mini-Disk (MD) eingeführt, eine magneto-optische, wiederbeschreibbare Disk für den breiten Markt.

Compact Disk (CD)
Mit der CD erhält der Konsument die Aufnahmen in derselben technischen Qualität, wie sie im Studio vorlagen. Die digitalen Audiodaten auf einer CD werden mit einer Sampling-Frequenz von 44,1 kHz und einer Quantisierung von 16 Bit gespeichert. Als Fehlerkodierung wird - wie bei DAT - der Cross Interleave Reed Solomon Code (CIRC) verwendet. Der Kanalcode ist die Eight-to-Fourteen Modulation (EFM, siehe Kapitel 6).
Auf der CD befinden sich die digitalen Informationen auf einer von innen nach außen verlaufenden, spiralförmigen Spur als Folge von Vertiefungen, den sogenannten Pits. Die Pits sind 0,6 µm breit und 0,12 µm tief. Der Abstand zwischen den Spuren beträgt 1,6 µm. Somit kommen auf einen Millimeter Plattenradius rund 600 Spuren, insgesamt ist die Spur ca. 5,7 km lang. Die Spielzeit einer CD beträgt maximal etwa 70 Minuten. Anders als bei der Schallplatte dreht sich eine CD nicht mit konstanter Umdrehungsgeschwindigkeit. Die Drehzahl wird vielmehr so gesteuert, daß eine konstante Geschwindigkeit der Spuren relativ zum Abtaster erreicht wird. Sie beträgt bei der Abtastung innen ca. 500 U/min, außen ca. 200 U/min. Der Datenfluß ist damit immer konstant, er beträgt rund 4,3 MBits/s.
Abgetastet wird eine CD mit einem Laserstrahl, der von der Plattenoberfläche unterschiedlich reflektiert wird, je nachdem, ob eine Vertiefung vorhanden ist oder nicht. Diese Unterschiede werden ausgewertet und zum Digital/Analog-Wandler weitergegeben. Da sich die Spuren mit konstanter Geschwindigkeit am Abtaster vorbeibewegen, werden sie mit einer ebenfalls konstanten Frequenz abgetastet. Auszuwerten ist dabei, ob die Flanke einer Vertiefung vorhanden ist oder nicht. Jede solche Flanke steht für ein gesetztes Bit, also den Binärwert 1. Ist keine Flanke vorhanden, ist das Bit nicht gesetzt, also 0.
Als Masterband für die Herstellung von CDs wird derzeit noch ein U-matic-Band verwendet, auf dem die digitalen Audio-Daten im Format des Prozessors PCM-1630 von Sony gespeichert sind. Liegt das Masterband schon in diesem Format vor, so kann es direkt verwendet werden. Andere oder analoge Masterbänder müssen zunächst auf ein U-matic-Band überspielt werden. Zukünftig soll dafür ein MOD-Recorder eingesetzt werden.
Bei der Herstellung des Produktions-Masterbands sind auch noch Änderungen möglich, beispielsweise eine Anpassung der Pegel verschiedener Titel, Entzerrung, Kompression usw. Für diesen Zweck gibt es spezielle Mischpulte. Sämtliche Veränderungen am Masterband erfolgen dabei in der digitalen Ebene. Vor der Datenübertragung auf ein CD-Master muß das Inhaltsverzeichnis (TOC = Table of Content) in das Mastering-System eingegeben werden. Diese Informationen werden ebenfalls auf die CD übertragen. Bei der Wiedergabe der CD ermittelt der CD-Player daraus die Anzahl der Stücke und ihre Position auf der CD.

Die Herstellung eines CD-Masters erfolgt auf optischem Weg. Als Träger verwendet man eine sehr reine und absolut glatte Glasplatte, die mit einer lichtempfindlichen Schicht überzogen wird. Die Platte wird mit einem Laser belichtet. Nach der Entwicklung der belichteten Glasplatte werden auf galvanischem Weg die Preßmatrizen hergestellt. Dieser Prozeß gleicht dem bei der Herstellung herkömmlicher Schallplatten. Die CDs werden schließlich gepreßt oder gespritzt und schließlich mit einer Schutzschicht überzogen.

Recordable CD (CD-R)
CDs können mit einem CD-Recorder auch direkt bespielt werden, allerdings nur in Echtzeit. Es werden „leere" CD-Rohlinge eingesetzt, die mit einem Laserstrahl belichtet werden. Durch den Laserstrahl werden die Pits wie bei einer CD gesetzt. Diese Technik kommt daher nur für relativ kleine Auflagen in Betracht, beispielsweise für Demos. Die so hergestellten CDs können in jedem CD-Player wiedergegeben werden.

Mini-Disc (MD)
Mit der Mini-Disc hat Sony die magneto-optische Platte auch in den HiFi-Markt eingeführt. Die Mini-Disc mißt 64 mm im Durchmesser und verfügt über einer Aufnahmezeit von rund 74 Minuten. Es existieren zwei Varianten, eine wiederbeschreibbare und eine „Playback-only"-Disk.
Die Aufnahmezeit von 74 Minuten konnte nur durch den Einsatz einer Bitratenreduktion erreicht werden. Bei der MD wird das Adaptive Transform Acoustic Coding (ATRAC) verwendet, das die Bitrate auf ca. 20% reduziert. Die Kanal- bzw. Fehlerkodierung erfolgt mit den gleichen Verfahren wie bei der CD, nämlich Eight-to-Fourteen Modulation (EFM) bzw. Cross Interleave Reed Solomon Code (CIRC, siehe Kapitel 6).

14.4 Digitaler Lichtton

Um wirklich allen Verfahren gerecht zu werden, die digitalen Ton zum Kinofilm anbieten, darf man sich im Grunde nicht auf den Lichtton, also die optische Aufzeichnung des Tons auf dem Film beschränken. Einige Verfahren für diesen Anwendungszweck benutzen für den Ton zusätzliche Speicher, beispielsweise die MOD beim französischen System LC concept oder die CD-ROM beim Digital Theatre Sound (DTS). Diese Träger werden über einen Timecode, der auf den Film kopiert wird, zum Bild synchronisiert.
Ansatzpunkt für digitale Lichttonverfahren jedoch ist, den Ton zusammen mit dem Bild auf einer 35mm-Filmkopie unterzubringen. Dies erleichtert die Organisation der Filmverleiher und den technischen Aufwand im Kino erheblich und

minimiert die Fehlerquellen. Außerdem lassen sich Lichttonspuren zusammen mit dem Bild in hoher Geschwindigkeit kopieren.
Das erste funktionsfähige, digitale Lichttonsystem war eine Entwicklung der Firma ORC in Zusammenarbeit mit Kodak. Hier war der digitale Ton anstelle der analogen Tonspur auf den Film kopiert. Die Aufzeichnung erfolgte linear, also ohne Bitratenreduktion und erforderte ein spezielles Filmmaterial mit sehr hoher Auflösung. In der Praxis jedoch erwies sich dieses Verfahren als nicht robust genug gegenüber der normalen Beanspruchung einer Filmkopie im Kino. Außerdem fehlte die analoge Tonspur, so daß die Kopie nicht kompatibel mit dem herkömmlichen Format war. Die Entwicklung kam über das Versuchsstadium nicht hinaus und wurde 1991 eingestellt.
Die Firma Dolby - weltweit führend im Bereich der analogen Lichttontechnik - hat 1991 auch ein digitales Lichttonsystem mit der Bezeichnung Dolby Stereo SR.D vorgestellt, das sich mittlerweile schon in der Praxis bewährt hat. Die digitalen Audiodaten werden bei diesem Verfahren in den Bereich zwischen den Perforationslöchern auf einer Seite des Films kopiert. Damit kann die herkömmliche, analoge Lichttonspur ebenfalls auf den Film kopiert werden und die Kopien bleiben kompatibel.

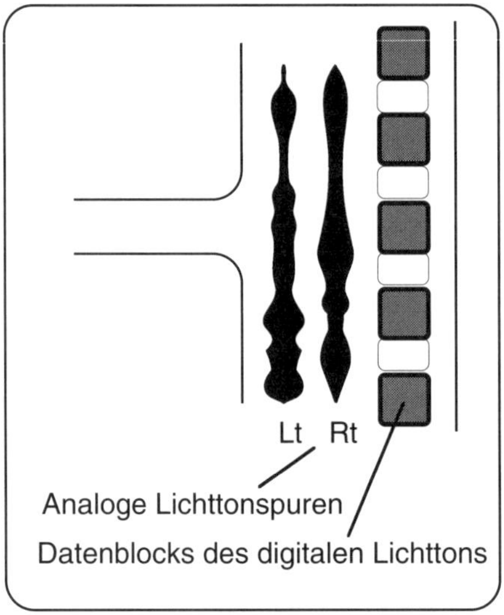

Abb. 14.32 Analoge und digitale Lichttonspur beim Dolby Stereo SR.D-Format

Der digitale Ton beim Dolby SR.D-Verfahren hat sechs Kanäle (Links-Mitte-Rechts-StereoSurround-Subwoofer). Zur Aufzeichung auf den Film wird eine

Bitratenreduktion eingesetzt. Es handelt sich dabei um eine sogenannte Adaptive Transformationskodierung, eine Entwicklung der Firma Dolby, die speziell für diese Anwendung optimiert wurde. Durch die Bitratenreduktion sind die einzelnen Datenbits auf dem Film relativ groß, so daß die Daten äußerst robust gegenüber Abnutzung sind. Der digitale Ton kann auf normales Positivmaterial kopiert werden. Zusätzlich wird auf den Film ein vierkanaliger, analoger Ton mit Dolby SR-Rauschverminderung aufgezeichnet. Damit kann wahlweise der digitale oder der analoge Ton abgetastet werden.
Für 1993 hat auch die Firma Sony ein digitales Lichttonsystem mit der Bezeichnung Sony Dynamic Digital Sound (SDDS) angekündigt.

Kapitel 15 Synchronisation

Die Synchronisation verschiedener Medien gewinnt mit der Expansion des audiovisuellen Marktes eine immer größere Bedeutung. Denken Sie nur einmal an einen Live-Mitschnitt eines Konzerts mit Bild und Ton. Die Tonaufnahme wird in der Regel mit einer Mehrspurmaschine erfolgen und nach dem Konzert im Studio abgemischt. Die Mischung liegt dann als Stereo-Band vor. Auf der anderen Seite werden auch die Bildaufnahmen nachträglich bearbeitet, es werden Schnitte zwischen verschiedenen Kameras und Überblendungen eingefügt. Hier ist das Ergebnis ein Videoband. Damit nun beide Medien, Stereo- und Video-Band, zusammen als Konzertmitschnitt wiedergegeben werden können, müssen sie synchron zueinander abgespielt werden.
Die Technik, verschiedene Medien miteinander zu synchronisieren, kennt man aber nicht erst seit der Einführung moderner Kommunikationsmedien. Schon der Tonfilm machte es zum ersten Mal notwendig, zwei eigentlich zusammengehörige Ereignisse (Bild und Ton) auf zwei getrennten Medien zu speichern, dem eigentlichen Film und einem Magnetband. Dies ist grundsätzlich zwar nicht unbedingt erforderlich, und lange Zeit wurde der Ton auch direkt auf den Film als Lichttonspur aufgezeichnet (wie übrigens auch heute noch die fertige Tonmischung). Wie man sich aber leicht vorstellen kann, wurde eine Nachbearbeitung von Aufnahmen durch Schnitt, Kopplung oder nachträgliches Aufnehmen (Playback) dadurch erheblich erschwert, wenn nicht gar unmöglich gemacht.

15.1 Synchronisation mit Zweiphasensignal (Bi-Phase)

Ein Film ist grundsätzlich mit einer seitlichen Perforation versehen, in die das Antriebssystem der Kamera oder des Projektors eingreift. Es lag also nahe, auch Magnetbänder zur Aufzeichnung von Tonaufnahmen mit einer Perforation zu versehen. Diese sogenannten Magnetfilme (siehe Abschnitt 13.1.5) sind nach wie vor das Standardmedium für die Tonbearbeitung zum Film. Beim 16-mm-

Magnetfilm entspricht ein Perforationsloch, bei 17,5 mm und 35 mm je vier einem Filmbild (Frame). Die Synchronität zwischen Bild- und Tonaufnahmen, die auf perforierten Trägern vorliegen, ist mit einem gemeinsamen Antrieb aller Maschinen relativ einfach herzustellen. Damit Bild und Ton bei der gleichen Startmarkierung in die Wiedergabegeräte eingelegt („angelegt“) werden können, wird bei der Aufnahme sowohl ein akustisches als auch ein optisches Startsignal auf Film und Magnetband aufgezeichnet, die sogenannte Klappe.

Heute übernimmt eine zentrale Steuerung die Aufgabe der früher üblichen mechanischen Verkopplung aller Maschinen (Filmprojektor, Wiedergabe- und Aufnahmemaschinen). Damit lassen sich im Grunde beliebig viele Maschinen koppeln. Außerdem läßt sich das System selbst „fremdsteuern“. Beispielsweise könnte ein Filmprojektor die Synchronsignale für die Steuerung erzeugen, die ihrerseits dann die angeschlossenen Magnetfilm-Maschinen synchronisiert.

Als Steuersignal wird weltweit ein Zwei-Phasensignal benutzt, das sogenannte Bi-Phase-Signal (siehe Abbildung 15.1). Es besteht aus zwei Rechtecksignalen, von denen das eine je nach Laufrichtung des Systems in der Phase verschoben ist. Die Frequenz des Bi-Phase-Signals ist proportional zur Bildfrequenz.

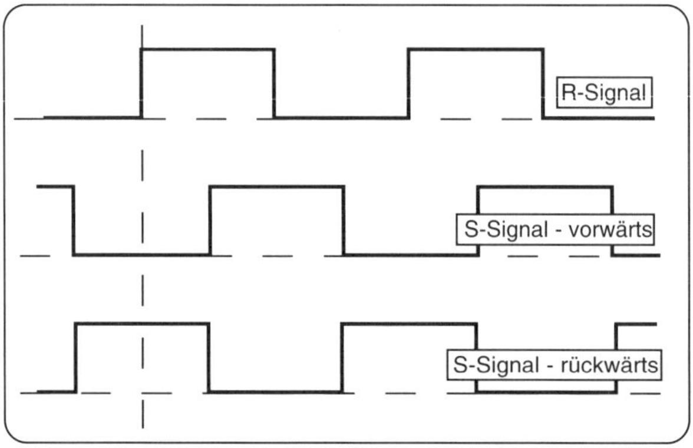

Abb. 15.1 Bi-Phase-Signal und Frequenzen

Das Bi-Phase-Signal liefert also keine absolute Zeitinformation, sondern nur eine relative, bezogen auf den Zeitpunkt des Eintreffens des ersten Signals. Zur bildgenauen Verkopplung von Magnetfilmen zum Film muß demnach auf allen Trägern eine optische Startmarke („Startkreuz“) vorhanden sein, auf die alle Träger justiert werden, bevor ein Bi-Phase-Signal angelegt werden darf. Muß eine Maschine verschoben werden („offset“), so wird sie einfach vom Bi-Phase abgekoppelt, um den gewünschten Betrag verschoben und wieder angekoppelt. Über Bi-Phase verkoppelte Maschinen laufen in jeder Betriebsart synchron, also nicht nur im Play-Modus, sondern auch im Rücklauf in Normalgeschwindigkeit

und beim Umspulen. Damit entfallen Wartezeiten für Rangieren und Parken der einzelnen Machinen, wie man sie beim Synchronisieren mit Timecode einzukalkulieren hat. Der Hochlauf bis zum Erreichen der Synchronität beträgt bei den heute gebräuchlichen Systemen nur rund eine Sekunde. Dazu muß man die Bremszeit aus dem Umspulmodus rechnen.
Dieses System bietet die Möglichkeit, Dialoge, Geräusche und Musik auf getrennten Bändern zu bearbeiten, was prinzipiell als eine Art „Mehrspurtechnik“ anzusehen ist. Gegenüber einer „echten“ Mehrspurtechnik hat dieses Verfahren aber den Vorteil, daß auch noch in der abschließenden Tonmischung einzelne Spuren zeitlich vor- und zurückversetzt werden können, wenn beispielsweise ein Schnittfehler dies erfordern sollte. Außerdem lassen sich perforierte Bänder problemlos schneiden. Wäre auf den Bändern ein Timecode aufgezeichnet, so würde jeder Schnitt die Kontinuität des Timecode unterbrechen und eine Synchronisation unmöglich machen. Änderungen im Bildschnitt können mit perforierten Bändern jederzeit im Ton nachvollzogen werden, ein Vorteil, auf den man bei der Filmnachbearbeitung nicht verzichten kann.

15.2 Synchronisation mit Pilotton

Ein weiteres Verfahren, das mit unperforierten Bändern arbeitet, ist das Pilotton-Verfahren. Bei der Aufnahme wird dabei auf das Magnetband neben der eigentlichen Modulation auf einer separaten Spur auch die Arbeitsfrequenz des Kameraantriebs aufgezeichnet (Pilotton). Nach diesem Verfahren werden heute die Tonaufnahmen bei einer Filmproduktion erstellt. Die Übertragung des Pilotton-Signals von der Kamera zur Tonbandmaschine erfolgt dabei meist drahtlos.
Zur weiteren Bearbeitung dieser Aufnahme überspielt man die Bänder auf Magnetfilm. Dabei wird der Antrieb der Magnetfilm-Maschine mit dem Pilotton gesteuert. Zusammen mit dem Film kann der Magnetfilm dann am Schneidetisch bearbeitet werden.

15.3 Synchronisation mit SMPTE-Timecode

Bei der Entwicklung der magnetischen Bildaufzeichnung (MAZ) suchte man nach einem Verfahren, die einzelnen Videobilder in ihrer zeitlichen Position genau bestimmen zu können, wie dies beim Film über die Perforation möglich ist. Erst diese exakte Positionsbestimmung ermöglicht den sogenannten elektronischen Schnitt von Videoaufzeichnungen. Die Society of Motion Picture and Television Engineers (SMPTE) schlug dazu einen Timecode vor, der 1972 als Norm eingeführt wurde. Mit diesem Timecode wird jedem Bild einer Videoaufzeichnung ein exakter Zeitwert zugeordnet. Diese Norm wurde auch von der European Broadcasting Union als EBU-Timecode übernommen.

15.3.1 Das SMPTE-Timecode-Format

Bei der Entwicklung des Timecode-Standards dachte man zunächst an die Markierung von Videobildern. Als Zeitmaßstab wählte man daher die Einteilung in Stunden, Minuten und Sekunden. Innerhalb einer Sekunde werden dann einfach die einzelnen Bilder (Frames) gezählt. Entsprechend der Bildrate bei der Schwarz-Weiß-Aufzeichnung nach dem NTSC-Verfahren, wie es in den USA Standard ist, ergibt sich für den Timecode eine Bildrate von 30 Frames pro Sekunde. Wenn man heute vom SMPTE-Timecode spricht, so ist damit zunächst ein Timecode mit dieser Bildrate gemeint.
Die Bildfrequenz ist jedoch nicht bei allen Video-Formaten gleich, weshalb für jedes Bildformat auch ein eigener Timecode notwendig ist. Bei der NTSC-Farbfernsehtechnik beträgt die Bildfrequenz exakt 29,97 Frames pro Sekunde. Um aber trotzdem die Zählung mit ganzzahligen Bildraten beibehalten zu können, ist es notwendig, zur Korrektur dieser im Grunde falschen Zählweise in regelmäßigen Abständen einige Frames bei der Zählung zu überspringen, zu „droppen". Der sogenannte Drop-Frame-Timecode arbeitet daher mit 30 Frames pro Sekunde, wobei pro Minute zwei Frames übersprungen werden, mit Ausnahme der zehnten Minute. Damit ergibt sich im Mittel wieder die exakte Bildfrequenz von 29,97 Frames pro Sekunde.
In der PAL-Norm, nach der in Europa gearbeitet wird, beträgt die Bildrate nur 25 Frames pro Sekunde (für Scharz-Weiß- und Farbaufzeichnungen). Die European Broadcasting Union, kurz EBU, führte deshalb für Europa den EBU-Timecode ein, der im Gegensatz zum SMPTE-Timecode mit eben dieser Bildrate als Basiseinheit arbeitet.
Auch für die herkömmliche Filmtechnik bot sich die Markierung der einzelnen Filmbilder mit einem Timecode an. Da aber die Bildrate beim Film nur 24 Bilder pro Sekunde beträgt, war ein viertes Timecode-Format notwendig.

SMPTE non drop-frame	30 Bilder / sec.
SMPTE drop-frame	29,97 Bilder / sec.
EBU	25 Bilder / sec.
Film	24 Bilder / sec.

Tabelle 15.2 Timecode-Formate

Man sollte sich also daher immer vergewissern, welches Timecode-Format jeweils benutzt werden soll. Es ist äußerst schwierig, Träger mit verschiedenen Timecodes miteinander zu verkoppeln.

a) Vertical Interval Timecode (VITC)

Zur Markierung der einzelnen Bilder einer Videoaufzeichnung muß der Timecode zusammen mit dem Videosignal aufgezeichnet werden. Dafür bietet sich die sogenannte Austastlücke des Bildes an, der Zeitraum also, in dem der Elektronenstrahl der Bildröhre von der letzten Bildzeile zur ersten zurückgeführt und dabei dunkelgeschaltet wird. Dieser Timecode wird deshalb auch Vertical Interval Timecode genannt. Eine einzelne Timecode-Information wird in 90 Bits verschlüsselt.

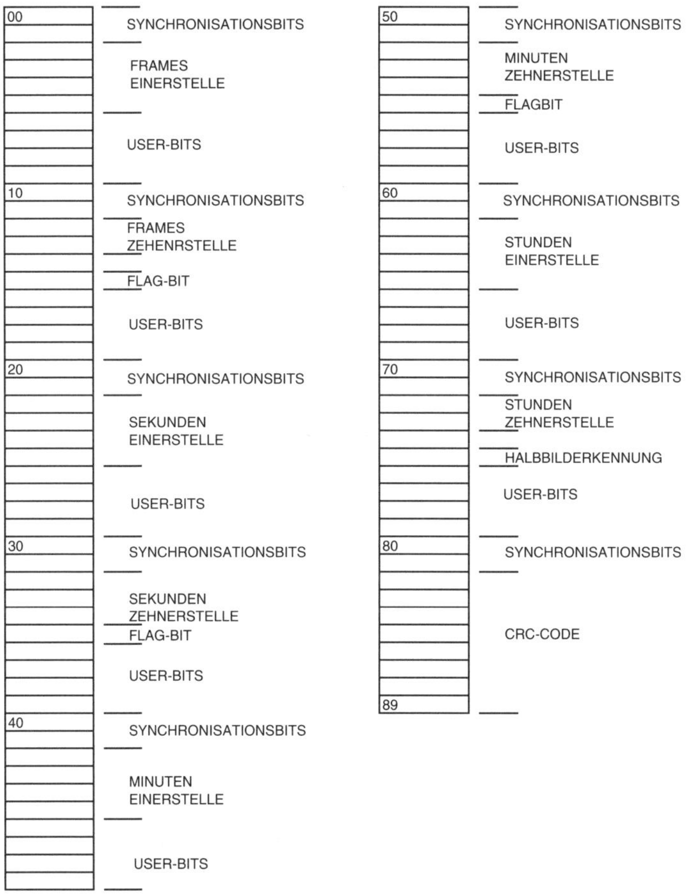

Abb. 15.3 VITC-Format

Zur Speicherung der reinen Zeitinformation sind jedoch nur 26 Bits notwendig, die restlichen Bits dienen als Kontrollbits oder können vom Anwender beliebig gesetzt werden. Der Vertical Interval Timecode kann bei jeder Bandgeschwindigkeit, auch beim Standbild, ausgelesen werden. Außerdem ist er problemlos und ohne die Gefahr zusätzlicher Fehler mit dem Videosignal zu kopieren.

b) Longitudinal Timecode (LTC)

Auch in der Audiotechnik wird der Timecode besonders zur Synchronisation von Bild und Ton, aber auch für andere Zwecke, herangezogen. Allerdings muß der Timecode dann in einem anderen Verfahren, nämlich längs eines Bands - longitudinal -, aufgezeichnet werden. Außerdem ist eine besondere Kodierung notwendig, um die einzelnen Bits des Timecodes analog aufzeichnen zu können. Dazu wird die Polarität der Aufzeichnung zu Beginn jedes Bits gewechselt. Ist ein Bit gesetzt, hat es also den Wert 1, so erfolgt in der Mitte des Bits ein weiterer Polaritätswechsel. Nur Polaritätswechsel nämlich rufen auf einem Tonband eine sich verändernde Magnetisierung hervor, und nur diese kann mit analoger Technik auch wieder ausgelesen und in eine Timecode-Information zurückkonvertiert werden.

Das Verfahren der wechselnden Polaritäten ermöglicht es auch, den Timecode bei veränderter Bandgeschwindigkeit auszulesen. Dem sind allerdings Grenzen gesetzt, insbesondere nach oben, also zu schnelleren Bandgeschwindigkeiten hin. Wie das verschlüsselte Signal auf dem Tonband aussieht, zeigt die Abbildung 15.4.

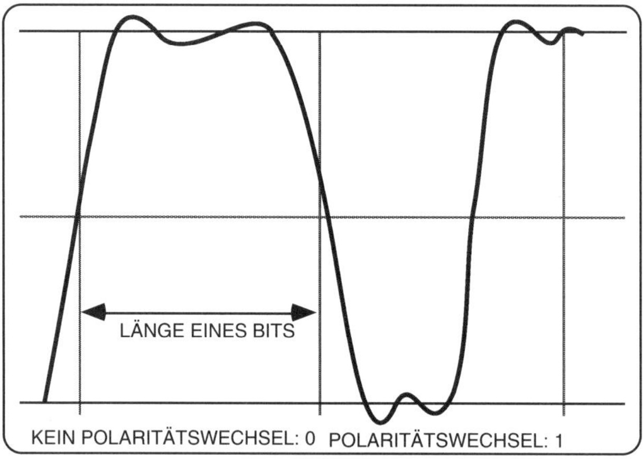

Abb. 15.4 LTC-Timecode-Signal

Eine Longitudinal-Timecode-Spur läßt sich nicht einfach kopieren, denn jeder analoge Kopiervorgang rundet die Flanken von Impulsen, die bei der Timecode-Spur für die Polaritätswechsel stehen, ein wenig ab. Das kann dann zu Lese-

fehlern führen. Manchmal ist es aber unumgänglich, eine Timecode-Spur zu kopieren. Dann sollte man wenigstens einen „Refresh“ durchführen. Dadurch werden die Flanken wiederhergestellt.
Die meisten professionellen Timecode-Generatoren stellen an ihrem Timecode-Ausgang einen „aufgefrischten“ Timecode zur Verfügung, solange Timecode vom Band gelesen wird.
Noch zuverlässiger läßt sich der Timecode mit dem sogenannten JAM-Sync-Verfahren kopieren. Dabei liest der Generator/Reader den zu kopierenden Timecode ein und generiert auf dessen Grundlage eine gänzlich neue, synchrone Timecode-Spur. Mit dieser Technik lassen sich auch Drop-outs von mehreren Frames kompensieren.

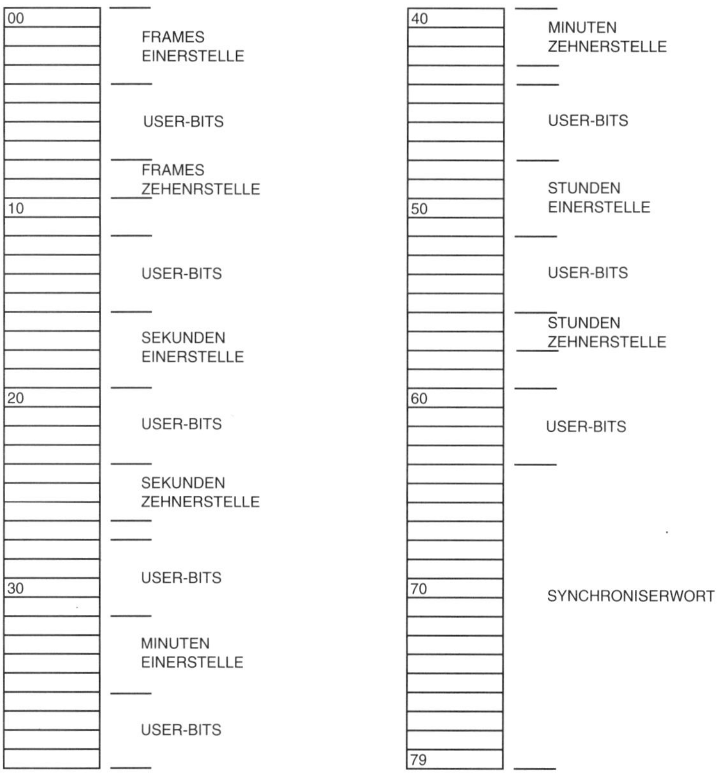

Abb. 15.5 LTC-Format

Der Longitudinal Timecode ist in 80 Bits verschlüsselt. Das kleinste Zeitraster beträgt damit 1/80 Frame oder 0,5 ms bei 25 Frames pro Sekunde. Dies ist auch die minimal mögliche Verschiebung oder Offset zweier mit Timecode syn-

chronisierter Geräte untereinander. Damit man sich die aufwendigere Technik zweier Timecode-Verfahren, nämlich VITC und LTC erspart, ist man auch in der Videotechnik dazu übergegangen, den Timecode auf eine der analogen, longitudinalen Tonspuren aufzuzeichnen.
Der LTC übrigens ist immer um ein Frame „verspätet". Erst am Ende eines Datenblocks nämlich ist dem Timecode-Reader der vollständige Wert bekannt. In der Praxis braucht man sich darum aber nicht zu kümmern, denn dieser „Fehler" wird vom Reader kompensiert, indem er dem eingelesenen Wert einfach ein Frame hinzuaddiert.

Abb. 15.6 Das Zeta Three Audio-Video-Synchronizersystem von Adam-Smith

c) DAT-Timecode

Damit DAT-Recorder sich in Schnittanlagen für die Tonbearbeitung integrieren lassen, ist für dieses Format ein spezieller Timecode standardisiert worden, die sogenannte Pro-R-Time. Das DAT-Format erlaubt nämlich die Aufzeichnung des Timecode als LTC auf einer Längsspur aus fertigungstechnischen Gründen nicht. Man hat sich daher entschlossen, die Timecode-Information in den Subdatenblock zu integrieren (siehe Abschnitt 14.2.2).
Systembedingt beträgt die interne Framerate beim DAT-Recorder immer 33,33 FPS (Frames per Second). In diese Rate wird ein anliegender, externer Timecode vor der Aufzeichnung jeweils umgerechnet. Bei synchroner Wiedergabe wird er entsprechend zurückberechnet und mit dem anliegenden Referenz-Code verglichen.

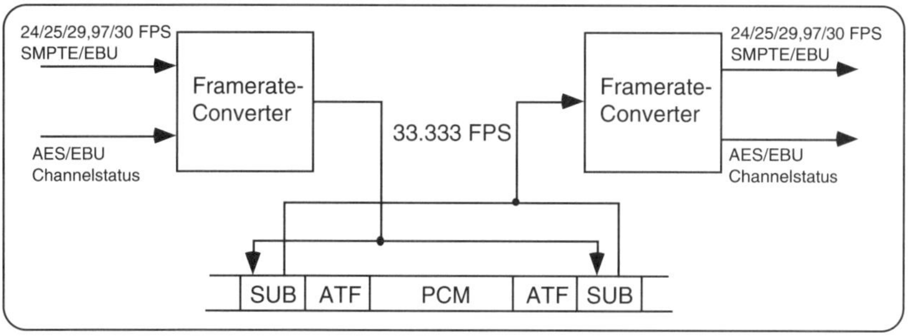

Abb.15.7 Prinzip der Timecode-Umsetzung bei DAT

Der Timecode auf DAT-Recordern wird also immer im gleichen, systeminternen Format aufgezeichnet und je nach Erfordernissen in das jeweils benutzte, externe Timecode-Format umgerechnet.

d) User Bits

Nicht alle 80 bzw. 90 Bits eines einzelnen Datenblocks werden für den Timecode benötigt. Einige Bits dienen der Kontrolle einer fehlerfreien Übertragung des gesamten Datenblocks. 32 Bits pro Frame stehen dem Anwender zur Verfügung und können beliebig gesetzt werden. Damit lassen sich pro Frame beispielsweise vier ASCII-Zeichen oder eine achtstellige Zahl zusammen mit dem Timecode speichern, um einzelne Takes zu markieren oder Daten für die Archivierung zu erfassen.

15.3.2 Synchronisationsverfahren mit SMPTE-Timecode

Neben einer reinen Markierung von Bildern war die Absicht der SMPTE-Timecode-Norm, einen einheitlichen Standard für die Synchronisation von Videobild und Ton einzuführen. Dazu wird jeweils auf Ton- und Videoband ein Timecode aufgezeichnet und somit jeder Stelle auf dem Tonband ein bestimmtes Bild zugeordnet.

Die Verkopplung beider Geräte steuert ein Synchronizer, der die Timecodes beider Maschinen miteinander vergleicht und eine Maschine (Slave-Maschine) der anderen (Master-Maschine) nachführt, so daß immer exakte Synchronität besteht. Welche der Maschinen nun Master oder Slave ist, spielt dabei prinzipiell keine Rolle. Man wird aber immer die Maschine als Master verwenden, die am langsamsten rangiert werden kann. Es ist auch möglich, alle Maschinen als Slaves zu behandeln und sie mit einem zentralen Synchronizer zu verkoppeln. Ein Synchronizer-System muß darüber hinaus noch eine Reihe weiterer Aufgaben übernehmen. Dazu gehört in erster Linie die Steuerung aller Laufwerkfunktionen der angeschlossenen Geräte, also auch schneller Vor- und Rücklauf,

Start, Stop, das Auffinden bestimmter Timecode-Adressen usw. Werden die Maschinen im schnellen Vor- oder Rücklauf rangiert, so kann der Timecode in der Regel nicht mehr vom Band eingelesen werden. In diesem Fall liest der Synchronizer die Tachoimpulse der Zählwerkrolle jedes Geräts und berechnet daraus die tatsächliche Bandposition. Zwischen den einzelnen Maschinen kann man auch eine zeitliche Verschiebung in der Synchronität vorgeben, die Offset-Zeit.

a) Audio-Video-Synchronisation

Ein weiterer Grund für die Einführung des Timecode war der Wunsch, Videoaufzeichnungen elektronisch schneiden zu können. „Elektronisch schneiden" bedeutet, verschiedene Videoaufnahmen durch Kopieren auf ein anderes Videoband zu kombinieren. Dazu werden eine Video-Aufzeichnungsmaschine und eine oder mehrere Video-Wiedergabemaschinen synchronisiert. Anhand des in das Bild eingeblendeten Timecode können nun die Schnittpunkte zwischen den einzelnen Aufnahmen bildgenau festgelegt werden. Die Schnittpunkte werden in das Synchronizer-System eingegeben. Dieses System steuert nun die Videorecorder durch entsprechende Offset-Zeiten so, daß die gewünschte Bildpassage durch Umschalten der Aufnahmemaschine von Wiedergabe in Aufnahme an die vorhandene Aufzeichnung angefügt wird.

Neben der Synchronisation mehrerer Videorecorder für das elektronische Bildschnittverfahren kann man natürlich auch Audiomaschinen in eine Synchronisation integrieren. Das können Mehrspurmaschinen, Magnetfilmgeräte oder Stereo-Mastermaschinen sein. Mit einer solchen Anordnung können dann Video-Filme, Video-Clips, Konzertmitschnitte oder ähnliche Produktionen in Bild und Ton gemischt werden.

b) Master-Slave-Technik in der Musikproduktion

In die Musikproduktion hat die Technik der Synchronisation zweier Mehrspurmaschinen nur deshalb Einzug gehalten, weil vielen Produzenten und Toningenieuren die 24 Spuren eines 2"-Bandes nicht ausreichten. Da die Herstellung noch breiterer Bänder und besonders der dazu notwendigen Tonbandmaschinen nicht praktikabel erschien, „entlieh" man sich gewissermaßen die Technik der Synchronisation von Videorecorder und Bandmaschine und ersetzte den Videorecorder einfach durch eine zweite 24-Spur-Maschine. Rechnet man die beiden Spuren für den Timecode ab, so hat man nun 46 nutzbare Spuren.

Die Aufnahme auf zwei getrennten Maschinen bietet aber gegenüber einer einzigen 48-Spur-Maschine noch einige interessante Vorteile für die musikalische Gestaltung von Aufnahmen. Sehr häufig arbeitet man bei großen Produktionen so, daß auf das Masterband nur das Playback aufgenommen wird. Alle Overdubs, also zum Beispiel Backing-Vocals, werden auf verschiedene Slave-

Tapes aufgenommen. Man hat damit erheblich mehr Spuren für Double-Tracking oder weitere Harmony-Vocals zur Verfügung. Ist auf dem Slave-Tape alles perfekt, überspielt man einfach einen Stereo-Mix aller Spuren auf das Masterband. Will man diesen Mix später doch noch einmal ändern, so muß man eben noch einmal überspielen. Genau so kann man mit anderen Instrumenten verfahren, z. B. mit Keyboards. Am Ende hat man dann zu einem Masterband mehrere Slaves. Durch das Versetzen des Slave-Bands gegenüber dem Master um eine bestimmte Zeit (Offset) kann man außerdem beispielsweise die nur für einen Refrain aufgenommenen Backing-Vocals auch für alle weiteren Refrains verwenden.

c) Timecode und computergestützte Abmischung

Da nun schon einmal ein Timecode auf dem Band vorhanden ist, liegt es nahe, mit Hilfe dieser Zeitreferenz auch andere Systeme zu steuern. Die erste derartige Anwendung war die Steuerung einer Mischpult-Automation (siehe Kapitel 10) zur Speicherung aller Regler-Bewegungen oder darüber hinaus gar aller Veränderungen am Pult einschließlich Entzerrung, Hall etc. Jeder zu speichernde Wert wird dabei mit einer aus dem Timecode gewonnenen Zeitinformation im Speicher abgelegt und kann so jederzeit exakt wieder abgerufen oder auch nachträglich noch verändert werden. Alle heute gebräuchlichen Automationssysteme arbeiten mit einer SMPTE-Timecode-Spur als Zeitreferenz.

d) Synchronisation von MIDI-Sequenzern

Vielfach werden Synthesizer oder Klänge aus Samplern heute nicht mehr als akustisches Ereignis auf eine separate Spur aufgenommen, sondern als MIDI-Events in einen Sequenzer aufgezeichnet, da sie dort beliebig korrigier- und editierbar sind. Der Sequenzer steuert dann für die Aufzeichnung auf Band die Wiedergabe der Synthesizerklänge oder Samples über die aufgenommenen MIDI-Informationen.

Sequenzer können über die MIDI-Clock auch extern synchronisiert werden. Über den MIDI-Songposition-Pointer kann ein Sequenzer außerdem an jeder beliebigen Stelle innerhalb eines Stücks gestartet werden. So läßt sich beispielsweise ein Sequenzer zu einem Drumcomputer synchronisieren. Auf diese Weise synchronisiert man auch Sequenzer und Mehrspurmaschine. Als Zeitreferenz auf der Bandmaschine dient hier ebenfalls die SMPTE-Timecode-Spur. Ein spezieller SMPTE-to-MIDI-Synchronizer errechnet aus den Timecode-Daten die notwendigen MIDI-Clock- und MIDI-Songposition-Pointer-Daten und gibt sie an den Sequenzer weiter. In den Synchronizer müssen dazu nur die Anfangszeit (Offset) und das musikalische Tempo (BPM) eingegeben werden. Sobald der Synchronizer den Timecode liest, gibt er auch die notwendigen MIDI-Informationen aus, und der Sequenzer läuft synchron zum Band.

Mittlerweile können MIDI-Sequenzer auch mit dem sogenannten MIDI-Timecode synchronisiert werden. Der MIDI-Timecode besitzt dieselbe Datenstruktur wie der SMPTE- bzw. EBU-Timecode. Für die Übertragung auf einer MIDI-Datenleitung muß aber eine entsprechende Konvertierung erfolgen; einige Synchronizer verfügen bereits über diese Option.
Mit dieser Technik gewinnt man also zu den vorhandenen analogen oder digitalen Spuren auf der Mehrspurmaschine die Spuren des Sequenzers hinzu. Da es sich hierbei natürlich nicht um „tatsächliche" Spuren handelt, spricht man auch von „Virtual Tracks".

e) Timecode-Spur und Aufnahmepegel

Auf welche Spur der Bandmaschine der Timecode mit welchem Pegel aufgezeichnet werden soll, ist international nicht genormt. Üblicherweise zeichnet man den Timecode auf die höchste Spur auf, also auf die Spur 24 einer 24-Spur-Maschine. Der Grund für diese Übereinkunft ist, daß hier nur eine Nachbarspur existiert, die durch Übersprechen den Timecode beeinflussen bzw. vom Timecode selbst gestört werden könnte.
Bei Stereo-Maschinen wird der Timecode auf die Trennspur zwischen den beiden Audiospuren aufgenommen. Zwar könnte man auch eine Audiospur für den Timecode verwenden, allerdings wäre dann nur noch eine Mono-Tonaufzeichnung möglich. Die Lage der Spur zeigt die Abbildung 15.8. Damit ein Übersprechen der Timecode-Spur in die Audiospuren vermieden wird, sind die Spaltlängen des Löschkopfs etwas größer als die tatsächliche Spurbreite.

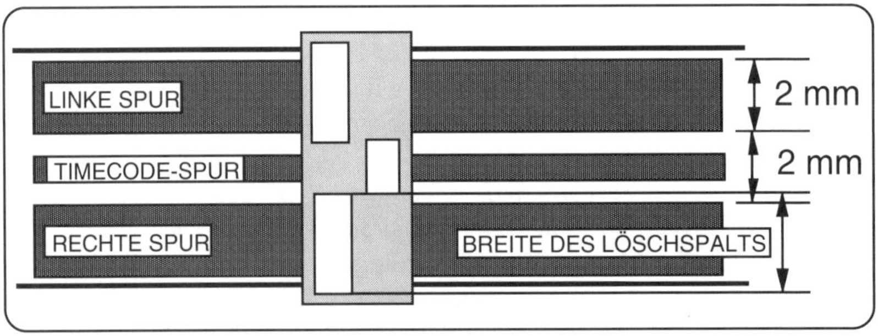

Abb. 15.8 Timecode-Spur bei Stereo-Bandmaschinen

Bei der Wahl des Aufnahmepegels gilt es, zwei Faktoren abzuwägen: Zum einen kann der Timecode bei einem zu hohen Aufnahmepegel in die Nachbarspur hörbar übersprechen. Andererseits kann ein Timecode, der bei zu geringem Pegel aufgenommen wurde, durch das Übersprechen einer mit hohem Pegel bespielten Nachbarspur für den Synchronizer unlesbar werden. Die folgende

Tabelle gibt Werte für den Timecode-Aufnahmepegel (in dB) an, die erfahrungsgemäß keine Schwierigkeiten bereiten.

Professionelle Mehrspurmaschine	-10 dB
Semiprofessionelle Mehrspurmaschine	-5...0 dB
U-matic-Video-Recorder	-5...0 dB
1"-MAZ	-10...-5 dB

Tabelle 15.9 Timecode-Aufnahmepegel

Auf analogen Mehrspur-Bandmaschinen muß bei der Aufnahme der Nachbarspur zum Timecode beachtet werden, daß beim Aufnahmevorgang die vom Aufnahmekopf ausgehende Spannung um ein Vielfaches höher ist als die Spannung, die bei der Wiedergabe im Kopf induziert wird. Im Aufnahmebetrieb wird eine Mehrspurmaschine aber in der Regel im Sync-Modus betrieben, der Timecode wird also mit dem Aufnahmekopf abgetastet. Wird nun die Nachbarspur aufgenommen, so ist mit Sicherheit damit zu rechnen, daß diese Spur während der Aufnahme kräftig in die Timecode-Spur überspricht. Das führt fast immer dazu, daß ein Synchronizer den Timecode nicht mehr fehlerfrei lesen kann und synchronisierte Geräte asynchron werden. Dies tritt allerdings nur während der Aufnahme auf. Abhilfe läßt sich dadurch schaffen, daß die Timecode-Spur grundsätzlich, auch im Sync-Modus, vom Wiedergabekopf abgetastet wird.

Kapitel 16 Lautsprecher

Lautsprecher haben die Aufgabe, elektrische Schwingungen wieder in hörbare Schallwellen umzuwandeln. Sie stehen am Ende der Übertragungskette, die mit der Wandlung von Schallwellen in elektrische Schwingungen durch das Mikrofon beginnt. Die Lautsprecher sind zugleich aber auch das schwächste Glied in dieser Kette. Das liegt zum einen an Faktoren wie nicht-linearem Frequenzgang und Impulsverhalten der Lautsprecher selbst, zum anderen aber auch an den jeweiligen Abhörbedingungen. Ein völlig linearer Frequenzverlauf ist nur in einem „schalltoten" Raum zu erreichen, in dem keine Reflexionen auftreten, die den Frequenzgang am Hörort durch Überlagerung von Wellen verändern könnten. Da jedoch kaum jemand Musik in einer solchen Umgebung hören will oder kann, müssen Lautsprecher und Konstruktion eines Regieraums so aufeinander abgestimmt werden, daß geeignete Abhörbedingungen für eine möglichst objektive Klangbeurteilung bestehen.

16.1 Wandlerprinzipien

Wie für Mikrofone, so gibt es auch für Lautsprecher verschiedene Wandlerprinzipien, wovon sich allerdings allein der elektrodynamische Wandler durchgesetzt hat. Lautsprecher, die nach dem elektrostatischen oder dem piezoelektrischen Prinzip arbeiten, findet man kaum, sie sind praktisch ohne Bedeutung.

16.1.1 Elektrodynamischer Lautsprecher

Die Wirkungsweise eines elektrodynamischen Lautsprechers beruht auf dem elektrodynamischen Gesetz. Demnach wird auf einen stromdurchflossenen Leiter in einem Magnetfeld eine Kraft ausgeübt. In einem elektrodynamischen Lautsprecher wird dieses Magnetfeld von einem topfförmigen Permanentmagneten erzeugt. Dieser besteht in der Regel aus einer Aluminium-Nickel-Kobalt-Legierung oder aus Bariumferriten. In das Magnetfeld wird eine Spule eingehängt, die an der Membran des Lautsprechers befestigt ist. Wird ein elektrisches Signal an die Spule gelegt, so schwingt diese Spule im Rhythmus der Spannungsänderungen des Signals. Gleichzeitig schwingt auch die Membran, die ihrerseits die Luftmoleküle in Schwingungen versetzt, welche schließlich als Schallwellen hörbar sind.

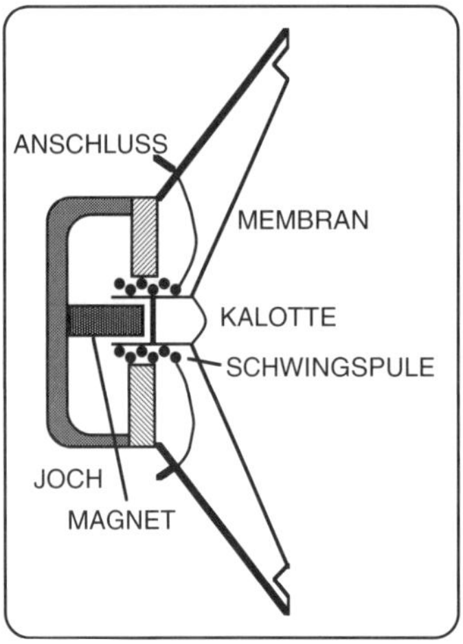

Abb. 16.1 Schnitt durch einen Konuslautsprecher

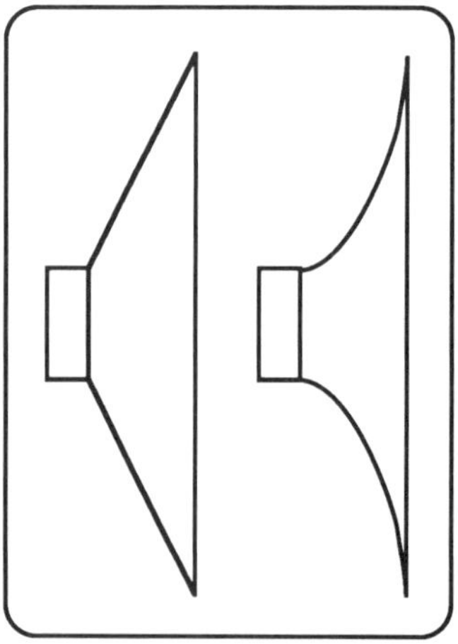

Abb. 16.2 Einfache und Nawi-Membran

a) Konuslautsprecher

Der Konuslautsprecher verdankt seinen Namen seiner konusförmigen Membran. Die gesamte Membran eines Konuslautsprechers schwingt nur im unteren Frequenzbereich, bei höheren Frequenzen treten nur noch Biegeschwingungen der Membran auf, bzw. es schwingt nur noch der innere Kegel des Lautsprechers. Die Resonanzfrequenz eines Konuslautsprechers liegt am unteren Ende des Übertragungsbereichs.

Neben den durch die Schwingspule erzwungenen Schwingungen treten auf der Membran aber auch Eigenschwingungen auf, die zu erheblichen nicht-linearen Verzerrungen führen können. Diese Schwingungen können dadurch verhindert werden, daß man die Membran als sogenannte Nawi-Membran („nicht-abwickelbare" Membran) ausformt. Die Übertragungseigenschaften eines Konuslautsprechers sind nur im unteren Frequenzbereich als gut zu bezeichnen. Für die Abstrahlung höherer Frequenzen ist die Membranmasse im allgemeinen zu groß, als daß ein befriedigendes Übertragungsverhalten zu erreichen wäre. Außerdem werden höhere Frequenzen zunehmend gebündelt abgestrahlt, da die Abmessungen der Membran groß gegenüber der Wellenlänge dieser Frequenzen ist.

Würde man die Membran verkleinern, so hätte das wiederum eine schlechtere

Tiefenwiedergabe zur Folge. Konuslautsprecher werden daher nur für die Wiedergabe im Bereich bis ca. 3 kHz verwendet.

b) Kalottenlautsprecher

Ein Kalottenlautsprecher hat prinzipiell den gleichen Aufbau wie ein Konuslautsprecher. Es fehlen ihm nur der Korb und die Konusmembran. Die Schallabstrahlung erfolgt daher ausschließlich über die Kalotte.

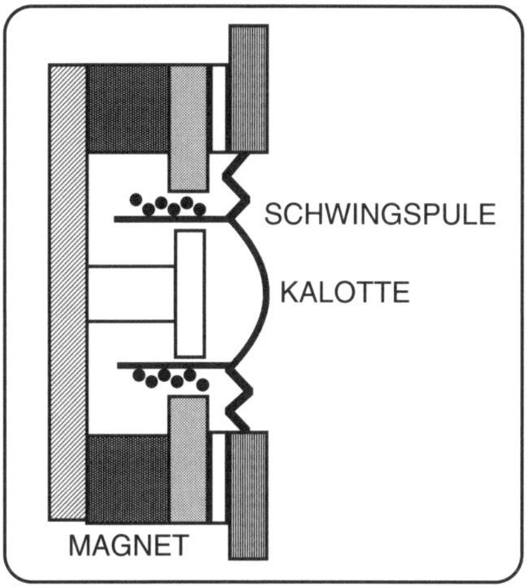

Abb. 16.3 Kalottenlautsprecher

Aufgrund seiner geringen Membranmasse eignet sich ein Kalottenlautsprecher besonders für die Wiedergabe des Frequenzbereichs über ca. 1 kHz. Die Abstrahlung hoher Frequenzen erfolgt sehr gleichmäßig in einem großen Winkel, so daß auch bei einer etwas seitlich versetzten Abhörposition ein recht linearer Frequenzverlauf am Hörort erreicht wird. Allerdings ist mit einem Kalottenlautsprecher kein sehr hoher Schalldruck zu erzielen, wie er für Studio-Lautsprecher bisweilen notwendig ist. Erst in letzter Zeit ist es gelungen, Kalottenlautsprecher zu bauen, die auch dieser Forderung gerecht werden.

c) Druckkammerlautsprecher

Druckkammerlautsprecher nennt man wegen des vorgesetzten Schalltrichters auch kurz Hornlautsprecher. Sie werden vorwiegend dort eingesetzt, wo es auf eine hohe Schalleistung im oberen Frequenzbereich ankommt.

Ein Druckkammerlautsprecher arbeitet im wesentlichen wie ein Kalottenlautsprecher. Die Membran kann jedoch nicht frei abstrahlen, sondern wird von einer Druckkammer abgeschlossen. Die Wirkungsweise des Druckkammersystems ist in Abbildung 16.4 dargestellt. Durch die Auslenkung der Membran mit der Fläche F1 mit der Amplitude A1 wird ein Luftvolumen von F1 x A1 verschoben. Dieses Luftvolumen wird in die Druckkammer gepreßt, was bei einem geringeren Durchmesser F2 der Druckkammer zu einer größeren Amplitude A2 führt. Dadurch wird die abgegebene Schalleistung um das Quadrat des Verhältnisses F1/F2 erhöht. Günstig ist es daher, F1/F2 möglichst groß zu machen, was aber nicht beliebig möglich ist.

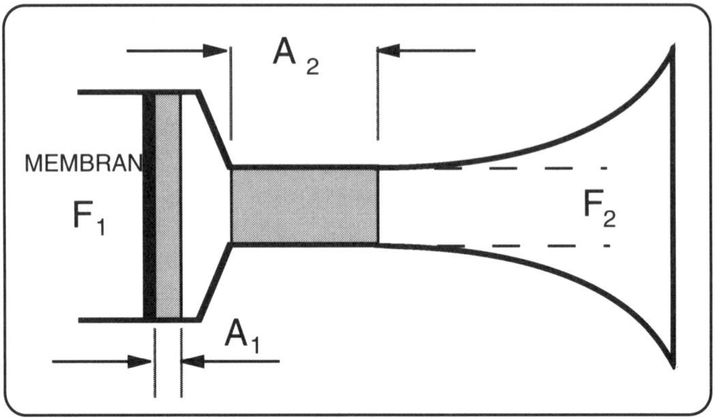

Abb. 16.4 Druckkammerlautsprecher

Vor die Druckkammer wird ein Horn gesetzt, das eine gebündelte Abstrahlung bewirkt. Diese Bündelung hat allerdings den Nachteil, daß ein ausgewogener Frequenzverlauf nur in der Abstrahlrichtung erzielt wird. Außerdem neigen Druckkammerlautsprecher zu einem nasalen, hornähnlichen Klang. Aus diesen Gründen wird in Studio-Lautsprechern auf Druckkammerlautsprecher mehr und mehr verzichtet. Außerdem sind mittlerweile Kalottenlautsprecher verfügbar, die einen für Studioanwendungen ausreichenden Schalldruck erzielen.
Nach wie vor eingesetzt werden Druckkammerlautsprecher in Filmmisch-Studios, die ja im allgemeinen ein wesentlich größeres Raumvolumen als ein Musikstudio aufweisen. Außerdem werden bei den typischen Kinolautsprecheranlagen ohnehin Druckkammerlautsprecher eingesetzt, so daß es allein schon deshalb sinnvoll ist, Filmmischungen über Lautsprecher mit ähnlichem Klangverhalten herzustellen.

16.1.2 Elektrostatischer Lautsprecher

Ein elektrostatischer Lautsprecher ist ähnlich einer Kondensator-Mikrofonkapsel aufgebaut. Der Abstand der Membran von der Gegenelektrode muß aber vergleichsweise groß sein, damit auch bei tiefen Frequenzen ausreichend hohe Auslenkungen erreicht werden können.
Wie beim Kondensatormikrofon, so ist auch bei elektrostatischen Lautsprechern eine Vorspannung erforderlich. Dieser Gleichspannung wird die Modulationsspannung überlagert. Um die nicht-linearen Verzerrungen möglichst klein zu halten, darf die Modulationsspannung nur rund 1/10tel der Vorspannung betragen. Für einen ausreichend hohen Schalldruck sind aber Modulationsspannungen in der Größenordnung einiger 100 V notwendig, was als Vorspannung einige 1000 V erfordert.

Aufgrund der geringen Membranmasse ist das Impulsübertragungsverhalten eines elektrostatischen Lautsprechers ausgezeichnet. Zur Übertragung des gesamten Frequenzbereichs muß die Membran eine Fläche von rund 2 m^2 haben. Elektrostatische Lautsprecher werden daher fast nur als Hochtonlautsprecher gebaut, aber auch für diesen Anwendungszweck konnten sie sich nicht durchsetzen.

16.1.3 Piezoelektrischer Lautsprecher

Der piezoelektrische Effekt bewirkt die Verformung eines Kristalls durch eine angelegte elektrische Spannung. Diese Verformungen können entweder direkt oder über eine angekoppelte Membran abgestrahlt werden. Piezoelektrische Lautsprecher können wie elektrostatische nur den Hochtonbereich mit einer entsprechenden Schalleistung abstrahlen.

16.2 Lautsprecher-Boxen

Durch die Schwingung der Lautsprechermembran entstehen vor und hinter der Membran unterschiedliche Druckzonen. Schwingt die Membran nach vorn, so entsteht vor der Membran ein Überdruck, dahinter ein Unterdruck. Die Luft hat jedoch das Bestreben, diesen Druckunterschied auszugleichen. Der Druckausgleich wird vom Lautsprecher solange verhindert, wie dessen Abmessungen groß gegenüber der abgestrahlten Wellenlänge sind. Bei tieferen Frequenzen jedoch sind die Wellenlängen um ein Vielfaches größer als die Abmessungen des Lautsprechers. Es erfolgt daher ein vollständiger Druckausgleich, und es wird kein Schall mehr abgestrahlt. Diese Erscheinung nennt man akustischen Kurzschluß.
Der akustische Kurzschluß kann dadurch verhindert werden, daß man den Lautsprecher in eine Schallwand einbaut und so den Druckausgleich unterbindet. Wie eine Schallwand wirkt auch der Einbau eines Lautsprechers in eine Wand.
Die Abmessungen einer Schallwand sollten wenigstens die Hälfte der Wellenlänge der tiefsten Frequenz betragen, die noch abgestrahlt werden soll. Bei einer unteren Grenzfrequenz von 50 Hz wären das immerhin schon 3,40 m oder eine Schallwand mit einer Fläche von rund 11,5 m^2.

16.2.1 Geschlossene Lautsprecherbox

Die Wirkung einer sogar „unendlich“ großen Schallwand hat der Einbau des Lautsprechers in eine geschlossene Lautsprecherbox. Durch den Einschluß der Rückseite des Lautsprechers in einen luftdichten Raum ist in der Praxis jedoch wieder mit anderen Einschränkungen zu rechnen. Die in der Box eingeschlos-

sene Luft dämpft nämlich die Schwingungen der Lautsprechermembran, was zum einen die Resonanzfrequenz des Gesamtsystems heraufsetzt, zum anderen aber ihren Wirkungsgrad beträchtlich reduziert. Durch die heute zur Verfügung stehenden Verstärkerleistungen kann der geringe Wirkungsgrad leicht kompensiert werden. Die höhere Resonanzfrequenz aber verschlechtert den Frequenzverlauf in den Tiefen.
Um stehende Wellen in der Box und damit Gehäuseresonanzen zu vermeiden, muß eine Lautsprecherbox mit schallschluckendem Material ausgekleidet werden. Außerdem muß die Box völlig luftdicht abgeschlossen sein.

Abb. 16.5 Yamahas NS10 am Arbeitsplatz: geschlossene Lautsprecherboxen als Near-Field-Monitore

16.2.2 Baß-Reflex-Box

In einer geschlossenen Lautsprecherbox wird rund die Hälfte der vom Lautsprecher abgestrahlten Leistung in der Box durch Absorption vernichtet. Durch konstruktive Maßnahmen an der Box kann man einen Teil der nach innen abgestrahlten Leistung aber auch nutzbar machen. Dieses Prinzip wird mit der Baß-Reflex-Box verwirklicht.
Durch eine Öffnung in der Front der Lautsprecherbox wird ein Teil der Schallenergie aus dem Innern der Lautsprecherbox der nach vorne abgestrahlten Schallenergie hinzuaddiert. Wie bei jeder Überlagerung von Schallwellen treten

aber dabei Überhöhungen bzw. Auslöschungen bei bestimmten Frequenzen auf. Die Resonanzfrequenz einer Baß-Reflex-Box wird deshalb in den unteren Übertragungsbereich gelegt. Nun wird der Weg, den der Schall aus der Box nach außen nehmen muß, so gestaltet, daß sich durch Überlagerung des Reflex-Anteils mit dem von vorne abgestrahlten Anteil ein insgesamt linearer Frequenzverlauf ergibt. Gleichzeitig erhöht sich dadurch der Wirkungsgrad der Lautsprecherbox.

Abb. 16.6 Baß-Reflex-Boxen von JBL

16.2.3 Mehrweg-Lautsprecherboxen

Eine lineare Schallabstrahlung im gesamten hörbaren Frequenzbereich ist mit einem einzigen Lautsprecher nicht realisierbar. Man kombiniert daher verschiedene Lautsprecher miteinander, die jeweils für die Übertragung eines bestimmten Frequenzbereichs optimiert sind. Als Studio-Lautsprecher werden Zwei-, Drei- oder Vierwegsysteme verwendet.
Die einzelnen Lautsprecher einer Mehrweg-Box steuert eine Frequenzweiche an. Passive Frequenzweichen werden zwischen Endstufe und Lautsprecher eingefügt und sind in der Regel in die Lautsprecherbox integriert. Passive Weichen erfordern, besonders wenn sie in Lautsprechern für hohe Schalleistungen eingesetzt werden, einen erheblichen Schaltungsaufwand. Ohne Induktivitäten, also Spulen, sind solche Weichen nicht zu fertigen. Diese Spulen können wiederum die Quelle zusätzlicher Verzerrungen sein. Ein nicht unerheblicher Teil der aufgebrachten Verstärkerleistung geht außerdem in einer passiven Weiche verloren.

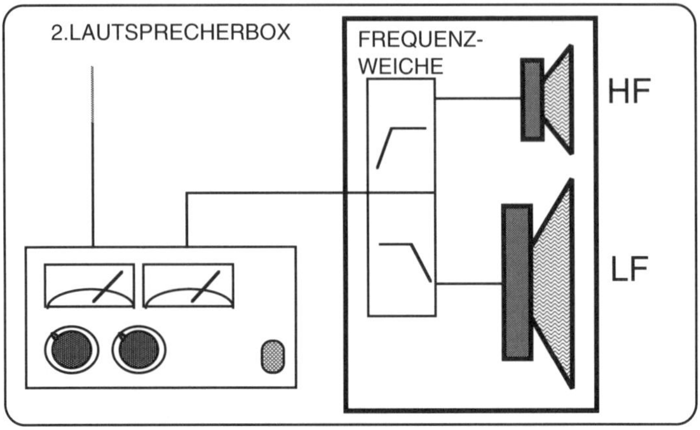

Abb. 16.7 Passive Zwei-Weg-Box

Der Schaltungsaufwand für eine aktive Weiche ist weitaus geringer, da diese Weiche vor dem Endverstärker eingefügt wird und leistungsfrei arbeitet. Die Übergangsfrequenzen aktiver Weichen lassen sich über ein Potentiometer jederzeit verändern und können so den unterschiedlichsten Lautsprecherkombinationen angepaßt werden. Jeder Lautsprecher muß jedoch über einen separaten Verstärker angesteuert werden. Dies ist zwar unter Umständen mit höheren Kosten verbunden, hat aber auch den Vorteil, daß die Verstärker in ihrer Leistung exakt an den jeweiligen Lautsprecher angepaßt werden können. Insgesamt ist der Bedarf an Verstärkerleistung in der Regel sogar geringer, da bei aktiven Systemen kein Leistungsverlust in der Frequenzweiche auftreten kann.

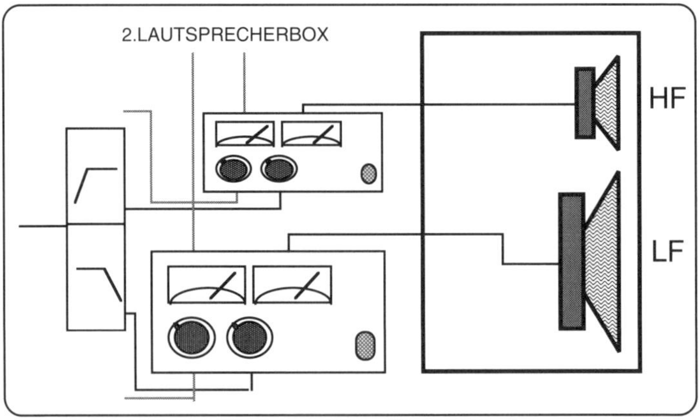

Abb. 16.8 Aktive Zwei-Weg-Box

16.3 Abhören im Studio

Die Lautsprecher sind, wie gesagt, das schwächste Glied in der Kette der Studiogeräte, gleichzeitig jedoch Ihr wichtigstes Arbeitsgerät als Toningenieur. Und wie bei keiner anderen Komponente im Studio gibt es bei Lautsprechern erhebliche Unterschiede im Klang. Ein und dieselbe Mischung kann über zwei verschiedene Lautsprecher ein völlig anderes Klangbild aufweisen. Kein leichter Job also, bei diesen Voraussetzungen einen Song so abzumischen, daß er Produzenten, Musiker und Konsumenten überzeugt.

In diesem Abschnitt möchte ich daher in erster Linie Gewohnheiten und Vorschläge aus der Praxis vorstellen, die sich physikalisch oder meßtechnisch weder schlüssig beweisen noch widerlegen lassen. Zwei Lautsprecher mögen den gleichen Frequenzgang haben - gleich klingen werden sie deshalb noch lange nicht. Also müssen wir Wege finden, diese Unterschiede möglichst gut in den Griff zu bekommen.

16.3.1 Aufstellung von Lautsprechern

Für die Aufstellung der beiden Studio-Lautsprecher gelten die gleichen Grundsätze wie für die Plazierung von Stereo-Lautsprechern allgemein: Zusammen mit dem Hörort sollen sie ein gleichseitiges Dreieck bilden. Im Studio ist der Hörort der Platz des Toningenieurs in der Mitte des Mischpults. Die Position des Mischpults und die der Lautsprecher müssen also entsprechend aufeinander abgestimmt werden. Ebenso muß selbstverständlich darauf geachtet werden, daß die Lautsprecher gleichphasig angesteuert werden.

Die Lautsprecher werden auf den Hörort ausgerichtet. Das ist deshalb wichtig, weil viele Lautsprecher besonders die Höhen gerichtet abstrahlen, und daher ein ausgewogener Frequenzverlauf nur in der Abstrahlachse der Lautsprecher erreicht wird.

Möglichst gleich sollte der Abstand beider Lautsprecher von der Wand sein. Auch darf man nicht einen Lautsprecher in eine Ecke, den anderen an eine flache Wand stellen. Der Lautsprecher aus der Ecke bringt dann nämlich mehr Tiefen. Also sollte auch die Umgebung der Lautsprecher möglichst symmetrische Eigenschaften aufweisen.

16.3.2 Studio-Monitore

Die Lautsprecher im Studio (Studio-Monitore) sind in der Regel hochwertige Systeme, die einen großen Schalldruck verzerrungsfrei erzeugen können. Der Frequenzgang am Hörort sollte möglichst linear sein. (Aber das muß nicht unbedingt so sein! Siehe Abschnitt 16.3.6.) Um diese Anforderung einhalten zu können, müssen die Lautsprecher auf den Abhörraum angepaßt werden (siehe Kapitel 14). Der Abstand der Lautsprecher vom Hörort liegt bei 2...4 Metern. Bei

dieser Abhörsituation spricht man heute von Far-Field-Monitoring, im Gegensatz zum Near-Field-Monitoring, auf das im Abschnitt 16.3.3 näher eingegangen wird.
Das Abhören in großer Lautstärke entspricht natürlich kaum den Abhörgewohnheiten eines durchschnittlichen Musik-Konsumenten. Außerdem dürfte er kaum über Studio-Monitore oder ähnlich hochwertige Lautsprecher verfügen. Das muß der Toningenieur bei einer Abmischung besonders berücksichtigen. Trotzdem haben hochwertige Lautsprecher und eine bisweilen sehr hohe Abhörlautstärke ihre Berechtigung, besonders während der Aufnahmephase. Nur über hochwertige Lautsprecher kann man beispielsweise den Tiefenanteil von Instrumenten wie Baß, Bassdrum oder Synthesizern richtig beurteilen. Auch kleine „Unfälle“ wie das Geräusch eines umstürzenden Mikrofons oder den „Treffer“, den ein Drummer auf einem Mikrofon landet, werden von diesen Lautsprechern verkraftet.

Abb. 16.9 JBL 4425 Studio-Monitore

Nicht unterschätzen sollte man die Stimulanz, die eine hohe Lautstärke auf einen Musiker haben kann. Da heute vielfach bei der Aufnahme von Synthesizern, Drumcomputer und auch von Gitarren im Regieraum gearbeitet wird, hört der Musiker die übrigen Spuren über die Studio-Monitore. Für die meisten Musiker ist eine gewisse Lautstärke ein „Muß“, ohne das an eine musikalische Entfaltung nicht zu denken wäre.

16.3.3 Near-Field-Monitoring

Unter Near-Field-Monitoring versteht man eine Abhörsituation mit einem relativ geringen Abstand zu den Lautsprechern. Near-Field-Monitore werden normalerweise direkt auf der Meter-Brücke des Mischpults plaziert, der Abstand beträgt also etwa 1 m.

Abb. 16.10 Near-Field-Monitoring

Für das Near-Field-Monitoring sprechen zwei Gründe:
Zum einen verwendet man als Lautsprecher meistens durchschnittliche HiFi-Boxen und hat damit Abhörbedingungen, die denen des Konsumenten ähnlich sind. In vielen Studios werden als Near-Field-Monitore Yamaha NS10-Boxen verwendet. Über die Klangqualität dieser Lautsprecher kann man sicher geteilter Meinung sein.
Ein Vorteil ist jedoch unbestreitbar: Wegen ihrer weiten Verbreitung ist in beinahe jedem Studio ein identisches Lautsprecher-Paar zu finden, das für weitgehend ähnliche Abhörbedingungen sorgt. Zwingend ist die Verwendung von HiFi-Lautsprechern für das Near-Field-Monitoring jedoch nicht, prinzipiell kann also jeder Lautsprecher verwendet werden.
Zum anderen wird durch einen geringeren Abstand zwischen Hörer und Lautsprecher der Einfluß des Raums auf das Klangbild reduziert. Das Verhältnis zwischen direktem Lautsprechersignal und Reflexionen aus dem Raum ist

deutlich zugunsten des Lautsprechersignals verschoben. Man hört also mehr Lautsprecher und weniger Raum. Auch diese Tatsache trägt dazu bei, daß identische Lautsprecher bei geringem Abstand zum Hörer für ein ähnliches Wiedergabe-Klangbild sorgen. Bei Studio-Monitoren und größerem Abstand ist das selbst bei identischen Lautsprechern kaum zu erwarten, da der Einfluß des Abhörraums einkalkuliert werden muß.

16.3.4 Abhören über Mini-Lautsprecher

Die Vorstellung neuer Schallplatten über Radio und Fernsehen - neudeutsch auch Airplay genannt - hat einen nicht geringen Werbeeffekt für den Verkauf dieser Produkte. Lautsprecher in Radio- und Fernsehgeräten sind meistens aber relativ klein und haben daher nur eine schlechte Baßwiedergabe. Da aber ein nicht geringer Teil der Konsumenten genau diese Abhörbedingungen vorfindet, muß man auch das im Studio bei der Mischung einer Schallplatte berücksichtigen. Kontrolliert man eine Mischung auch über kleine oder die in einer Mastermaschine eingebauten Lautsprecher, bekommt man einen ganz guten Eindruck davon, wie eine Mischung im Radio klingen wird und kann eventuell Korrekturen vornehmen.

16.3.5 Abhören über Kopfhörer

Kopfhörer bieten den großen Vorteil, daß sie von einem Raum in ihrem Klang nicht beeinflußt werden. Man hört nur, was wirklich auf dem Band ist. Kennt man den Klang eines Kopfhörers, so kann dieser für den Toningenieur oder den Produzenten ebenfalls eine Referenz sein.

16.3.6 Frequenzgang von Lautsprechern

Allein durch Raumgestaltung und die Auswahl bestimmter Lautsprecher ist ein linearer Frequenzverlauf am Hörort im Studio kaum zu erreichen. Um diese Abweichungen auszugleichen, kann man den Frequenzgang mit einem Terzband-Entzerrer pro Kanal kompensieren.
Der Entzerrer wird vor der Endstufe eingeschleift. Dann wird Rosa Rauschen (Rauschen mit gleichem Pegel pro Terzband) bei der normalen Abhörlautstärke wiedergegeben und mit einem speziellen Meßmikrofon am Hörort und einem Terzband-Analyser gemessen. Das Meßmikrofon sollte ein reiner Druckempfänger sein und demnach eine Kugelcharakteristik besitzen, damit auch Reflexionen aus dem Raum in die Messung eingehen. Durch entsprechende Anhebung bzw. Absenkung einzelner Bänder am Entzerrer wird dann der gewünschte Frequenzverlauf eingestellt, man spricht vom „Einmessen der Lautsprecher auf den Raum“.
Ein meßtechnisch absolut linearer Frequenzgang der Lautsprecher am Hörort

wird jedoch nicht angestrebt. Würde man auf einen linearen Frequenzverlauf am Hörort hin entzerren, so hätte das zur Folge, daß der Klang einer Mischung insbesondere bei größerer Abhörlautstärke als zu schrill und zu aggressiv empfunden wird. Als Toningenieur könnte man dann dazu tendieren, diese Aggressivität durch eine Absenkung der Höhen zu kompensieren. Hört man das Ergebnis dann aber über HiFi-Lautsprecher oder im Radio, wird man von der mangelnden Brillanz der Mischung enttäuscht sein.

Die Ursache dafür ist, daß sich am Hörort direkter Schall vom Lautsprecher und reflektierter Schall aus dem Raum überlagern und so das meßtechnische Ergebnis beeinflussen. Um diesem Effekt entgegenzuwirken, wird der Frequenzgang von Studio-Monitoren im Höhenbereich etwas abgeflacht. Bis zu einer Frequenz von 5...8 kHz wird er linear gehalten. Darüber senkt man ihn so ab, daß bei einer Frequenz von 16 kHz ein Abfall von 6...10 dB erreicht wird. Dieser Frequenzgang entspricht im allgemeinen einem linearen Frequenzverlauf im Direktfeld des Lautsprechers.

Einen Standard gibt es für den Frequenzgang von Lautsprecheranlagen in Kinos und damit auch für Filmmisch-Studios. Nach ANSI/SMPTE 202M-1991 soll der Frequenzgang der Lautsprecher hinter der Leinwand einen Verlauf zeigen, wie er in Abbildung 16.11 dargestellt ist. Gemessen wird dabei im diffusen Schallfeld, d.h. im hinteren Drittel eines Kinos bzw. Mischstudios.

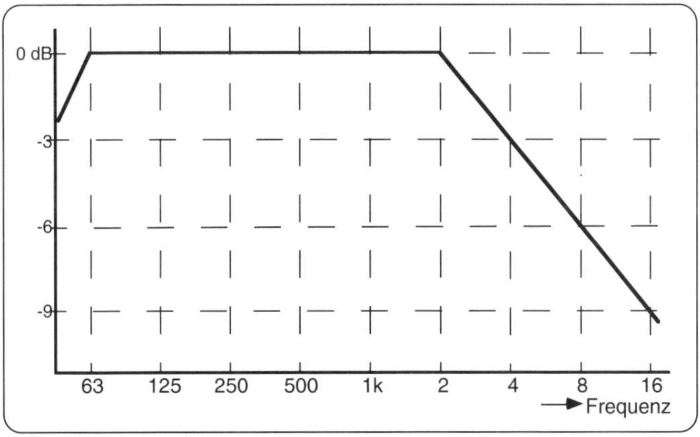

Abb. 16.11 Frequenzgang nach ANSI/SMPTE 202M-1991

Um den gewünschten Verlauf zu erreichen, werden Lautsprecheranlagen in Kinos und Filmmisch-Studios im allgemeinen über aktive Frequenzweichen betrieben und mit Terzband-Entzerrern eingestellt. Mit den aktiven Weichen und den Entzerrern wird auch der Höhenverlust, bedingt durch die Leinwand, ausgeglichen.

16.3.7 Abhörlautstärke

Schließlich wirkt sich auch noch die Abhörlautstärke auf die Frequenzbalance einer Mischung aus. Das wird deutlich, wenn man die Kurven gleicher Lautstärke in der Abbildung 4.3 in Kapitel 4 betrachtet. Stellt man eine Mischung bei großer Abhörlautstärke ein, so wird man bei geringerer Laustärke weniger Bässe und Höhen hören. Arbeitet man umgekehrt bei niedriger Lautstärke, werden bei großer Lautstärke Bässe und Höhen überbetont sein. Da man aber nie genau wissen kann, bei welcher Lautstärke der Konsument abhören wird, ist es nicht ganz einfach, die richtige Abhörlautstärke im Studio zu finden.

Betrachten wir noch einmal die Kurven gleicher Lautstärke, so können wir aus dem Verlauf der Kurven folgern, daß bei einem Abhör-Schalldruckpegel von etwa 85 dB die Veränderungen im (empfundenen) Frequenzspektrum relativ am geringsten sind, wenn der Abhörpegel erhöht oder vermindert wird. Die Abweichungen in einem Bereich von 60...90 dB Abhörlautstärke betragen dann maximal 5 dB. Auch der durchschnittliche Abhörpegel in der Wohnung liegt bei rund 75...85 dB, so daß im Studio auch von diesem Standpunkt aus ein Abhörpegel von 85 dB als guter Kompromiß gelten kann.

Lediglich im Bereich der Kinowiedergabe gibt es - wie für den Frequenzgang der Lautsprecheranlage - einen Standard für die Abhörlautstärke (ANSI/SMPTE 202M-1991). Sie soll, gemessen mit Rosa Rauschen mit einem Pegel von 50%, 85 dB betragen (C-bewertet). Mit dieser Lautstärke wird auch bei der Abmischung eines Films gearbeitet, so daß der Toningenieur auch die absolute Lautstärke bei seiner Arbeit berücksichtigen muß.

16.4 Verstärker

Die Endverstärker-Technik kann man heute als ausgereift bezeichnen. Für eine gute Wiedergabe vor allem auch kurzer Impulse muß die Leistung eines Verstärkers natürlich ausreichend großzügig ausgelegt sein. Außerdem ist darauf zu achten, daß die Endstufe mit der Impedanz der Lautsprecher belastet werden kann. Viele Lautsprecher haben eine minimale Impedanz von nur 2 Ω, die für manchen Verstärker zu gering ist. Zwar kann man Verstärker kaum durch eine zu geringe Impedanz zerstören, denn sie sind heute ausreichend vor Überlastung geschützt. Allerdings sind bei falscher Anpassung erhöhte Verzerrungen zu erwarten.

Die Verbindungskabel zwischen Endstufe und Lautsprecher müssen einen ausreichend großen Querschnitt und möglichst identische Länge für beide Seiten besitzen. Im Studio können diese Kabel leicht einige Meter lang sein, was bei zu niedrigem Querschnitt zu einem geringen Leistungsverlust führt.

Kapitel 17 Studioräume

Ein Studiokomplex für Musikproduktionen umfaßt wenigstens zwei Räume: den Aufnahmeraum und den Regieraum, von dem aus aufgenommen und später auch abgemischt wird.
Dem Regieraum angeschlossen ist häufig ein separater Raum für Bandmaschinen und andere Geräte, die aufgrund eines zu hohen Betriebsgeräusches nicht im Regieraum untergebracht werden. In größeren Studios findet man auch zwei oder noch mehr Aufnahmeräume mit unterschiedlichen akustischen Verhältnissen.
Ganz andere Erfordernisse werden an Studiokomplexe für die Tonnachbearbeitung für Video und Film gestellt. Zum einen findet man Studios für die Nachsynchronisation von Dialogen und Geräuschen, zum anderen Studios für die Tonmischung. In diesem Bereich also finden Aufnahme und Mischung grundsätzlich in getrennten Studios statt.

17.1 Aufnahmeräume

17.1.1 Aufnahmeräume für klassische Musik

Aufnahmen klassischer Musik verlangen nach einer möglichst idealen akustischen Umgebung. Der Klang eines Raums geht als wesentlicher Bestandteil in das Klangbild der Aufnahme ein. Häufig wird klassische Musik daher direkt in Konzertsälen aufgenommen, die in dieser Hinsicht ja nahezu ideale Aufnahmeumgebungen darstellen. Vielen Konzertsälen ist für diesen Zweck ein Regieraum mit allen notwendigen Einrichtungen direkt angeschlossen, beispielsweise den Konzertsälen der Rundfunkanstalten. Außerdem sind dem Dirigenten und dem Orchester die akustischen Verhältnisse in den Konzertsälen am ehesten vertraut.
Der spezifische Klang eines Raums wird hauptsächlich von der Dauer und dem Frequenzgang des Nachhalls bestimmt. Andererseits verbindet man aber beispielsweise mit dem Begriff „Kammermusik" einen eher kleinen Raum mit einer

geringeren Nachhallzeit, als das bei Kirchenmusik für angebracht wäre. Es ist also klar, daß nicht jeder Raum für jede Stilrichtung klassischer Musik geeignet sein kann. Dazu ist es auch aus rein wirtschaftlichen Gesichtspunkten schwierig, ein für ein möglichst breites Musikspektrum geeignetes Aufnahmestudio zu bauen.

Abb. 17.1 Der große Aufnahmeraum in den Münchner ARCO Studios

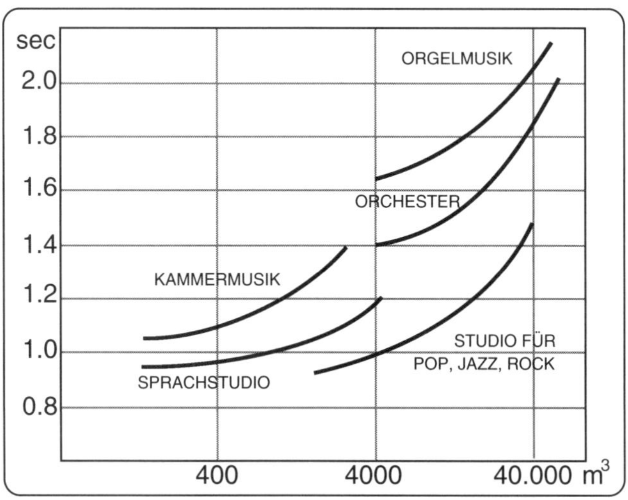

Abb. 17.2 Günstige Raumgrößen und Hachhallzeiten für Musikstudios

Die mittleren Nachhallzeiten der meisten Konzertsäle für die Aufführung symphonischer Werke betragen zwischen 1,5 und 2,5 Sekunden. Die Nachhallzeit von Kammermusiksälen liegt etwas unter diesen Werten, also in der Grössenordnung von 1,2 bis 1,8 Sekunden.
In Kirchen sind sehr lange Nachhallzeiten keine Seltenheit, besonders was die tiefen Frequenzen anbetrifft. So liegt die Nachhallzeit für 100 Hz im Kölner Dom bei rund 13 Sekunden. Im Durchschnitt beträgt die Nachhallzeit in Kirchen etwa 3...8 Sekunden.
Aufnahmestudios für klassische Musik entsprechen im allgemeinen den Anforderungen für Kammermusik, erzeugen also eine Nachhallzeit von 1...2 Sekunden. Aufnahmen größerer Klangkörper müssen dann unter Umständen mit künstlichem Nachhall versehen werden.

17.1.2 Aufnahmeräume für Jazz, Rock und Pop

Mit der Einführung der Mehrspur-Aufnahmetechnik in die Produktion von Musik dieser Stilrichtungen setzte sich auch die Annahme durch, man müsse die Aufnahmestudios völlig neu gestalten. Bei Stereoaufnahmen hatte man vorher in Aufnahmeräumen gearbeitet, die eine Nachhallzeit von rund einer Sekunde aufwies, und in denen die Musiker zusammen die Aufnahmen einspielten. Zwar wurde natürlich schon mit mehreren Mikrofonen gearbeitet, und eine gewisse Trennung der Instrumente untereinander war daher schon erforderlich. Eine absolute Separation der einzelnen Instrumente wurde allerdings nicht angestrebt.
Das änderte sich völlig mit Einführung der Mehrspur-Aufnahmetechnik zu Anfang der 70er Jahre. Nun wollte man die einzelnen Instrumente möglichst völlig voneinander getrennt auf die Spuren aufzeichnen. Das konnte man einmal durch konsequentes Arbeiten mit der Playback-Technik erreichen. Spielten aber mehrere Musiker im Studio zusammen, so mußten andere Wege gefunden werden.
Ein Weg bestand darin, den Aufnahmeraum möglichst „schalltot" zu machen, also Reflexionen durch Absorption zu verhindern. Weniger Reflexionen bedeuten auch weniger Übersprechen anderer Instrumente. Oder man baute verschiedene kleine, akustisch voneinander getrennte Räume. Die nannte man dann Schlagzeug-Kabine, Klavier-Raum oder Gitarren-Ecke. Nicht zu Unrecht, denn die einzelnen Räume waren meistens entsprechend klein. Wenn man sich heute Aufnahmen aus dieser Zeit anhört, scheint man fast zu „hören", wie die Aufnahmeräume damals aussahen.
In den letzten Jahren hat sich die Aufnahmetechnik grundlegend geändert. Live-Ambience ist wieder zu einem wichtigen Gestaltungsmittel bei den Produktionen geworden. Vielleicht ist einigen Lesern noch in Erinnerung, welche Überraschung der Drumsound des Phil-Collins-Songs „In the air tonight" damals

hervorrief. Dieser Song markiert schon fast den Beginn einer neuen Aufnahmetechnik in der Rock- und Pop-Musik.
Die Studios wurden seither wieder lebendiger gebaut und mit Zonen unterschiedlicher Akustik ausgestattet. Für Schlagzeug-Aufnahmen baut man Räume mit sehr glatten Wänden, manchmal sogar Glaswänden, die einen sehr höhenbetonten kurzen Nachhall aufweisen. Andere Bereiche im Aufnahmeraum werden dagegen trockener gestaltet, beispielsweise für Vocal-Aufnahmen. Durch schwenkbare Wandverkleidungen oder verschiedene Fußbodenbeläge können die akustischen Verhältnisse in einem gewissen Rahmen verändert werden.

17.1.3 Aufnahmeräume für Nachsynchronisation

Die nachträgliche, bildsynchrone Aufnahme von Dialogen und Geräuschen zum Film, das sogenannte „post-sync", erfordert ganz andere akustische Verhältnisse als beispielsweise eine Musikaufnahme. Die Nachsynchronisation wird zum einen immer dann notwendig, wenn die Aufnahmen vom Drehort nicht vollständig oder technisch nicht von ausreichender Qualität sind. So ist es aufgrund eines zu hohen Geräuschpegels (Verkehrslärm, Stromgenerator etc.) am Set oft überhaupt nicht möglich, Dialoge oder Geräusche in annehmbarer Qualität aufzunehmen. Zum anderen müssen natürlich Dialoge auch nachsynchronisiert werden, wenn ein Film in einer anderen Sprache herausgebracht oder gesendet werden soll.
Studios für die Nachsynchronisation - egal, ob für Dialoge oder Geräusche - müssen selbstverständlich über eine Leinwand und einen Monitor verfügen, um bildsynchrone Aufnahmen überhaupt zu ermöglichen. Durchgesetzt hat sich für die Arbeit im Synchronstudio weitgehend das Videobild als Medium, wenngleich sich die Bildgröße und -qualität bei weitem nicht mit der eines 35 mm-Filmbilds vergleichen lassen.
Nur bei aufwendigeren Spielfilmproduktionen nimmt man den erheblich größeren technischen Aufwand einer Filmprojektion zugunsten einer besseren Bildqualität in Kauf. In beiden Fällen müssen Aufnahmeband und Bildquelle miteinander synchronisiert werden. Dafür kommen Timecode oder Bi-Phase in Frage (siehe Kapitel 15).
Ziel jeder nachsynchronisierten Aufnahme sollte es sein, einen dem Bild entsprechenden akustischen Eindruck zu vermitteln. Aus diesem Grund verfügen Aufnahmeräume für die Nachsynchronisation im allgemeinen über zwei akustische Bereiche, einen für Innenaufnahmen mit reflektierenden Begrenzungsflächen, einen zweiten für Außenaufnahmen in einer reflexionsarmen Umgebung. Für die Aufnahme von Schritten („Footsteps") verfügen zahlreiche Studios über eine Vielzahl verschiedener Bodenbeläge, vom Parkett bis zum Kiesweg.

Abb. 17.3 Studio für Nachsynchronisation von Dialogen mit digitaler Aufzeichnung

17.2 Regieräume

Solange Regieräume gebaut werden, versucht man mit großen Anstrengungen, Konzepte für einen idealen „Standard-Regieraum" zu finden. Überall gleiche Abhörbedingungen und eine verläßliche Kontrolle der Aufnahme sind die Ziele

dieser Bestrebungen. Sie scheinen indessen allerdings noch nicht einmal in Sicht zu sein, denn wer sich im Studiobereich auskennt, weiß, daß es fast ebenso viele „ultimative" Konzepte für einen Regieraum gibt wie Studiobesitzer.
Trotzdem kann man einige Forderungen für einen Regieraum formulieren, die - wie immer auch der Raum letztlich gestaltet wird - eingehalten werden sollten:

- keine stehenden Wellen, also möglichst auch keine parallelen Wände (alternativ dazu können entsprechende Absorber eingebaut werden),
- symmetrische Raumgestaltung und damit symmetrisches Schallfeld,
- möglichst diffuses Schallfeld,
- keine störenden frühen Reflexionen.

Stehende Wellen sind besonders störend, da sie wie eine Raumresonanz wirken. Bestimmte Frequenzen treten also besonders hervor, andere wiederum werden unterdrückt (siehe Abschnitt 3.2). Sie müssen in einem Regieraum unter allen Umständen vermieden werden, sonst ist ein ausgewogenes Klangbild nicht zu realisieren.

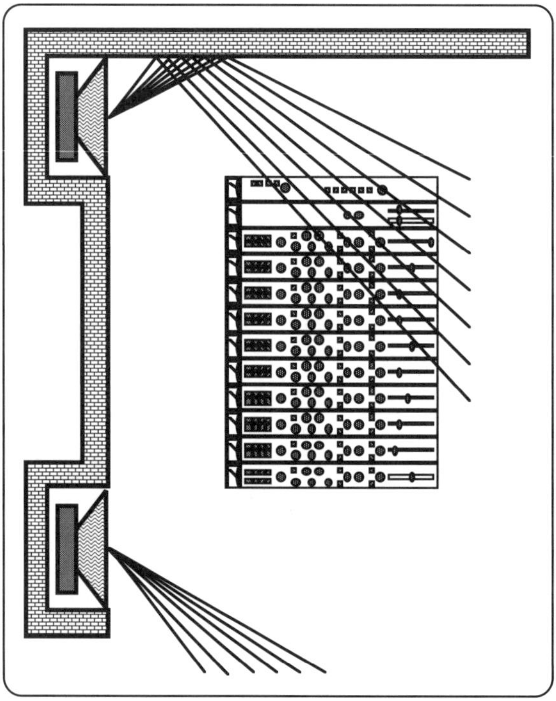

Abb. 17.4 Unsymmetrischer Grundriß

Die Notwendigkeit einer symmetrischen Raumgestaltung wird anhand der

Abbildung 17.4 deutlich. Die an den beiden Lautsprechern unterschiedlich gewinkelten Wände führen zu einem wesentlich höheren Anteil von Reflexionen des Signals aus dem rechten Lautsprecher am Hörort. Dieser Lautsprecher scheint daher lauter zu sein, was dazu führen kann, daß das gesamte Stereopanorama sich nach rechts verschiebt bzw. die Ortung einzelner Quellen unpräzise wird.
Durch einen symmetrischen Grundriß, wie er in Abbildung 17.5 dargestellt ist, läßt sich auch ein symmetrisches Schallfeld erreichen.

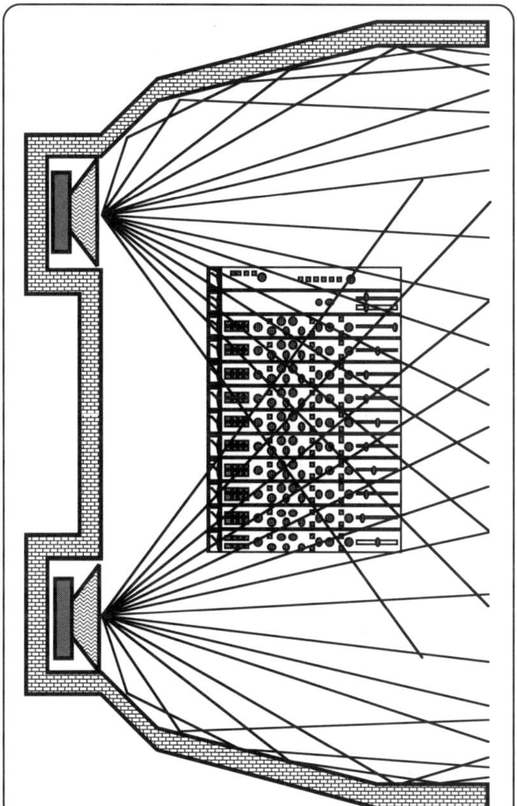

Abb. 17.5 Symmetrischer Grundriß

Auch die Forderung nach einem diffusen Schallfeld dürfte klar sein: Nicht diffus wäre ein Schallfeld, wenn einzelne Rückwürfe, beispielsweise aus einer Ecke deutlich zu hören wären. Das ist für einen Abhörraum nicht akzeptabel, denn eine exakte Ortung im Stereopanorama wäre dann kaum noch möglich.

Reflexionen, die mit einer Verzögerung im Bereich bis 50 ms eintreffen, können zu hörbaren Klangfärbungen führen. Untersuchungen des Instituts für Rundfunktechnik (IRT) haben ergeben, daß dabei Reflexionen als besonders störend empfunden werden, die den Hörer mit einer Verzögerung zwischen 1...15 ms erreichen. Erst wenn der Pegelunterschied dieser Reflexionen gegenüber dem Direktschall wenigstens 13 dB beträgt, bleibt eine Klangfärbung unhörbar. Eine Verzögerung von 1...15 ms entspricht einem Umweg des Schalls bezüglich des Direktschalls von 0,34...5,10 m. Diese Umwege können in einem Regieraum leicht auftreten.
Die Abbildung 17.6 zeigt - wie auch in Teilen die Abbildung 17.4 - auf welche Weise frühe Reflexionen im Regieraum zustande kommen. Nicht unterschätzen darf man dabei auch die reflektierende Wirkung der Mischpultoberfläche, von Effektracks oder anderen Gegenständen in der Nähe der Lautsprecher. Auch sie tragen nicht unwesentlich zu möglichen Klangfärbungen bei.

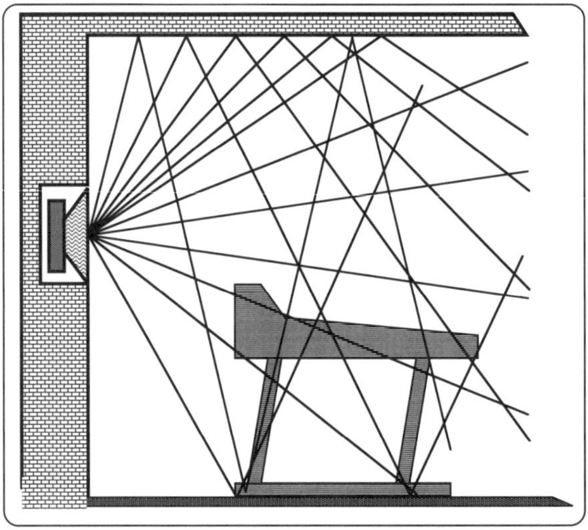

Abb. 17.6 Ungünstiger Querschnitt eines Regieraums

Frühe Reflexionen können durch einen entsprechenden Grundriß (Abbildung 17.5) bzw. eine geeignete Deckengestaltung verhindert werden, indem der reflektierte Schall so geführt wird, daß er zunächst nicht zum Hörer gelangen kann. Auch die Neigung der Pultoberfläche muß in diese Überlegungen einbezogen werden. Wo eine Schallführung nicht möglich ist, beispielsweise vor dem Mischpult, muß der Schall durch Absorber vernichtet werden, damit Reflexionen erst gar nicht entstehen können. Eine praktische Lösung ist in der Abbildung 17.7 angedeutet.

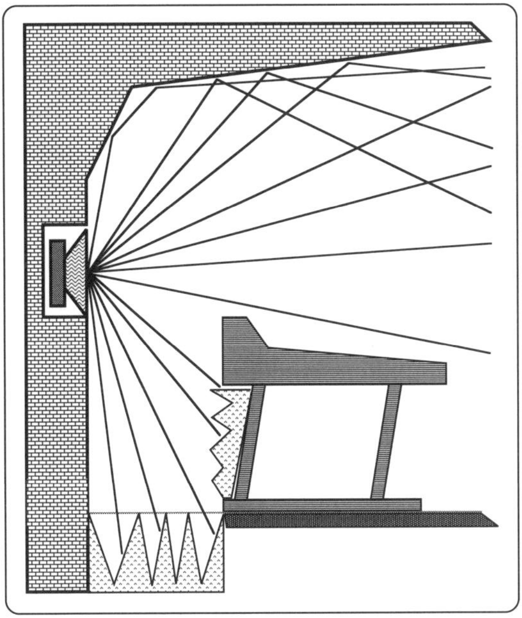

Abb. 17.7 Günstiger Querschnitt eines Regieraums

Abb. 17.8 Der Regieraum 1 in den ARCO Studios

Die genannten Forderungen gelten für alle Regieräume, seien sie für Musik- oder Sprachaufnahmen, Musik- oder Filmmischungen konzipiert. Allerdings kann man grundsätzlich sagen, daß sich die Akustik eines Filmmisch-Studios von der anderer Regieräume unterscheidet. In den bisherigen Abbildungen ist das Mischpult immer relativ dicht zu den Lautsprechern plaziert, der Hörort liegt also in einem Bereich, in dem das direkte Schallfeld vom Lautsprecher das diffuse Schallfeld aus den Raumreflexionen dominiert. Im Filmmisch-Studio ist das genau umgekehrt. Hier befindet sich die Hörposition im diffusen Schallfeld, also im hinteren Drittel eines Regieraums. Dies entspricht den Verhältnissen für die Mehrzahl der Kinobesucher, und somit ist diese Hörposition durchaus gerechtfertigt.

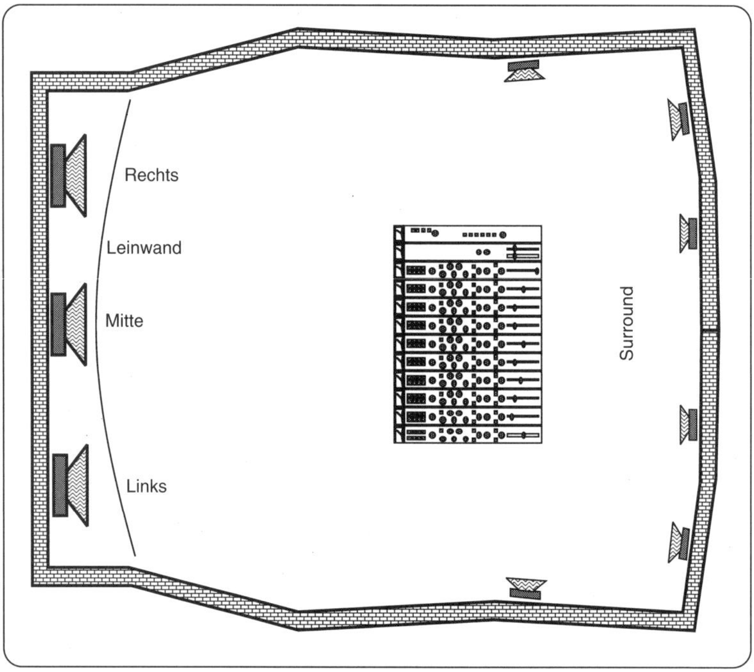

Abb. 17.9 Grundriß eines Filmmischstudios

Die Abbildung 17.9. zeigt die typische Anordnung der Lautsprecher und des Mischpultes in einem Filmmisch-Studio. Die Bandmaschinen und der Filmprojektor befinden sich grundsätzlich in einem getrennten Raum. Entsprechend der heute üblichen Tonformate für Kinofilme (4-Kanal oder 6-Kanal) findet man für beide Formate drei Lautsprecher hinter der Leinwand, die für die Wiedergabe bildbezogenen Tongeschehens verwendet werden. Im 4-Kanal-Format ist ein

Surround-Kanal vorgesehen, der über mehrere Lautsprecher and den seitlichen Wänden und der Rückwand wiedergegeben wird an den Zuschauer mit einem diffusen Schallfeld umgeben soll. Über diesen Kanal werden Atmosphären und Spezialeffekte wiedergegeben. Das 6-Kanal-Format verfügt über einen zusätzlichen Tieftöner („Subwoofer"), ebenfalls hinter der Leinwand, und zwei Surround-Lautsprecherkanäle.

Abb. 17.10 Filmmischstudio (Bavaria Studio A, München)

Sektion C

Kapitel 18 Elektroakustische Übertragung und Meßtechnik

In den vorangegangenen Abschnitten war vielfach von Parametern wie Klirrfaktor, Geräuschspannung und weiteren die Rede. Sie beschreiben die Qualität einer elektroakustischen Übertragung. Störungen, die diese Übertragung beeinträchtigen, können entstehen bei der:

- Wandlung von Schallschwingungen in elektrische Schwingungen,
- Bearbeitung im Mischpult,
- Übertragung über Leitungen oder Sender,
- Speicherung und Rückwandlung in akustische Signale.

Dieser Abschnitt soll nun zusammenfassend auf diese Parameter und mögliche Störungen eingehen. Dabei wird detailliert erläutert, wie Störungen im einzelnen definiert sind, wie sie entstehen, und wie sie meßtechnisch erfaßt und miteinander verglichen werden können.

Allgemein verbindliche Werte für maximal zulässige Störungen gibt es im Bereich der Tonstudiotechnik nicht. In den einschlägigen Normen ist lediglich festgelegt, wie die Störungen im einzelnen gemessen werden müssen, damit ein direkter Vergleich von Angaben möglich ist. Auf internationaler Ebene werden Normen vom Comité Consultativ International de Radio-Communications (CCIR) und der International Electronical Commission (IEC) ausgearbeitet. Ziel ist es, diese Normen dann auch verbindlich vorzuschreiben, was bedeutet, daß die einzelnen, nationalen Normen entsprechend angepaßt werden müssen. Die DIN-Normen der Bundesrepublik Deutschland sind mittlerweile an die entsprechenden CCIR- bzw. IEC-Richtlinien angeglichen.

Trotzdem existieren auf nationaler Ebene weiterhin einige Normen, die mit den internationalen nicht im Einklang stehen. So gibt es für die Messung von Geräuschspannungen neben der im Einklang mit der CCIR-Norm 468-1 stehen-

den DIN 45405 eine weitere Norm DIN 45412, die um rund 10 dB bessere Werte liefert. Nach dieser Norm allerdings darf im professionellen Studiobereich nicht gemessen werden. Häufig wird dies aber doch ohne Angabe der zur Messung tatsächlich herangezogenen Norm getan.
Für den Bereich der Heimstudiotechnik (HiFi) gibt es in der Bundesrepublik Deutschland ebenfalls eine eigene Norm, die DIN 45500. In dieser Norm sind verbindliche Maximalwerte für die verschiedenen Parameter von HiFi-Geräten festgelegt. Diese Werte sind jedoch so niedrig angesetzt, daß sie von professionellem Equipment immer übertroffen werden und sich insofern kaum als Maßstab für diesen Bereich eignen.
Die deutschen Rundfunk- und Fernsehanstalten haben für den internen Gebrauch „Technische Pflichtenhefte", in denen die Anforderungen der Anstalten an die von ihnen verwendeten Geräte und Einrichtungen festgelegt sind. Anbieter für den Rundfunk- und Fernsehbereich müssen für ihre Produkte die Einhaltung dieser Anforderungen garantieren.

18.1 Lineare Verzerrungen

18.1.1 Übertragungsmaß

Das Übertragungsmaß ist das logarithmierte Verhältnis zwischen Ausgangsspannung U_a und Eingangsspannung U_e bei einer Frequenz von 1 kHz.

$$\text{Übertragungsmaß} = 20 \lg \frac{U_a}{U_e}$$

Ist das Übertragungsmaß > 0, so liegt eine Verstärkung vor, bei einem negativen Übertragungsmaß dagegen eine Dämpfung.
Das Übertragungsmaß wird grundsätzlich bei Sollabschlußwiderstand gemessen, d.h. das Meßobjekt wird so hoch belastet, wie es im normalen Studiobetrieb gerade noch zulässig ist. Dieser Sollabschlußwiderstand beträgt normalerweise 600 Ω. Die Eingangsspannung wird von einem Tongenerator erzeugt, der so eingepegelt wird, daß die Ausgangsspannung U_a den Wert des Arbeitspegels, also im allgemeinen +6 dBm, erreicht. Die dafür notwendige Eingangsspannung U_e wird zur Ausgangsspannung U_a ins Verhältnis gesetzt.

18.1.2 Übertragungsbereich und Frequenzgang

Der Übertragungsbereich gibt an, in welchem Frequenzbereich das Übertragungsmaß innerhalb einer bestimmten Toleranz bleibt, also maximal um einen bestimmten Wert vom Übertragungsmaß bei 1 kHz abweicht. Als Toleranz wird

häufig +/-1 dB zugelassen. Einen Standard gibt es allerdings für diese Angaben nicht, was einen Vergleich oft erschwert.
Graphisch wird die Abhängigkeit des Übertragungsmaßes von der Frequenz innerhalb eines Frequenzgangs für den Hörbereich dargestellt (20 Hz...20 kHz). Diese graphische Darstellung ist übersichtlicher als die reine Angabe von Meßwerten in einer Tabelle und verdeutlicht zudem die Art der Abweichungen. So kann man leicht erkennen, ob der Frequenzgang in einem bestimmten Bereich allmählich ansteigt und wieder abfällt, was sich als wesentlich weniger störend erweist als ein plötzlicher Anstieg oder Abfall.
Für die Ermittlung des Frequenzgangs wird für bestimmte, genormte Frequenzen (siehe Tabelle 11.5) das Übertragungsmaß gemessen und über einer Frequenzachse aufgetragen. Die einzelnen Punkte werden dann miteinander verbunden und ergeben den Frequenzgang. Noch exakter kann der Frequenzgang mit einem Gleittongenerator und einem Pegelschreiber ermittelt werden. Die Frequenz des Generators und der Papiervorschub des Schreibers werden dabei synchron gesteuert, und der Frequenzgang wird mit einem Schreibstift direkt aufgezeichnet.
Auch der Frequenzgang sollte bei Sollabschlußwiderstand gemessen werden. Besonders bei hohen Frequenzen ergeben sich häufig deutliche Unterschiede zwischen der Messung mit und ohne Belastung. Die Messungen dürfen außerdem nicht bei einem Eingangspegel erfolgen, der zu nicht-linearen Verzerrungen führen könnte. Diese Verzerrungen würden einen höheren Gesamtpegel bedingen und so die Messung verfälschen. Dies gilt besonders für analoge Magnetaufzeichnungsgeräte, die ja mit einer aufnahmeseitigen Preemphasis arbeiten. Dadurch führen hohe Frequenzen mit Vollaussteuerung zu einer Übersteuerung des Bands und zu einem falschen Frequenzgang. In diesem Fall ist mit einem Pegel von -10...-20 dB zu messen.
Abweichungen von einem idealen, linearen Frequenzgang treten praktisch in jedem elektroakustischen Gerät auf. Sie sind auf Nicht-Linearitäten von Bauteilen zurückzuführen, so auf frequenzabhängige Verstärkungsfaktoren von Transistoren oder Operationsverstärkern. Am schwierigsten ist ein linearer Frequenzgang bei den elektroakustischen Wandlern zu erreichen. Hier muß man mit Abweichungen von wenigstens +/-2 dB rechnen. Nur sehr hochwertige Kondensatormikrofone erreichen einen besseren Frequenzgang. Professionelle analoge Magnetband-Aufzeichnungsgeräte weisen heute in der Regel nur noch Abweichungen von +/-1 dB auf. Eine Abweichung in dieser Größenordnung kann gehörmäßig von geübten Personen gerade noch erfaßt werden. Bei Leitungs-, Summen- oder anderen Verstärkern sowie digitalen Aufzeichnungsgeräten kann man in der Praxis von einem linearen Frequenzgang ausgehen.
Trotz relativ geringer Abweichungen der einzelnen Komponenten in der elektroakustischen Übertragungskette können sich durch die Zusammenschaltung

mehrerer Geräte insgesamt doch größere Abweichungen ergeben. Besonders kritisch ist auch hier die analoge Aufzeichnung. Durch wiederholtes Kopieren, beispielsweise beim Zusammenfassen einzelner Bandspuren, addieren sich die Abweichungen schnell zu deutlich wahrnehmbaren klanglichen Veränderungen. Hinzu kommt außerdem, daß man nicht immer von der optimalen Einmessung des Magnetbandgerätes ausgehen kann und somit größere Abweichungen auftreten.

18.2 Nicht-lineare Verzerrungen

18.2.1 Begriffsbestimmung

Nach der Norm DIN 45403 sind nicht-lineare Verzerrungen folgendermaßen definiert:

„Nicht-lineare Verzerrungen sind Veränderungen, die die Kurvenform eines auf ein Übertragungssystem gegebenen Vorgangs durch nicht-lineare Glieder in dem Übertragungssystem erfährt. ... Im Ausgangsspektrum treten hierdurch Frequenzen (Verzerrungsprodukte) auf, die im Eingangsspektrum nicht vorhanden sind."

Für eine einfache, sinusförmige Schwingung bedeutet das also, daß am Ausgang eines Verstärkers, der Nicht-Linearitäten aufweist, kein sinusförmiger Verlauf mehr vorliegt.

Jeder beliebige Schwingungsverlauf jedoch kann als Summe verschiedener sinusförmiger Schwingungen beschrieben werden, deren Frequenzen ganzzahlige Vielfache der Grundschwingung sind. Eine nicht-lineare Verzerrung kann also auch so aufgefaßt werden, daß zusätzlich zur ursprünglichen Schwingung weitere Schwingungen auftreten, deren Frequenzen ganzzahlige Vielfache der Ursprungsfrequenz sind.

18.2.2 Ursache nicht-linearer Verzerrungen

Nicht-lineare Verzerrungen werden durch nicht-lineare Kennlinien von Übertragungssystemen hervorgerufen. Unter einer Kennlinie versteht man die Beziehung zwischen Eingangs- und Ausgangssignal in Abhängigkeit von der Amplitude. Eine lineare Kennlinie verändert nur die Amplitude einer Schwingung, sie läßt aber die Kurvenform der Schwingung unbeeinflußt. Von einer nicht-linearen Kennlinie dagegen wird auch die Kurvenform verändert, das Signal demnach verzerrt.

Graphisch läßt sich eine lineare Kennlinie als Gerade darstellen, wie in Abbildung 18.1. Jedem Wert der Eingangsspannung U_e wird eine Ausgangsspannung U_a zugeordnet, die um einen bestimmten Faktor höher oder niedriger ist. Dieser Faktor bestimmt die Steigung der Geraden.

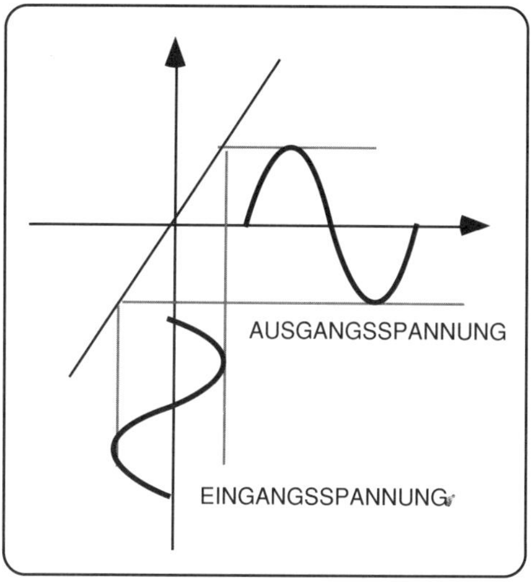

Abb. 18.1 Übertragung mit linearer Kennlinie

Nicht-lineare Kennlinien haben häufig quadratische und kubische Komponenten (Abbildung 18.2). Praktisch kommen reine quadratische Kennlinien nicht vor, sie sind immer einer linearen Kennlinie überlagert. Eine solche Kennlinie weist die analoge Schallplatte auf. Eine kubische Kennlinie beispielsweise findet man beim Magnetband.

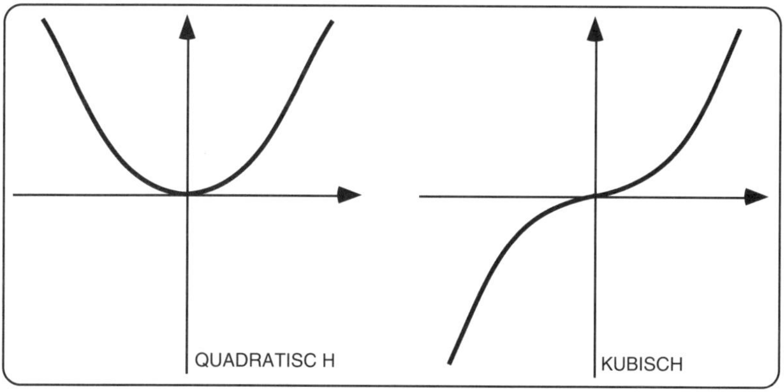

Abb. 18.2 Quadratische und kubische Kennlinien

Die Verzerrungen der Kurvenform von Sinussignalen durch quadratische oder kubische Kennlinien sind in Abbildung 18.3 und 18.4 dargestellt. Durch eine quadratische Kennlinie (in der Abbildung ist sie einer linearen überlagert) entsteht eine unsymmetrische Verzerrung, da die verzerrte Kurvenform zur Zeit-Achse unsymmetrisch liegt. Eine kubische Kennlinie dagegen erzeugt eine symmetrische Verzerrung.

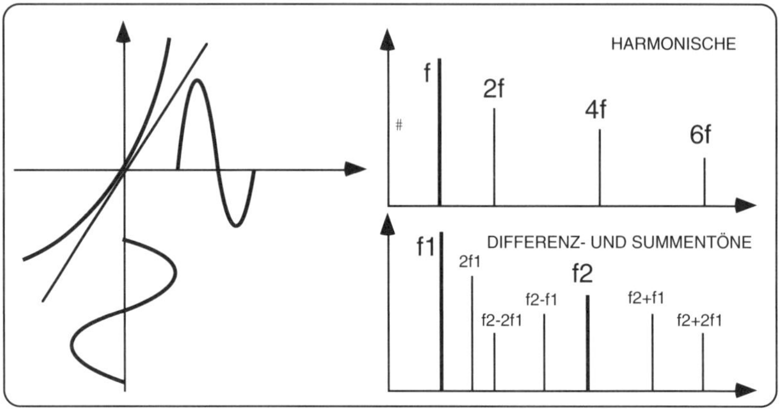

Abb. 18.3 Verzerrungen durch eine quadratische Kennlinie

Durch die Verzerrung der Kurvenform einer Schwingung an einer quadratischen Kennlinie treten nur zusätzliche Schwingungen auf, deren Frequenz einem geraden Vielfachen der Frequenz der unverzerrten Schwingung entsprechen. Bei einer kubischen Verzerrung sind diese Frequenzen ungerade Vielfache der Ausgangsfrequenz.

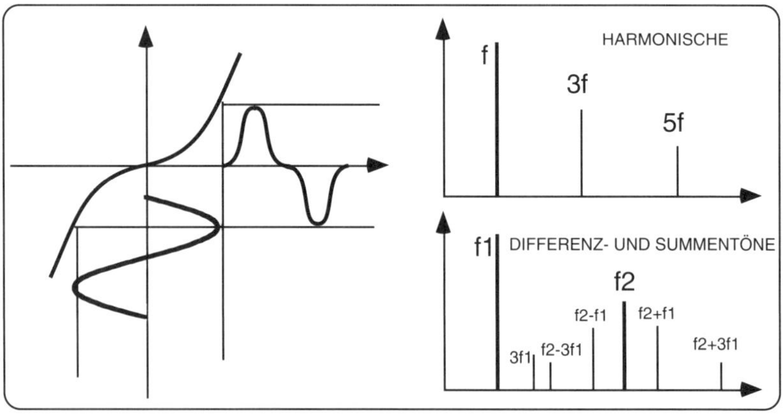

Abb. 18.4 Verzerrungen durch eine kubische Kennlinie

Wird nur ein einzelner musikalischer Ton verzerrt, so stört das noch relativ wenig, denn ein musikalischer Ton enthält in der Regel ja selbst schon Harmonische, welche die gleiche Frequenz wie die Verzerrungsprodukte besitzen. Besonders bei obertonreichen Instrumenten wird eine Verzerrung deshalb subjektiv zunächst als eine Erhöhung der Lautstärke empfunden. Erst bei sehr großen Verzerrungen oder bei obertonarmen Instrumenten wird eine Verzerrung als solche wahrgenommen, wobei das Ohr für kubische Verzerrungen empfindlicher ist.
In der Praxis hat man es aber in den seltensten Fällen mit einzelnen Tönen zu tun, sondern vielmehr mit einem Gemisch aus verschiedenen Schwingungen. Bei einer nicht-linearen Übertragung entstehen dann neben den zusätzlichen Harmonischen die sogenannten Summen- und Differenztöne. Die Frequenzen dieser Töne berechnen sich als Summen bzw. Differenzen der verzerrten Schwingungen und ihrer Harmonischen. Diese Frequenzen kommen in den ursprünglichen Spektren nicht vor und werden deshalb als besonders störend empfunden. Zwischen den Harmonischen untereinander gibt es ebenfalls Summen- und Differenztöne, deren Frequenzen aber immer einer anderen Harmonischen oder der Grundschwingung entsprechen und sich daher nicht so stark auswirken.

18.2.3 Meßverfahren

Meßtechnisch werden nicht-lineare Verzerrungen durch drei verschiedene Größen erfaßt:
- Klirrfaktor,
- Intermodulationsfaktor,
- Differenztonfaktor.

Die Meßverfahren zur Ermittlung aller drei Größen sind in DIN 45403 festgelegt. Die meisten Unterlagen geben jedoch nur den Klirrfaktor an, da er am einfachsten zu bestimmen ist.
Für die subjektive Beurteilung von Verzerrungen ist allerdings der Intermodulations- und Differenztonfaktor weitaus aufschlußreicher, da das Ohr Summen- und Differenztöne als besonders störend empfindet. Allerdings ist die Messung dieser Faktoren weitaus komplizierter und nur mit aufwendigen Meßinstrumenten möglich.

a) Klirrfaktor

Der Gesamt-Klirrfaktor ist das Verhältnis zwischen den Schwingungen, die durch eine nicht-lineare Verzerrung erzeugt wurden und dem verzerrten Gesamtsignal. Gemessen werden die Effektivwerte der Spannungen. Die englische Bezeichnung lautet Total Harmonic Distortion (THD).

$$k = \frac{\sqrt{U_2 + U_3 + ...}}{U_{GES}}$$

k	Gesamt-Klirrfaktor
U_2, U_3...	Spannungen der Oberwellen mit der doppelten, dreifachen... Frequenz der Grundschwingung in Effektivwerten
U_{GES}	Spannung des verzerrten Gesamtsignals als Effektivwert

Allgemein wird der Klirrfaktor in Prozent angegeben. Dazu multipliziert man den nach der Formel berechneten Wert k mit dem Faktor 100.
Häufig wird auch nur der Anteil der Oberwellen mit der doppelten bzw. dreifachen Frequenz bestimmt, so beispielsweise bei Magnetband, wo fast ausschließlich Oberwellen mit der dreifachen Frequenz auftreten. Diese Klirrfaktoren werden dann k_2 bzw. k_3 genannt. Allgemein wird der Klirrfaktor k_n nach folgender Formel berechnet:

$$k_n = \frac{U_n}{U_{GES}}$$

k_n:	Klirrfaktor n-ter Ordnung
U_n:	Spannung der n-ten Oberwelle als Effektivwert
U_{GES}:	Spannung des verzerrten Gesamtsignals als Effektivwert

Bei der Messung des Klirrfaktors wird zunächst der Effektivwert der verzerrten Gesamtschwingung ermittelt. Mit einem Filter wird dann die Grundschwingung unterdrückt und wiederum der Effektivwert der verbleibenden Schwingungen gemessen. Aus diesen Größen kann dann der Klirrfaktor errechnet werden.
Wird der Klirrfaktor für nur eine Meßfrequenz ermittelt, so schreibt DIN 45403 eine Frequenz von 1 kHz vor. Weitere Messungen sollen bei 40 Hz und 5 kHz erfolgen. Als Pegel für die Meßtöne ist der Arbeitspegel festgelegt, im Studiobereich also +6 dBm. Zusätzlich soll der Klirrfaktor noch bei einem Pegel von 3 dB über bzw. 12 dB unter dem Arbeitspegel gemessen werden. Auch bei der Klirrfaktormessung sind die Geräte mit dem Sollabschlußwiderstand (600 Ω) zu belasten. Ohne diese Belastung fällt der Wert des Klirrfaktors häufig sehr viel günstiger aus.
Viele Unterlagen enthalten die Angabe der Vollaussteuerung oder des maximalen Pegels bei Belastung, bei dem ein bestimmter Klirrfaktor, meist 1% auftritt. Bei Magnetband-Geräten wird vielfach ein Klirrfaktor von 3% bei Vollaussteuerung zugelassen. Dieser Pegel liegt in der Regel über dem Arbeitspegel.

Der Bereich zwischen Arbeitspegel und Vollaussteuerung wird Übersteuerungsreserve genannt.

b) Intermodulationsfaktor

Zur Messung des Intermodulationsfaktors werden zwei Meßtöne mit der Frequenz f_1 und f_2 auf das Übertragungssystem gegeben. Die Frequenz f_1 des tieferen Tons soll dabei weniger als 500 Hz betragen, die Frequenz f_2 des höheren Tons 4...5 kHz. Genauer werden die Frequenzen in DIN 45403, Blatt 4 nicht festgelegt. Vielmehr sind die Meßfrequenzen entsprechend der unteren bzw. oberen Grenzfrequenz des Übertragungssystems zu wählen. Der Pegel des tieferen Tons soll dem Arbeitspegel entsprechen, der des höheren um 12 dB niedriger liegen.

Der Intermodulationsfaktor ist dann das Verhältnis zwischen den am Ausgang des Übertragungssystems neu auftretenden Summen- und Differenztönen und dem Meßton mit der Frequenz f_2. Gemessen werden die Effektivwerte der Spannungen. Auf die Formel für die exakte Berechnung sowie die Beschreibung des Meßverfahrens soll hier verzichtet werden. In DIN 45403, Blatt 4 wird dies genau festgelegt.

c) Differenztonfaktor

Auch bei der Messung des Differenztonfaktors werden zwei Meßtöne, jedoch mit gleichem Pegel, verwendet. Der Frequenzabstand soll 80 Hz betragen. Messungen sind bis herab zu einer Frequenz von ca. 250 Hz für den tieferen Meßton aussagekräftig. Die Messung soll bei Arbeitspegel durchgeführt werden.

Der Differenztonfaktor ist das Verhältnis zwischen den Differenztönen zweier Sinusschwingungen und der verzerrten Gesamtschwingung. Gemessen werden die Effektivwerte der Spannungen. Auch hier sei auf die entsprechende Norm DIN 45403, Blatt 3 verwiesen.

18.3 Störspannungen

Als Störspannungen bezeichnet man Signale, die unabhängig vom Eingangssignal in einem Übertragungssystem erzeugt werden. In der Praxis handelt es sich dabei in erster Linie um Rauschen. Aber auch Netzbrummen, Knacken oder hochfrequente Einstreuungen rechnet man zu diesen Störspannungen, wenngleich sie meßtechnisch getrennt erfaßt werden. Rauschen entsteht durch die Bewegung der Moleküle in einem elektrischen Bauteil auch ohne eine angelegte Spannung. Es kann in Transistoren, Röhren oder Widerständen auftreten. Meßtechnisch wird Rauschen als Fremd- oder Geräuschspannung erfaßt.

Für die Messung von Fremd- und Geräuschspannungen gab es lange Zeit keine international verbindlichen Normen, so daß Angaben dieser Größen kaum miteinander vergleichbar waren. Mittlerweile jedoch werden die Vorschriften der Norm CCIR 468 international weitgehend eingehalten. In der Bundesrepublik Deutschland stimmt die DIN 45405 inhaltlich mit dieser Norm überein.
Trotz dieser international gültigen Normen findet man in vielen Unterlagen nur ungenaue Angaben darüber, wie Fremd- oder Geräuschspannungen gemessen wurden. Die englische Bezeichnung Signal-to-Noise-Ratio wird häufig ohne eine Angabe darüber benutzt, ob bewertet oder unbewertet gemessen wurde, ob also Fremd- oder Geräuschspannungsabstand angegeben ist. Ebenso fehlt gelegentlich die Angabe des Bezugspegels für diese Werte. Weichen dann auch noch die verwendeten Bewertungskurven voneinander ab, so sind die Werte für einen Vergleich mit anderen Angaben vollends untauglich. Es ist zu hoffen, daß sich international die eindeutigen Normen schnell durchsetzen und es zu vergleichbaren Angaben kommt.

18.3.1 Meßinstrumente

Fremd- und Geräuschspannungen werden grundsätzlich als Spitzenwerte angegeben. Die Angabe von Effektivwerten, wie sie international lange üblich war und teilweise immer noch ist, entspricht nicht den geltenden Normen. Spitzenwerte und Effektivwerte von Störspannungen können nicht direkt miteinander verglichen bzw. ineinander umgerechnet werden, da unter Umständen Störspannungen mit gleichem Effektivwert sehr unterschiedliche Spitzenwerte aufweisen können.
In der Norm CCIR 468 bzw. in der DIN 45405 ist die Impulstreue des verwendeten Meßgeräts genau festgelegt. Als Referenz dient ein Dauerton mit der Frequenz 5 kHz, dessen Pegel als 0 dB relativ angesetzt wird. Werden nun ausschließlich Impulse des 5-kHz-Tons mit einer bestimmten Dauer auf das Meßinstrument gegeben, so legt die Norm genau fest, wie groß die Abweichung von der Anzeige 0 dB jeweils sein darf. Diese Werte sind in der Tabelle 18.5 angegeben.

Impulsdauer [ms]	1	2	5	10	20	50	100	200
Abweichung [dB]	-15,4	-11,5	-8,0	-6,4	-5,7	-4,6	-3,3	-1,9

Tabelle 18.5 Impulsanzeige für Fremd- und Geräuschspannungsmessungen nach DIN 45405 und CCIR 468

In der Bundesrepublik Deutschland existiert eine weitere Norm, und zwar die DIN 45412 zur „Störspannungsmessung an Ton-Rundfunkempfängern und verwandten Geräten“, die inhaltlich mit der Vorschrift IEC 268-1 übereinstimmt. Nach dieser Norm darf im professionellen Bereich nicht gemessen werden. Trotzdem findet man besonders in den Unterlagen semiprofessioneller Geräte Fremd- und Geräuschspannungsangaben, die nach dieser Norm ermittelt wurden. Die Impulstreue von Meßinstrumenten nach DIN 45412 ist in der Tabelle 18.6 dargestellt.

Impuls [ms]	5	20	50	200
Anzeige [dB]	-14,1	-8,3	-4,8	-1,0

Tabelle 18.6 Impulsanzeige für Fremd- und Geräuschspannungsmessungen nach DIN 45412 und IEC 268-1

18.3.2 Fremdspannung

Die Fremdspannung wird in einem Frequenzbereich von 22,4 Hz...22,4 kHz unabhängig von der Frequenz gemessen, es erfolgt keine Bewertung. Der Frequenzgang des Meßinstruments ist in DIN 45405 festgelegt und in Abbildung 18.7 dargestellt. In diesem Punkt stimmen beide Normen, DIN 45405 und auch DIN 45412 inhaltlich überein. In englischen Unterlagen wird diese Meßmethode als „unweighted" bezeichnet, wenngleich häufig der Frequenzgang nicht der Norm entspricht und beispielsweise ausschließlich in einem Bereich von 30 Hz...18 kHz gemessen wird.

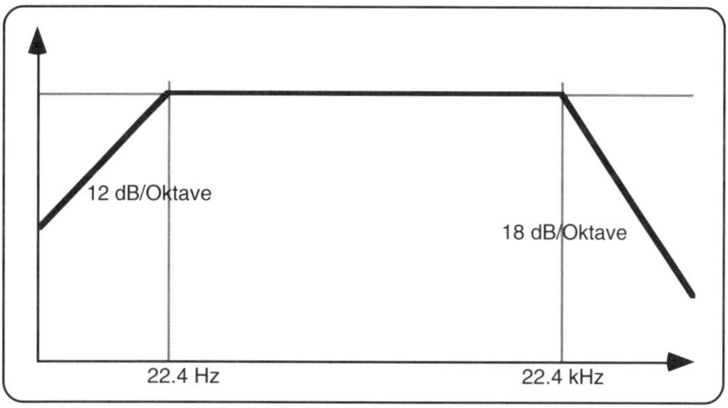

Abb. 18.7 Frequenzgang des Meßinstruments bei Fremdspannung nach DIN 45405

Die Angabe eines Fremdspannungsabstands bezieht sich immer auf einen bestimmten Bezugspegel und gibt die Differenz zwischen Bezugspegel und Fremdspannung an. In der Regel sollte der Bezugspegel der Arbeitspegel sein

(+6 dBm). Bezieht man den Fremdspannungsabstand auf einen anderen Wert, beispielsweise den Pegel, bei dem der Klirrfaktor 1% beträgt, ergeben sich entsprechend höhere Werte.

18.3.3 Geräuschspannung

Bei der Messung der Geräuschspannung werden die Eigenschaften des Gehörs berücksichtigt, sie wird bewertet (englisch: weighted) durchgeführt. Das Ohr empfindet nicht alle Störfrequenzen als gleich störend bzw. gleich laut, was man dem Verlauf der Kurven gleicher Lautstärke (siehe Abbildung 4.3) für kleine Pegel entnehmen kann. Die Angabe einer Geräuschspannung ist also für die störende Wirkung aussagekräftiger als die einer Fremdspannung. Die Geräuschspannung eines Gerätes ist in der Regel geringer als seine Fremdspannung.
Um eine Messung zu bewerten, muß das Meßinstrument einen bestimmten Frequenzgang aufweisen, der verschiedene Frequenzen unterschiedlich in die Messung einfließen läßt. Dieser Frequenzgang ist in DIN 45405 genormt und in Abbildung 18.8 dargestellt.

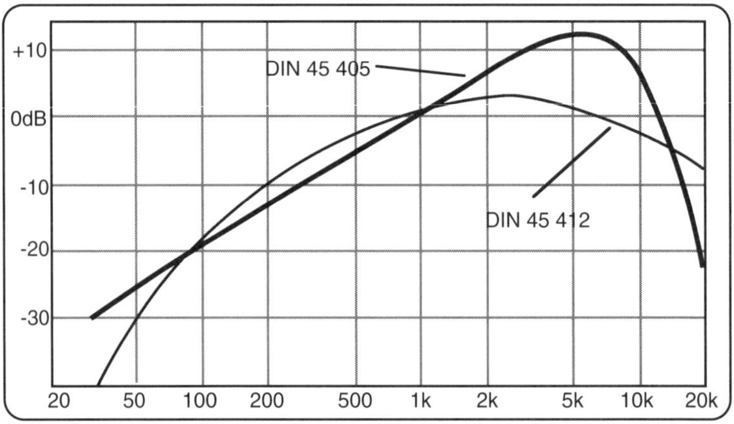

Abb. 18.8 Bewertungskurven für die Geräuschspannung

Die Bewertungskurve der DIN 45412 weicht doch erheblich von der Kurve nach DIN 45405 ab, was bei der Messung der Geräuschspannung zu höchst unterschiedlichen Ergebnissen führen muß. In der Praxis ergeben sich bei der Messung nach DIN 45412 um rund 10 dB bessere Werte für die gleiche Störspannung. Dies muß bei einem Vergleich von Angaben, die mit unterschiedlicher Bewertung gemessen wurden, unbedingt berücksichtigt werden.
Für die Angabe des Geräuschspannungsabstands gilt singgemäß die Erläuterung zum Fremdspannungsabstand.

Anhang

A Nationale und internationale Organisationen

In nationalen und internationalen Organisationen arbeiten nur die Rundfunk- und Fernsehanstalten zusammen. Diese Zusammenarbeit dient einerseits dem Programmaustausch, andererseits aber auch der Erarbeitung international gültiger Normen, die dann im allgemeinen auch für den Bereich der privaten Musik- und Filmstudios Geltung besitzen. Musik- und Filmstudios ihrerseits verfügen über keine vergleichbaren Organisationen oder Verbände.

Die Arbeitsgemeinschaft der öffentlich-rechtlichen Rundfunkanstalten der Bundesrepublik Deutschland (ARD) und das Zweite Deutsche Fernsehen (ZDF) unterhalten gemeinsam einige Institute zur wissenschaftlich-technischen Unterstützung des Rundfunkwesens und zur Ausbildung von Mitarbeitern. Das Institut für Rundfunktechnik (IRT) in München dient der Forschung und Entwicklung der Hörfunk- und Fernsehtechnik, die Rundfunk-Betriebstechnik GmbH (RBT) prüft und mißt technische Geräte und Material der Anstalten. Die Schule für Rundfunktechnik (SRT) in Nürnberg schließlich bildet Ton- und Bildtechniker aus.

In der Union der europäischen Rundfunkanstalten (EBU = European Broadcasting Union) sind Rundfunkorganisationen aus Westeuropa, Nordafrika und dem Nahen Osten zusammengeschlossen. Die EBU organisiert den internationalen Programmaustausch in der Eurovision. Sie sorgt aber auch für einheitliche technische Standards und deren Einhaltung.

Weltweit arbeitet das Comité Consultativ International de Radio-Communications (CCIR) als Organ der Internationalen Fernmeldeunion (UIT) technische Vorschläge und Empfehlungen auf dem Gebiet der Rundfunk- und Studiotechnik aus, die in der Regel auch Eingang in die nationalen Normen finden.

B Berufsverbände

Audio Engineering Society (AES)
Zevenbunderslaan 142/9
B - 1190 Brüssel
Belgien

Society of Motion Pictures and Television Engineers
595 West Hartsdale Avenue
White Plains, N.Y. 10607
U S A

Verband deutscher Tonmeister (VDT)
Masurenallee 8 - 14
14057 Berlin

Bundesverband Ton der freischaffenden Filmtonmeister in der BRD e.V.
Postfach 70 02 03
2000 Hamburg 70

Fernseh- und kinotechnische Gesellschaft
Veilchenweg 3
55126 Mainz

Österreichische Tonmeistervereinigung
Hanselmayergasse 15
A - 1130 Wien
Österreich

C Ausbildungsmöglichkeiten

Die Ausbildung zum Tontechniker, Toningenieur oder Tonmeister kann an verschiedenen Schulen bzw. Universitäten oder aber praktisch absolviert werden. Die unterschiedlichen Berufsbezeichnungen kommen aus dem Bereich der Rundfunk- und Fernsehanstalten, wo die Tätigkeitsbereiche klar abgegrenzt sind. In den Musik- und Filmstudios dagegen werden alle drei Bezeichnungen vielfach im Grunde gleichbedeutend verwendet.

Praktische Ausbildung
Die Karriere vom Kaffeeholer zum Top-Toningenieur bzw. Produzenten schwebt sicher vielen vor, die in einem Musik- oder Filmstudio eine praktische Ausbildung beginnen. In Rundfunkanstalten wird eine solche Ausbildung nicht angeboten; hier kann man nur im Rahmen eines Praktikums während einer externen Ausbildung seine Kenntnisse vertiefen. Über eines muß man sich aber bei einer rein praktischen Ausbildung im klaren sein: Es gibt weder einen Ausbildungsplan, noch ist die Dauer der Ausbildung festgelegt, noch kann eine allgemein anerkannte Berufsabschlußprüfung abgelegt werden.
Zunächst ist man als Assistent meistens mit Aufgaben betraut, die eher den Charakter einer Hilfsarbeit haben: Mikrofone anschließen, Kabel aufräumen, Bänder konfektionieren und - natürlich - Kaffee kochen. Der Verdienst ist entsprechend niedrig. Wer Glück hat, arbeitet mit Toningenieuren zusammen, die sich auch einmal die Zeit nehmen, das eine oder andere zu erklären; eine Garantie dafür gibt es aber nicht. Viel hängt also von der eigenen Initiative ab. Die freie Studiozeit muß man nutzen, sich mit der Technik und der Arbeitsweise vertraut zu machen.
Rund ein bis zwei Jahre wird es dauern, bis man sich soweit eingearbeitet hat, daß man selbständig eine Aufnahme durchführen kann. Zunächst wird man die ersten Overdubs aufnehmen, vielleicht sogar schon eine komplette Demoproduktion. Und dann zeigt sich, wie man mit Musikern und Produzenten zusammenarbeiten kann und ob man "einen guten Sound" macht. Hat man sich aber erst einmal einen Namen in der Szene gemacht, dann fragt sicher kein Produzent oder Studiomanager nach einem Zeugnis.

School of Audio Engineering (SAE)
Diese Ausbildungsstätte bietet eine 15monatige Ausbildung an, an deren Ende ein Diplom als Toningenieur verliehen wird. Zusätzlich kann ein 12monatiger Tonmeister-Kurs absolviert werden. Auch ein 6monatiger Kurs für Studio-Assistenten wird angeboten.
Die Kosten für die Toningenieur-Ausbildung betragen rund 625,- DM pro Monat zuzüglich einer Einschreibe- und Prüfungsgebühr. Insgesamt sollte man

mit Kosten von ca. 11.000,- DM rechnen. Neben fünf Wochenstunden theoretischer Grundlagen steht die praktische Studioarbeit im Vordergrund.
School of Audio Engineering im deutschsprachigen Raum:

SAE Gesellschaft für Studiotechnik mbH

Hofer Straße 3	81737 München
Homburger Landstraße 182	60435 Frankfurt
Seestraße 64	11347 Berlin
Leystr. 43	A-1200 Wien Österreich

Staatliche und öffentlich-rechtliche Ausbildungsstätten
Die staatlichen bzw. öffentlich-rechtlichen Ausbildungsgänge schließen mit verschiedenen Qualifikationen ab, die in erster Linie auf die Aufgaben in Rundfunk- und Fernsehanstalten ausgerichtet sind. Aus diesem Bereich kommen auch die verschiedenen Berufsbezeichnungen: Tontechniker, Toningenieur und Tonmeister. Eine Ausbildung in einem der drei Berufe beschränkt die berufliche Tätigkeit aber keinesfalls ausschließlich auf Rundfunkanstalten, sondern eröffnet auch eine Laufbahn in der Schallplatten- oder Filmindustrie.

Tontechniker
Zu den Aufgaben eines Tontechnikers im Rundfunk gehören hauptsächlich die Bedienung der verschiedenen Bandmaschinen, der Schnitt, Überspielungen und einfache Sprachaufnahmen. Die Ausbildung dauert inclusive Praktika in Rundfunkanstalten neun Monate und findet statt in der

Schule für Rundfunktechnik
Wallensteinstraße 121
90431 Nürnberg

Toningenieur
Der Toningenieur ist bei einer Produktion im Rundfunk verantwortlich für die Plazierung der Mikrofone, er bedient das Mischpult und die Effektgeräte. Die Ausbildung findet im Rahmen eines Studiums statt und endet mit der Graduierung zum Ingenieur. Das Studium umfaßt auch eine musikalische Grundausbildung, es muß daher eine musikalische Zulassungsprüfung abgelegt werden.
Als einzige Hochschule bietet die Fachhochschule Düsseldorf in Verbindung mit der Robert-Schumann-Hochschule einen geschlossenen Ausbildungsgang über ca. acht Semester an. An anderen Hochschulen ist eine Ausbildung zum Toningenieur durch eine entsprechende Fächerkombination auch möglich.

Fachhochschule Düsseldorf
Georg-Glock-Straße 15
40474 Düsseldorf

Tonmeister
Die Aufnahmeleitung bei einer Musikaufnahme im Rundfunk übernimmt der Tonmeister; seine Aufgabe ist vergleichbar mit der eines Produzenten in der Schallplattenindustrie. Auch die Ausbildung zum Tonmeister findet im Rahmen eines Studiums statt und dauert rund zehn Semester. Am Ende der Ausbildung wird der Titel eines Diplom-Tonmeisters verliehen. Das Studium umfaßt zu etwa gleichen Teilen eine musikalische wie technische Ausbildung. Auch hier ist eine musikalische Zulassungsprüfung abzulegen, deren Anforderungen aber weitaus höher liegen als bei Toningenieuren.
Den Studiengang Diplom-Tonmeister bieten an:

Staatliche Hochschule für Musik Westfalen-Lippe
Allee 22
32756 Detmold

Hochschule der Künste
Hardenbergstraße 33
10623 Berlin

D Literaturverzeichnis

Peter Bienert	Digitale Audiotechnik Verlag Studiopresse
Jens Blauert:	Räumliches Hören, S. Hirzel Verlag, Stuttgart 1974
R. Feldkeller/E. Zwicker:	Das Ohr als Nachrichtenempfänger, S. Hirzel Verlag, Stuttgart 1976
Michael Dickreiter:	Tonstudiotechnik, Schule für Rundfunktechnik, Nürnberg
Jürgen Meyer:	Akustik und musikalische Aufführungspraxis, Verlag Das Musikinstrument, Frankfurt 1972
Norbert Pawera:	Mikrofonpraxis, Franzis Verlag, München
Johannes Webers:	Tonstudiotechnik, Franzis Verlag, München
Johannes Webers:	Handbuch der Film- und Videotechnik, Franzis Verlag, München

E Verzeichnis der wichtigsten DIN-Normen

DIN 1318	Lautstärkepegel
DIN 15 573	Studio-Magnetfilmgeräte für Schallaufzeichnung und -wiedergabe
DIN 45 401	Normfrequenzen für akustische Messungen
DIN 45 402	Effektivwertmessung
DIN 45 403	Messungen von nichtlinearen Verzerrungen in der Elektroakustik
Blatt 1	Begriffe, Meßverfahren, Anwendung, Bewertung
Blatt 2	Klirrfaktorverfahren
Blatt 3	Differenztonverfahren
Blatt 4	Intermodulationsverfahren
DIN 45 404	Messung der Unsymmetrie elektroakustischer Geräte
DIN 45 405	Störspannungsmessung in der Tontechnik entspricht der internationalen Norm CCIR 468*1
DIN 45 406	Aussteuerungsmesser
DIN 45 407	Vollaussteuerung elektroakustischer Übertragungsgeräte
DIN 45 412	Störspannungsmessung an Ton-Rundfunk-Empfängern und verwandten Geräten (entspricht der internationalen Norm IEC 268-1*2) für den professionellen Bereich ist DIN 45 405 anzuwenden
DIN 45 500	Heimstudio-Technik (HiFi)
DIN 45 510	Magnettontechnik - Begriffe
DIN 45 511	Magnetbandgeräte für Schallaufzeichnung auf Magnetband
Blatt 1	1/4" - Bänder
Blatt 2	1/2" - Bänder
Blatt 3	1" - Bänder
DIN 45 512	Magnetbänder für Schallaufzeichnung
Blatt 1	Maße und mechanische Eigenschaften
Blatt 2	Elektroakustische Eigenschaften
DIN 45 513	Bezugsbänder (entspricht der internationalen Norm IEC 94-2*2)
Blatt 1	76 cm/s
Blatt 2	Akustische Eigenschaften
DIN 45 513	Bezugsbänder (entspricht der internationalen Norm IEC 94-2*2)
Blatt 1	76 cm/s
Blatt 2	38 cm/s
Blatt 3	19 cm/s
Blatt 4	9,5 cm/s
Blatt 5	4,75 cm/s
Blatt 6	4,75 cm/s, Compact Cassetten
DIN 45 519	Bestimmung von Kopierdämpfung, Bandflußschwankungen und Löschbarkeit

DIN 45 521	Messung der Übersprechdämpfung bei Mehrspurgeräten
DIN 45 524	Bestimmung der Bandgeschwindigkeit bei Magnetbandgeräten
DIN 45 538	Begriffe für Schallplattenabspielgeräte
DIN 45 539	Schallplattenabspielgeräte Richtlinien für Messungen, Kennzeichnungen, Tonfrequenz, Anschlüsse, Abmessungen austauschbarer Abtastsysteme, Anforderungen an Wiedergabeverstärker
DIN 45 541	Frequenz-Meß-Schallplatte Stereo 33 und Mono 33
DIN 45 542	Verzerrungs-Meßschallplatte Stereo 33 und Stereo 45
DIN 45 543	Übersprech-Meß-Schallplatte Stereo 33
DIN 45 544	Rumpel-Meß-Schallplatte Stereo 33 und Mono 33
DIN 45 547	Schallplatten Stereo 33
DIN 45 565	Vorverstärker
DIN 45 566	Leistungsverstärker
DIN 45 567	Vollverstärker
DIN 45 570	Lautsprecher (entspricht der internationalen Norm IEC 268-5*2)
DIN 45 573	Lautsprecher-Prüfverfahren (entspricht der internationalen Norm IEC 268-5*2)
DIN 45 580	Kopfhörer: Begriffe, Formelzeichen, Einheiten
DIN 45 581	Kopfhörer: Meßbedingungen und Meßverfahren für Typenprüfungen
DIN 45 582	Kopfhörer: Prüfung der Nennbelastbarkeit
DIN 45 590	Mikrofone: Begriffe, Formelzeichen, Einheiten
DIN 45 591	Mikrofon-Prüfverfahren: Meßbedingungen und Meßverfahren für Typenprüfungen
DIN 45 593	Mikrofone: Angabe von Eigenschaften
DIN 45 630	Grundlagen der Schallmessung
Blatt 1	Physikalische und subjektive Größen von Schall
Blatt 2	Normalkurven gleicher Lautstärke

*1 CCIR = Commité Consultatif International de Radio-Communications
*2 IEC = International Electronical Commission

F Rechnen mit Pegeln

Die Verstärkung oder Dämpfung einer Spannung um einen bestimmten Verstärkungs- bzw. Dämpfungsfaktor ist mathematisch eine Multiplikation der Spannung mit diesem Faktor. Dabei bedeutet ein Faktor größer als 1 eine Verstärkung, ein Faktor kleiner als 1 (aber größer oder gleich 0) eine Dämpfung. Die Definition des Verstärkungsfaktors:

$$A = \frac{U_a}{U_e}$$

A : Verstärkungsfaktor [ohne Dimension]
U_a: Ausgangsspannung [V]
U_e: Eingangsspannung [V]

In der Tonstudiotechnik werden Verstärkungen bzw. Dämpfungen nicht als Multiplikationsfaktoren, sondern als Verstärkungs- bzw. Dämpfungsmaße angegeben und erhalten die Einheit dB.
Die Definition des Verstärkungsmaßes:

$$a = 20 \lg A$$

a: Verstärkungsmaß [dB]
lg: Logarithmus zur Basis 10

Nach den Gesetzen der Logarithmusrechnung ergibt ein Verstärkungsfaktor größer als 1 ein positives Verstärkungsmaß, ein Faktor kleiner als 1 ein negatives Verstärkungsmaß. Man benutzt daher sowohl für Verstärkungen wie für Dämpfungen nur das Verstärkungsmaß, da das Vorzeichen angibt, ob tatsächlich eine Verstärkung oder eine Dämpfung vorliegt. Eine Verstärkung um den Faktor 2 ergibt also ein Verstärkungsmaß von 6 dB, bei einem Faktor von 0,5 beträgt das Verstärkungsmaß dagegen -6 dB.
Verstärkungsmaße werden einfach nur addiert, wenn die Gesamtverstärkung einer Übertragungskette berechnet werden soll. Hat ein Verstärker also ein Verstärkungmaß von 6 dB, ein weiterer eines von 8 dB, so ergibt sich ein Gesamtverstärkungsmaß von 14 dB. Die Berechnung der Gesamtverstärkung würde durch eine Multiplikation der Verstärkungen 2 bzw. 2,5 erfolgen, also 5 betragen. Vor allem bei höheren Gesamtverstärkungen sind diese Berechnungen nicht mehr im Kopf auszuführen, das Verstärkungsmaß dagegen ist sehr viel einfacher zu bestimmen.

Verstärkungsfaktor	1	1,4	2	3,2	4	10	20	40	50	100	1000
Addition von .. dB	0	3	6	10	12	20	26	32	34	40	60

Tabelle 1: Pegelwerte für einige Verstärkungsfaktoren

Nun werden nicht nur Spannungen, sondern beispielsweise auch der Schalldruck in Pegeln angegeben. Außerdem ist zur Angabe absoluter Pegelwerte ein Bezugswert erforderlich (siehe Kapitel 2 und 5). Leider wird für alle Pegelangaben die Dimension dB verwendet; in einigen Fällen gibt es wenigstens eine Übereinkunft über einen Index, der die jeweilige Angabe präzisiert. Trotzdem ist die Reihe der Pegeldefinitionen fast undurchschaubar. Hier einige der für die Tonstudiotechnik wichtigen Definitionen:

Dimension	Bezeichnung	Bezugswert
dB	relativer Spannungspegel	- -
dB	absoluter Schalldruckpegel	2×10^{-5} Pa
dB(A)	absoluter Schalldruckpegel, bewertet nach der Filterkurve A	2×10^{-5} Pa
dBm	absoluter Spannungspegel	0,775 V
dBu	absoluter Spannungspegel	0,775 V
dBv, dB(V)	absoluter Spannungspegel	1 V

Tabelle 2: Pegeldefinitionen

Die Berechnung des Gesamtpegels zweier sich überlagernder Spannungen, also beispielsweise die Signale zweier Mikrofone, ist nicht einfach nur eine Addition der einzelnen Spannungspegel; diese würde einer Multiplikation der Spannungen entsprechen. Vielmehr müssen die Spannungen geometrisch addiert werden, d.h. die Spannungsverläufe werden Punkt für Punkt addiert. Bei einem sinusförmigen Verlauf der Spannungen ist dies sogar noch graphisch zu realisieren:

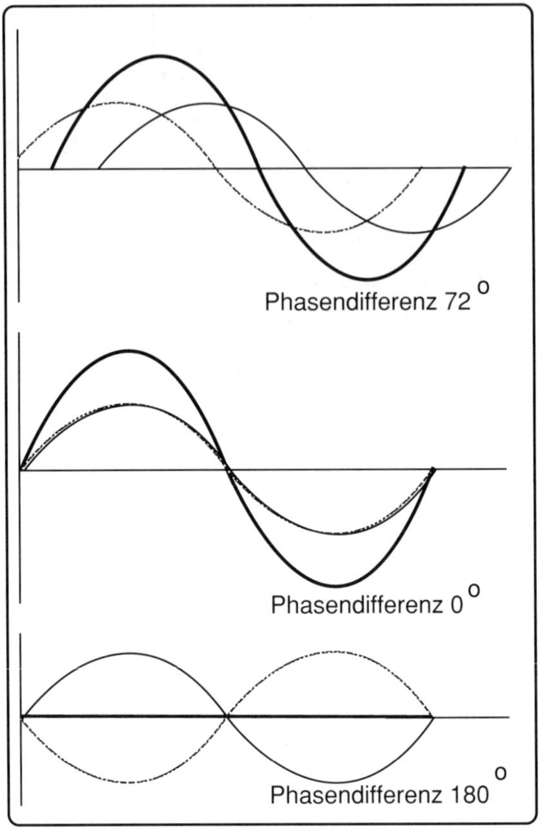

Abb. 3: Geometrische Addition von Spannungsverläufen

Der Gesamtpegel bei der Überlagerung zweier Sinussignale gleicher Frequenz ist also von deren Phasenlage abhängig. Haben die beiden Sinussignale auch noch den gleichen Pegel, ergeben sich folgende Gesamtpegel:

Phasendifferenz	Pegelzunahme
0°	6 dB
90°	3 dB
120°	0 dB
180°	Auslöschung

Tabelle 4: Gesamtpegel bei der Überlagerung von Sinussignalen mit gleicher Frequenz und gleichem Pegel

In der Praxis aber hat man es wohl kaum mit reinen Sinussignalen zu tun, sondern mit Signalen, deren Frequenz und Phasenlage sich ständig ändert. Bei der Überlagerung von solchen Signalen gelten die Pegelzunahmen aus Abbildung 5. Sie zeigt, daß bei einer Überlagerung eines im Pegel ansteigenden Signals mit einem im Pegel konstanten Signal erst ein zusätzlicher Pegel von -6 dB zu einer merklichen Zunahme des Gesamtpegels führt; maximal wird ein Gesamtpegel von +3 dB erreicht.

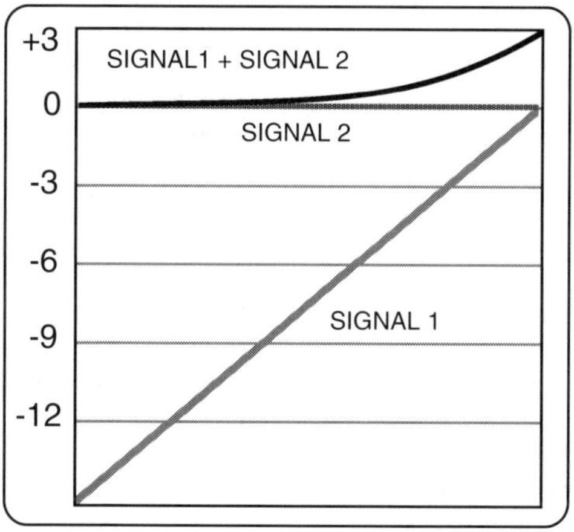

Abb. 5: Gesamtpegel bei der Überlagerung unterschiedlicher Signale

G Stichwortindex